21世纪通识教育系列教材

世界科学技术史 （第3版）

SHIJIE KEXUE JISHUSHI

用人文情怀追往，在科技前沿思新。在知识如海、书籍成山的时代，面对图画和影像对理论的冲击，希望借助锤炼过的语言和朴素的文字，让人类最重要的科技成果得到细心的关注，也让本书成为读者经常翻阅对话的无言朋友。

王鸿生 著

U0388687

中国人民大学出版社
· 北京 ·

出 版 说 明

　　通识教育，有人称素质教育，也有人称博雅教育。无论如何称呼，其目的都是使受教育者不仅掌握必备的知识和能力，而且具有较高文化素质和健康人格，成为全面发展的创新人才。当代大学生应该具备哪些知识、能力和素质，可能仁者见仁，智者见智。从我国高等教育的人才培养目标来看，大学生不论学什么专业，都应该是复合型的高素质人才，除了掌握某个专业的知识和技能之外，最重要的是具有人文精神和科学精神。目前，从教育部到各个高校都充分认识到培养大学生的人文精神和科学精神的重要意义。在教育部的倡导下，各个高校都开设了各具特色的通识课程。但是，课程不够系统，教材缺乏适用性，甚至没有教材的情况较为普遍，不利于通识教育广泛而有效地开展。

　　为了满足全国普通高校开设通识课程的需要，我们在广泛征求专家意见和对几十所大学进行调查研究的基础上，推出"21世纪通识教育系列教材"。其宗旨是拓宽学生的视野，扩大其知识面，提高其人文素养，塑造其科学精神。我们将陆续出版由兼具专业功底和教学经验的优秀作者编写的、涵盖人文社会科学和自然科学的系列教材，为我国的人才培养服务，为高等教育服务。

中国人民大学出版社

目　录

第二篇　近代科学技术的进展

第三篇　现代科学技术的发展

导　言

　　历史的过程无所不包。科学探索和技术创造是人类生活的重要方面。在很大程度上，正是由于技术和科学的产生，才使人类的生活和其他动物的生活产生了质的区别。技术的历史反映人类生存和发展状况的变化轨迹；科学的历史同人类精神、文化和世界观的演变密切相关。因而，科学技术史是人类历史的重要组成部分。

　　原始社会以来，古代世界相对先进的技术和科学知识先后分别在北非的尼罗河流域、西亚的两河流域、地中海沿岸的希腊和罗马地区、南亚的印度河和恒河流域、东亚的黄河和长江流域产生。公元7世纪在亚洲西部开始扩张的阿拉伯人曾迅速掌握古代世界的先进科学技术，沟通了欧亚大陆的西方和东方。在整个古代，技术发展的水平不高，科学也没有达到系统的程度，不同地域的人民之间还未建立起长期稳定的经济、文化联系，但许多古代的科学技术成果，如阳历和阴历，节气、月、星期和其他时间单位的划分，恒星天区的划分和名称，数学的基础知识和十进制位值记数法、印度—阿拉伯数字、轮车、杠杆、造纸术、印刷术等等，都已深深镶入整个人类文明大厦的基础。

　　从15世纪开始，欧洲告别了中世纪，科学的发展逐步实现了革命性突破，并在20世纪成为一种具有全球特色的文化。在这一发展过程中，天文学的主要成就是日心说、行星运动定律、万有引力定律、对太阳系的进一步认识、对银河系的初步认识、射电天文学、对太阳发光发热机理的解释、关于恒星和太阳系乃至宇宙演化的假说，以及对宇宙中暗物质的探讨等。在地球科学方面从考察岩石的成因开始，产生了大陆漂移、海底扩张的学说，直到建立关于地壳结构的板块构造理论。在力学方面从自由落体定律和牛顿运动三定律开始，产生了理论力学、流体力学、材料力学等分支学科，并且产生了给力学带来革命的相对论力学。物理学方面探究了热的本质，发现了热力学的三个定律，研究了电磁现象，发现了电和磁相互转化的关系，并探讨了光的特性和本质。由于对热辐射和光电效应的研究导致量子说的产生，并最终建立了量子力学。另外，对电子和放射性的研究导致原子核物理学乃至基本粒子物理学的产生。近代以来化学研究重建了元素的概念，认识了燃烧现象，并用原子—分子学说解释了化学反应，发现了元素周期律和元素的放射性衰变，有机化学和量子化学得到发展和应用。生命科学从认识人体结构开始，发现了血液循环、细胞，进而探究了基因、染色体和生物大分子，认识了核酸的结构，发现了遗传密码，还实施了人类基因组计划，并开始了对脑的研究。另外，还确立了生物的分类体系，提出了进化论，探讨了生物进化的动力、模式和机制；由于微生物的发现，还诞生了微生物学。近代以来数学的主要成就是微积分、非欧几何学、线性代数、概率论和运筹学，以及对数学基础的新认识。20世纪则产生了材料、能源、环境等应用性科学以及系统论、控制论、信息论等综合性科学和非线性系统的理论科学。实际上，以上各门科学从不同的角度和层次描绘了人类眼里和心中的自然图景，它们的历史发展反映了人类对自然界看法的改变和进步。

现代科学在提出新概念、新理论的同时否定了许多旧理论，如天文学中的地心说、热力学中的热质说、化学中的燃素说和元素不变的观念。现代科学在不断推出新定律、新原理时又不断重新界定着已有定律和原理的适用范围，如相对论对牛顿力学的界定，耗散结构理论对热力学第二定律的界定，非线性力学对经典力学体系适用范围的界定。这一发展过程似乎表明，科学探索既是一个不断破译自然之谜的过程，也是一个不断发现新的自然之谜的过程，解决问题常常就是提出问题，发现事实往往挑战理论。科学探索的过程增加了人类关于自然的知识，也同时揭示了科学与人自身的相对关系；肯定了人类认识自然过程中形成的某些观念，也否定着人类认识自然界终极真理的可能性。

例如，由于对光本质认识的步步深入，导致无法用唯一的理论来描述光现象。科学家在精确测量微观粒子时遇到了不确定原理，在寻找宇宙之砖时遇到了夸克禁闭，在溯往追远时则碰到了因时空分割所致的不可企及的宇宙界限，还碰到了难以直接探测的黑洞和暗物质。在追求精确和严密的数学领域，人们一方面可以构造三维以上的思维不能想象的空间，一方面又遇到了揭示数学形式系统不完备性的哥德尔定理。这表明所有已知领域还存在着未知的因素，而发现未知就意味着科学前沿的推进。另外，在涉及人类自身的生命科学领域，目前仍然无法用进化论、遗传学、灾变论和生物化学等理论完整描绘出神奇的生命演化过程。而人类基因组计划的推进，又使科学理性逼近了社会伦理和人文价值的边界。

总之，人类总是在创造各种特殊境况让自然界倾诉它内心的秘密，但科学的发展表明，大自然之"心"也是深不可测的，人类的科学是一个不断地从多层次、多维度、多角度和多尺度洞察自然界完整全貌的过程，探索自然之谜的结果便是面对新的自然之谜，发现问题和找到答案有同等重要的意义。正是由于科学发展中这种不断探索自然之谜的境况，使人类的智慧受到了不断的挑战；也正是科学始终面对新的自然之谜的这种特质，使科学的前沿成了人类理性和好奇心的无界边疆。正因为如此，科学史的学习和研究也成了一种具有挑战性的求知活动。

在技术史方面，18世纪30年代英国开始了以机器生产为特征的工业革命，热能通过蒸汽机被应用于机器工业。19世纪以来，随着以机器生产为标志的工业革命浪潮在欧洲大陆、北美乃至全世界的扩展，世界性的贸易市场、铁路和轮船航运逐渐打破世界各地区之间在经济、技术和文化等方面的相对隔绝状况，电力作为崭新的二次能源被广泛应用到工业中，有线电和无线电通信技术出现了，内燃机车得到普遍使用，化学知识也被有效地应用于工业生产。工业化颠覆了人类传统的生产和生活方式，也加快了文明发展的节奏。

20世纪以来，航空技术、火箭和航天技术得到飞速发展；雷达、电视、卫星和其他通信技术将世界变成了"地球村"；电子计算机及国际互联网正改变着人类智力劳动和交往的方式；核技术在发电尤其是在军事方面的应用，使人类不得不重新认识战争与和平；克隆技术则直接挑战了生命的神圣与独特；另外，科学技术的巨大力量，通过人类的活动也对整个地球的生态环境造成了明显的破坏性改变……总的看来，进步着的技术已经全面改变并将继续改变人类的生活方式和价值观念，而且，创造技术的人类也并不能完全确定这些新技术最终会将世界引向何方。尽管如此，任何人都会承认，从历史的角度了解技术的发展，对了解和理解我们这个时代生活的某些方面肯定会有助益。况且，从科学的角度看，了解过去更是人类追问自然和社会奥秘的一个维度。

由于历史的不可逆性和无所不包的丰富性，对它的任何描述都是不完备甚至是粗陋的。然而，科学技术的通史研究并不追求而且也无法达到对以往科学发展过程的全方位完整描述，而只是在历史长河里尽力扫描人类理解自然与解读神秘的过程、角度和程度，进而回味和欣赏先哲前贤与造化万物对话问难的方式、内容和结果，以及追寻人类通过技术发挥自身创造力的途径或踪迹，借以把握技术改变人类生活的趋势。显然，这一追往溯源的探索基于一个简单的信念，即了解过去有助于理解今天和创造未来；而且，这一探索的尽头，也就是当今科学技术的前沿，从这里可以眺望科技发展和人类文明的远景。

第一篇

古代的科学技术

尽管人类还没有完全了解自身起源的全部细节，但考古学的发现和古文明的遗迹已表明：远古人类依靠原始技术使自己与其他动物区别开来，并依靠发展技术给自然界打上越来越多人的烙印，增强了人类在自然界的自主性，从而创造了一种特殊的文明；几乎同时，人类最初的科学知识也给这一文明增添了理性的成分，而这种理性又为文明的发展指出了一种方向。

尽管除南极之外，世界各大洲都曾孕育过程度不同的古代文明，但世界史表明，当今世界的主导文明发源于亚欧大陆和北非。① 大约公元前 4000 年以来，这些地域的主要古代文明在相对漫长的发展过程中交汇合流，相互影响，构成了人类近现代文明的主要基础；这些地域的古代科学技术，是当代科学技术的直接源头。

---

① 对古代美洲的研究表明，玛雅人已知道金星的会合周期（实际是公转周期）为 583.92 天，与今天所测值完全一样。他们太阳历中一年的时间与今天确定的相差不到 1 分钟。阿兹特克人的阳历每年 18 个月，每月 20 天，年终有 5 天节日；阴历 1 年 260 天，52 年后与阳历的日子互相弥合。印加人在库斯科城中筑有高台，城外有圆柱形石塔，观察太阳，确定冬至和夏至。古代美洲人的科学知识和技术都有较高水平，但在近代欧洲殖民者到达前，还未与世界其他大陆发生过互动。参见朱龙华：《叩问丛林——玛雅文明探秘》，166~170 页，昆明，云南人民出版社，1999；［美］特伦斯·M·汉弗莱：《美洲史》，34~35 页，44 页，北京，民主与建设出版社，2004。

第一章

生存的技术和文明的起点

人类从发展阶梯的底层出发，向高级阶段上升，这一重要事实，由顺序相承的各种人类生存技术上看得非常明显。人类能不能征服地球，完全取决于他们生存技术之巧拙。

路易斯·亨利·摩尔根：《古代社会》

这些社会反映了我们数千代以前的祖先的精神面貌。我们在肉体上和心灵上已经度过了与此相同的一些发展阶段……而我们之所以成为我们今天这个样子，正是由于曾经有过他们的生活、他们的劳动和他们的奋斗。

J. 凯因斯：《人类学》

直立行走的猿

现在发现的距今约 2 300 万年前至 1 000 万年前的森林古猿分布在非、亚、欧三洲，它们很可能是人类和现代类人猿的共同祖先。① 森林古猿成群生活在热带或亚热带森林的树上，靠摘取树上果实和林中可食植物为生，还没有直立行走的习惯。

---

① 关于人类的起源，目前有多种假说。本书第十一章、第二十一章有相关讨论，可参考。

随着地球上气候的变化，有些地区的林间出现空地和稀树草原，一部分古猿来到地上寻找食物，它们也许是觉得用后肢站立时视野更为开阔，便逐渐经常采用了这种姿势，而且由于采集的食物需要携带，前肢便有了专门的任务。于是，古猿学会了直立行走。

天然石块和木棒

学会直立行走的一部分猿群最初用天然石块和木棒来延长肢体。有了石块和木棒，他们便可砸碎坚硬的植物果壳，并更省力地挖出地下植物的块根。如果当时他们已有食肉的习惯，石块和木棒便可用来击杀其他动物。在防卫敌害和与同类在偶然情况下争夺食物、驻宿场所或异性的情况下，石块和木棒也是重要的武器。

走出森林到林中空地或稀树草原上寻求新生活的猿群主要靠采集为生。石块和木棒提高了采集效率，但收获物大概已不如森林中那么丰富和易于取得。很可能只是在走出森林之后，猿群才开始拣食池水溪流中的蚌蛤，并学会捕食小动物，养成了食肉的习性。无疑，在采集中对可食植物及其果实的熟悉，在肉食生活中对水生和陆生小动物的了解，是以后培育植物和狩猎、捕鱼活动的经验基础。

打制石器

根据目前的考古发现判断，猿群约在380万年前学会了用打制方法加工石英石、黑曜石、燧石或其他坚硬石块。这种打制的产品是粗糙的、不规则的砍砸器、尖状器、刀片和多功能手斧。这对猿来说是一次工具革命，对人类来说是历史的开始。这些经过制作的石器能更有效地砍砸，而且能切割植物块茎和肉类。于是，人类就操着它们进入了旧石器时代。

在使用旧石器的同时，早期猿人也使用木棒。生活在东非的早期猿人在这种技术基础上大约生活了200万年（从380万年前至180万年前），终于实现了体质上向晚期猿人的进化。此后，猿人制作石器的工艺依然没有发生变化，以至一直延续到公元前1万年左右！但是，在这以百万年计的漫长时期，其他方面的技术进步却发生了，并推动人类由晚期猿人向早期智人、晚期智人转化。

用火和取火

  猿人在技术上取得的一项决定性进步是学会了用火。现有材料还无法断定人类用火的确切时期。有的人类学家认为 380 万年前生活在东非肯尼亚的早期猿人已经开始用火。170 万年前生活在中国境内的元谋人肯定已开始用火了。这是第一次对自然力的利用,它大大地改变了猿人的生活。

  雷击电闪、火山、森林中草木的自燃等,对古猿来说是可怖的。但已开始用石工具采集和进行小规模狩猎的早期猿人,肯定会偶然发现被火烧过的某些植物种子和兽肉特别好吃。这一发现足以导致他们自觉地利用火。

  用火给猿人带来极多的好处,其中最大的好处是熟食。熟食使食物中的营养更易吸收,缩短了消化过程,而且也使以前不宜食用的植物和动物,尤其是鱼类,可以食用了。这样便扩大了食物的来源。这对人类肢体和大脑的发育产生了极为有益的影响。

  用火给猿人带来的其他好处也很重要。由于猿人多居洞穴,火可驱散洞穴中的潮湿,因而减少了疾病,降低了死亡率。用火照明给黑暗的洞穴带来光明,也给晚间的烤肉、分配食物、准备第二天的活动等带来方便。另外,洞外的火堆还可驱走乘夜晚来袭的猛兽。

  守护火种是猿人生死攸关的大事。远古的人类祖先肯定会悉心照料,不让火种蔓延到洞外的山林,提防不意的火灾把生存的区间化为灰烬。但他们在有些情况下也会用火来烧猎林中的野兽。

  用火改善了猿人的生活质量,带给猿人更多的安全感,也大大扩展了猿人的生活空间,造成了热带和亚热带猿人向温带和寒带的缓慢迁徙,从而使他们摆脱了人口增长和原居住区食物来源减少之间的危机。可能正是火的利用才使猿人成为非、亚、欧三洲的旅行者。这一推测是有根据的,因为早期猿人的化石目前只在东非发现,而晚期猿人生活的区域扩大到了全部非洲、亚洲和欧洲。当然,生活于亚洲和欧洲的晚期猿人是不是由目前仅在东非发现的早期猿人迁徙而来,还仍是一个谜。古生物学和考古学的新发现,对人类基因的研究,也许会不断改写这段十分模糊的历史。

  对猿人来说,火是难以携带的。他们在举着火种向新的生活地带不断迁徙的途中大概造成过火种的熄灭,而在新的生活环境下,火又越来越成为关乎生死存亡的条件。这便使他们产生了人工取火的强烈愿望。

在旧石器时代中期生活的晚期猿人的后辈——早期智人，可能发明了人工取火的方法。最早的人工取火方法可能是用燧石相击引燃易燃物，或以木木相摩擦而生火。这种方法对现代人来说是困难的，但对天天同石器、木器打交道，并长期使用和依赖火的古人来说，反而能比较容易地实现。

也许可把能否用人工方法取火看成从晚期猿人进化到早期智人的一个历史界碑。显然，能用人工方法取火的古人，便有了在更广阔的地域活动的自由。

捕鱼和狩猎

对早期猿人来说，最主要的生产活动是采集，捕鱼和狩猎是辅助性的。由于植物性的食物在各个季节的丰富程度不同，单靠采集显然无法摆脱饥荒的威胁。

在有了火之后，水中动物的可食性增加了，捕鱼便日益成为晚期猿人的一种重要产业。但晚期猿人还没有发明网，他们可能是用石块或木棒打鱼，或到水中捉鱼，甚至竭泽而渔。

石器和木棒自然可作为狩猎工具，火带来的熟肉的美味更会激励起狩猎的兴趣，而且用火烧烤硬化过尖端的木矛成了狩猎的新武器。这样，晚期猿人的狩猎活动就有了相当的规模。随着晚期猿人活动区域向北方的推进，他们冬季便需要用兽皮来挡风御寒，这同样推动了狩猎活动的开展。正是狩猎活动规模的扩大和御寒的需要，晚期猿人在后来发明了骨针，越来越多的骨器逐步加入到石器的行列中。

狩猎活动给人类带来的不光是兽肉、兽皮和胜利时的欢乐，还带来了不时发生的自身的牺牲和更多的对死亡的感受。这一定深刻地影响了人类精神的发展，图腾崇拜无疑也与此有关。此外，在更多地以肉为食后，不少猿人也在饥饿的威胁下染上了同类相食的习气。由于猿人在生存方式改变过程中逐渐排除了杂乱的性关系，形成了所谓血缘家族，所以，同类相食自然主要以袭击血缘家族之外的人类为目标。同类相食的风气在某些原始人中残留到很晚的时期，甚至在体质上已进化为早期智人的尼安德特人居住的山洞外，还发现了烧过的人骨和显然是像兽骨一样被凌乱地抛弃了的人骨。

采集、捕鱼和狩猎对猿人来说是兼而行之的，在血缘家族内部可能有分工，并且随着活动区域和季节而转移。例如，夏季和初秋可能有较多的捕捞活动，秋天则是采集的大忙季节，冬季和春季可能是狩猎的高潮期。

长期的狩猎活动使古人改进了攻击野兽的武器。在早期智人那里，骨器和角器大量流行，有的骨器和角器还装上了木柄。投矛也出现了，显然，这是猎人的标志。如果说狩猎在以前还不是人类的主要活动，那么，此时的情况已发生变化：人工取火技术扩展了生存的地域，他们在捕尽一个地方的猎物后，会很方便地迁徙到另外一个地方，继续从事狩猎活动。

在晚期智人那里，情况就更明显了。他们的石器、骨器和角器都已制作得相当精美，狩猎活动更为频繁和规模巨大。从法国境内奥瑞纳文化层中发现的5万匹以上的野马遗骸和乌克兰阿甫洛西耶夫卡发现的1 000头左右的野牛残骸看，人类大规模的狩猎活动已达到使大批哺乳动物绝种的程度。当然，采集仍是人类一个重要的生活来源，狩猎的收获再丰盛也是不稳定的。人类要是仅以狩猎为生，可能要造成不断的远距离迁徙。考古学家在西伯利亚和北美发现的石器说明，在旧石器时代晚期（距今5万多年前），西伯利亚的一部分狩猎人类可能通过白令海峡进入了北美。很清楚，只有掌握人工取火技术和专以狩猎为生的人才会去做这样的远游。

旧石器晚期的早期智人在技术、生产和生活条件进步的同时，自身的生产也悄悄地发生着相应的革命。过去的血缘婚开始向群婚转变。可以肯定，没有家庭形式的改变和社会组织规模的扩大，从事大规模的狩猎是不可能的。

弓箭的发明

从旧石器向新石器时代过渡的中石器时代（约15 000年前），人们已学会把石器镶嵌在木棒或骨棒上制成镶嵌工具，但最重要的一项技术发明是弓箭。弓箭标志着人类第一次把以往的简单工具改革成了复合工具，并且利用了弹性物质的张力。弓箭比旧式的投掷武器射程远，命中率高，而且携带方便，它首先提高了狩猎的效率，后来也一直是战争的重要武器之一。

这个高效率的狩猎工具的出现，使人类在中石器时代猎获了大量动物。人们在食物充分的条件下不会把猎物立即杀死，而让它们在附近地域生活，等需要的时候再轻易地捕杀，甚至让幼小的食草动物长大后再猎取，这样便积累了更多动物方面的知识。

高效率的狩猎活动显然也会助长无计划、无节制的盲目捕杀，造成食物来源更大的不稳定和危机。而在氏族和部落形成的情况下，自然界肯定不能满足大群落人类日益增长的肉食需求。这样，当人类在约1万年前进入新石器时代之后，便开始创造新的生产方式——原始的农业和畜牧业。这时的人在体质上也就基本和我们一样了。

农业和畜牧业

　　新石器时代是人类寻找新的生活地域和改变生活方式的时代。原来到处漫游和狩猎的一些氏族和部落开始定居或相对定居下来，从北纬50度到南纬10度之间的许多地方是原始农业和畜牧业的地理范围。

　　原始农业是直接从采集业演化来的。人们把采集来的早就赖以为生的野生植物果实用掘杖或石锄播种在先用火烧掉树木荆棘的土地上，到成熟后再来收获。晚一些时候还发明木犁和利用牛、马、驴来耕种。原始农业是对采集生活中积累起来的生物知识的自觉应用。播种了就能收获，也是人类生活对因果性的一个有力证明。由于自然条件的差异，世界各地耕种的农作物是不同的。西南亚的人最早开始种植小麦和大麦，中国人最早开始种植谷子和稻子，玉米、马铃薯和倭瓜的故乡则在中美洲和秘鲁。

　　原始畜牧业是从狩猎活动中发展而来的。这是将猎获的一些易于驯服的动物饲养起来，并让其在驯养条件下生殖繁衍。人类最早驯养的家畜可能是绵羊，接着是狗，以后是山羊、猪、牛、驴、马、象、骆驼等。

　　与采集和渔猎相比，原始农业和畜牧业的出现是一场产业革命，它表明人类已由单纯依靠自然界现成的赐予跃向通过自己的活动来增加天然物的生产。这一革命是在新石器时代发生的。它使人类有了比较稳定的食物来源，故而有了相对固定的居住地点——原始村落。同时，由于畜牧业为农业提供了畜力，就为农业的进一步发展创造了新的条件。

　　新石器时代也是磨制石器的时代。这些磨制石器是对打制后的粗坯细加工而成的，自然十分精美，其功能也比较专门化，如石斧、石槌、石刀等。另外，由于人类开始了原始的农耕，还发明了掘杖、木锄、骨锄和石锄。

陶器和铜器

　　原始村落中定居的人要从邻近小溪或河流中向居住点取水，其次还需积存、烹饪食物。为此，人们发明了陶器。陶器虽然易碎，但比石器轻，可制成各种形状和不同规格，盛装水和食物无异味，它和木器同为家居生活所需。很明显，只有长期用火的人类才可能发明制陶技术。而且，制陶技术也是冶铜炼铁技术之母。

在原始村落中，由于生活和生产任务的相对稳定，劳动和收入的关系相对确定，产生了与物的生产相适应的人的生产的新形式，具有比较确定的婚姻关系的男女对偶婚出现了。

在稳定的母系原始村落里，又出现了金属工具。对于已掌握制陶技术的人类来说，冶炼铜并不算难。人们在烧制陶器的过程中有机会接触各种金属矿石，并逐渐学会冶金。而用金属器来作为石器、陶器、骨器、木器的补充，对生产和生活来说，都十分必要。

在新石器时代晚期人类已开始使用金、银、铜和陨铁等天然金属。在大约公元前 3000 年，人类发明了青铜。青铜是铜锡合金，熔点为 800℃左右①，比纯铜低，硬度比纯铜高，易于锻制，被用来制造武器、工具、生活用具和装饰。铜器时代是青铜器成为主要生产和生活器具的时代，但石器和其他器具并没有被完全取代。

产业的发展

金属工具的使用促进了生产力的发展，同时也促使农业和畜牧业划分开来：在肥沃的河谷地带，农业逐渐成为主要的产业部门，喂养牲畜辅之；在草原和丘陵山地，畜牧业逐渐成为主要产业，耕种、垦殖辅之。这样，人类便在自然和地理的基础上，形成了定居的农业村落和游牧的部落。

农业有相对固定的居所和活动区域，可重复利用已开垦了的土地，便于逐年熟悉掌握当地的气候和播种时节，能更方便地利用金属工具和畜力。因而农业部落居住的河谷地带能负荷更多的人口，并较快地发展起来。最初的城市便首先出现在适宜农耕的一些大河流域。这样，在以农业为主的地区，便有了新的社会产业——手工业。

手工业直接起源于原始人制造工具的活动，所以，它的历史跟人类本身一样古老。但只是在农业和畜牧业发展到能够为人们提供相当充裕的食物来源的情况下，手工业才有可能成为一部分人的专门事业。反过来，农业需要新的工具，农产品和畜产品需要加工利用，这又是发展手工业的客观动力。正是在这种情况

---

① 铁的熔点约为 1 000℃。从冶铜到冶铁已没有太大技术困难了。

下，在以农业为主的地区首先产生了专门的手工业。

手工业产生之后，金属的冶铸、生产工具和生活器具的制造、制革、榨油、酿酒等，都逐步成了一部分人专门从事的行业。手工业在人类社会发展过程中的作用是重大的，它不仅为所有其他人类社会活动提供了所需的技术、器具和物品，而且它本身也凝聚了人类智慧，传承了生产经验。

在农业部落和畜牧部落分离之后，便发生了农产品和畜产品的交换。但只是到农业和手工业分离之后，才出现了以交换为目的的商品生产。这样，也就产生了一个新的社会部门——商业。

社会组织的变革

在农业和畜牧业开始分离的原始部落里，男人的劳动逐步成为社会产品的主要来源，妇女的家居劳动降到了辅助地位。剩余产品的增加首先使作为主要生产成员的氏族男子产生了让自己亲生子女继承财富的意图，而不稳定的对偶婚对于实现这一意图是不利的。这样，以父权制代替母权制的一夫一妻制家庭便自然地取代了对偶婚。

随着若干氏族在同一地域的定居和活动，他们之间在生产、生活、防御等方面的共同事务增加了，一些氏族联合成为部落。接着，部落的相互联合便构成了部落联盟。部落联盟进一步发展便形成了国家。这个发展过程，有的是以战争和吞并方式实现的，有的则是联姻、自然交往或妥协的结果。

国家的产生是人类社会关系的一次革命，它的建立是氏族制度发展和灭亡的结果。在氏族内部促成这一革命的主要是经济因素。比如，同一夫一妻制相伴而生的独立家庭成了氏族内部与氏族相对抗的力量，它要求改变氏族成员集体劳动并共同继承的习惯；还如，不同氏族成员个人占有的财产在数量上日益悬殊，个人在氏族内的地位、战争和掠夺等都为扩大这种差别提供了可能，这就产生了把这种差别固定化并神化的要求。国家的产生满足了这一系列要求。

在国家产生之后，社会成员间的义务和权利发生了分离。一部分人的权利明显大于多数人，并且还把其劳动的义务推到另一部分人身上。当然，人和人之间关系的变化也同技术和生产方式的变化相关联。正是在人的劳动能够创造出多于自己基本需要的产品之后，人对人的奴役也就开始了。按照马克思的观点，资本主义以前的所有人类文明都建立在这个并不公正的基础上。因而，原始技术的进步对古代文明的出现起了直接而复杂的作用。

语言、图画和文字

一些学者推测，生存于 1 400 万年前至 800 万年前的腊玛古猿在学会两足行走和使用天然石块时，可能已具备了说话的能力。但他们的语言肯定是很贫乏的。

在猿向人转化的过程中，由于猿人学会了用工具劳动，首先使血缘家族中的成员之间，后来又使不同氏族的成员之间的协作越来越多，新思想也越来越多了。原来的简单语言声调，甚至加上眼神和手势，都不能完整表达所要交流的信息了。这样，新的词汇和语句便被创造出来，语言也就丰富和发展起来了。

人类语言的产生和发展同劳动的关系最为密切。给工具和动植物命名，组织狩猎，分配劳动果实，调解纠纷和表达个人感情等，都成了创造词汇和新的语言表达方式的机会。当部落、部落联盟和早期的国家出现后，许多公共事务和宗教事务也需要用语言来表达。

语言的运用对人思维能力的发展产生了巨大的推动力，使人的抽象能力、分析和归纳推理能力、表达和理解能力得到提高。语言既推动了大脑的进化，又使人类的劳动和社会交往质量得到提高。当然，语言本身也只能在运用中发展。从脑科学的角度看，这是人类思维方式的一次革命——左脑革命，它表明人类在原始的、简单的、形象化和直觉的纯右脑思维方式的基础上，发展了左脑的语言逻辑思维方式。正是因为有了语言，人类的精神世界才越来越广阔。

在旧石器中期的早期智人出现时，图画便出现了。从旧石器时代晚期到中石器时代，欧洲的晚期智人在西班牙阿尔太米拉石窟和法国南部那科斯洞窟中创作了漂亮的野牛、野马、野猪、鹿等动物画和人像，说明他们对猎获对象和自己的同类作了长期细致的观察。

图画是人类把对外部事物的印象用客观记号表达出来的第一种形式。原始图画能直观而确定地描写印象，表现自然，但很难完全表现人内心复杂的思想过程和感情。

原始人创造文字主要是因为生活中需要记忆的事情越来越多了。这些事情包括：节日和祭祀日、不同集团间的协议和誓约等。个人的记忆力是不够精确的，而且对同一件事几个人可能会有不同的记忆，这样就需要寻找一种客观的方式来记载。当然，在一种公认的记录符号还未产生的时候，任何记录符号都有很大的主观性。古人中存在着结绳记事的习惯，但每个绳结代表的具体事件只有记录者才最清楚。中国古人在氏族或部落间立誓约时有刻木为契的习惯，这是为了避免相互承诺的数目引起的争端而刻的信物。尽管如此，这些刻痕的涵义也只有当事人才明白。显然，图画所具有的直观而确定的优点恰好是记号所缺乏的。这样，在记录事件、事物和想法方面，二者结合就再好不过了。

通过对图画的简化和对记号的改造，人类逐渐创造出文字。文字不仅可以用来记录事件、契约，还能用来表达人的思想感情。随着某一地区人们交往圈子的扩大，规定的记号和象形文字的涵义就被越来越多的人所接受，随后在这些人中也就越来越多地创造出一些新的大家所公认的记号和符号来。这样，一种特定的氏族文字就产生、发展起来了。从古代文字到现代文字经历了复杂的演变。今日汉字的祖先可以追溯到殷商的甲骨文，一直到半坡村彩陶上的符号。而西方文字的始祖可一直追溯到古代西亚腓尼基人的文字，乃至古埃及人的象形文字和巴比伦的楔形文字。

文字作为记录思想感情的一种工具，它的产生对语言的发展产生了反推力：由于记载所要求的普遍理解性和简洁性，使书面语言发展起来，也就间接地使口头语言趋于标准化，表述更为准确，口头语言和书面语言开始了相互作用并共同发展的历史。

由于文字的产生，一种可以跨越时空传递信息的工具出现了。有了文字，人类有了记载的历史，人类对历史的认识更加确切和完整；有了文字，描述人类感情和命运的文学不再是口头形式了，因而流传和影响也更为广远；有了文字，人类就可以把某些劳动生产的经验和科学技术的知识记载下来，避免这些知识在人类世代更替的自然过程中丧失。

知识的起源

人类最早的知识是生物学知识。这是因为采集是人类最早的劳动，植物性食物一开始就是最主要的生活必需品。在食用和采集中，选择和鉴别各种植物——从它们的味道、外部特征到生长条件和规律，都是原始人最关心的事。

动物方面的知识主要是从狩猎生活中积累起来的。在狩猎和食肉生活中，原始人不但捕食弱小的动物，而且依靠石块、木棒、木矛和火杀死了比自己更强大和凶猛的动物，并了解了周围动物的习性和出没规律。给同自己生活密切相关的植物和动物命名是把动植物的知识概括起来的最初企图。

原始人对植物和动物知识的积累最终导致他们选择了那些丰产的植物和性格

驯良的动物来养育，这样，这方面知识的积累就更快了，因为人们开始把自己的注意力更经常地集中在这些动植物身上。

人类最初的力学知识主要是从制造石器、木器和建造房屋中积累起来的。它主要是关于各种材料的硬度、强度、弹性等方面的知识。弓箭的发明是应用这些知识的杰作。在建造房屋和开垦农田中，杠杆方面的知识也逐步积累起来了，这导致后来的人发现了杠杆原理。同样，独木舟的发明说明人们已经了解了水的浮力。

医药学方面的知识来自对疾病的认识。在原始人艰苦恶劣的生活环境中，疾病和死亡是同每个氏族、部落相伴的寻常之事。最初在治疗疾病方面的尝试大概是休息，但这不过是病人身体对疾病的自然反应所引起的自然结果罢了。最初治病的药物大概是植物药物，后来还有动物身上的某些特殊器官。矿物性药物在有的原始人中间也有应用。在处理外科病方面，除了给伤口上敷药，还可以做一些手术处理。约 3 万年前的克罗马农人就已经能用燧石工具施行外科手术了。

无论如何，远古的人们是靠经验对付疾病的，而且大多数治疗都有探索的性质。这一方面是由于对药理并不完全明白，另一方面是病症也不易判断。无疑，适得其反的情况会经常发生，而且，巫术在这里也扮演着相当重要的角色。

化学知识显然是从用火开始的。在此之前人们只是观察到了燃烧现象以及失去生命的植物和动物的腐朽。在用火之后，尽管人们并不理解燃烧中物质变化以及沸水中食物变味的机理，但却在自己的生活中利用了化学。人工取火甚至完成了机械运动向化学运动的第一次转化。另外，制陶也是使黏土、高岭土在高温下通过化学途径改变物理性能的工艺。冶铜和冶金、冶铁就更不用说了。

国家产生之后化学方面的杰作是发明酿酒。在中国，传说夏代的少康于公元前 2015 年前后发明了酒。人们用它庆功贺喜，也用它浇愁解闷，尽管常常搞到事与愿违的地步。

天文和地理方面的知识在原始人的迁徙和夜间活动中慢慢积累起来。这些知识对他们的生活相当重要。原始人不但能清楚地辨认周围的地形，还学会了根据星辰的位置辨别方向。在乌云、闪电和雷声出现的时候，他们不是根据本能，而是根据经验知道天气的变化情况。"未雨绸缪"便是这种经验的实际应用。

无论是以耕种为生的民族还是游牧部落，都需要确定季节，这就加快了天文知识的积累。空中最显眼的是太阳、月亮、行星的运行，恒星的方位相对固定，这里的周期性容易观察。尽管古代人类关于天文的所有经验建立在大地不动的虚假基础之上，但地球的运行并不妨碍人们认识天空中星体运行的周期。

在原始时代，乃至整个古代，绝大多数民族的天文学都是为制定历法服务的。历法除了确定四季循环的时限之外还确定节日，人们用天上日、月、星的周期性作为地上生活的节律。当然，早期的天文知识在占卜方面的应用甚至比历法更常见，这是因为历法在若干年内才修订一次，而吉凶祸福却是日常生活中时时发生着的现象。

考古资料表明，石器时代人类的数学知识相当贫乏，这大概是因为那时人类生活中需要计算的东西实在是太少了。数学是从抽象开始的，而抽象能力的培养需要时日和条件。当然，记数能力和简单的加减算术在石器时代肯定已经有了，并在猎物的统计和分配中得到了发展；对于畜牧部落来说，统计牲畜的数量当然会提高计算能力；对于农业民族，尤其是在肥沃的河谷地带的有限土地上耕种的农业民族来说，丈量土地使几何学发展起来；在商业发达起来之后，市场上交换的需要使算术能力得到了提高。

原始宗教和科学

人类意识苏醒的幼年，相对于生存环境的力量是弱小的。尤其在漫长的旧石器时代，人们对自然环境的控制和利用程度相当微弱。在利用原始工具从事采集、狩猎和不断迁徙的氏族和部落中，人们积累起来的关于自然界事物的知识只能使他们从经验上来认识自身的力量，而不能理性地认识自己的能力。

然而，人类置身其中的大自然现象却是无比丰富的：大气层中经常变幻的风云雷电，太空中恒常高悬的星座和运行着的日月星斗，宁静的湖泊，奔流的江河，神秘的海洋，养育万物的山林原野和四季的变化，植物的枯荣和动物的生长衰亡，以及人自身的生老病死，偶然出现的地震、洪水、山崩，采集、捕鱼、狩猎时的机遇，杀死动物时的兴奋和时常产生的对兽尸的恐惧，对作战时死亡的恐惧，杀死对手时的兴奋和对报复的畏惧，等等，都成了刚刚从朦胧中苏醒的幼年人类意识所不能理解的神秘力量。于是，原始宗教便产生了。

在众多的自然现象中，给幼年人类的心灵印象最深的大概是自身的死亡了，确切地说，是同类的死亡。为什么朝夕相处的人会溘然而去，不再复生？当他们逝去之后，往日的音容和遗物依然伴随着活人的生活，但在真实的世界中却永远不会再遇到他们了，但偶然情况下活人会在梦境中与死者相聚。这样一个生命的秘密困惑着原始人。他们试图以自己的朴素方式消除这一困惑：把灵魂理解为可以同肉体相分离的东西，死亡只是灵魂的一去不返，躯体生命的丧失只是灵魂离去的结果；梦寐则是灵魂暂时离开躯体的现象。基于这种理解，原始人常把死者生前用过的工具和一些食物作为殉葬品，这说明他们相信人死后还有生活，和活人一样需要物品和食物。一般的氏族成员或未成年人的去世所引起的只是悲伤和惋惜；哺育了大量子女并作为生产指挥者和生活组织者的祖先去世后，人们除了悲伤，还要重新思考家族的前途和命运，甚至重新安排生活，而这种重新安排当然最好能得到死去长者灵魂的护佑。于是，祖先崇拜就自然产生了。在古代埃及人和中国人中间都能找到祖先崇拜最典型的形式。古埃及人在生前就开始关心死后的生活，修筑墓葬和制作木乃伊是十分重要的事务。中国古代人的祭祖则是十分神圣的事情。

图腾崇拜是旧石器晚期发生的事，这个时期也是人类狩猎生活的黄金时代。对北美的印第安人来说，一种动物一旦被部落奉为图腾，它便幸运地受到保护。在特殊的场合举行仪式吃图腾的肉，被认为是从祖先身上获得力量的方式。当现代国家选择某种动物或植物作为国家的标志时，已剔除了远古图腾崇拜的宗教内容，仅继承了其包含的艺术、感情和美学遗产。

自然崇拜是新石器时代才产生的。这是由于农业和畜牧业的发展使人们不再浑然一体地理解自然现象了，而是把一些与自己生活密切相关的现象——土地、山、河流、雨、太阳、月亮作为生存的护佑神来崇拜。由于自然崇拜发生最晚，而且是在人类跨入文明门槛之前发生的，所以它给文明人类留下了最清晰和最丰富的记忆。几乎所有古老民族的早期文明中都能发现大量的自然崇拜形式。

祖先崇拜、图腾崇拜和自然崇拜是蒙昧和野蛮时期人类处理自己与还不能理解的自然界之间关系的一种方式。人类在自己不能理解和控制的自然现象面前，便幻想是神主宰着它们。于是便创造出了各种各样的神，并企图通过对神的崇拜来影响和控制自然。为了实现这一幻想中的目标，原始人创造了各种各样的祭祀仪式（包括杀牲和杀人祭祀）、供奉仪式和巫术、符咒、佩带护佑物、抽签占卜等和神沟通的方法。所有这些活动的目的都是为了排除对自己不能理解和控制的自然界的恐惧，祈求超自然神的护佑，并希望借助神的力量和启示来为自己襄灾祈福。

从对原始宗教的考察中不难看出，原始宗教是科学没有诞生的时代人类面对未知的一种方式。宗教所预先占据的人类精神之所正是科学将要占据的营地。在人类理智之花还未开放的时代，宗教对于人类精神是一剂虚幻的安神药。人类虽然没有从宗教中找到真实的力量，但却找到了精神的皈依。不过，这并不是一个可靠的、永恒的皈依之所。按照《金枝精要》的作者、英国人弗雷泽（1854—1941）的意见，当人们用巫术企图直接控制自然失败以后，就用崇拜与祈祷的方式，祈求神给予这种能力；在人们看到这样做也没有效力并且认识到天律不变时，他们就踏入了科学之门。①

当然，人类踏入科学之门之后，科学和宗教都得到了发展。基督教在近代欧洲历史上曾扮演过反对若干科学发现的角色，但不少西方著名科学家同时也是宗教感情十分强烈的人。历史地看，科学在解开一连串自然之谜的同时，也不断发现一系列新的自然之谜，人类社会所面临的许多问题也不能仅靠科学技术来解决。因而，人类在依靠科学的力量扩展已知世界和有限世界的同时，总不能非常确定地把握未知世界和无限世界；在置身现实世界和此岸世界的同时，也不可能感受未来世界和了解彼岸世界。这样，宗教在某种意义上也就成了人类由于科学的局限性而借以把握明暗相间的未知世界、模糊不定的未来世界以及无限世界和彼岸世界的一种方式。

---

① 参见［英］詹·弗雷泽：《金枝精要——巫术与宗教之研究》，627～629页，上海，上海文艺出版社，2001。

第二章

尼罗河畔的永恒

　　埃及人对于现代世界的贡献是很少有古代文明能够超过的……法老的国家为尔后千百年的许多知识成就留下了根苗和促进因素。哲学、数学、自然科学和文学的不少原理均发源于此……他们使灌溉、工程、制陶、玻璃制造和造纸的成就更臻完美……还提出了后来历史上广泛使用的建筑原则。

　　爱德华·麦克诺尔·伯恩斯、菲利浦·李·拉尔夫：《世界文明史》

埃及的地理和历史

　　埃及是一块饱经沧桑的土地。它的古代历史一度仅留在古希腊罗马历史学者的著作中。1798 年拿破仑远征埃及军队中的科学考察队所编的《埃及志》重新引起了欧洲人对古埃及文化的兴趣，随着大量古代铭文的发现和破译①，曾埋在这片土地上的许多古老的谜开始有了破解的线索。上埃及的神庙和下埃及的金字塔在这块土地上默默地屹立了数千年，昭示了古埃及人的才智、能力和事业。埃及文明的起源至少可以上溯到公元前 4000 年以前，因为在公元前 4241 年埃及人便开始实行人类历史上最早的历法之一——埃及历了。

---

　　① 英国物理学家托马斯·杨（1773—1829）和法国人佛朗索瓦·商博良（1790—1832）最先破译古埃及文字，尤其是后者对罗塞塔碑文的破译，开创了埃及学研究。

古埃及的国土实际上就是尼罗河中下游两岸的一个狭长地带，只是在尼罗河三角洲附近向地中海扇形展开。这一片土地的东部是平均海拔 800 米的阿拉伯沙漠高原；南部是山地，尼罗河穿越其中，水流湍急，瀑布排排；西部是难以穿越的撒哈拉大沙漠；北部是浅滩密布、暗礁罗列的地中海海岸。在古代的交通条件下，这是一块可以避开外族侵扰的理想的农业文明生长土地。

早在公元前 3100 年埃及便形成了统一的国家，此后经历了早期王朝（约公元前 3100—约公元前 2686）、古王国（约公元前 2686—约公元前 2181）、第一中间期、中王国（约公元前 2040—约公元前 1786）、第二中间期、新王国（约公元前 1567—约公元前 1085）、后期王朝（约公元前 1085—公元前 332）等时期。后期王朝时期，埃及曾先后被利比亚人、埃塞俄比亚人、亚述人、波斯人侵入或征服。公元前 332 年埃及被亚历山大帝国征服，随后建立了由希腊人统治的托勒密王朝，公元前 30 年成为罗马的一个行省。公元 640 年以后则被穆斯林哈里发所统治。16 世纪 50 年代埃及被并入奥斯曼土耳其帝国的版图。1798 年拿破仑军队进入了这片土地，但在 3 年后被英国人赶走。直到 1936 年，英国人的势力才从除苏伊士运河区以外的地区撤出。今日的埃及是在第二次世界大战结束几年后才取得独立的。在这个新的国家里，87% 的人是阿拉伯人，其次才是自古代以来就生活在这里的柯普特人和贝都因人等。

古埃及的神、祭司和知识

古埃及国家是由从原始公社转变而来的农村公社组成的，每个公社开始都各有自己的图腾，在形成统一国家之后，神并没有完全统一起来，但形成了一些全国性的大神。其中最重要的是主管大地和植物生长的农神奥赛里斯，他曾被他的兄弟——沙漠和风暴之神赛特杀死，尼罗河一年一度泛滥后原野上出现的新生机被看成他复活的象征。奥赛里斯也是冥世的主神，人死后要通过阿努比斯神的协助才能进入冥世，阿努比斯掌管着木乃伊的制作。奥赛里斯的妻子（也是其妹妹）是主管生育的爱西斯，他们的儿子是手握生命之匙的鹰头神荷鲁斯。许多法老（埃及国王的称号，意为宫殿）把自己看成他的化身。另外还有爱神海瑟，人类的创造者太阳神拉（希利奥波里城的太阳神）和阿蒙（底比斯城的太阳神），手艺人的保护神普塔，智慧之神韬特及其盟友——真理之神迈特。

处于人类文明初期的古埃及人把自己的生与死以及自然现象都交给神来掌握，甚至连改造自然的技术和理解自然的智慧也包括在内。技术是在普塔的护佑之下，智慧受到真理女神迈特的启示。韬特是立法者之一，主管着测时、记日和纪年，还掌握着语言，主宰着书籍，发明了文字。他要人们世世代代记录天文事件，埃及神庙的祭司们忠实地执行着这一职责。

不过，出土的古埃及纸草书文献却表明古埃及的技术和知识是人自己创造出来的，尤其是神庙中的祭司们保存和发展了埃及的文字和科学知识，他们在埃及发明的莎草纸上所写的纸草书大概是现存的那个时期最丰富的历史文献。约公元前 1800 年至公元前 1600 年间，一个叫阿摩斯的祭司写的一份纸草书卷转录了公元前 2200 年人们积累起来的几何和算术知识。公元前 2000 年前后的一份纸草书和公元前 1600 年前后的埃伯斯纸草书卷则载有医学论文。在罗马人统治埃及之后，由于限制了神庙的特权，祭司阶级慢慢消亡了，这也是人们后来不得不靠破译埃及文字来重新认识埃及文化的原因。

解剖和医学

古埃及法老认为自己是奥赛里斯的后代。由于对奥赛里斯的崇拜，古埃及人相信死后可能复活的观念，而制作木乃伊便是希望复活。尽管这种希望根本不可能实现，这一习惯却持续了很长时间。

制作木乃伊使埃及人积累了很多生理解剖知识，因而他们的医学便少了一些盲目性。另外，埃及人配制药物的技术在当时也闻名于近东地区。这些药物有植物、动物和矿物。埃及留下名字的最有名的医生是伊姆荷太普（意为"平安莅临者"），他被奉为医学的祖师。据说他是古王国第三王朝法老乔赛尔的大臣和御医，还设计过一座金字塔。埃及的医生能治眼疾、牙痛、腹痛，一卷纸草书上列有 48 种外伤病历和疗法。医生们对心脏和血液循环的关系已有初步了解。埃及医学可能是当时世界上最具有理性和最发达的医学，它后来通过希腊人影响了整个西方医学。

尼罗河的赠礼

游历过埃及的古希腊历史学家希罗多德（公元前 484—公元前 425?）曾感慨地把埃及称为"尼罗河的赠礼"，这主要是因为尼罗河每年如期泛滥一次，给两岸广阔的地面上澄下了一层肥沃的淤泥，使之成了农耕的沃野。这种举世无双的自然环境条件对古埃及的文明和人民生活产生了深远的影响。

　　古埃及社会的主要生产部门是农业，畜牧业在三角洲地区也相当重要。在尼罗河两岸的谷地中，人们先排干沼泽，撒种而耕，接着开始修筑人工蓄水湖和渠坝，河水泛滥时蓄水，水退后灌溉。正是由于共同依赖尼罗河水和沃土的养育，越来越多的共同事务和利益逐步打破了村社之间的隔绝，尼罗河流域的人们联系成一个统一的国家。当然，对于上游和下游、东岸和西岸的交往来说，船的作用是不能低估的。早在3万年前，原始的独木舟就出现了。在公元前6000年至公元前5000年，地中海、波斯湾和尼罗河上就出现了船。在公元前3500年时埃及人已有了帆船，陆上的运输则用驴驮来实现，这正是他们的统一国家快要形成的时期。

　　由于备耕需要掌握河水泛滥的确切日期，因而确定季节就十分重要，天文学成为同人们生死攸关的事情。埃及人在公元前2781年采用了人类历史上最早的太阳历，根据这个历，每当天狼星和太阳共同升起的那一天（公历7月），尼罗河就要开始泛滥，这是一年的开始。首先是泛滥季节，接着是播种季节和收获季节，这三季共12个月，每月30天，每年360天，再加年终5天节日。这个历每年只有1/4天的差数，是今天大多数国家通用公历的原始基础。

　　一年一度的尼罗河水泛滥，也冲毁了原有耕地的界线，居民点像汪洋中的孤岛，水退后人们又得重新丈量和划定土地，然后才能下种。年复一年地丈量和划定土地、修筑运河和渠坝，使埃及人在几何方面比其他任何民族都有了更多的实践，积累了大量的数学知识；建筑神庙和金字塔应用并推进了这些知识。古埃及人已懂得10进位计算，能计算矩形、三角形、梯形和圆形的面积，取圆周率为3.16，还能进行简单的四则运算（乘法用连续相加的办法），并能解一个未知数的方程（这种方程大概是测定谷堆、粮仓容积和计算建筑用料时用）。他们的这些知识后来成了古希腊人的数学入门课程。

　　由于尼罗河谷地的肥沃和农业的繁荣，埃及的园艺、畜牧业很发达，渔业也很可观。古埃及人培植的作物有大麦、小麦、亚麻、蓖麻、芝麻、葡萄、豆类、黄瓜；养育的动物有牛、羊、猪、鸭、鹅、鱼等。在此基础上，埃及人的手工业也得到相当程度的发展。古埃及人约在公元前1600年就发明了制造玻璃的工艺，陶器的工艺、饰物工艺、纸草工艺、亚麻布纺织、炼铜和铜器制造等都达到了很高水平。商业也随着手工业的发展而繁荣起来。

技术的奇迹和停滞

　　尼罗河谷的农田不必深耕，不必轮作，不必上肥，连杂草也不多生。在土地上撒了种子，用牛拉的原始犁稍微翻起一些土把种子埋上，赶来羊群或猪群把地踩平，在生长期间加以灌溉就能获得丰收。打麦则是用牲口把颗粒从穗子里踩出来。这样良好的农业条件反而使埃及的农业技术长期处于停滞状态：几千年中农具没有多大改进，直到新王国时期才把犁头的形状稍微改变了一下。新王国时期的另一个技术进步是开始利用沙杜夫杠杆从河中提水灌溉农田，但用牲口踩穗的脱粒方法一直残存到公元5世纪。

正是农业劳动所需劳动力的数量相对较少，使埃及能够把大量劳动力投入到其他方面。埃及的奴隶经常被大批调去修水渠、营造神庙、宫殿和金字塔（法老的墓）。农民也要加入这支队伍。这支队伍的监工是法老的官吏。此外，农垦扩大后逐渐毁灭了尼罗河谷地的森林，使埃及的木材资源奇缺，而东部和西部的沙漠则是无绿的边界，埃及变成了一个惜木如金的国家。古埃及人除了制造船舶、工具和必要的房屋建筑外，所有巨大建筑都以石代木。石头在谷地周围能够得到，而且藏量丰富。

古埃及人最伟大的技术成就正是用不朽的石头建造的金字塔和神庙。今天还矗立在开罗西南10多公里处的吉萨的金字塔大大小小共有70多座。最大的胡夫金字塔约修建于公元前2600年（古王国），高146米，底边各长230多米，误差极小，正对东南西北方向，塔的倾角约为52°，造塔共用了约230万块磨制过的大石，每块平均重2.5吨，最大的约30吨。石块可能是从尼罗河对面的山地运来的。据记载，运石的路铺了10年，造塔花了20年。有10万人参加这项工程，他们劳动三个月调换一次。胡夫以后的一个法老哈佛拉还在他的金字塔附近立了一块整石雕成的狮身人面像，高约20米，长达57米。据说相貌便是他自己的。[①]

现存的经过历代修整添建的上埃及的卡尔纳克神庙亭殿层叠，主殿占地约5 000平方米，有134根圆柱。中间的12根高21米，开花状的柱头上可站100人，上雕象形文字和图形，描述法老对阿蒙神的敬意。神庙的建筑同天文学有着密切的关系。卡尔纳克神庙朝向天狼星升起的方向修了一条专门的窄廊以遮住早晨的阳光，使人们能在太阳初升时清晰地看到天狼星。不少地方的神庙正对着尼罗河泛滥时天狼星升起的方向，还有一座神庙只有在夏至那一天日落的时刻，阳光才能射入大厦。由于太阳从东方升起，从西方落下，每日往复循环，与此相

----

① 有的研究者认为，胡夫、哈佛拉和孟考拉三座金字塔和尼罗河的位置，对应着银河与猎户座腰部三颗星的位置，表明古埃及人对天地之间关系的想象和对生命永恒意义的追求。另外，也有人想通过一些测量数据，说明金字塔可能是外星人或更遥远的已湮灭文明所为。

应，古埃及人居住在尼罗河东岸，而将坟地选在西岸。卡尔纳克、卢克索等神庙都位于河的东岸，而金字塔都建于西岸。这体现了他们希望人的生命也能像太阳一样往复循环的观念。

埃及农业的优越条件是举世无双的，埃及的石建筑艺术也是举世无双的。埃及的农业所用的劳动力可能是最少的，而在石建筑方面所用的劳动力却是最多的，甚至远远超过了修筑为农业服务的水利工程。其后这块土地上能与之媲美的工程大概只有1859年至1869年开凿的苏伊士运河和1959年在尼罗河第一瀑布处修建的阿斯旺大水坝了。不过，古代的石建筑事业吸引了埃及人过多的注意，集中了他们过多的才智，使古埃及手工业中石工所占分量过重，石匠人数众多，石材加工成为主要的手工业部门。因而，古埃及的技术长长地拖了一个石器时代的尾巴，那沉重的石块暗暗地阻碍着埃及铜铁技术的前进。

由于金属矿藏的相对贫乏和石加工技术的极端发展，以及优越的农业生产条件降低了应用铜铁工具的迫切性，古埃及的铜器技术进步缓慢，铁器的应用更是姗姗来迟。古王国时铜石并用，由于尼罗河谷地铜矿奇缺，用铜铸造国王的像与国内重大的政治宗教事件被列在同一条铭文中。中王国进入了青铜时代，但青铜技术直到新王国时才得普及。考古学发现，早在远古时代埃及人就已知道使用陨铁和对它进行加工，但在古王国时人们很少使用铁。在一个金字塔的宗教铭文中发现，人们认为天幕和太阳神的宝座是用铁做的。铁在一个相当长的年代里被当做圣物。只是到新王国中期，小亚细亚的赫梯国王哈图什尔在同埃及法老拉姆捷斯二世签订和约后，给埃及运来了一船铁，这是作为贵重礼物相送的。

衰亡与不朽

考古学和铭文发现，埃及从古王国以来与周边民族进行了大量贸易。埃及人用自己的金银和玻璃制品、工艺品、石制器皿、陶瓷、象牙制品、蜣螂石等换来了叙利亚的木材、葡萄酒和蜂蜜，亚述的车、马匹和天蓝石，小亚和爱琴海国家的铜、纺织品和各种木制品，利比亚的涂抹油，东非国家的没药、香木、象牙、南方动物和豹皮，还有奴隶。这些贸易都是由国王和上层阶级组织的，而且主要是为他们服务的。庞大的埃及商队常常也是出征大军的先遣队。在古王国和中王国的强盛时期，法老发动了对外战争。这些战争的重要目标是西奈半岛上的铜矿区、尼罗河上游努比亚的金矿区，还获得大量的财宝、奴隶、牲畜和土著部落的臣服。在新王国兴盛时，埃及人曾手执青铜斧越过苏伊士地峡，向巴勒斯坦和叙利亚发动了战争，并一度把这些地区并入自己的版图之内。黎巴嫩山上的雪松，叙利亚的马匹、战车，巴勒斯坦的黄金、白银，都成了帝国的财富，而且更重要的是由此获得了通往亚洲的稳定商道，并能够在海上同希腊人进行贸易，帝国的影响扩大了。然而，正是在新王国鼎盛之后，这块试图开放的土地便开始成为先进入铁器时代的西亚人和欧洲人的猎场。埃及人后来在军事上的失败，除了国力不振之外，主要还因为他们用铜武器迎战铁武器。他们的对手先是亚述人，后是波斯人，而这两者都是手执铁剑、铁矛的年轻民族。

一个民族可以在军事上被战败，但她的文明却不一定被消灭。埃及文明延续长久，成果辉煌，影响深远，这也助长了埃及人鄙视外族的心理。因而，当外族人持着铁矛涌入尼罗河流域的时候，埃及的贵族和祭司们反而更加强烈地重温昔日时光，就像一个总喜欢回忆往日的老年人一样。这支文明经历过几千年的历史风尘后变得衰老了。

然而，古埃及的文明已深深融入全人类文明的长河中。由于经常的战争、贸易及其他来往，埃及的文化深深地影响了周围民族。曾征服埃及的喜克索斯人、利比亚人、努比亚人等无不被埃及的文化所征服，他们给自己也加上法老的头衔，崇拜埃及的神，用埃及语写铭文，在一切方面都模仿埃及统治者。埃及的文化深深渗入了西亚的巴勒斯坦、腓尼基、叙利亚、塞浦路斯。埃及新王国的一个法老阿赫那吞宗教改革时的一神教影响了希伯来人对统一神耶和华的崇拜。希伯来人当时曾居住在埃及，并随后在摩西的带领下离开，埃及人的教训、预言和文学的影响也反映在《圣经》中。

埃及文明对年轻的希腊部落正在形成中的文化尤其产生了强烈的影响。埃及后期王朝由于衰落而执行亲希腊的政策，希腊雇佣兵、商人、殖民者曾大批涌入埃及。希腊人崇拜埃及祭司的智慧、宏伟神庙的圣礼和建筑气派，以及埃及人的财富和豪奢。尽管埃及祭司把自己的数学知识看成神的启示，但这些知识却启迪了希腊人，尤其是几何学知识，它是希腊几何学的哺母。而埃及的天文学成果还同它的太阳历一起，成为西方历法的基础之一。埃及人制作木乃伊是为了死者的复活，这显然是不可能的，但他们在制作木乃伊时积累的解剖知识，以及他们在医疗中积累起来的医学知识，却成了希腊医学和解剖学的起点。埃及人创造的象形文字通过西奈半岛同巴比伦人的早期文字汇合，经过腓尼基人的改造，成为希腊字母的来源，因而也成为拉丁文字的来源之一。

第三章

两河流域的遗产

在公元前 4000 年时，底格里斯河和幼发拉底河流域的苏美尔人发明了犁，并且利用家畜来拖犁……他们制造了用动物拖动的轮车，建造船舶，并且用陶轮来制造焙干的陶器。

在天文学方面，埃及人的成绩不如巴比伦人……除了月份以外，巴比伦人还给我们提供了另一个时间单位，即星期。他们用太阳、月亮和五大行星的名字来称呼星期中的 7 天。将一天分成以 2 小时为单位的 12 时，每小时分为 60 分，每分 60 秒，也都是他们创始的。此外，我们用来称呼各个星座的那些名称也都是巴比伦人取的……

斯蒂芬·F·梅森：《自然科学史》

西亚的新月形地带

当埃及文明出现在尼罗河畔的时候，在它的东北方向，越过苏伊士地峡和西奈，便是地中海东岸的巴勒斯坦、腓尼基、叙利亚以及夹在幼发拉底河和底格里斯河中间的美索不达米亚和巴比伦尼亚草原。这是一块新月形的地带，它的西北部是与欧洲相望的小亚半岛，北部是亚美尼亚高原山地，东边是中亚的伊朗高原，弯月的东南角随两河流向一直延伸到波斯湾，整个弯月怀抱着叙利亚沙漠和阿拉伯半岛。

这是亚洲西部的一块沃野，它的周围有丰富的自然资源。自古以来这里就居住并从周围地区吸引来无数部落和众多民族，他们共同在这块土地上繁衍生息，在语言、科学知识、技术成就以及宗教和文化上相互影响，不同程度地融合，培育了人类古代文明的又一朵奇葩。这块土地上也发生了一连串的战争，先后兴起了众多大大小小的国家。这里的历史事件同东北非洲的埃及，以及地中海东部沿岸的希腊的发展，经常联系在一起。

多变的历史风云

最早居住在巴比伦平原上的苏美尔人在公元前 4300 年就建立了城市国家。苏美尔人的国家延续了近 2 000 年后曾一度为其北部的近邻、属于闪族的阿卡德人统治了 100 多年（公元前 2371—公元前 2230）。在东方的库提人入侵后，乌尔的第三王朝曾一度复兴（公元前 2113—公元前 2006）。继之而起的是闪族阿摩利人建立的古巴比伦王国（公元前 1894—公元前 1595 左右）。古巴比伦王国在公元前 1650 年被西北方小亚半岛的赫梯人所洗劫，走向衰亡，整个两河流域在公元前 746 年至公元前 612 年属于美索不达米亚北部崛起的亚述帝国。亚述帝国灭亡后，迦勒底人建立了新巴比伦王国（公元前 626—公元前 539），后者是被波斯王居鲁士推翻的。波斯帝国对这里的统治一直延续到亚历山大公元前 330 年的征服。此后，亚历山大的部将在这里建立了希腊化的塞琉古王国，一直延续到公元前 67 年。接着罗马帝国的庞培征服了小亚和叙利亚。

罗马帝国时期的两河流域，是罗马和东部的帕提亚王国以及后来重新崛起的波斯的角逐场。公元 638 年阿拉伯人征服了这里。1055 年，塞尔柱土耳其人统治了两河流域。随之闯入这里的还有欧洲十字军。1258 年蒙古骑兵攻下了巴格达，蒙哥的弟弟旭烈兀以波斯和两河流域为中心建立了伊儿汗国。1393 年突厥化的蒙古贵族帖木尔的军队攻陷巴格达。1500 年至 1550 年，奥斯曼土耳其人在攻占整个北非和巴尔干半岛时囊括了两河流域。一直到第一次世界大战后，两河流域的大部分地区被英法两国从土耳其帝国中分割出来。在第二次世界大战后，这里出现了以阿拉伯人为主的独立国家——巴勒斯坦、约旦、黎巴嫩、叙利亚、伊拉克和以色列等。

苏美尔人的最初创造

苏美尔人大概是从东方进入两河流域南部的。他们的石刻像大部分圆颅、短颈、光头、光面，与长脸多须的闪族人迥然不同。他们于公元前4300年进入定居的城市生活，公元前3500年起建立了一系列以耕种为主的城邦，其中有乌尔、乌鲁克、尼普尔、拉伽什、基什、波尔西巴等。由于大规模灌溉工程的组织和与邻国进行贸易和战争的需要，小的城邦慢慢联合起来，甚至在最后一个时期内形成了以其中一个城市为首的苏美尔王国。

由于平原上石材缺乏，苏美尔人用泥砖建筑，发明了拱门、拱顶和穹隆结构。

苏美尔人的青铜技术也达到了很高的水平，他们还是世界上最早的轮车的发明者。一个繁荣的农业国在平原上运输显然需要轮车。

在军事方面，他们已有了军旗和马拉的战车，战士戴铜盔，持大斧、投矛、弓箭和盾，以六排方阵队形前进。这种方阵战术后来为希腊人和马其顿人所采用。

两河的泛滥是没有规律的，人生祸福也无常，天上的星星运行却有周期。苏美尔人相信神主宰着尘世的祸福，天上的星便是神的化身，星的运行和地上的事件有关。他们在城市的中心建造了塔庙，作为祭神的中心，也作为天文台使用。波尔西巴著名的七层神庙是献给日月和五大行星的，各层的颜色均不同，在当时被称为奇观。

农业的发展使认识季节越来越重要了，所以，通过系统的天文观测来建立一套精确的计时系统是十分必要的。这样，天文观测就有了两个目的：计时和预知未来的世界。苏美尔人把太阳每年在天球背景上的历程分为12宫，每一宫的星座都以神话中的神或动物命名，即黄道十二宫，从春分点起分别为白羊、金牛、双子、巨蟹、狮子、室女、天秤、天蝎、人马、摩羯、宝瓶、双鱼。由于春分点的西移，两千年前在白羊座的春分点，今天已经移到了双鱼座。他们的天文学为今天通用的计时系统奠定了基础，星空划分和命名则一直相沿至今。他们制定的阴历（公元前4700年前后）比埃及最早的历法还早500年左右。① 该阴历分1

---

① 阳历以太阳和地球的相对位置确定年、月。在古代，精确地观测日影的高低、日出日落的方位是确定阳历的基础。阴历是以月为基础的，每月初新月傍晚挂在西天，每月中则见到一轮圆月。在人类认识的时间单位中，日、月、年等单位在某种程度上都是自然界加于人类的：每日一次日升日落，每月一次月圆月缺，每年一次冷暖寒暑。

年为 12 个月，每月 30 天，时常加闰。

苏美尔人在天文观测时发明了日晷，计时则使用水钟，他们在记数时用十二进制，也用十进制，这使他们十分重视 60 这个数，圆周的 360 分度也是从这里开始的。在数学方面他们制定了乘法表、倒数表、平方表、立方表和立方根表，并能计算矩形的面积、立方体和圆柱体的体积，其中圆周率取 3。

苏美尔人的天文学超过了同时期的埃及人，但在医学上又远不如埃及人。他们没有建造讲究的坟墓的习惯，没有保存木乃伊的习惯，因而也没有人体解剖的习惯。毫无医药知识的巫师和驱神赶鬼的人执行着医疗的职责。

苏美尔人在象形文字的基础上创造出了一套楔形文字，这些文字用芦秆写在泥板上，而且在专门的学校里教学。当时的知识便是由这些泥板文书流传下来的。这种楔形文字随后成了西亚的通用文字，并和埃及的象形文字一起哺育了腓尼基人的文字。波斯文字的字母也是由它改造而来的。苏美尔人最早制定的法典后来成为建立古巴比伦的阿摩利人、亚述人、迦勒底人和希伯来人法律的基础。

苏美尔人是两河流域文明最早的创造者，在许多方面都可与古埃及人相媲美，但由于苏美尔人聚居在没有屏障的狭小河间平原上，当周围的其他民族渐渐发展起来之后，便丧失了独立发展的前途，而逐步在衰落中同闪族人融合到一起了。

古巴比伦和使用铁的赫梯

东方山区游牧部落的阿摩利人入侵美索不达米亚之后，以巴比伦城为中心，在两河流域建立了一个中央集权的大国，史称古巴比伦王国。国中生活的有苏美尔人、属于闪族的阿卡德人和阿摩利人。由于在全国开挖运河、修筑灌渠，农业得到了发展。由于农业部落和游牧部落的融合，经济有所繁荣。古巴比伦占据两河流域的沃野，处在由小亚和亚美尼亚通往波斯湾以及由叙利亚海岸通往伊朗高原的两条商道的交叉点上。巴比伦的商队达到了叙利亚、巴勒斯坦和小亚，这里的人用小麦、大麦、羊毛、油枣子等从周围山区换来了铜、银和奴隶，同时也把楔形文字带到了那里。

古巴比伦的第六个王汉谟拉比时编纂的一部法典，刻在 2.25 米高的石柱上，石柱上的图画为太阳神沙玛什坐在椅上将权杖赐给站立着伸出手的汉谟拉比王。从法典的内容看，尽管它仍然有古老的同态复仇条款，但却比苏美尔人的法典更完善了。它反映了加强这个多民族国家中央集权的需要以及经济生活的进步。在漫长的古巴比伦时期，祭司们发现了二元一次方程的解法。在塔庙台上观测天象的事业继续着，占星术、占卜术更受重视，关于罪孽的恐怖观念产生了，信鬼和巫术现象更普遍。自然灾害和周围民族的不时侵犯使人没有安全感，这反映为宗教的忧郁色彩。

然而，使这个王国衰落的不是法律禁止的种种行为，也不是神的愤怒，而是其西北部小亚半岛上崛起的赫梯人。赫梯王国存在于公元前 1900 年至公元前 1100 年间，它的北部有丰富的铁矿，赫梯人最早开始普遍使用铁器，包括铁武器，还有骑兵。这些先进的技术使他们能在公元前 1650 年洗劫当时西亚的文明中心巴比伦城。

古巴比伦被赫梯人洗劫后进入漫长的衰亡时期。赫梯人并没有在这里建立统治。赫梯这个羽翼不丰的小国还同尼罗河畔的埃及长期争夺叙利亚，在战争中耗尽了元气，后来在海上蜂拥而来的爱琴部落和亚述人的交替攻击下灭亡了。但赫梯人不仅向整个西亚传播了铁器技术，还吸收了巴比伦的文化，用西亚的楔形文字编制了最早的泥板字典，其中分为苏美尔文、阿卡德文和赫梯文三栏。通过掌握文字和语言，他们把巴比伦流传的古代苏美尔英雄吉尔伽美什的故事传到了整个小亚半岛，这个英雄后来在希腊被变成了赫拉克利斯和海格里斯。

金戈铁马的亚述

由古代的苏巴列亚人、亚美尼亚人和一支闪族部落融合而成的亚述人居住在美索不达米亚北部。由于经常受到北部游牧民族和南部巴比伦人的威胁，这个民族把自己锻炼成了一支好战且善战的力量。他们曾先后处于南面的古巴比伦人和西面的米底人的势力范围内，但终于取得了独立地位。亚述人在战争中逐步建立了用铁剑、长矛、强弓硬箭、金属盾牌、头盔和胸甲武装起来的步兵，著名的尼尼微骑兵、战车兵、工兵和攻城部队，再加上投石机、破城槌和坑道战术、架桥技术、用皮囊渡水的战术和奇袭战术等，亚述的军队从公元前 746 年开始，在几十年内不但摧毁了抵抗它的新月形地带和小亚的泥砖城墙，而且轻而易举地征服了手持青铜战斧的埃及法老军队，在近东第一次建立了一个军事大帝国。

亚述帝国是把铁技术和军事技术很好结合起来的一个例子。亚述有丰富的铁矿，亚述人对铁的应用较早，在帝国崛起的过程中亚述王还要求各个被征服民族把铁当做贡品，铁的应用加速了亚述军事力量的膨胀。亚述人统治时期，巴比伦的文化传遍了整个西亚和埃及。

亚述帝国仅存在了100多年便销声匿迹了。这是因为昔日的军官变成了饱食终日的贵族，人民在公共工程和劳役中陷入穷困，被征服的民族不甘心忍受压迫和奴役。而且，亚述人在军事技术上的相对优势也渐渐不复存在，在巴比伦和埃及这些古老国家的废墟上积聚起新的反抗力量，亚述帝国被倾覆了。不过，巴比伦人从公元前747年开始对天文现象的系统观测在亚述时期并未中断，而且延续了360多年。这些观测结果记在一系列泥板上。

亚述人出色的军事技术和帝国管理方式，部分地被后起的波斯人乃至更远的罗马人所应用。今天生活在伊拉克的库尔德人和伊朗的亚述人，是古亚述人的后裔。

新巴比伦的建筑和天文学

公元前626年，在亚述王统治下的迦勒底人趁米底人和埃兰人进攻亚述的时候同米底人结盟，共同摧毁了亚述的军队，在古巴比伦的土地上建立了新巴比伦王国。

这个王国重建的巴比伦城呈正方形，边长22.5公里，有100个青铜的门，幼发拉底河穿城而过，河上有吊桥，河下有隧道。城里有三重围墙的王宫和底部每边长约200米的贝尔神庙。王宫中的空中花园就是希腊人看到的世界七大奇迹之一。在宗教游行通往玛都克神庙的石板路上，修筑了一座献给女神伊什塔尔的大门，门壁饰以琉璃砖砌成的奇异动物和牡牛的图像。强大的王国曾先后两次进兵犹太王国，最后在公元前587年毁灭耶路撒冷，把大部分居民掳至巴比伦。但在公元前539年，贝尔神庙的祭司便把波斯王居鲁士引来，后者成了这座古城的新主人。

迦勒底人统治巴比伦时期，天文学方面取得了新成就。这时在苏美尔人天文学的基础上规定七天为一星期，这七天分别对应日、月和火、水、木、金、土五大行星。还规定一天为12时辰，每个时辰为120分，每分120秒。这一计时体系成了全人类计时方法的基础，后来只是把每天12小时变成24小时罢了。这一时期对天象和蚀象的观测继续进行着。公元前568年的泥板文书记录了如下的天文现象："一日，水星出现。三日，秋分。十五日，晚，日落后四十分，月食开始。二十八日，日食。"另外，从苏美尔人开始的对星座的崇拜也继续着。这些星神中有金星伊什塔尔，它是自然界生殖力的女神；贤明的知识之神埃阿的儿子——农神玛尔都克是木星，并成为国神。除此之外，血红色的火星一直是战神，而彗星、流星和日月食的出现则预示着民族的灾难、瘟疫或者国王的死亡。既然星神掌握着人类的命运，那么人类的命运就会在星的运行中预示，天文学同时就是占星术，也是他们的未来学。

波斯帝国的成就

波斯人最初居住在波斯湾东岸，他们在同两河流域人的接触中了解了外部世界，并积聚了力量，在这个世界分裂和衰落的时期乘机崛起，成为它的主人。

波斯人统治时，西亚修了长达几千公里的大道，其中一条王室大道从波斯湾的苏萨一直通到爱琴海岸的以弗所。波斯人还创建了军事学校和普通学校，在埃及创办了一所医校，修通了从红海到地中海的一条运河（后淤塞）。在波斯帝国时期，巴比伦的天文学家布·里曼努（约公元前 5 世纪）算出了一年的时间，比现代只多了 $26'55''$。公元前 4 世纪，另一位巴比伦天文学家基迪努在编制时间表时已接近发现岁差。这些成果都为希腊人制定历法时所用。波斯采用了埃及历法，统一过币制。它的统治导致了近东波斯、巴比伦、小亚半岛、叙利亚和巴勒斯坦海岸以及埃及文化的融合。波斯人的行政管理方式远比亚述人成功，因而给近东这个多民族地区带来了近 200 年的统一、和平和发展。

今日伊朗克尔曼高地上的贝希斯敦铭文记载着波斯帝国昔日的辉煌。早在公元前 10 世纪至公元前 7 世纪时，波斯人查拉图斯特拉（意为老骆驼）创立了流传广远的琐罗亚斯特教。波斯的大流士一世（约公元前 558—公元前 486）曾认为他的使命是在该教最高的善神阿胡拉玛兹达的主宰下公正地统治整个文明世界。该教衍生的密特拉教和摩尼教后来传入中国。当 19 世纪的哲学家尼采（1844—1900）喊出"上帝死了"的声音之后，还以"查拉图斯特拉如是说"的名义写了一部企图拯救人类的书。

西方文字的渊源

埃及和巴比伦文明发展时期，在黎巴嫩山脉和地中海之间的狭长地带上住着腓尼基人。腓尼基在希腊语中是紫红色的意思。由于他们常从海生动物中提取紫红色染料染布，卖给希腊人，所以就被以色命名。这是一些城邦的联盟，为了安全，他们经常向大国纳贡。亚述人、迦勒底人和波斯人先后都统治过腓尼基人。

这里著名的城市有推罗、西顿和贝鲁特。这是一个以在地中海进行商业和殖民活动而著称的国家。它在北非的殖民地迦太基后来成为罗马所嫉妒的国家。

由于商业活动需要同各种人打交道，腓尼基人不仅成了航海的能手，而且还把苏美尔—巴比伦的楔形文字和西奈半岛的迦南人根据埃及象形文字创造的西奈字母兼收并蓄、简化改造成一套通用的腓尼基字母。这套字母在被希腊人改造成希腊字母后，成为拉丁字母乃至西方大多数字母文字的基础。例如，埃及圣兽公牛阿比斯的形象 ४ 被西奈的闪语读成 aleph，腓尼基人将它写成易写的 ◁，而希腊语的第一个字母便是 α，读音与闪语相近。后来拉丁人把腓尼基的牛头竖起来，创造了第一个字母 A，把希腊的 α 变成小写的 a。腓尼基的第二个字母是从西奈闪语字母 ⌐ （房屋，读作 beth）演化出来的 ৬，它在形状和读音方面是希腊字母 β 和拉丁字母 B 和 b 的来源。

第四章

爱琴海岸的理性之光

古代世界的各条知识之流都在希腊汇合起来，并且在那里由欧洲的首先摆脱蒙昧状态的种族所产生的惊人的天才加以过滤和澄清，然后导入更加有成果的新的途径。

丹皮尔：《科学史》

给我一个支点，我就能够用杠杆搬动地球。

阿基米德
转引自 B. 布朗：《世界著名科学家小传》

希腊和希腊人

地中海和黑海之间的海域是爱琴海，巴尔干半岛的南部和小亚半岛的西部环绕着爱琴海。爱琴海中点缀着星罗棋布的大小岛屿，其中最南端的克里特岛屹立于地中海之中，遥遥与埃及和东北非洲相对。古希腊人生活在以爱琴海为中心的周围地区，这一地区似乎是欧洲同时伸向亚洲和非洲的一丛触角，而古代非洲文明的中心埃及和亚洲最古老的巴比伦文明正处于它的面前。

公元前 4500 年至公元前 3000 年间，克里特岛上已有先民居住，他们可能是从北非或小亚半岛渡海而来的。这时正是埃及人在尼罗河畔创建统一国家的时刻，也是苏美尔人在两河流域南部开始形成城市国家群的时期。古代埃及法老的铭文及后来希腊古典作家的记述都证明，克里特岛上在公元前 2000 年出现了欧洲最早的国家，也一度成为地中海一带欧亚非贸易的中间站。传说中，克里特岛的米诺斯王曾称雄爱琴海，迫使雅典纳贡。

在克里特岛出现国家的同时，伊奥尼亚人、阿卡亚人和埃奥利亚人等希腊人部落从北方迁徙到希腊半岛。公元前 1450 年前后，居住在伯罗奔尼撒岛上的阿卡亚人侵略了克里特，他们的国家迈锡尼曾统治了克里特岛的诺索斯地方。迈锡尼等希腊城邦在公元前 12 世纪都参加了荷马史诗描述的对小亚半岛西北角上的国家特洛伊的战争。这场战争后，另一支希腊人多利安人从希腊半岛北部南下，用铁制的武器征服了多金的迈锡尼王国。

多利安人的征服造成了希腊世界原有文化的一个黑暗期，但正是在这个时期，希腊地区的人逐渐融合成为一个新的民族。这就是曾在哲学和科学以及政治方面为世人留下宝贵财富的古希腊人。从公元前 800 年起，这里开始形成众多新的城邦国家。在古代的经济和交通状况下，分散的爱琴海地区的城市国家有相当大的独立发展条件。同当时已有两千多年王国历史的埃及人相比，这是一个年轻的民族。

古希腊人的精神世界也在神的统治之下，但这个年轻民族的神也是刚刚被创造出来的。爱琴海地区有酒浆般的海水，明净的天空，秀美的半岛和岛屿，多利安人之后就再也没有过被外族征服的历史，海外活动又开阔了希腊人的眼界。因而他们能以一种比较轻松的态度来对待神，甚至能在一定程度上否定神，独立地探讨自然界的一系列根本问题。他们肯定也吸收了古埃及人和巴比伦人的智慧。尽管这些智慧缠裹在古老宗教织成的精神密网之中，希腊人却能将其作为思考的材料，并在超越的基础上升华出真正的哲学和科学。

技术和海外活动

克里特岛上米诺斯王朝时期的农业是西亚农业的延伸，犁耕也在公元前 1400 年之前就有了。由于希腊大多地区不宜农耕，肉类和乳品成为重要食物，粮食经常从外部进口。希腊人栽种着大量的橄榄和葡萄，橄榄油和葡萄是主要的出口商品。除了榨油和酿酒，制陶业相当兴盛，陶器品种繁多，制作精美，常饰以彩绘，其上画面生动。制革、家具制作等手工业也十分兴旺。手工业产品除满足本地需要外，还大量出口到埃及、两河流域以及地中海沿岸的其他国家和地区。另外，因为贸易要通过海路进行，希腊的造船业也极其重要。公元前5世纪，希腊人的商业帆船载重量已达到250吨，战舰则设计为桨帆并用的形式。

希腊的冶铜和冶铁技术是从西亚传入的。公元前9世纪至公元前6世纪，青铜技术退居次要地位。希腊人居住和活动的地区铜矿不多，但有丰富的银矿和铁矿。山地和丘陵的耕作、手工业和兵器制造都以铁作为工具和材料，这使他们迅速地采用了铁器。

希腊人的建筑遗产十分丰富。约公元前1900年后开始修建的克里特岛上的米诺斯王宫，总面积达16 000平方米，它是希腊世界最早的大型建筑，主要以木材和泥砖为材料，同两河流域和小亚半岛的风格接近。后来希腊人更多地学习埃及人，以石材建筑，风格发生了变化。他们善于运用的柱廊建筑有浑厚、单纯、刚健的多里安式，轻快、柔和、精致的爱奥尼亚式和纤巧、华丽的科林斯式。现存最著名的建筑物是石砌的雅典卫城，它是雅典城邦国家全盛时代建筑技术的代表，屹立于卫城最高处的帕特农神庙庄严雄伟，雄风犹存。

这块并不肥沃的美丽土地上发展农业和畜牧业的潜力不大，所以，除了从事手工业和海外商业活动外，希腊人还像腓尼基人那样，在地中海沿岸从事大量的殖民活动。显然，这是由于和经济繁荣同步进行的财富集中使一部分人陷于贫困，而另一部分人则希望聚敛起更多的财富。向外部世界发展既是贫困者的谋生之路，也是富有者的聚财之道。

希腊城邦国家兴起的时期，埃及这个非洲巨人已垂垂老矣，但其古老的文化正如黄叶中熟透了的果实；而两河流域正是亚述国家和新巴比伦国家时期。当时这两个西亚王朝都还没有向西方扩张的力量。当然，分散的希腊人也没有可能用武力攫取近东，但他们已开始像潮水般地涌入东南方的文明世界。在埃及沿岸和两河流域的中心巴比伦出现了希腊人的贸易中心，大批希腊人曾在埃及充当雇佣兵。据埃及铭文记载，第26王朝（公元前664—公元前525）的法老阿普里伊（公元前589—公元前570年在位）在同新巴比伦争夺叙利亚时领导着一支内有"无数希腊人"参加的军队。希腊人似乎成了地中海周围的冒险家，或者说是古代近东文明土地上的旅行者。希腊人中间的一些佼佼者遍访了近东地区，他们以一个年轻的、没有历史负担的民族的目光来对待近东古老的文化遗产，并找到了启发智慧的灵感。

据史料记载，在希腊科学文化名人中，小亚半岛上米利都城的泰勒斯（约公元前624—公元前547）访问了埃及，根据埃及人的土地测量经验创立了演绎几何学，还在美索不达米亚学到了巴比伦人的天文学。出生于小亚海岸边萨莫斯岛上的毕达哥拉斯（约公元前560—公元前480）不但到过埃及和腓尼基，还在巴比伦住过几年，在那里研究天文学、占星术、数学和音乐。他后来到意大利半岛南端的希腊殖民城邦组织了有名的学术团体毕达哥拉斯学派，这个学派在科学方面人才辈出，并且传了七代至十代之久。泰勒斯的学生阿那克西曼德（约公元前610—公元前546）是从巴比伦人那里把日晷输入到希腊的。色雷斯的德谟克里特（约公元前460—公元前370）据说为了求得知识，不但到过埃及和波斯，甚至远游到印度和埃塞俄比亚。柏拉图（约公元前427—约公元前347）也曾为求知到埃及旅行。

当希腊人以各种形式走向外部世界时，希腊各城邦、各地区之间在商业、经济、政治、文化、军事等方面的事务也很频繁。希腊的内部历史表明，这里似乎是一个不断酝酿新事件和涌出新思想的海岸。各城邦之间不但保持着贸易关系，而且结成大大小小的政治或军事联盟。无论在城邦之内或城邦之间，都曾发生过多次激烈的纷争。但各地学者的旅行、访问和讲学的风气在希腊地区盛行不衰。海外旅行所学到的知识和见闻通过讲学、城邦间的旅行和访问，在希腊世界内部成熟、发展和传播开来。

万物的本原和运动的原因

对希腊史的研究表明，特殊的自然条件和地理环境使古希腊文明中包含了明显的商业文明成分，人们对财富的渴求主导了希腊的经济，并且由于城邦中人们之间频繁的日常交往而在内部产生了民主制度的萌芽。同时，海外活动和见识多广更激发了人们对知识的渴求和对未知事物的好奇心，这导致了哲学和科学的产生。

古希腊人最先从哲学的角度明确地思考了以下两个问题：万物的本原是什么？事物运动变化的原因是什么？这是人类意识产生以来，理性最早摆脱神的困扰，试图独立解决自己所面临的根本的谜。这也是千百年来各个民族、各个时代的人们以不同的方式思考着的课题。显然，它也是人类哲学和科学将继续探讨下去的具有永恒意义的课题。

对于第一个问题，泰勒斯的回答是水。在他看来，海洋是水组成的，万物生长离不了水，人的血液和身体里也充满了水的成分。水可以聚集成液体，也可以凝聚成冰，还可散发为气。继他之后，他的同乡和学生阿那克西曼德认为万物的本原是"无限者"，阿那克西米尼（约公元前585—公元前526）认为是气，爱非斯的赫拉克利特（公元前530—公元前470）却说是火，曾经在阿那克西曼德及泰勒斯指导下学习过的毕达哥拉斯则别出心裁地说是"数"，出生于西西里的恩培多克勒（公元前 490—公元前 430）则捧出了水、土、火、气四种东西，从小亚来到雅典的阿那克萨哥拉（约公元前 500—公元前 428）认为是一种叫"种子"的东西。但是，留基伯（约公元前 490—？）和德谟克里特则宣告，万物的本原是一种叫"原子"的东西，大小不等的、形状不同的原子，在位置和次序方面以不同的排列构成了万物，它在虚空中的运动则构成了万物的变化。此后在漫长的两千多年时间里，许多人仍不时思考和争论着。但直到 19 世纪道尔顿建立了科学的原子理论后，才发现了可以用数学和化学来描述的原子。德谟克里特的那个最初的大胆想象，后来在人类的科学中占据了一个永久位置。

我们对希腊人关于事物运动和变化原因的探讨，显然不能期望过高。水、气、火的变化是物质运动的不同现象，而不是它的原因。阿那克西曼德的"无限"、恩培多克勒的爱和恨、阿那克萨哥拉的"努斯"和德谟克里特抽象的原子运动，也都是一些哲学的想象。近代以来，从天体的运动到人的思维和心理活动，成了不同门类的科学分别探讨的任务。人们已发现无数具体的事物运动原因和规律，还有无数新的规律等待人们去发现，而且看来很难发现一个"万物之理"。我们今天用牛顿定律、化学反应方程式、电磁理论和生物学规律描述的物质运动，在赫拉克利特那里仅被概括为一个"逻各斯"，在亚里士多德那里也被简单地归结为四种原因（质料、形式、动力、目的）。就此而论，古希腊人真是太天真了。不过，古希腊人勇敢和大胆的探索精神却令人惊叹。因为这些几千年前的哲人们曾首先以自己的智慧面对了人类科学所追求的目标。

理性的科学

几乎所有古代文明中都有科学的萌芽，甚至科学的体系。但多数文明中的科学萌芽总是和迷信盘根错节，科学的体系常与宗教的信仰重叠渗透，最多只有一些具体实用的知识在世俗生活中呈现出独立的形态。而古代希腊人的科学之树，在刚刚栽植的时候，就向文明的天空伸出了理性的嫩枝。这在人类文明史上是独一无二的。

（1）天文学

除了学习埃及、巴比伦人的天文知识，希腊人在天文学方面有独特的创见。他们以更清醒的态度来看待迷人的宇宙，并以更大的理论热情来探索天体运行规律。据说泰勒斯能预言日食，还发现了北极星，腓尼基人是根据他的发现在海上航行的。阿那克萨哥拉设想月亮上有山，月光是日光的反射，用月影盖着地球的设想解释日食，用地影盖着月亮的设想解释月食。毕达哥拉斯学派则设想地球、天体和整个宇宙都是球形，而天体的运动也都是均匀的圆周运动，因为圆是最完善的几何图形。这个假设一直主宰着天文学，甚至还主宰了哥白尼的思想，只是开普勒才把它推翻。这些最先的大胆设想给天文学的数学和几何模型提供了一个基础。

柏拉图创办的学校里的学生欧多克索（公元前 409—公元前 356）依据对天体的观察，建立了一个同心球宇宙几何模型。他是第一个把几何学同天文学结合起来的人，当时巴比伦人已把复杂的星的运动分成了若干简单的周期运动，他或有所闻。他的宇宙模型以地球为中心，日月和五大行星及恒星分别附在一些透明的同心球壳层上围绕地球均匀旋转。行星的运动由四个大小不等的同心球的复合运动所致。而整个宇宙中的同心球共有 27 个。继承他的是柏拉图的另外两个学生卡利浦（约公元前 370—约公元前 300）和亚里士多德，前者把同心球增加为 34 个，后者则把它增加到 55 个！这个模型能解释日食和月食，但不能很好地解释日月视运动的变化，繁琐得令一般人不敢问津。当然，它用数学和几何方法描述天体运动的目标是正确的。

(2) 几何学

希腊人在几何学方面的成就是惊人的。他们把埃及人和巴比伦人的经验和智慧提炼和升华为一种新的体系，有了这一体系，后人便不再必须通过经验而只需通过书本和逻辑就能掌握几何学了。据说米利都的泰勒斯最先提出和证明直径等分圆、直径所对的圆周角是直角、等腰三角形底角相等、相似三角形对应边成比例等命题，还提出三角形全等的条件。这在今天都是中学几何学的内容，但在当时是了不起的科学发现。

对数学入迷的毕达哥拉斯及其学派最有名的发现是对勾股定理的证明和 $\sqrt{2}$ 的发现。$\sqrt{2}$ 的发现标志人类认识的实数从有理数领域迈入了无理数领域。据说，当时这一发现使这个学派的多数人陷入了困惑，因为这个无理数动摇了这个学派关于数的完美性的信念，那个发现者甚至被抛到了海中。后来，只是在欧多克索定义了两个量之比和另外两个量之比相等的比例关系之后，以上困惑才消除了。因为这样一来事情很清楚：几何和数的关系并不是简单而直接的，量并不是可数的数目。

智者派学者中对数学感兴趣的人提出了有名的三个几何作图难题。① 这三个难题后来被证明是不能解决的。但在试图解决这三个难题的过程中，希匹阿斯（约公元前460—？）发明了割圆曲线，从而使安提丰（公元前5世纪）提出了把圆看成无穷多边的正多边形的思想。毕达哥拉斯学派的布莱生（公元前5世纪）则以圆外接正多边形的方法来思考这个问题，这就是穷竭法。当欧多克索推进他们两人的工作之后，已预示着微积分思想的萌芽。欧多克索的学生美尼克谟（约公元前375—约公元前325）在解决这三个难题时发现了圆锥曲线：抛物线、椭圆和双曲线。这些曲线后来成了伽利略、开普勒、牛顿等人一系列伟大发现的工具。

（3）物理学

物理现象是自然界最普遍、最基本的现象。米利都学派的泰勒斯说到了磁石吸铁，但认为磁石有灵魂。阿那克西曼德和阿那克西米尼分别对风和虹的形成作了大致正确的说明。恩培多克勒也正确地认为，听觉是声音造成的，声音是空气振动造成的。毕达哥拉斯派研究了弦的长度和音律的关系，他们发现在相同张力情况下，当弦长比为2∶1时，两弦能产生谐音（相差8度）。当弦长比为3∶2时，两音相差5度。总之，要使音调和谐就必须使弦长成为简单的整数比。这一发现使他们对宇宙间数的和谐深信不疑，以至于成为影响科学数学化的思想根源。

另外，埃利亚的芝诺（约公元前490—约公元前425）还提出了包括阿基里斯（希腊神话中的一个英雄）和乌龟赛跑、飞矢不动等在内的四大悖论。这些悖论都想证明感觉到的运动是不可能的，并且以时间和空间都能被无限分割为前提。显然，这些悖论的出发点就包含着谬误或未知，但它们却激发了后人对事物不可分性（如德谟克里特的原子）和无限可分性的探讨。直到近代的收敛级数理论和微积分理论建立起来之后，芝诺的悖论才得到一种可以被接受的说明。②

亚里士多德是第一个全面研究物理现象的人。他写了世界上最早的《物理学》专著。他研究的是最简单的机械运动现象，这本来是力学。他认为月亮以上

---

① 用直尺和圆规：(1) 作一正方形，使其面积等于一已知圆的面积；(2) 作两个立方体，使其体积等于一已知立方体的体积；(3) 三等分圆周角。

② 今天看来，毕达哥拉斯派发现的无理数暴露了离散概念的片面性。因为自然数是离散的，用它表达空间长度会有缺陷。芝诺悖论表明连续概念也有片面性。认为时空可以被无限连续分割，必然导致悖论。有的学者指出，时空是离散的还是连续的，无限是实在的还是潜在的，这在逻辑上是不可判定的。参见洪辛：《芝诺悖论与数学危机》，载《自然辩证法研究》，1986 (2)。

的世界是由以太构成的，是神圣不动的，月亮以下的世界的自然运动是重者向下，轻者向上。当然，物体不动也被看成是自然的，要改变这一自然状况就得有外力。他还用自然界不允许虚空的臆想来解释被抛物体的运动：物体前冲时排开介质，在后面造成虚空，周围介质马上来填补这个真空，这样便形成了推力，一直到阻力等于推力，非自然运动停止。

显然，亚里士多德还没有能力把静力学和动力学分开。在没有实验科学的情况下，亚里士多德解释了一些现象，但他的大多数结论却是错的。他的理论后来只是由于史蒂文和伽利略等人的实验才被推翻。从这件事可以看出：能自圆其说的理论并不一定正确，当实验结果推翻原有理论之后，同样的事实会被给予新的解释。

（4）生物学

阿那克西曼德曾想象人是由鱼变来的，因为人的胚胎很像鱼。这种思想在近代被进化论所肯定。希腊人中对生物学贡献最大的要数亚里士多德。亚里士多德采用的解剖和观察方法在生物学史上是首创的，而且他的许多研究结论都有一定的科学价值。他的著作记载了近 500 种动物，他亲手解剖了约 50 种。他用 8 种方法对动物进行分类，主要是按形态、胚胎和解剖方面的差异，把动物从低级到高级排成一个序列。这说明亚里士多德已注意到各种动物间的连续性。

（5）医学

毕达哥拉斯派的阿尔克芒约（约公元前 535—?）被称为希腊的医学之父，他在了解埃及人知识的基础上解剖过人体。他这样做是为了研究人的生理构造，埃及人却是为了制作木乃伊。阿尔克芒发现了视觉神经联系耳朵和嘴的欧氏管，还认识到大脑是感觉和思维的器官。他的工作开了西方解剖生理学传统的先河。

希波克拉底（约公元前 460—约公元前 377）是古希腊最有名的医生。他写的医书很多，还创立了"四体液说"。这是当时的"四元素说"在医学中的应用。根据四体液说，人体中含有黄胆液、黑胆液、血液和黏液。它们之间协调，人便健康，不协调则产生疾病。希波克拉底描述了许多内外科疾病及其治疗方法，还有 42 起相当详细的临床记录。希波克拉底很重视医生的道德责任，流传后世的"希波克拉底誓言"涉及医道传承时的恩义关系，体现了医生对病人的道德义务和救护责任。① 医生的出现，使以巫术治病的风气逐步减弱。

(6) 地理学

希腊这个旅行家的民族对地理学表现出特殊兴趣和关注。许多希腊哲学家都绘制过区域大小不等的地图。赫卡泰（约公元前550—约公元前475）所写的《旅行记》一书对地中海沿岸及其纵深地域的地理、矿产、植被、民情风俗有广泛生动的记录，是当时地理学的百科全书。欧多克索还把地理研究和天文研究结合起来，因为他认为可以根据天球上固定的星的高度测量纬度。他还用测量同一子午线上两个纬度的办法计算出一个偏大的地球周长，他的《地球的描述》一书中的地理、地质和生物学知识相当丰富。与他同时代的亚里士多德则在《天论》一书中有力地论证了地球的形状。

亚里士多德写道："地球的形状必定是球形的。……根据感觉的证据也可以得到进一步的证明。如果地球不是球形的，那么月食就不会显示出弓形的暗影……因此，如果月食是由于地球处于日月之间的位置，那么暗影的形状必定是因地球的圆周而造成的，因而地球必定是圆形的。观察星星也表明，地球不仅是球形的，而且也不很大，因为只要我们向南或向北稍微改变我们的位置，就会显著地改变地平圈的圆周，以至我们头上的星星也会大大改变它们的位置，因而，当我们向北或向南移动时，我们看见的星星也不一样。某些星星在埃及和塞浦路斯附近可以看见，在较北边的地方则看不见，而在北方国家连续可见的星星，在其他国家就可以观察到沉落。这就证明，地球不仅是球形的，而且其圆周也不大，因为要不然，位置的些微变化不可能引起这样直接的结果，根据这些论据，我们必然得出结论，地球不仅是球形的，而且同其他星球相比，是不大的。"② 亚里士多德在这里将天和地联系起来，运用了人类不借助任何工具便可在地上直接观察到的两件事实，运用推理的方法得出了关于大地球形的结论，显示了那个时代希腊科学家的非凡智慧。

对人的思考

除了思考万物的本原和运动，古希腊人还思考了另外一个永恒的、根本的问

---

① 参见 [美] 许尔文·努兰：《蛇杖的传人——西方名医列传》，29～30 页，上海，上海人民出版社，1999。
② [古希腊] 亚里士多德：《天论》，上海《自然辩证法》杂志编辑部根据古特利英译本摘译，转引自朱长超主编：《世界著名科学家演说精粹》，39～40 页，南昌，百花洲文艺出版社，1994。

题——人的问题。

非常有意思的是希腊人对人的关心和探索似乎是从对神的思考开始的。在希腊世界最重要的德尔斐神庙的门匾上写着"认识你自己"。人创造出来的崇拜偶像在这里启发人认识和思考自身，其结果可能是对偶像的怀疑和否定。

由于宗教生活中注入了人的意识，希腊人在日常生活中也常常自发地强调人的重要性。从伯里克利（公元前445—公元前431年执政）的演说中能感受到希腊人对人的重视，在希腊悲剧作家们的作品中则能感受到希腊人对人的赞美和对人的命运的关心。这些生活中闪烁的思想火花体现了希腊人的精神面貌。希腊人的雕刻作品渗透人文主义的色彩，即使是希腊人塑造的众神形象也有人的影子。

希腊人对人的问题作了穷追不舍的哲学探讨。德谟克里特的同乡普罗泰戈拉（公元前481—公元前411）说，"人是万物的尺度，存在时万物存在，不存在时，万物不存在"。"关于神，我是不知道的。既不知道他们是否存在，也不知道他们具有什么样的形状。有许多东西阻碍着我们的认识，如问题的晦涩及人生的短促。"① 他还把法和道德看成人们约定的、暂时的东西。当然，智者们的思想可能被人看成相对主义或被理解成唯心主义，但它当时体现了人的醒悟和自尊。

和普罗泰戈拉相比，苏格拉底（公元前469—公元前399）则用自己的智慧编织了一个迷人的哲学圈套：人认识自己是为了认识自己的无知，只有道德才是知识。苏格拉底既想做人追求知识的教师，却又伤害人的自尊和自信。这是一条贬损知识的求知之路。继他之后，柏拉图把人的精神所能摘取的花朵播种在精神永远达不到的理念天国里。亚里士多德（公元前384—公元前322）似乎走了一条较为宽阔的认识之路，他说过"吾爱吾师，吾更爱真理"的话，宣示了理性在人文情怀中的独特地位，表现了科学探索中人格独立的意识。除了哲学，他还广泛研究了自然科学。显然，为了认识人，有必要首先认识自然现象，因为人类只有在认识了包括自身在内的自然界时，才能证明自己是万物的尺度。

另外，希腊也产生了人类历史上最早的民主理念。希腊人所理解的民主和他们对自然的理解一样简单，这就是：人民自己可以管理好自己的事务，并不天然地需要一个统治者。人类历史后来的发展表明，科学和民主都是十分复杂的文明现象，但人们不会忘记其源头均在希腊。

---

① 苗力田主编：《古希腊哲学》，185～186页，北京，中国人民大学出版社，1989。

希腊历史的转折点

　　希腊古典时期的哲学和科学花朵是随着希腊城邦的农业、手工业、商业、海外贸易和殖民扩张活动的发展而开放的。这些年轻的城邦由于聚集起越来越多的财富而富强起来，反抗强大帝国波斯的战争（公元前492—公元前490）又使它们团结起来。战争的胜利保住了希腊的财富和独立发展的地位，但也激起了最富强的雅典扩大势力和聚敛更大财富的愿望。

　　在伯罗奔尼撒战争（公元前431—公元前404）之后，希腊各城邦的元气大伤，而且社会内部的病态也开始发作。公元前338年，雅典银矿和其他工场的成年奴隶达到15万之多，无产公民占全体公民的二分之一。奴隶的增加使劳动力更不值钱，还使自由人更鄙视劳动，从而使那些生活境况日下又不愿从事体力劳动的人变成穷光蛋。这样，这个以维护私有财富为目标的社会就不能再给他们以任何庇护了，因而他们也就不再对这个社会有义不容辞的责任，雅典往日的民主已失去了存在的价值。这个社会面临的必是一次动乱或变革。城邦间的战争本来是企图挽救内部的危机才进行的，但实际上却加快了内部危机的到来。

　　希腊北部野心勃勃的马其顿国家向南扩张，使希腊社会发展的前景变得相对简单了。不少城邦中的贵族奴隶主希望依靠马其顿的军事武力来平息平民和奴隶的潜在反抗，愿意靠放弃城邦的政治独立来维持自己的社会地位。有民主传统的雅典政治家失去了团结全社会反抗马其顿征服的社会基础。雅典最伟大的反马其顿演说家狄摩西尼（公元前384—公元前322）生不逢时，而马其顿的腓力（？—公元前336）却自豪地说过，没有机会他也能创造出机会，以便成为希腊城邦的主人。

　　腓力接管了希腊城邦的管理权之后，仍然感到这个社会内部蕴藏着可怕的危险，于是制定了东征计划。这是一个将祸水东引、避免希腊世界从内部崩溃的计划：大量奴隶和不安的平民将被编入军队，那些在社会中失去希望的人愿意到别处去冒险，而且可能成为最勇敢的战士。奴隶主阶级更是满怀希望，因为东侵可以把东方的财富带回希腊。

　　马其顿王腓力死后，他的儿子亚历山大（公元前356—公元前323）继位。这个曾受过亚里士多德教育的军事天才于公元前334年率领3万希腊人和马其顿人组成的步兵和约5 000骑兵，侵入波斯帝国，轻取小亚半岛，在伊苏斯击败大流士三世，转取埃及，从波斯人手中接管了这块古老的土地。然后于公元前331

年回师亚洲，在底格里斯河畔的高加梅拉击败波斯军队，接着征服了波斯的全部领土，建立了横跨欧亚非三洲的大帝国。亚历山大于公元前 323 年在帝国首都巴比伦死去。他的部将们经过一阵混战，把帝国分成马其顿（由亚历山大的亲族统治，后由大将卡山德取代）、埃及（托勒密统治）、叙利亚（塞琉古统治，中国称为条支）三个王国。

这个历史事件影响深远。过去狭小分立的城邦已使希腊人的才智发挥到了极点，很难再有突破性前进了。现在，他们可以征服者的身份和态度来支配和对待近东的文明果实。整个希腊和近东的社会在分化重组中产生了新的需要，为科学和技术的进步辟出了伸展的余地。一股新的学术和科学潮流在整个尼罗河、底格里斯河以及爱琴海沿岸同时开始。

亚历山大在古埃及海岸边新建的亚历山大城成了希腊化时代科学和文化的中心。由于托勒密一世（公元前 305—公元前 285 年在位）和托勒密二世（公元前 285—公元前 246 年在位）对学术的热心支持，著名的亚历山大城建立了以希腊智慧女神缪斯（Muse）名字命名的缪斯学园（Museum，亦称为博物馆），该学园中设有动物园、植物园、天文台和图书馆，搜集了 50 万卷纸草书。几乎所有希腊化时代的科学人物都曾在这里工作和学习过，而港口上于公元前 300 年竖起的由工程师索斯特拉特设计的壮观的航海灯塔，象征着希腊世界文明的新航标。

希腊本土的城邦从内部毁灭的危险免除了，但它们也丧失了复原和发展的力量。希腊人值得自豪的科学从此也不再与其本土密切联系，富庶且相对安定的埃及托勒密王朝赞助并重视科学，它的首都亚历山大城也自然成了这个时代的科学中心。

希腊化时代的科学群星

亚里士多德是上一个时代学术和科学的最后一位大师，他后半生所表现出来的对自然和科学的兴趣，这时已成为一种时代潮流。在亚里士多德去世后，主持他开办的逍遥（吕克昂）学园达 30 多年的狄奥费拉斯特（约公元前 372—约公元前 286）对植物学最感兴趣，跟随亚历山大远征的一些人收集的亚洲和北非的植物资料都为他所用。他写的一部植物学著作讨论了植物的地理分布和生态问题，并以枝干和枝条的形态将大量已知植物分类。在晚年，他被托勒密一世邀请到亚历山大城讲学。他是古希腊植物学和土壤学的奠基人。

欧几里得（约公元前 330—约公元前 275）生活在亚历山大城。在总结了从泰勒斯到毕达哥拉斯、欧多克索和所有前人的数学成果后，他写出了著称于世的《几何原本》。他的方法是公理方法：从一系列公理出发，以严密的逻辑推演出一系列定理，整个内容构成一个严整的逻辑体系。这本书的影响之大，竟让人类把三维平直空间称为欧氏空间，相应的几何学称为欧氏几何学！由于这本书，人们可以通过掌握这个公理体系的逻辑来学习几何学，而不再必须通过经验来学习几何学了。当时的国王托勒密一世曾问过欧几里得：能不能不通过读这本普通人难以看懂的书来学习几何学？他回答道："陛下，几何学领域里并没有专为国王铺设的宽阔大道。"欧几里得建立科学理论的方法为后世人效法，牛顿是其中之一。另外，欧几里得还研究了光学，写了《光学》、《论镜》两部著作，他甚至已了解反射定律：入射角等于反射角。

和欧几里得同时代的阿利斯塔克（约公元前310—约公元前230）是塞莫斯岛上的人，年龄比他小一些的阿基米德和罗马时代的历史学家普鲁塔克（约46—约120）提到了他的一个假说：太阳和恒星都是不动的，地球和行星都绕太阳旋转，地球又绕自己的轴每日自转一周；地球上看不出恒星相对位置的变化是因为恒星和地球的距离远大于地球的轨道。这是哥白尼学说的先驱。普鲁塔克也注意到，毕达哥拉斯学派的最后一个人埃克潘达斯（公元前4世纪）已认识到地球的自转，但阿利斯塔克的观点影响更大。然而，普通人的常识和经验不支持阿利斯塔克。据普鲁塔克的记载，后来相信阿利斯塔克学说的也只有公元前2世纪的巴比伦天文学家塞鲁克斯。阿利斯塔克还有一个大胆的尝试是测量日月与地球距离之比和日月与地球大小之比。他的数字误差不小，但原则不错，而且已认识到太阳比地球大，这是了不起的。

叙拉古的阿基米德（约公元前287—约公元前212）名声最大。据说其父费狄是个天文学家和数学家，他青年时曾到亚历山大城师从欧几里得的学生卡农。阿基米德的工作涉及数学和力学的理论和应用，他的研究方法是近代科学家普遍采用的方法。在这个意义上，他是一个超越自己时代的人。阿基米德研究了球面积、体积及其与外切圆柱面积和体积之比，得出了求弓形面积、抛物线和阿基米德螺线所围面积的方法。他用穷竭法解决了许多难题，甚至还用圆锥曲线的方法解了一元三次方程。阿基米德在看到埃及人用沙杜夫杠杆提水后发现了杠杆原理，还发明了提水螺旋。

为了鉴别工匠们给叙拉古王做的王冠是否是纯金的，阿基米德发现了浮力定律。由他发现的杠杆原理和浮力定律是古代力学中最伟大的定律，也是今天机械和船舶设计计算的基本定律之一。当罗马和迦太基作战（第二次布匿战争）时，叙拉古站在迦太基一边，这位科学家设计守城机械来保卫自己的家乡，其中有远程投石机，这使罗马人的舰队不敢在城附近的海岸停留。甚至有的材料说，他发明的聚光镜能用太阳使敌船起火。叙拉古城在被围困两年后终于陷落，阿基米德在沙盘上演算几何习题时被一个罗马士兵杀死。后来统率攻城队伍的罗马将军为表示对他的尊敬，宣布这个士兵为凶手。罗马时代的政治家和演说家西塞罗（公元前106—公元前43）在担任西西里财政官时曾寻找和虔诚地修缮了阿基米德的坟墓。

比阿基米德小10多岁的埃拉托色尼（约公元前273—约公元前192）是亚历山大城图书馆的馆长，写过《对地球大小的修正》和《地理论述》等著作。他居然用欧多克索用过的方法，测量太阳光照射在地球上同一子午线上两点的夹角，算出了地球的周长，与今天所测的相差无几！接着，他又算出了同现代数字相似的地日距离。他还根据潮汐的相似推测大西洋和印度洋相通，正确地推断欧亚非三洲是一个岛，从西班牙南部绕过非洲南端可航至印度。他猜想大西洋被一片由北向南的陆地隔开。埃拉托色尼的这些计算结果和推断启发罗马哲学家塞涅卡（约公元前4—公元65）预言可以在大西洋西面发现一个新大陆。由于叙利亚哲学家波塞东尼奥（约公元前135—约公元前51）不信这个说法，并低估了地球的大小，说向西航行可达印度，使哥伦布建立起了从西方到达东方的信心。

比埃拉托色尼小10多岁的阿波罗尼（约公元前262—约公元前190）生于小亚半岛的丕嘉，但他的学术生涯在亚历山大城。据说他首先提出了均轮—本轮宇宙几何模型，但只是他的后继者喜帕克斯才使这个模型为人所共知。阿波罗尼的著作《圆锥曲线》被认为是古希腊最杰出的数学著作之一，他的研究使后人在这方面长期感到无事可做。尽管欧多克索的学生美尼克谟在100多年前就发现了这些曲线，但用一个平面来截圆锥而得到各种圆锥曲线的方法是他明确指出的，而且，椭圆、抛物线、双曲线等名称也是他所命名的。1 800多年后，伽利略研究了地上物体的抛物线运动，开普勒则发现行星围绕太阳运动的轨道是椭圆。

喜帕克斯（约公元前190—约公元前120）是这个时代最伟大的天文学家。他先后在罗得斯岛的天文台和亚历山大城工作。他发明了许多天文仪器，并按巴比伦人的方法把圆分成了360°。他计算的岁差值是36秒，比实际值少了14秒。他做的最重要的一件事是把欧多克索的同心球宇宙模型推翻，变成了一个均轮—本轮模型。这个模型的中心仍是地球，但比前者简单多了。他的这个模型是建立在长期观测资料基础上的，能很好地解释天文现象，还可以依靠观测记录相当准确地预测日食和月食。这个以地球为中心的宇宙几何模型一直主宰着欧洲人的天文学，直到哥白尼时代才被推翻。

赫罗菲拉斯（公元前4世纪—公元前3世纪）和埃拉西斯特拉塔（约公元前

304—约公元前250）是希腊化时代初期最负盛名的医生和解剖学家。赫罗菲拉斯和欧几里得是同时代人，而且也活动在托勒密一世在位期间（公元前305—公元前285）的亚历山大城。他通过解剖正确了解了人体的许多器官，第一个区分了动脉和静脉，并批评了亚里士多德认为心脏是思维器官的错误，指出大脑是智慧之府。比他年轻的埃拉西斯特拉塔做了更多解剖，对人体动脉和静脉分布和大脑的研究尤其充分。埃拉西斯特拉塔是把生理学作为独立学科来研究的第一个希腊人。他确认了大脑的思维功能，认为呼吸时吸入的空气经过肺，在心脏内变成活力灵气，随动脉通过全身，一部分在进入大脑后变为灵魂灵气，再通过神经系统遍及全身。罗马时代的名医盖仑发展了他的理论。这两位医生和后来的欧德谟（公元前3世纪）一起，使希腊化时代的医学、解剖学和生理学达到了相当高的水平。

当科学之星荟萃在埃及托勒密王朝的首都亚历山大城时，已趋萧条的希腊本土的学者们所做的最重要的事就是思考人的命运了。显然，从这里出发的希腊军队改变别人的命运时也改变了自己的命运，但希腊人所期望的东西却没有完全得到，有的他们不曾期望的东西却成了现实。此时，杰出的哲学家伊壁鸠鲁（公元前341—公元前270）提出"快乐即是目的"。他接受德谟克里特的原子论，但强调偶然性在原子运动中的作用。在他看来，对自然的思考和研究也是为了个人的快乐，因为"如果一个人不知道宇宙的本性，但又惧怕传说告诉我们的东西，那么，他就不可能排除对最主要的事情的恐惧。因而，没有自然哲学的研究，便不能享受纯净的快乐"①。斯多亚（Stoa）学派的创始人芝诺（公元前300年前后）是塞浦路斯人，但经常在雅典集市的画廊讲学。他同样关心人，认为命运是人的主宰，人只有在接受或反叛命运的基础上才是自由的，但无论是接受还是反叛，人都不能克服命运。因而芝诺主张让自己的理性来服从命运，从而达到心灵的宁静。

总的来看，希腊化时代的哲学和科学已经彻底分离。随着希腊边界的扩张，科学研究的中心已转移到希腊本土以外。那些灿烂的科学群星们以巨大的热情和好奇，在自己感兴趣的领域里专心探索，拣到了不少闪光的科学明珠。而那些留在本土的思想敏锐的哲人们却已不再关心自然，而去思考人自身了。这个时代没有泰勒斯、德谟克里特、亚里士多德这样对哲学和科学同样有建树的博学人物，但却有欧几里得、阿利斯塔克、阿基米德、喜帕克斯这样的科学天才，以及人文主义色彩更浓的哲人伊壁鸠鲁和斯多亚学派的学者们。

---

① 苗力田主编：《古希腊哲学》，651页。

第五章

罗马帝国的技术和影响

罗马人虽然擅长治理国家，在军事、行政和立法方面有优异的能力，但在学术方面却没有多少创造力。当然，他们也编纂了许多著作，说明他们对自然界的对象也有很大的好奇心。他们的艺术，他们的科学，甚至他们的医学，都是从希腊人那里借来的……罗马人似乎只是为了完成医学、农业、建筑或工程方面的实际工作，才对科学关心。他们使用知识之流，而不培其源……

W. C. 丹皮尔：《科学史》

意大利半岛和罗马人

意大利半岛由北向南直插地中海中部，东隔亚得里亚海与巴尔干半岛相望，西南有西西里岛，与北非海岸相隔不远，地中海似乎被它分为两个大湖，东部是希腊世界、埃及和巴勒斯坦，西部是非洲海岸上的迦太基和西班牙。在半岛北部，穿过阿尔卑斯山就进入原来叫高卢的法国南部了。半岛上气候温和，雨量充沛，横贯南北的亚平宁山区适于畜牧，而沿海的平原又宜于农耕。

这里在旧石器时代就有人居住。新石器时代，一些原始部落从北非、西班牙和高卢迁入。公元前 2000 年，一批操印欧语的部落把马匹和轮车带到意大利。这些人在进入农耕生活后，逐步形成小城镇和松散的农业部落联盟，他们便是包括罗马人在内的意大利人的祖先。约在公元前8世纪，从小亚来的爱达鲁斯坦人带着以希腊字母为基础的字母、熟练的冶金术、建筑拱形和圆形房屋的知识、占卜术和角斗娱乐，在意大利西北部建立了一个帝国，并在一个时期统治了罗马城，他们的技术和文化对这里产生了深刻、永久的影响。随后，希腊人在意大利南部海岸和西西里岛建立了殖民地。希腊人的字母、宗教概念和艺术神话知识，通过这些殖民地，也大大影响了意大利。

罗马地区的氏族部落在向阶级社会过渡时经历了一个王政时期。初期的王是一个部落联盟的军事首长、最高祭司和审判长。随着铁工具的使用和土地、财产的集中，平民和奴隶出现了。由爱达鲁斯坦人担任的第七个王被驱逐后，可服兵役的社会等级中选出了议会性质的百人团。还从贵族中选出两名执政官分掌行政权力，在战争中统率军队。由贵族组成的元老们在常设机构元老院终身任职，有权决定内外政策，批准或否决百人团会议的决议，监督执政官。反过来，百人团会议也可对元老院审查过的议案进行表决。这便是罗马的共和制度。

罗马的平民构成军队的主力，但绝大多数人没有进入元老院的可能，征服外族所得的土地首先被贵族鲸吞。由频繁的兵役造成的田园荒芜和重税，使平民有沦为债务奴隶的威胁。因而，土地和债务问题始终是平民和贵族斗争的中心。这一斗争促进了罗马法律制度的改革和完善。罗马人的政治才干也在这种内部斗争中增长起来。

罗马帝国的前史同一系列对外战争联系在一起。公元前390年，高卢人越过阿尔卑斯山劫掠了爱达鲁斯坦人的城市和罗马，罗马人在屈辱地用重金赎回城市后，便重整旗鼓，首先征服了意大利半岛大部，接着开始向海外扩张。

当时同罗马人对立的是希腊人和迦太基人。希腊人用步兵方阵征服了波斯帝国，罗马人却在总结以往作战经验的基础上于公元前312年完成了一场军事技术的改革：建立了以小分队组成的军团。这种战斗队形比方阵机动灵活，能够适应较复杂的地形作战。罗马人首先打败了迦太基，在此之后，运用军事力量和老练的外交手段，征服了四分五裂的希腊世界，建立了横跨欧亚非三洲的环地中海大帝国，使这块战火纷飞的地区得到了200多年的和平发展。不过，帝国晚期，罗马的军团也成了宫廷阴谋的温床，再加上一系列的内部动荡和外族入侵，公元395年帝国分裂为东西两部分，410年，罗马城落入西哥特人之手，476年西罗马帝国灭亡，欧洲进入了中世纪。

技术特色

罗马帝国初期的政治家马可·图留斯·西塞罗（公元前106—公元前43）说过："希腊人对几何学推崇备至，所以他们的哪一项工作都没有像数学那样获得出色的进展。但我们把这项技术限定在对度量和计算有用的范围内。"① 罗马人兴起的过程中，紧张而频繁的内外政治事务和军事斗争使他们忙于应付和解决实际问题，因而很少把精力放在抽象的理论和学术方面。帝国初期的公共工程和管理同样须全力以赴。正因为如此，罗马人表现出对技术的重视，并且创造了值得骄傲的技术成就。

罗马人是一个以农业为主要生计的民族。西方最早的一部农学著作是罗马监察官加图（公元前234—公元前149）写的《论农业》。这本书写道："怎样才能把田地照料得最好？是很好的耕耘。其次呢，还是耕耘。第三呢？才是施肥。"在帝国建立前，罗马的农业就已相当发达，牛耕和铁工具已普遍使用。罗马帝国建立后第三年死去的瓦罗（公元前116—公元前27）也写过一部《论农业》。帝国时期的农庄、果园和牧场规模增大，埃及地区的灌溉系统也得到了改善。带轮的铁犁、改进了的锄、耙、锹、镰和打谷工具，二圃制和粪肥，标志着罗马帝国农业技术的水平。

罗马早先的手工业主要是冶铜、冶铁、制陶、制革、木工，帝国建立后应用了东方技术，再加上辽阔的帝国里矿藏丰富，原来的民族壁垒被打破，交通和贸易更加方便，手工业大大繁荣起来，并在整个帝国境内持续发展了两个世纪。公元79年被火山灰埋藏的庞培城有许多呢绒、香料、石工、珠宝、玻璃、铁器、磨面和面包作坊，其中面包作坊竟有40多所。罗马、安条克和亚历山大等大城市的铜铁制造业、毛纺织、制陶、榨油、酿酒、玻璃和装饰品手工业规模就更为可观了。

生活在亚历山大城的希腊人赫伦（20—？）的发明反映了帝国初期人们对技术的热情。赫伦可被看成阿基米德的继承者。他创造了复杂的滑轮系统、鼓风机、计里程器、虹吸管、测准仪等多种机械器具。其中最惊人的发明是蒸汽反冲球。这个发明第一次把热能转换为机械能，它包含的原理直到工业革命时期才被应用到生产中。显然，这颗技术种子出现得过早了。当时奴隶劳动的存在使赫伦

① 转引自潘永祥主编：《自然科学发展简史》，122页，北京，北京大学出版社，1984。

的大多数发明被束之高阁。赫伦作为一个数学家却与阿基米德完全不同，他的许多计算都取近似值，具有明显的工程和应用特色，这是罗马时代的风格。

最能表现罗马人技术成就的是建筑。从公元前4世纪起，罗马人为供应城市用水，逐步修筑了9条总长90公里的水道。在帝国时期，水道工程扩展到其他区域，并还用于灌溉。引水渠通过洼地的时候以石块砌成高架拱槽，在法国和叙利亚境内的引水渡槽有的高达50米甚至60多米。

活动于奥古斯都·屋大维（公元前63—公元14）时期的罗马著名工程师维特鲁维奥（约公元前70—约公元前25）写出了世界上第一部建筑学专著《论建筑》。这部书共有10个题目，涉及建筑的一般理论、设计原理、工程师教育、材料、设备和施工以及建筑卫生学和声学方面的一些问题。具体论及的建筑有王宫、教堂、高架引水桥、公共设施（戏院、竞技场、公共浴池等）和一般民房，以及多类民用机械机构和军事工具（攻城梯、投石机、破城槌等）。维特鲁维奥对希腊人的哲学十分熟悉。在他看来，建筑师必须了解多门科学知识，并具备良好的语言文字表达能力和绘图技巧。但他也明显地注重知识的应用而不是知识本身。他的著作是对古希腊以来建筑经验的总结。

帝国时期担任过罗马水道工程监察官的弗朗提努（40—103）也写过几部工程学著作，其中有两部讨论供水工程建筑。他认识到水流的速度与管口的大小和管口在水下的深度都有关系。还有一部专门讨论了大地测量。弗朗提努在世的公元70—82年，罗马建起了可容纳5万至8万观众的大角斗场，这是古罗马最宏大的建筑，至今残壁犹存。公元120—124年罗马建成了万神庙（潘提翁庙），这座屋顶为半球穹隆的圆形建筑物是一座外部气势宏伟、内部浮雕装饰华丽的杰作，至今还傲然屹立。

对庞大的帝国进行有效的统治需要方便的交通条件。罗马帝国时期四通八达的公路网总长达8万公里，干线和分支延伸盘绕在以意大利为中心的帝国身躯上。这些公路的设计有一定的标准，多数地段以石板铺面，并在沿途竖立里程碑，通过河流时则架设石桥。它们的残迹今天依然可见，"条条道路通罗马"的谚语正是当时的写照。

这些公路的东方尽头，通过波斯高原间接地和中国的丝绸之路联在一起，中国汉代的丝绸传到了罗马。相传恺撒（公元前100—公元前44）身着绸衣引起了人们的羡慕。但只是在稍晚一些的帝国时期，罗马（大秦）和中国的接触才真正开始。中国东汉的班超曾派甘英出使罗马，但只到了安息西界。罗马皇帝的使者曾到过东汉长安。公元2世纪的希腊旅行家波桑尼阿在他的著作中记载了中国（丝国）的养蚕，但蚕种一直到555年才传入查士丁尼（527—565年在位）时期的东罗马帝国拜占庭。

希腊科学的余辉

《科学史》的作者丹皮尔写道："到公元前 1 世纪，罗马人就征服了世界，但是希腊的学术也征服了罗马人。"① 意大利半岛上的罗马人虽然不像希腊人那样去研究科学和纯粹的理论，但他们也尊重希腊人的学术成就。在这个包括古埃及、两河流域大部和希腊世界的环地中海大国里，希腊时代已培育出的灿烂科学花朵没有完全枯萎，还在帝国的土地上散发着余香，并从这里吸收新的养料而存活，直到把勉强成熟了的种子洒落，深埋在中世纪欧洲社会的深层土壤里。

亚历山大城的希腊人托勒密（约 90—168）继续了喜帕克斯的天文学，但把后者宇宙几何模型的圆形轨道增加到 80 个，使它与实际观测结果符合得更好。不过，这位天文学家本人也认为这样一个模型已不再具有客观实在性，而只有数学处理的意义。托勒密编写了著名的《天文学大成》，阿拉伯人译为《至大论》。② 这是名副其实的，因为确实再也没有任何东西比宇宙更大了。他的学说在哥白尼之前一直是欧洲天文学的权威。另外，这位天文学家又写了一部 8 卷本的《地理学》，还证明了与天文计算有关的球面三角定律。

古罗马时期的希腊人阿斯克勒帕德斯（约公元前 124—?）是一位有名的医生，据说他精通外科，第一个做了切开气管的手术。他把原子论哲学应用于医学，主要以运动、沐浴、发汗、按摩等方法治病，认为这样可使人体中的原子和虚空处于正常状态。他的后继者塞尔苏斯（约公元前 30—公元 45）医生在其著作里记载了大量外科手术的做法。由于医学的实用性质，帝国对它给予了特殊的重视。奥古斯都在罗马开办了医学学校和医院，在军队中设立了医官。公元 1 世纪由第奥斯可里德所写的一部 5 卷药物百科全书是帝国初期的重要药物著作，其中载有 600 种药物及其特性介绍。小亚细亚的希腊人盖仑（129—199）是罗马帝国时期最有名、对后世影响最大的医生。盖仑在许多地方行医，并成为罗马皇帝的御医。他所描绘的人体生理图像是对埃拉西斯特拉塔自然灵气、活力灵气和灵

---

① ［英］丹皮尔：《科学史》，99 页，北京，商务印书馆，1975。

② 托勒密在《至大论》中论证了大地的形状和位置。他论证大地为球形时采用的根据是：当月食发生时，东方记录下来的时刻晚于西方记录下来的时刻；向北行进时，南天的星星会逐渐隐落，北天的星星会逐步升显；船驶向岛屿或高山时，山的体积逐渐变大，仿佛是从海水中升起来的。他认为，除非把地球当做球体并放在天中央，才能理解观察到的这些现象。这与亚里士多德《天论》中的观点基本一致。

魂灵气学说的发展，其中虽包含许多谬误和臆想，但却是对人体生理现象的一个完整解释。

另外，在公元 250 年前后，罗马时代的希腊人丢番图（约 206—290）写了一部有影响的代数学著作《数论》，其中对不定方程给予了特别的重视。古代希腊数学重视几何学，缺乏代数学，丢番图的著作在一定意义上弥补了这一缺陷。甚至丢番图的生平本身也是由一个代数学问题来表示的：在他的一生中，童年占 1/6，青少年时代占 1/12，再过一生的 1/7 结婚，婚后 5 年生孩子，孩子只活了父亲的一半年纪就死了，孩子死后 4 年丢番图也死了。据此，人们知道丢番图活了 84 岁。

在罗马帝国统治下的亚历山大城有希腊学术和哲学的遗产，此时还出现了炼金活动。根据柏拉图、亚里士多德以及斯多亚学派的哲学，物质的性质是外在的、可变的；万物有着向善向美升华自己的内在趋向。据此，炼金术士们相信，金属的灵魂都朝着不怕火炼的黄金的理想提高自己，人只要能在这个过程中助它们一臂之力就可以实现。在古代以来积累的冶金经验的基础上，罗马时代的炼金术士用熔炼合金的方法炼出了具有黄金光泽和颜色以及近似特性的东西之后，便认为达到了目的。这种活动流行了 300 多年。19 世纪在埃及出土的纸草上记录了公元 3 世纪亚历山大城炼金家们制造金银赝品的几种方法，说明其工艺水平很高。公元 292 年，罗马皇帝戴里克先下令禁止炼金术士的工作，并焚烧了所有炼金术著作。后来，炼金活动又在阿拉伯人手里复活。直到近代，真正的化学才从这种活动中解放出来。

除了帝国土地上的希腊人，企图在科学上有所建树的罗马人大概只有老普林尼（23—79）了。他是帝国黄金时代的人，曾阅读了 2 000 多种科学著作，写了一部共 37 卷的《自然史》，内容涉及天文、地理、生物、医学、艺术和工艺，但主要是希腊人著作的抄录汇集。这本书保存了大量的古代资料。在这本书中，老普林尼认为大地由空气托起在空中；月亮的运行对潮汐的涨落有影响；因为人们先看到远航而来的船的桅杆，然后才看到船身，所以大地是个球形。老普林尼在考察维苏威火山时因火山爆发身亡，使他作为一个献身于科学的人受到怀念。

罗马的历史影响

罗马的征服曾毁坏了一批希腊化时期搜集和保存的文化典籍。据说恺撒的军队公元前 47 年在埃及作战时，战火曾殃及亚历山大城的图书馆。据说该城在公元 300 年前后还遭受了地震或海啸的破坏。这个图书馆的剩余部分在公元 389 年按照狄奥多斯皇帝（379—395 年在位）的法令，被全部烧毁了。另外，由于罗马帝国统治时期开始向埃及的神庙征收赋税，神庙失去了往日的特权，神庙的祭司阶级和埃及古老的文化也同时湮灭了。直到 19 世纪的法国人商博良破译了埃及的象形文字之后，人们才重新了解了古埃及的一些历史文化之谜。

公元 325 年，罗马的君士坦丁皇帝（306—337 年在位）亲自主持了在尼西亚召开的基督教世界的第一次全体主教会议。公元 392 年，狄奥多斯皇帝将基督教定为国教。与此相应，基督徒在取得正统地位后对罗马帝国土地上留存下来的古希腊学术采取了排斥态度。这方面最坏的例子便是公元 415 年 3 月亚历山大城的里尔教长指使一伙暴徒残害了缪斯学园的著名女数学家希帕蒂娅（370—415）。希帕蒂娅曾协助她父亲塞翁校订过欧几里得和托勒密的著作，并注释了丢番图的《数论》和阿波罗尼的《圆锥曲线》，也是该城新柏拉图学派的领袖。

罗马人毁坏过以往的历史遗产，但罗马帝国也给历史留下了不朽的遗产。伏尔泰（1694—1778）曾经说过："罗马人经常打胜仗，但却不知道是在哪一天打的。"这是因为在恺撒当政之前罗马人采用的历法相当混乱和不精确。恺撒在担任罗马独裁者的时候，依靠亚历山大城的希腊人索斯吉斯（约公元前 90—?）修订和推行了每年为 365¼ 天的儒略历。这是以古埃及和巴比伦的历法为基础的。恺撒将自己生日所在的 7 月以他的名字 Julius 命名，还从 2 月中取了一天添到 7月，使 7 月成为 31 天。这是因为罗马人认为奇数是幸运的，所以 7 月的天数应该是奇数。恺撒的继承人奥古斯都则用自己的名字 Augustus 命名了他首次取得执政官职位的 8 月，并又从 2 月中取了一天加到 8 月。① 另外，8 月变成 31 天，8 月后的大小月也作了调整。这个历到 1582 年所积累的误差达到了 10 天，于是罗马教皇格利高里十三世（1572—1585 年在位）下令减去这 10 天，并令天文学家们重新规定了置闰的方法，这便是今天大多数国家通用的公历。

罗马人在哲学和宗教方面也为后世留下了重要遗产。罗马人早期的哲学是希腊哲学的翻版。伟大的哲学家卢克莱修（公元前 99—公元前 55）的《物性论》以诗的形式和优美的语言阐述了伊壁鸠鲁的原子论。前面提到的政治家西塞罗则是叙利亚哲学家波赛东尼奥（公元前 135—约公元前 51）的学生，他的思想受到柏拉图和斯多亚学派的影响。帝国后期社会矛盾日益尖锐起来之后，罗马人关心哲学胜过了技术和科学。这时候，在琉善（120—200）讽刺宗教、重新宣扬伊壁

---

① 2 月的日子在这里被一再减少是因为古罗马人的死刑常常在 2 月执行，因而 2 月被认为是不吉祥的月份。这同中国古代将秋风萧瑟、落叶缤纷的秋季作为刑杀的时节是完全不同的。

鸠鲁的无神论的同时，皇帝奥勒留（121—180）在征战间隙写下了12卷的《沉思录》。其后便出现了生活在埃及的哲学家柏罗丁（204—270）所创立的新柏拉图主义，这是各民族哲学和宗教的大杂烩。

哲学在任何社会都只是少数人的事业，在罗马帝国生活着的无数奴隶、穷苦人和少数民族更加需要的是宗教，而不是哲学。罗马帝国初期，在犹太教的基础上，基督教吸收了当时各类哲学中的有用成分和波斯教的部分教义，经受了统治者的迫害，在同其他宗教相互竞争、相互影响中发展起来，最终竟成为没落的罗马统治阶级所皈依的国教。当奥勒留·奥古斯丁（354—430）写出《论自由意志》、《忏悔录》、《上帝之城》等著作后，基督教竟用信仰代替了哲学。这种使苦难者的灵魂在痛苦中得到片刻安宁的精神药剂在罗马帝国灭亡后的欧洲构成了世俗权力的一部分。到了文艺复兴时期，欧洲人又反过来用古老的希腊哲学和科学精神作为解药来冲淡宗教的影响。但在当今世界上，基督教仍然是最有影响的宗教之一。

罗马这个环绕地中海的奴隶制帝国囊括了埃及和西亚的一部分以及希腊世界，同时，它的领土又延伸到了今天的法国、西班牙和大不列颠。正是在罗马的土地上实现了近东古老文明向整个欧洲的渗透。罗马人用其相当丰富的政治经验把这个大帝国维持了几百年之久，使这一渗透深刻而持久，这对欧洲发展的影响是不可估量的。不论是在历史上还是在地域上，罗马都处在古代文明向近代文明过渡、近东文明同欧洲文明汇合的大路口。罗马人的法律——罗马法，在历史上成了欧洲后来立法的基础；罗马帝国的威名和疆域也同时成为后世强权主义、扩张主义和帝国主义所仰慕的先例。罗马的共和政体及立宪政体则同时成为资产阶级初上政治舞台时与封建贵族分享权力的先例。

由于罗马帝国在西方文明史上的地位，她的衰落原因也曾引起许多历史学家的探究。以往人们的目光往往投向社会学、政治学、民族学的角度，但今天已有人注意到文化学、生态学的角度和人口问题。例如，罗马帝国的繁荣稳定时期，罗马的贵族为了满足其狩猎的欲望，斗兽为乐，把大量的狮、豹、犀牛抓进囚笼，最后折磨至死，几乎捕尽了地中海沿岸的野兽，给历史留下的只是斗兽场遗迹和西班牙的斗牛遗风。与此同时，人口在增加，森林被破坏，肥沃的土壤剥离，地中海的南岸被掠夺得贫瘠不堪。看来罗马人蔑视大自然的行为，也是帝国衰落的原因之一。

第六章

古印度文明中的知识

主梵天……指示婆罗门从事祭祀、科学和收取赠礼。他把畜牧业、商业和农业交给了吠舍，而首陀罗，主则命令从事手工业和做奴仆。

《伐育·普兰那》第八卷

印度河和印度

辽阔的南亚次大陆的西部——发源于中国境内冈底斯山的印度河，在众多的支流汇聚中从东北向西南方向穿过巴基斯坦的领土，注入阿拉伯海。这里气候干燥，在河谷不远处就有沙漠。东部的恒河发源于喜马拉雅山的雪峰丛中，它的条条支流由西北向东南横贯雨量充沛、森林茂密的次大陆东北部，注入孟加拉湾。次大陆的南部是德干高原，这里气候炎热，森林稠密，矿产比较丰富。

印度河和恒河，这两条南亚的大河，正如西亚的底格里斯河和幼发拉底河、东亚的黄河和长江、非洲的尼罗河一样，也是哺育人类古老农业文明的摇篮。考古学发现，首先在巴基斯坦境内产生的印度河流域文明，是世界上最早的文明之一。

哈拉巴文化

对印度河畔的摩亨约·达罗和由此上溯约 644 公里的哈拉巴两个古代城市遗址的考察表明，这里在公元前 2350 年至公元前 1750 年便进入了青铜时代，当时人们种植大麦、小麦、水稻、豌豆、甜瓜、枣椰、胡麻和棉花，养有水牛、山羊、绵羊、猪、狗和象。其中棉花对印度人来说，就像蚕丝对中国人一样，都是最好的服饰原料。

这些经过规划的城市是用烧制的砖和木材建筑的。这是世界上最早用烧制的砖建造房屋的地区。这些建筑物存在的地方也就是当时的城市国家。摩亨约·达罗（梵语死人之丘之意）城市的街道基本上都是南北或东西走向，街道转弯处的建筑物墙角砌成了圆弧形，公共建筑有大浴池、卫城和粮仓，富人宽绰的住处有楼房和庭院，浴池和厕所的陶制污水管道通向街心的石砌下水道。在印度河流域城市遗址中发现的青铜器有刀、斧、镰、锯、矛和剑，这些器物表明当时人们已掌握了锻打、铸造和焊接技术。还发现了标准相当精确一致的砝码和尺，这些遗物表明当时的人已采用十进制记数。刻有文字或图画的象牙和石印章表明，当时的社会关系已相当复杂。印章还被打在包装货物的封口上，而货物最远被运到两河流域。

由于还不甚清楚的原因，印度河最早的文明突然衰亡了。至今发现的 500 多个古老字母还没有释读成功，城市衰落的原因也仍然不完全清楚。

吠陀时代的知识

住在中亚一带的同伊朗人同源的一支操印欧语的半游牧部落——雅利安人，在印度河谷的城市衰落前不久，越过阿富汗的兴都库什山口来到这里。他们通过征服当地已有的居民而开始自己的生活，这大概便是哈拉巴文化衰落的原因。虽然关于这一点还没有真实可靠的历史证据，但世代流传下来的反映公元前 1400 年至公元前 600 年之间社会生活和历史的宗教文献——四部《吠陀》，却勾画了一个可信的略图：自认为出身高贵的雅利安人通过战争征服了低鼻梁、浅黑皮肤、与他们不说同一种语言、不敬同一个神灵的当地人，把他们变为奴隶。

雅利安人很可能在未到这里之前就掌握了用铁的知识，可能还有了车辆，有一定的技术优势。在雅利安人的征服之后，印度河流域开始由铜器时代向铁器时代转变，有了犁，牛被用来拉犁，人工灌溉和施肥的技术也出现了。伴随这些技术进步，雅利安人的势力由印度河流域扩展到恒河流域，同时大大小小的部落也就变成了处处林立的奴隶制国家。

在这些国家里，征服者和被征服者按照种族和社会地位划分为四个瓦尔那：掌握神权的贵族婆罗门，掌握军事和行政权的贵族刹帝利，一般劳动人民吠舍（中下层平民）和奴隶首陀罗。各个瓦尔那成员的地位按血统世代相传，相互之间界限森严，不能通婚，交往受到限制。尽管以后历史上印度的民族成分、文化和宗教都增加了大量新的内容，但这种种姓制度在社会生活中打下的深深烙印，在某些地区一直残存到今天。

《吠陀》——知识和学问的意思，其中包含着大量献给战神因陀罗、自然之神伐楼那、天神帝奥斯、太阳神苏利耶、人的护佑神毗湿奴、火神阿耆尼和其他神的大量颂歌，但其中确也包含了婆罗门学者们的大量知识。[①] 《吠陀》告诉人们，当时印度人已把1年分为12个月、360天，并有置闰方法。人们认为天地的中央是须弥山，日月均绕它运行，太阳绕山一周为一昼夜时间。人们还对恒星作了细致的观察，把黄道附近的恒星划为27宿（月站）。另外，《吠陀》也记载了发烧、咳嗽、水肿、肺病和麻风病等许多疾病，以及一些治病方法。

吠陀时代后期，婆罗门祭司们开始了对世界本原的探讨。水、地、火、风四元素，甚至再加上空，共五大元素，被看成世界的本原。在此基础上，后来产生了解释自然现象的自然说、自性说和转变说。当然，同瓦尔那制度一同发展的婆罗门教才是最有权威的真理主宰。根据婆罗门教义，世间万物都是宇宙的灵魂梵天的化身。人的灵魂也来自梵天，但它贪恋尘世，不断投生转世，受轮回之苦。这一观念后来也渗透在佛教和耆那教中。

佛教诞生的年代

公元前500年前后，印度北部建立起16个大国，其中有王国，也有共和国，

---

① 《吠陀》包括《梨俱吠陀》、《娑摩吠陀》、《夜柔吠陀》、《阿达婆吠陀》等四部。其中《梨俱吠陀》最古，约出现于公元前2000年，乃诗人集体创作，共10卷1 028首献给神的颂歌，其中甘婆子所作《伐楼那神颂》对宇宙和自然的描述十分深刻："彼以摩耶，揭示宇宙；既摄黑夜，又施黎明；随顺彼意，三时制定；其余怨敌，愿俱消灭。"这里的摩耶是幻现的意思，三时是指过去、现在和未来。

技术和生产也有了显著进步，印度次大陆复发的文明枝叶已相当茁壮。同中国当时的春秋时期相似，这些国家为争夺周围领土和霸权开始了不断的战争，而且整个印度世界的社会也开始了内部动荡，征服者和原住民的矛盾愈演愈烈，种姓制度遇到了挑战。

这个时代，迦毗罗王国的王子乔答摩·悉达多（公元前566—公元前486）创立了佛教。他被后人称为释迦牟尼，意思是生于释迦部落的修行者，而佛便是彻底觉悟的人。佛教主张通过修行来灭欲，从而摆脱人生的苦难。佛教打破了婆罗门教的精神等级制度。各个阶层的人们在佛面前是平等的，各种人不同的苦恼也溶进佛的统一苦海中。令人惊叹的是释迦牟尼认为，除了日月照临的世界之外，还有人类未曾见过的"恒河沙数"般的他世界。这是一种宇宙学方面的天才直觉。他还将一千个世界称为小千世界，一千个小千世界称为中千世界，一千个中千世界称为大千世界。

与乔答摩同时代的大雄（公元前6世纪—公元前5世纪）此时创立了耆那教，它的教义是：尘世皆罪，人人应力求从中解脱。耆那教尽管没有传到国外，但今天仍然在印度地区有300万信徒。当时有名的医生是恒知子（Atreya，公元前6世纪），他不管人生是否有罪，只以自己的医术为人解除身体的病痛，其中包括割白内障和除疝气的技术。

印度最著名的天文学历法著作《太阳悉檀多》（悉檀多是一切义成的意思），据说在佛教产生的时代就已具雏形，此后几百年中经历代学者的增改，成了印度天文学的范本。这本书相信大地为球形，北极是众神的住所——墨路山顶，一股宇宙风驱动日月和五星旋转，一股更大的宇宙风驱动所有天体旋转。它还讲述了测时、分至点、日月食、行星运动，记述了简单的天文仪器，并包括大量的数学内容。

在乔答摩宣讲佛教教义的时候，居鲁士建立的波斯帝国把它的腿伸到了印度河边。但印度各个小国仍在争战中并立了200多年。公元前364年，摩诃帕德摩·难陀统一了恒河流域，建立了难陀王朝。在新教流行、战争纷繁的这段时期，印度最早的数学著作《准绳经》于公元前400年至公元前300年间产生了。该书的大量内容讲如何修筑祭坛。它取 $\pi=3.09$，作者已知道勾股定理，并给出了世界上最早的正弦三角函数表。

孔雀王朝和重新分裂时期

公元前325年，亚历山大统率的马其顿—希腊军队一度占领了印度河流域，但很快就在疲惫中撤军。公元前 324 年，一个养孔雀的家族的后代——冒险家旃陀罗笈多乘机崛起。他指挥的军队把马其顿人赶走，并转而摧毁了恒河流域的难陀王朝，建立了孔雀王朝。他的儿子，尤其是他的孙子阿育王又继续进行了征战，统一了印度大部分地区。在公元前 187 年孔雀王朝灭亡前后，印度重新分裂为若干小的国家。这种状态延续了 200 多年。

在孔雀王朝初期，印度人已学会炼钢，铜开始被用来铸造神像。由于阿育王对佛教的提倡，佛教建筑——庙宇、佛塔和石窟开始出现在次大陆，婆罗门教的寺庙继之而起，其规模之宏大，建筑构思之诡异，足以震慑众生，使人望而生畏。阿育王去世时，正是秦始皇开始并吞六国的时候，印度人大搞佛教建筑的时候，也是中国人修筑长城之时。

孔雀王朝统一后，政府组织建设并管理着全印度的水利事业，生产有了发展。棉花种植面积有了扩大，许多城市成为棉纺织业的中心，产品远销到中亚和东南方的其他地区。

孔雀王朝灭亡后的印度，在公元前 1 世纪出现了最早的一部医学著作《阿柔吠陀》——长寿的知识。在这部书中，巫术已被朴素的理论所取代。书中的理论认为人的躯干、体液、胆汁、气、体腔分别对应着地、水、火、风、空五大元素。如果气候和心理上的原因使比较活泼的水、火、风三者失调，人就生病了。书中记有内科、外科、儿科等很多疾病的疗法和药物。《阿柔吠陀》的理论为印度医学奠定了理论基础。

生活于纪元前一些时候的名医妙闻（Susruta）把自己的行医经验撰写成书流传下来，11 世纪修订过的《妙闻集》论述了 1 120 种疾病，内容还涉及了病理学、生理学和解剖学。解剖知识是通过用手撕开浸在水中的尸体而得到的，因为印度的宗教禁止用刀解剖人体。书中所记的外科手术尤其高超，包括除白内障、剖腹产、除疝气、治疗膀胱结石等，而所用的外科器材竟有 120 种，治病药物有 160 种。

贵霜帝国时期

公元 1 世纪在西方是罗马帝国初期，在中国则是从西汉过渡到东汉时期。这时大月氏人在中亚建立了一个贵霜国家，并逐渐把印度北部大部分地区并入版图，在迦腻色迦王时（78—108）达到强盛顶点。色迦王曾遣使求东汉公主西嫁，但遭到汉西域长史班超的拒绝，后派兵攻班超，被班超组织的西域各国军队击败。佛教在贵霜帝国时首先传到中国西域，接着传向中原地区。贵霜帝国在2世纪时分裂，但恒河流域贵霜人的小国一直残存到公元400年前后。

显然，这一时期印度并没有完全统一，但古代印度人的知识和文化仍在延续。佛教石窟建筑持续进行，尤其是犍陀罗地区的佛像雕塑艺术在这一时期得到了发展，其形体造型生动，衣饰造型逼真。由于同中国的交往已经开始，养蚕织丝技术同纺织技术在印度境内发展起来。同时，古代天文学名著《太阳悉檀多》在1世纪后得到后人的增改完善。名医阇罗迦（Caraka，约120—约162）留下了他的名著《阇罗迦本集》。这本书在后人增改后被誉为古印度的医学百科全书，它提出了营养、睡眠和节食的规则，研究了病因、病理和一些难症的诊断和治疗用药，从而进一步阐发了古印度的医学理论。这本书和妙闻的书一起，在阿拉伯人崛起时被译为阿拉伯文和波斯文，它们的许多内容今天仍有实用价值。

笈多王朝和戒日王朝时期

公元300年，笈多王朝在摩揭陀兴起，成为恒河流域的强国。399—413年中国北魏和东晋时代的僧人法显曾在此游历。480年，一支白匈奴人的军队击溃了笈多王朝的军队，白匈奴人和当地居民逐渐同化，印度全境又逐步陷于分裂，直到戒日王朝（606—648）时强大的统一国家在中印度产生。在627—645年间，唐朝僧人玄奘正在印度求学。

从笈多王朝到戒日王朝是印度社会中封建关系形成和确立的时期。无子的戒日王死后，大臣阿那罗顺据位，改变了对唐朝的友好态度，648年攻掠了唐朝使团。唐使王玄策借吐蕃和尼泊尔兵击败并生擒阿那罗顺，但印度政局从此重陷混乱。继之，在阿拉伯人兴起后，伊斯兰的势力便开始向这里浸透。

这是印度历史上一个重要时期。中国人经常络绎不绝地到印度求学，把中国的学术和文化传播到喜马拉雅山南方。印度的天文学、数学、医学、制糖术和佛教建筑传入中国，而中国人的十进制记数法、筹算法则影响了印度的数学。印度人在公元500年后创立了用1、2、3、4、5、6、7、8、9等记数的十进制记数法，后来经阿拉伯人传入欧洲，成为世界科学中的一颗明珠。① 中医和中药在这一时期传入印度。史载，义净和尚（635—713）在印度求学时用中医给当地人治

---

① 罗马记数法中，I代表1，V代表5，X代表10，L代表50，C代表100，M代表1 000。要表示1978，需写成MCMLXXVIII。可见，用罗马数字难以构造今日的数学大厦。

病，受到欢迎。印度这一时期出现了《八科提要》（7世纪）和《八科精华集》（8世纪）两部重要医学典籍。自此以后，印度医学方面便再也没有多少创新了。另外，印度的炼丹术也在7世纪时同中国的炼丹术相互影响。印度炼丹士同中国的炼丹家一样，对硫黄和水银十分重视。

印度这一时期最负盛名的天文学家是圣使（生活于475年前后），他写了《圣使集》，在讨论了日月行星的运动后，提出了推算日月食的方法，并认为天球的运动是地球自转的结果。他的这一大胆思想自然是无人接受的。但他在著作中所用的数字和10进制位值记数法，以及π值，却没有被历史湮灭。比他晚一些的巍日于505年把印度历史上包括《太阳悉檀多》在内的五种最重要的历法著作汇编成了《五大历法全书》。数学家梵藏（598—？）在628年写出了《梵明满悉檀多》，最早提出了负数的概念，并且模糊地认识到零也是一个数。

在技术方面，笈多王朝时所铸的一根高7.25米、重6.5吨的铁柱，至今依然毫无锈蚀，屹立在德里。2米多高的大铜佛像也铸造了不少。最负盛名的阿旃陀石窟壁画也在这个时期基本完成。另外，印度两部世界著名的文学史诗——《罗摩衍那》和《沙恭达罗》也是笈多王朝时出世的。前者是在民间传唱千年后的定本，后者则是戏剧家迦梨陀娑（生活于400—500年间）的作品。

伊斯兰势力进入印度时期

印度在戒日王朝后，封建领主割据一方，西北部的防卫力量削弱。这时阿拉伯帝国正在兴起，并于712年侵入了印度河下游。976年前后，信奉伊斯兰教的突厥伽色尼王朝的东方疆界扩展到旁遮普，统治持续到1186年。这个王朝在马哈德（968—1030）王在位时对印度其他地区进行了25次攻掠，使整个北方遭到了严重破坏。生于中亚花拉子模的波斯人艾尔·比鲁尼（973—1048）在被执至伽色尼后，在印度旁遮普居住多年，学会了梵文，并著《印度记》一书。他用阿拉伯语写作，但醉心于印度哲学。他被认为是伊斯兰世界知识最渊博的学者。

这一时期出现许多有建树的科学人物。生活于9世纪的大雄在830年写出了《计算精华》，他研究了零和分数、二次方程，并接触了中国数学。室利驮罗（999—？）则着重研究了二次方程的解法。著名的天文学家和数学家作明（1114—？）在《历数全书头珠》中对前人的天文知识作了清晰的阐发，还把古印度的数学知识推到了顶点。他不但正确地理解了零及其运算，而且知道一个数有正负两个平方根，并解了许多不定方程，得出了球面积和体积的正确公式，并算

出 $\pi = 3.1416$。

德里素丹和莫卧儿帝国时期

1206 年，奴隶出身的地方首领艾巴克以德里为中心建立了一个新的王朝，至 1526 年，共有五个王朝。其中有些统治者是外来的伊斯兰封建主。这一时期印度的民族矛盾和宗教矛盾交织在一起，称为德里素丹国时期。除了今天仍屹立在印度各地的伊斯兰风格的寺庙和宫殿外，这一时期很难碰到其他重大的历史成就，也很少遇到杰出的科学人物和技术创新。

当德里素丹王朝和成吉思汗的子孙们在印度西北部拼杀得精疲力竭后，1398 年，突厥化的蒙古贵族帖木儿的 12 万大军洗劫了德里，他的后裔巴布尔于 1525 年再次入侵印度，统一了印度北部，并经过两三代人的征伐，在印度建立了莫卧儿帝国，统治达 300 多年之久，直到逐步渗入印度的英国殖民者的军队在 1857—1859 年镇压了一场空前的起义后，这个王朝的统治才最后结束。

莫卧儿帝国在巴布尔的孙子阿克巴统治时盛极一时，但在他之后，伊斯兰教和印度教封建主的斗争时常爆发，战乱、灾荒和瘟疫时常发生，国势日衰。今天象征她昔日荣光的只是那宏伟的王宫和举世闻名的坐落在北部邦亚格拉附近的泰姬·玛哈尔陵，它修建于沙查汗（1628—1658 年在位）时期。从学术和技术方面看，印度封建社会的土壤似乎再也不能生长出新枝茂叶了。而这时的印度正同她的东邻中国一样，即将面临西方殖民主义扩张势力决定性的冲击。

南亚次大陆文明的历史透视

从民族学角度看，印度不是一个封闭的社会，从雅利安人入侵以来，有许多其他民族侵入这片土地。但显而易见的事实是，每一次新的征服者都是以特权贵族的身份加入印度社会的。毫无疑问，每次加入新民族成分的过程都意味着战乱和杀戮，以及对社会财富和生产条件的破坏，历史的延续是以退步为前提的。

由于印度社会形成了根深蒂固的种姓制度，不同社会阶层的人之间壁垒森严。严格的种族和种姓隔绝，不仅体现在政治和文化中，也体现在经济生活方面，它在多民族、多人种杂居的印度社会中封锁了大多数人改变自身地位的机会，下层人同上层统治者的平等只体现在信仰宗教方面，而宗教是不关心世俗生活的。下层人的自由只能以反抗整个社会为前提，但这种反抗的结果无论是胜利还是失败，都不足以摧毁不平等的社会制度。

在这样一种制度下，勤勉和精明地从事农业、手工业和商业，远不如社会特权给人带来的利益多，技术自然就不可能有长足的进步。相反，科学一开始就是由贵族中的一部分人从事的。他们既然是主要依靠自己的社会地位生活而不是依靠自己的才智生活，那么，智慧的锋芒也就没有太大必要投射到生产和劳作中。除了纯粹的哲理、制定历法的天文学、一般计算需要的数学、与健康有关的医学外，力学和各类技术知识不被学者们重视，甚至连中国人和罗马人关心的农业知识也不被印度学者们重视，尽管印度也是一个农业国家。

还应提到，在印度产生并影响深远的佛教的基本教义教导人们超脱社会，放弃对现实生活的追求，这对学术和技术进步以及社会改革来说，都会产生消极影响。当然，在整个印度的历史中，宗教的影响是复杂的，尤其是从封建社会以来，印度教和伊斯兰教成了印度社会的主要宗教。除了这些复杂的原因外，人们还不能无视这样一个事实：正当西方资本主义自由发展之时，印度次大陆的财富却装备了大英帝国的工业和海军，而她自身却被牢牢绑在了贫穷落后的铁柱上。显然，正是这一时期，印度和西方国家在经济和科学技术上拉大了距离。

从 19 世纪后期开始，英国人开始成为这块土地的主宰，印度人民处在殖民者和分散的大大小小封建主的双重统治之下。这一时期的印度走过了曲折艰难的道路。但我们仍能从两个人的身上看到这块古老土地上人民智慧的潜力。一个是诗人泰戈尔（1861—1941），他因自己敏锐、清新优美的诗篇而获得 1913 年诺贝尔文学奖，他写的歌曲《人民的意志》便是印度的国歌。另一位是物理学家拉曼（1888—1970）。这个在殖民地的印度生长和求学、并在总督府财政部担任了 10 年事务员，工作之余坚持研究光学的学者，因发现光在物质中散射时的"拉曼效应"而获得了 1930 年诺贝尔物理学奖。

第二次世界大战结束后，次大陆上出现了一系列独立的国家：阿富汗，巴基斯坦，印度，孟加拉国，尼泊尔王国，不丹和锡兰岛国。其中印度和巴基斯坦是根据 1947 年英国提出的"蒙巴顿"方案分开治理的。印度这一时期的历史同印度民族运动领袖莫罕达斯·卡·甘地（1869—1948）的名字联系在一起。而孟加拉国则是 1971 年才从巴基斯坦分离出去的。值得提到的是，在 20 世纪后期，南亚次大陆上的两个主要国家印度和巴基斯坦都拥有了核武器。这片获得新生的古老土地，伴随着科学技术的进步和复杂的文明冲突，进入了 21 世纪。

第七章

古代中国的科学和发明

备物致用，立成器以为天下利，莫大乎圣人。

《易传·系辞上》

地理位置

中国的东方是世界最浩瀚的大洋——太平洋。中国的南方是东南亚半岛上的丛林山地，这是东亚大陆插入海洋的一只长臂，它通过一系列相望不远的岛屿，一直间断地伸向澳洲大陆。但这个海洋区域都在赤道两旁，气候炎热，并不是古代文明发展的理想之地。

中国的西部是世界屋脊青藏高原，古代人越过它要冒生命的危险，困难重重。北方的蒙古高原一直是游牧民族活动的大舞台，而西北地区则密布着戈壁沙漠，其间点缀着一些绿洲。在古代条件下，东亚大陆南北方的联系通路是敞开的，同东方的联系止于朝鲜半岛，同日本联系要靠航海，同西北方中亚地区的联系，则经过穿越戈壁沙漠的探险开辟了丝绸之路。

炎黄时代

考古学发现，距今 50 万年前生活在北京周口店的"北京人"已学会用火。生活在数万年前的河套人已学会人工取火。6 000 多年前的西安半坡人已学会制造彩陶。出土的一个尖底彩陶瓶表明，他们已认识到：器皿在装上水之后重心会发生变化。

中国古代传说中的炎帝部落生活在西部，最先发展了农业。传说神农氏炎帝还通过尝百草发明了医药。东方的太皞部落可能最先制造陶器，发展了冶铜业，传说这个部落的蚩尤曾以五金作兵。北方的黄帝部落以狩猎游牧为主。这三个部落经过一个时期的接近和几场战争，融为早期的华夏人集团。黄帝部落的人最先成为这个集团的首领，从此开始了一个新的发展时期。

传说黄帝统一华夏部落后，令史官沮诵、仓颉创造了文字，令大挠作了甲子，黄帝的妻子嫘祖还发明了养蚕制丝，大臣挥则是弓箭的发明者——我们当然无法确定这些传说的可靠性。据说黄帝还制作了黄钟①，从而把度量衡和音律统一起来，对知识和文化的发展影响深远。不过，中国民间大量的度量习惯似乎证明古代度量衡多取乎自然，如"布指知寸，布手知尺，布肘知寻"，"一举足为跬，两举足为步"，"一手之盛谓之溢，两手谓之掬"，"蚕吐丝为一忽，十忽为丝"等。但关于黄钟的传说与这种民间普遍的度量方法是相符的。

传说中的炎帝和黄帝，明显综合了科技发明家的形象。这表明远古华夏文化有崇尚科技发明和赞赏能人智士的特质。黄帝之后是尧的时代。据说尧曾派羲和观测天象，制定了最初的历法。尧传位给舜，舜传位给治水工程的组织者禹，禹的儿子启则开创了中国历史上的第一个王朝——夏。

青铜文明

夏朝的冶铜业有了发展，传说夏朝铸造了九个大鼎，作为九州和权力的象

---

① 所谓黄钟是一个竹管，其长定为九寸，由此引出长度单位，再以其截面积为基准引出面积单位，由其容积引出容积单位。在其中装上黍，可盛 1 200 颗，由其重量来规定重量单位。吹响这个竹管，其音高低为第一律黄钟，制作乐器时以此为基律。

征，这些鼎传至商周，战国末期秦灭周朝时散失了。

夏朝的少康改进了酿酒技术，由于他的名字也叫杜康，所以古人把杜康作为酒的代名词。从夏代开始，由于水患减少，农业发展了，物候学知识也增加了。这些知识代代流传积累，到春秋时出现了《夏小正》一书。进入农业文明的华夏民族，应该最看重草木繁茂、郁郁葱葱的夏天。这个王朝称为"夏"，也许蕴含着对人丁兴旺、繁荣发展的企盼。

商朝是铜器文明的高峰，出现了大量酒器、祭祀用鼎、青铜武器，中国的原始文字已趋向规范化。已发现的商代文字——刻在龟甲和牛骨上的甲骨文和刻在铜器上的金文共有3 500多个。用干支记日的方法在商代已有明确记载，另外，天文学家还记录了一颗新星的出现。在纺织方面，发明了结构复杂的提花机。

商朝的统治者以"帝"为最高主宰，殉葬风气盛行，占卜师也就是天文学家。周朝最初的统治者强调"天"的概念，提出了"天命"的思想。天命是可变的，统治者明德慎罚，便可顺天应命，否则天命将另有所属。由于相信天的意旨会通过天象来表示，周朝在大禹的都城——河南阳城（今登封县）修了"周公测影台"，专门有人观测天文。这里被称为地中，是人们在地上观天的特殊地方。

周朝的卜师们编写了《易经》一书，还创造了八卦，明确地提出阴阳五行学说。在这个时期，医生逐渐从巫师中分离出来，成为专门的职业，算术方面还发明了筹算，所以老子有"善计，不用筹策"（《道德经》二十七章）的说法。

春秋战国时期

这时出现了铁器革命。从春秋开始到战国末期，中国社会从铜器时代过渡到铁器时代，也同时告别了西周的封建制，代之以皇权为中心的君主制。

这一时期，中国的学术蓬勃发展，可以说是一个学术思想革命的时代。这个时代出现了许多新发明，社会生活有许多进步，也充满了痛苦和斗争。

在战争方面，铁武器得到应用。频繁的战争中，古代的车战被淘汰，作战方式从车战、步兵战向步兵和骑兵战过渡。

在农耕方面，牛和铁犁破坏了古代的井田，开垦出一大片新土地，与此同时，也产生了一批新地主和农民，消灭了井田上成批耕作的农奴，引起了一场社会经济变革。春秋战国时期争雄的各国还兴修了一批大型水利工程，其中著名的有：秦国的都江堰、郑国渠，楚国的芍陂工程。

手工业技术取得很大进步。春秋末齐人编的《考工记》是已知第一部中国手工业技术规范著作。书中讲到钟鼓、弓箭制造和建筑、冶金等方面的工艺过程。湖北随县出土的战国曾侯乙编钟是世界音乐史上的奇迹，它是铸造术和音律学的结合。当时的名匠鲁班发明了锯，他造的木鸢（可能是最早的风筝）上飞三天不落。他还造了曲尺、刨、钻、攻城的云梯。墨子则造了反攻城的钩拒。越国的欧冶子、吴国的干将则是最有名的铸剑匠。

诸子百家代表着这个时代的学术繁荣，其中也包括一批古代科学家。医学家扁鹊用四诊法看病，并用针灸治愈患假死症的虢国太子。这时成书的《黄帝内经》为中医奠基性著作，以黄帝和岐伯对话的方式写成，书中的精华是阴阳五行说、脏腑经络说、整体观念、治本思想，作者当时已发现了血液循环流动的现象。

在天文方面，此时周朝的测影台已不再是观天中心，各大诸侯国都有研究天象的人。其中魏国的石申著《天文》8卷，有《石氏星表》（121颗星）传世。齐国的甘德著有《天文星占》。他们二人测出的火星、木星周期与实际值相当接近。当时的天文学家记录了大量天文现象，包括公元前613年的哈雷彗星（76年飞临地球一次），天区被分为28个区，称28宿。这时出现了古四分历，它以365¼天为一年，比古希腊、罗马人的四分历要早。二十四节气在战国时也已经出现了。

这个时代的地理学家写下了《山海经》、《禹贡》等著作。其中《禹贡》分中国为九州。在《列子》一书中提出了地动的思想。尸佼定义了宇宙（四方上下为宇，古往今来为宙）。宋钘、尹文提出了气成万物的思想。周代成书、春秋战国时流传于世的《周髀算经》一书中，主人公商高和周公对话时提出了盖天说，给出了勾股定理。以墨家为代表的物理学家则比较系统地研究了光学、杠杆、弹性、几何问题等。

秦汉时代

秦始皇统一中国后采取了书同文（统一用小篆字体）、车同轨、统一货币和度量衡的措施，中国的文化和科技向规范化前进。秦始皇焚书坑儒时留了农医、占卜方面的书。秦代修筑了长城，它的军事目的是防守塞外骑兵，阻滞其行动以赢得部署军队的时间。烽火台的报警是一种快速传递军情的方法。长城（边墙）也是北方农牧文明的分界线和北方民族的融合线。

汉代时，铁工具得到普及，农具得到改进，新式的镰、耙、锄、耧车、犁出现了。汉武帝末年，令赵过在全国推广牛耕，县令、三老、力田、老农被召至京师学习，回去普及新技术。成帝时的议郎氾胜之写了《氾胜之书》，总结了当时关中地区的农业经验。西汉晚期发明了风车和脱粒的水碓。东汉时的南阳太守杜诗（？—38）发明了水排——水力鼓风机，用于冶铁。冶金铸造技术在汉代有了很大发展。

两汉时期，西北养马业得到发展。武帝时李广利征西域得到大宛的汉血马，亦称天马。汉朝依靠骑兵征伐北方的匈奴。西汉的张骞（？—公元前114）通西域，打通了丝绸之路。东汉的班超（32—102）在西域充当都护，经营了几十年，他不仅曾组织西域军队击退了印度贵霜副王谢率领的7万大军，还派甘英出使罗马（大秦），行至波斯湾。当地（安息西界）商人夸大了从海路到罗马的距离和风险，使甘英没能远行。

西汉早期的北平侯张苍（？—公元前152）和大司农耿寿昌（汉宣帝时人）先后修订了战国时已出现的《九章算术》，使之流传于世。这部书中共有246个例题，9类实际问题，包括度量土地、做买卖时的兑换计算等，对中国数学发展的影响最大。《许商算术》、《杜忠算术》亦是在汉代出现的著作。

造纸术是汉代的一大发明。西汉时发明了麻纸，东汉和帝时，太监蔡伦（约50—121）在105年用麻和树皮造出了优良的蔡侯纸。造纸术是为知识和文化发展服务的发明。蔡侯纸比埃及的纸草、西亚的泥板、罗马及中世纪欧洲的羊皮纸以及中国古代的竹简木牍都便宜和方便。这项发明后来传到全世界，引起人类书写材料的一场革命，成了人类文明进步的伟大杠杆。在汉代，它的发明首先使书籍更加便宜，私家著书风气从此开始，促进了教育事业的发展，使三国时代涌现出一大批人才。

西汉时和司马迁共过事的落下闳制造了观测天象的浑天仪，耿寿昌用铜铸了一个演示天象的天球仪。东汉张衡（78—139）提出浑天说：浑天如鸡子，地如鸡中黄，大地为扁球。这个猜想是基本正确的。为宣传浑天说，张衡制造了一台用水推动的仪器来演示天象。晚一些的东汉人郗萌提出宣夜说，认为不存在固体天球，日月星浮于空中，由气决定行止。与《周髀算经》中"天如斗笠，地如棋盘"的盖天说相比，这些认识有明显进步。东汉张衡发明的候风地动仪成功地记录了138年发生在甘肃的一次地震，在当时被认为是一种奇迹。

东汉末年的张仲景写的《伤寒论》，是把《黄帝内经》的医学思想应用于伤寒病症的诊断治疗。汉代出现的《神农本草经》中收入了365种药物，是中国一部早期药典。东汉末的外科名医华佗曾创造了"麻沸散"，动手术时给患者服用可减轻痛苦，但这个药方在华佗死后失传了。

三国两晋南北朝时期

　　这一时期，中国各地政权鼎立对峙，只有西晋短暂的统一。北方的五个胡族同汉人融合在一起，从西域传入中国的佛教开始在南北盛行。

　　三国时的魏国巧匠马钧改进了织机，发明了龙骨水车（抽水机），制造了指南车，改进了诸葛亮发明的连弩。蜀人蒲元发明了木牛流马，这可能就是独轮车或手推车，方便了车马道路不通地区的运输。西晋人刘景宣发明了牛转连磨，是高效的粮食颗粒粉碎机。此外，两晋至南北朝时期中国还出现了马镫。这一发明可能是北方游牧民族做出的，它导致了重装骑兵的出现，对古代的军事产生了极深远的影响。

　　三国时赵爽注释了《周髀算经》；刘徽著《九章算术注》，对《九章算术》中大部分算法做了证明，还发明了割圆术。

　　西晋地理学家裴秀（224—271）主编过一本历史地图集，后散佚，但他制定了一套实用的制图规则（制图六体），为后人所遵循。在医学方面，西晋名医王叔和著有《脉经》，奠定了脉学基础；民间医生皇甫谧（215—282）著有最早的针灸专著《黄帝三部针灸甲乙经》；葛洪（281—341）著有《肘后卒救方》，这是一部急救手册。葛洪亦是有名的炼丹家，他相信"服金者寿如金，服玉者寿如玉"（《抱朴子》）。与之齐名的是南朝的陶弘景（456—536），他写了《神农本草经集注》，把原书中的365种药物数量增加了一倍。

　　东晋的虞喜在330年发现了岁差（回归年短，恒星年长的现象）。北齐的张子信为避乱到海岛观测天象，发现了太阳和五星运动的不均匀性。南朝的祖冲之（429—500）是当时最有名的天文学家、数学家，他计算的圆周率精确到了小数点后第7位，1 000年后才被阿拉伯人卡西、法国人维叶特（1540—1603）算的新值超过。他在《缀术》一书中，求出了相当精确的球体积公式。北魏贾思勰所著的《齐民要术》是一部重要的农学著作。

隋唐五代

　　隋朝重新统一了中国，但统治时间很短。这个朝代为后世留下了科举制、赵州桥（李春造）、沟通南北的水运航道大运河。隋朝洛阳和长安城的设计者宇文恺（555—612）是有名的建筑学家。御医巢元方写了中国第一部病因病理学专著《诸病源候论》。

唐朝文化发达，疆域辽阔，当时在亚洲大陆影响最大，科技方面有所进步，但突破性进展不多。当过宰相的贾耽（730—805）和李吉甫（758—814）主编过大型地图册。唐玄宗时僧一行（673—727）领导了一次大地测量，测了地球子午线一度之长，发现前人"南北相距千里，影差一寸"的说法有出入。唐朝学校中设算学，以十部算经为教材（《九章算术》等，其中唐人王孝通的《辑古算经》亦为一部）。朝廷组织编修了一本药典《新修本草》，供全国医生参考。唐律中有医药法。名医孙思邈写《千金方》一书，取"人命至贵，有贵千金"之意，足显其医德。王焘搜集秘方，写成《外台秘要》一书，是一部秘方大全。这一时期，印度、波斯医学渗入了中医。

另外，唐代的丝绸、唐三彩十分华美，造纸术在公元751年传入阿拉伯。唐以来佛教的盛行引发对佛像佛经的大量需求，为此发明了雕版印刷术。唐朝的炼丹家还发明了火药，但火药还未被大量应用到军事方面。

宋辽金夏时代

这个时期，中国政局不统一，但科学技术趋于古代的顶峰，新发明层出不穷，许多重大发明被发展、应用到实际生活中。

（1）火药

唐代的火药配方在宋代定量化，并从炼丹炉转入火药作坊生产。据《宋史·兵志》记载，北宋的冯继升、唐福、石普等军官都曾制造火药武器。宋代347部兵书之首、曾公亮等主编的《武经总要》给出了火药的准确配方。火药的使用标志着化学力量进入战争。燃烧的火箭、火球，爆炸的陶雷、石雷、铁雷，抛射的竹制突火枪、铜铳、铁铳、枪炮等，改变了人类战争的形式和军队的编制。从汉到唐，中国追求长生不老丹的人却发明了能爆炸的火药，并很快被用于战争，这使他们失望。所以，宋代之后的炼丹家们便开始转向内省，依靠修身养性来延年益寿了。

（2）指南针

战国时发明的磁勺司南、汉代的指南鱼，被宋代民间风水先生制成指南针，应用于风水活动。宋朝丝路不通，与朝鲜的陆路被辽金阻断，与日本水路更远，所以发展了航海，指南针被应用到海船上。航海家们昼观日，夜观星月，阴晦则看指南针定向，获得了在海上全天候航行的自由。指南针由当时在中国沿海从事贸易的阿拉伯人传向西方。

（3）活字印刷术

据宋人沈括（1031—1095）《梦溪笔谈》记，1041—1048 年间平民毕昇发明了用泥活字印书的技术。最早用活字印了朱熹和吕祖谦等宋代大儒的书。后来，中国人又发明了木活字，朝鲜人发明了铜活字。活字印刷术于 15 世纪传入欧洲。

（4）纸币

宋朝和金朝军费开支大，贸易使金银外流，故发明了纸币，称"交子"。交子出现后货币贬值加剧，但对商品经济有催化作用。这一发明是现代银行制度的基础。

（5）其他成果

与前代相比，宋代的船更大，有水密舱，更安全；宋代人开始用煤炼铁，开始大面积种植棉花，发明了轧棉绞车和水力大纺车。在建筑方面，可从张择端《清明上河图》中看到汴梁的木质虹桥。今天仍完好的有泉州洛阳桥和安平桥，金国卢沟桥，辽国山西应县木塔。北宋技术官员李诫（？—1110）编写的《营造法式》是中国历史上最著名的建筑学著作。北宋苏颂（1020—1101）和韩公廉制造的水运仪象台是当时世界上最复杂精巧的机械，它以水为动力，通过漏壶控制流量，均匀地推动齿轮系统，使仪象上的星座位置与天象相合。

这个时期的数学家有贾宪（著名贾宪三角形的创造者）、杨辉（著《杨辉算法》）、秦九韶（1202—1261，著《数学九章》）、李冶（1192—1279，著《测圆海镜》，认为自然之中存在数的关系，数的关系反映自然界的"理"）、朱世杰（金末元初人，著《四元玉鉴》，研究高阶等差级数、多元高次方程）等人，他们把中国古代数学推上了高峰。

北宋的提刑官宋慈（1186—1249）写了一部法医学著作《洗冤集录》，在中国被奉为经典达 600 多年，直到近代仍被译成多种文字，在世界上影响甚大。擅长用寒凉药物化火的金国人刘完素（1120—1200）、擅长用泻药治病的金国人张从正（1156—1228）、擅长用补药治脾胃病的李杲（1180—1251）、金末元初的用养阴原则治病的朱震亨（1281—1358）等人被称为金元四大医家，分别为寒凉、攻下、补土、养阴四派。他们发展了中医，使中医向分科的方向前进。

元 代

蒙古族统治中国时，由于同时在欧亚大陆建立了四个蒙古帝国，东西方交往的障碍被扫除了，东方的先进技术传到西方，一大批中亚人来到中国，带来以阿拉伯世界为主的中亚文明。

元代最有名的科学家是朝廷天文机构中的郭守敬（1231—1316），他吸取中亚天文仪器的优点，改造了浑天仪，创造了观测天象的简仪。简仪的结构原理和今天的天文望远镜基本相同。郭守敬和王恂（1235—1281）、许衡（1209—1281）等人制定了"授时历"，它的回归年与今天的公历相等，是中国古代最优秀的历法。

元代手工业相当发达，但官营手工业占主导地位，官营工场的工匠多时达300万。元朝的火器工匠铸造了世界上最早的金属管型火器——铜火铳。

为发展农业，朝廷力农司编印《农桑辑要》以劝农。元朝末年王祯所著《农书》是这个时代最有名的农业科技著作，其中有大量前代和当时的农业机械插图。另外，王祯还是木活字的发明者。

明 代

明代的欧洲是文艺复兴时期，欧洲科学在整体上已超过中国。但明朝在科技方面仍取得一些成就，在某些方面还做出了领先世界的创举。

明朝永乐皇帝（1405—1430年在位）曾五次亲征沙漠中的北元势力，把国都从南京迁往北京，修建了故宫建筑群。这时修订的《永乐大典》是中国历史上最大的一部类书，铸造的永乐大钟（藏北京大钟寺）是中国最大的一口钟。钟上铸有23万多字的梵文和汉文佛经咒语，敲响时声闻数十里，为当时北京的"镇物"。天坛的回音壁是中国最好的声学建筑。

永乐年间开始的郑和（1371—1435）船队航海（下西洋）活动，主要是为向海外各国显示中国的富强。当时，只有中国人才有这样的技术条件和能力组织如此大规模的远程航海。郑和先后七次率船队经南海进入印度洋，抵达30多个国家，最远到达波斯湾和非洲东海岸。在80多年后，葡萄牙人迪亚士（1450—

1500）才绕过非洲，从大西洋进入印度洋。

郑和航海规模最大的一次，有 27 000 多人，63 艘巨船，这是一支巨大的海军舰队。在与外国人发生冲突的情况下，郑和也使用了武力，但他赢得了更多的朋友，带回了不计其数的外邦宝物。从商业角度讲，郑和之行花费大，收益少，明朝国势日衰后便停止了。但中国人通过郑和航海更多地了解了海洋和世界，南方沿海地区开始向东南亚移民。

明朝时中国的火药武器得到改进，发明了新的火药枪，火龙出水、神火飞鸦等火箭已相当先进。军队中火器装备大量增加，其比例甚至比 1840 年前的清朝军队还高。据说，明代有一个叫万户的人，试图用火箭驱动飞行。他将 47 支大火箭绑在椅子上，坐在上面，手持风筝，然后点燃，但可惜试验失败了。

明朝的李时珍（1518—1593）中过秀才，但未能中举，后操祖业行医。他创作了 190 万字的《本草纲目》，收集的植物药物数量大大超过了《神农本草经》及其集注。这本书在作者死后 3 年才出版，其中一些生物学知识受到英国人达尔文（1809—1882）的注意，从而融进了现代科学。

明朝的一个王子朱载堉（1536—1610）对音律学十分感兴趣，发现了十二平均律。春秋时代以来，中国音律学家用三分损益法确定弦上或管形乐器上相邻二律的位置，但这样确定的相邻的两个律之间的频率比不相等。朱载堉发现了一个等比级数，其比值为$\sqrt[12]{2}$。用此级数确定的 12 个音律，相邻二律之间的频率比是一个确定值，故曰十二平均律。德国音乐家巴赫（1685—1750）对此律十分欣赏，创作了"十二平均律钢琴曲"。

明末宋应星（1587—?）所著《天工开物》是中国古代手工业技术的百科全书，学术水平超过了前代，被译成多种外文，对日本和西方都有影响。此书所反映的中国技术水平和当时的欧洲不相上下。

明末的徐光启（1562—1633）是中国科技史上一个重要人物，他的活动标志着中国科学和欧洲近代科学开始融合。当时欧洲宗教改革已经完成，天主教为和新教抗衡，派大批传教士到中国，其中最有名的是利玛窦（1552—1610）。他于 1582 年来华，给中国人带来了世界地图。徐光启和利玛窦合译了欧几里得《几何原本》前 6 卷。除此之外，徐光启还写了《农政全书》，并参与了《崇祯历书》的修订。他和另一位同僚李之藻（二人均为基督徒）在明朝文官中鼓吹学习西方科技。

当时有一大批西方新鲜科技知识涌入中国，其中包括：欧氏几何、算术笔算法、对数和三角、望远镜、重心、比重、杠杆、滑轮、轮轴传动、斜面原理、火炮铸造、子弹和地雷制造等。与此同时，传教士也给欧洲带去了中国文化。例如，莱布尼茨（1646—1716）便从与其关系密切的传教士白晋那里了解到，中国的八卦与他发明的二进制算术有着同构的关系。

清　代

清朝前期通过战争巩固了北方和西部的边疆，中国人口在乾隆年间（1736—1795）首次达到 3 亿。清初的康熙皇帝（1654—1722）重视科学技术，他学习和掌握了一些中西科技知识，还任用法国人张诚、白晋和汉族人梅毅成等编写了《数理精蕴》一书。这本书的内容包括了明末以来传入的西方数学知识。另外，康熙时期还组织了一次全国地图测绘，先后花了 30 多年才告完成。

清代的王锡阐（1628—1682）、梅文鼎（1633—1721）在数学方面取得了一定成就。赵学敏（约 1719—1805）所著《本草纲目拾遗》、王清任（1768—1831）所著《医林改错》等都是有创新的医药学著作。吴其濬（1789—1847）所写《植物名实图考》是一部插图逼真的植物学著作。

但从整体上看，清朝的皇室忙于巩固少数民族对以汉族为主的多数民族的统治地位，对外采取了闭关自守的政策，对西方人有过重的提防心理，中国和世界的交往道路不通，统治者对急剧变化的世界了解不多。乾隆皇帝 1791 年在致英王乔治二世的信（由英使马戛尔尼带回）中认为："天朝物产丰盈，无所不有，原不籍外夷货物以通有无"，互派使节一事，"与天朝体制不合，断不可行"。这个时期的英国正在进行工业革命。

由于清初大兴文字狱，一些士人不敢自由研究现实问题，把兴趣转向古代文献，朝廷支持了这种研究。在乾隆和嘉庆年间，先后有 300 多人参加的一个班子编写了中国最大的一部丛书《四库全书》，尽可能多地收集了中国古代的文献。这些学者完成了大量的考据、校注、辨伪、辑佚，被称为"乾嘉学派"。

1840 年鸦片战争爆发后，中国士人开始重新学习西方。魏源（1794—1857）在《海国图志》中认为，"夷之长技三：一战舰，二火器，三养兵练兵之法"，中国人要"师夷长技以制夷"。此时，一大批反映西方地理民情和经济、社会的书出现。1860 年以后，朝廷中的一批重臣开始办近代工厂、习外文和研究外国学术的学馆，俗称"洋务"。随之朝廷还向国外派遣留学生，学习欧美的先进科技。

这时曾参与洋务的数学家李善兰（1811—1882）与外国人伟烈亚力（1815—1887）合译了《几何原本》的剩余 9 卷（前 6 卷是在明末由徐光启和利玛窦译出的），徐寿（1818—1884）和华蘅芳（1833—1902）二人曾设计制造了第一艘蒸汽船，并分别翻译了一些西方化学和数学著作。容闳（1828—1912）在推动留学生事业方面不遗余力。1870 年赴美留学的詹天佑（1861—1919）回国后主持修建了京张铁路。1876 年赴英国学习海军的严复（1853—1921）回国后成了天津水师学堂的校长，但他却是以翻译大量西方学术名著闻名的。

中国在甲午战争中被日本打败后，1898 年发生了戊戌变法运动。这场变法失败后，国内的革命风潮逐渐聚起。1900 年八国联军入侵北京后，清廷采取了一些变革措施，于 1905 年废止了科举考试制度，但这并没有拯救这个摇摇欲坠的王朝。

现代中国科技概览

民国初期，由于科举制被废除，中国产生了不再读经和写八股文章的新一代知识分子，军队的武器装备和组织训练都有了现代的形式。在第一次世界大战期间，由于西方对中国经济压力的减轻，民族工业有一定程度发展。但由于国内政治动荡，并受到种种不平等条约的限制，科技和工业发展仍受到很大限制。1914 年，在美国读书的一批大学生成立了以"联络同志、研究学术、以共图中国科学之发达"为宗旨的中国科学社，1915 年迁回国内。至 1949 年，会员达 3 776 名，它的刊物和活动对中国现代科学的发展起到了推动作用。中国化学家侯德榜（1890—1974）和企业家范旭东研制生产的永利牌纯碱 1926 年获得了美国建国 150 周年万国博览会金奖，被视为中国工业进步的象征。

1927 年，南京国民政府决定建立中央研究院。该院于 1928 年成立，由蔡元培（1868—1940）任院长，有一批学者及从美国学成回国的留学生和国内培养的大学毕业生从事科学、技术、经济、历史、语言等方面的研究。1928 年还成立了北平研究院，延揽了一批从欧洲回国的学者和留学生。当时一些大学也建立了研究机构。日本自 1931 年对中国东北的侵略，1937 年对华北、华东、华中、华南的侵略，使中国的工业和科技事业受到巨大损失。抗战时期，平、津及沪、宁、汉等地的大学先后迁移到四川、云南、陕西等地。其中北京大学、清华大学和南开大学迁至昆明，组成西南联合大学。与此同时，中国共产党在延安建立了自然科学院，并在各根据地吸收了一批知识青年和科技人员参加抗日。

中国的科学技术，在 1949 年中华人民共和国成立后才取得了巨大进步。例如，中国的航天技术和核技术经历了半个世纪的发展，已处于世界先进水平之列，生命科学和医学的某些领域取得了一流成果。1978 年改革开放以来，中国的家电、汽车、信息、通信等产业，以及其他一些制造业，都提高了技术含量，取得了突出的进步。

【第八章】

中世纪阿拉伯和欧洲的学术与技术

世界各地的科学被译成了阿拉伯文；它们获得修饰而深入人心，其文字的优美在人们的血管里川流不息。

艾尔·比鲁尼：《赛伊达集》

进步是从多样性的选择中产生的，而不是划一的保持。

罗斯金：《主权的研究》

阿拉伯的历史概况

阿拉伯人的先祖为闪族人的一支。根据《圣经·创世记》，诺亚的长子叫闪，闪族人认为自己是闪的后代，他们包括古巴比伦人、亚述人、希伯来人、犹太人、腓尼基人、阿拉伯人和一部分埃塞俄比亚人。阿拉伯人最早居住在阿拉伯半岛上。

公元571年，穆罕默德生于麦加，成年后创立了伊斯兰教。他布道时称自己为真主的使者，传达真主的启示。穆罕默德传授的真主启示被弟子记下，在他死后出版，称为《古兰经》，中国的穆斯林称为"天经"或"天方国经"。"伊斯兰"是阿拉伯语"顺从"的意思，伊斯兰教徒称为穆斯林，即信仰真主安拉的人。

穆罕默德生前统一了阿拉伯半岛，于632年逝世。他的后继者们发动了所谓圣战，征服了西亚、埃及和整个北非，以及西班牙半岛。651年，阿拉伯帝国的使者来到唐廷，两国交好。不久，阿拉伯帝国陷于分裂。此后661年建立了以大马士革为中心的倭马亚王朝，中国史书上称为白衣大食。

公元750年，以巴格达为中心的阿拉伯势力建立了阿拔斯王朝，中国称为黑衣大食。751年，唐朝大将高仙芝的军队在中亚和黑衣大食作战失败，中国两万战俘中的造纸工匠把造纸术传到这里。到1258年，蒙古人攻占巴格达，黑衣大食灭亡。

阿拔斯建立王朝时，前朝后裔侥幸逃脱，于756年占据西班牙而独立。929年这里的阿拉伯统治者宣布成为独立国家。阿拉伯人在西班牙的统治一直延续到1492年，该年西班牙国王也由于从伊比利亚半岛南端完全赶走了阿拉伯人的势力，便支持了哥伦布的远航。可见阿拉伯人在西班牙的影响一直延续到了近代。占据了埃及的阿拉伯贵族于909年建立了珐蒂玛王朝（珐蒂玛为穆罕默德的女儿，王朝的建立者称自己为她的后裔），中国史书称为绿衣大食，这个王朝一直存在到1171年。

阿拉伯人对待学术的态度

公元640年阿拉伯人攻下埃及亚历山大城这个古代世界的学术中心时，其首领奥马尔曾经说过："凡是《古兰经》上没有的，都是不应当保留的；凡是《古兰经》上已有的，都是没有必要保留的。"这很能说明阿拉伯人开始征服时对异族文化的态度。据说埃及亚历山大城留存的古代书籍遭到了焚毁，该城的公共浴室有半年用羊皮纸作燃料烧水！但在征服之后，阿拉伯人又在《圣训》中发现了穆罕默德的教导："求知吧，哪怕学问远在中国！"一些阿拉伯学者到远地求学，并把这件事情看成同圣战一样的事业。北非、波斯、叙利亚、印度、中国等地都留下了阿拉伯学者的足迹。

显然，阿拉伯人原来的文化是落后的，要对渗透了古希腊、罗马文明的地区实行统治，就不得不学习、吸收和利用古文明中的成就，否则无法建立稳定持久的统治，因为政治统治也包括文化统治。

阿拉伯人对科学技术的特殊贡献

阿拉伯人在各地建立了图书馆，清真寺中一般都藏有图书，另外还办了一些公共和私人学校。阿拔斯王朝的哈里发马蒙统治时，于830年在巴格达建立了一个编译机构，称为"智慧馆"，大批专家在这里搜集、整理、翻译、研究外国学术文献，一直持续了100多年。

这一时期，法萨里（？—806）翻译了印度的天文著作《太阳悉檀多》；哈查只（闻名于786—833年间）翻译了托勒密的《至大论》；马蒙时期朝廷还组织测定过子午线的一度之长，大数学家花剌子米（？—850）参加了这次测量，由测量结果推算的地球周长已接近实际值。阿尔·白塔尼（约858—929）曾确定了非常准确的回归年长度，后来成为教皇格里高利十三世时代天文学家改革儒略历时的参考数据。另外，天文学家苏非（903—986）绘制了著名的星图《恒星图像》；艾尔·比鲁尼（973—1048）提出了地球绕日旋转、行星轨道为椭圆的猜想；宰尔嘎里（1029—1087，西班牙地区的人）在他的天文研究中取消了水星的本轮，并将其均轮改为椭圆；欧麦尔·赫雅木（？—1123）编的哲拉里历，比当时欧洲人采用的阳历还精确；雅古特（1179—1229）编写了一部著名的《地名词典》；哈兹尼（1115—1121年间闻名）对液体和固体的比重作了研究；伊本·奈菲斯（1210—1288生活在埃及）已接近认识了血液的肺循环；在伊儿汗国的乌鲁伯格天文台工作的卡西（？—1436）算出了当时最精确的圆周率。

阿拉伯人在中世纪充当了沟通东西方学术文化的桥梁。正是通过阿拉伯人的著作，印度数字和位值记数法传到了西方，后来影响了全世界，这是数学史上一次伟大的计算革命。其中大数学家花剌子米的《还原与对消》专门讨论代数问题，对欧洲中世纪的数学影响最大。

阿拉伯人在西班牙建立的翻译学校直接向欧洲传播东方文化和他们加工过的古希腊罗马文化。阿拉伯学者拉齐（865—925，波斯人，曾任巴格达医院院长）的《医学大全》、阿维森那（980—1037）的《医典》、伊本·海赛木（965—1039）的《光学》等，很长时期被中世纪的欧洲奉为经典。伊本·海赛木已发现透镜的放大效果是曲面造成的，人之所以能看见物体，不是因为眼光从物体上反射回来，而是因为太阳光或其他发光物体的光被所见物体反射了回来。他实际上奠定了近代光学的基础。

另外，元朝时大批来到中国的阿拉伯人和波斯人，给中国带来了中亚的天文仪器和著作、回回药和回回医学，以及伊斯兰建筑艺术。中国的造纸术、火药配制、指南针、炼丹术等都通过阿拉伯人传向西方。中国古代道士用丹砂（硫化汞）和其他一些矿物炼丹。唐宋时代炼丹术传到阿拉伯世界，这时硝石也被作为炼丹的原料之一，阿拉伯人叫它"中国雪"。不过阿拉伯人把他们炼制的长寿丹称为"哲人石"，也有人企图把硫化汞炼成黄金。活跃于公元776年后的阿拉伯医生哈彦和拉齐都是著名的炼金家。阿拉伯人的炼金术后来传到欧洲。从语义的角度看，拉丁文和英文中的炼金术意为"阿拉伯人的化学"（英语为 alchemy）。

中世纪的欧洲

公元 395 年，罗马皇帝狄奥多斯死后，其长子为东部皇帝，次子为西部皇帝，此后，帝国不再统一。

476 年，西罗马被欧洲的日耳曼部落攻陷后灭亡。此后，在古罗马和欧洲的土地上，形成了一系列民族国家，欧洲开始向封建制过渡。

日耳曼部落入侵后，罗马帝国被肢解，统一的帝国变成了许多小国家，各个小国中的封建主盘踞一方，修建了一块块庄园。罗马时代的大型水利工程、高架引水桥、公路等都没有用处了。大型的角斗场、万神庙已不再像往日那样热闹，昔日喧闹的街道上长满了青草，奴隶劳动被消灭了，大庄园不见了，城内的大片土地被辟为块块果园。从整体上看，和罗马帝国兴盛的时期相比，欧洲中世纪初期，技术上相对倒退了。

东罗马帝国在日耳曼人入侵时保住了一定地盘，但社会内部也开始向封建制过渡。在东罗马帝国的首都君士坦丁堡出现了继承古希腊学术传统的学者普罗克鲁斯（410—485），他曾注释欧几里得和托勒密的著作，后来到雅典的柏拉图学园讲学。在他之后，西罗马末期的一名贵族波依修斯（480—524）曾用拉丁文介绍了柏拉图和亚里士多德的著作。这些书中的算术、几何、音乐和天文知识，后来被中世纪欧洲的大学作为教本使用。波依修斯曾在雅典和亚历山大城受希腊式教育，后来由于没能在变乱的时代善处政事纷争，被怀疑为东罗马的奸细而处死。

此后不久的 529 年，信奉基督教的东罗马皇帝查士丁尼（527—565 年在位）下令封闭了包括柏拉图学园在内的所有雅典学校，说明希腊学术已被当时信奉基督教的皇帝视为异端。于是，东罗马帝国也和西罗马帝国灭亡后的欧洲一样，在学术上进入了漫长的黑暗时期。一直到 1453 年，土耳其人攻陷君士坦丁堡，东罗马也灭亡了。

教会的作用

日耳曼人入侵后的欧洲虽然建立了许多大大小小的王国，但封建领主各占一方，各自为政，国王在一定程度上只是一个封建主集团的最高盟主。

罗马时代已成长起来的教会正是在这种情况下发展为支撑欧洲社会的重要权力中心。基督教是中世纪欧洲从罗马帝国继承下来的精神遗产。在政治上，罗马主教称为教皇，并在各地都有教区；在经济上，教会在欧洲占有三分之一的土地，并对全体居民征税；《圣经》词句还具有法律效力。容易理解：日耳曼部落可以用武力摧毁罗马，但罗马的精神和文化却远比他们优越，所以，接受罗马的宗教文化有利于新的封建国家的稳定和发展。

在欧洲中世纪千年左右的时间里，教会组织逐步完善，基督教文化得到了全面发展，古代希腊罗马的文化逐步被东方产生的新质宗教文化覆盖。教会的修道院也保存了许多古代的医学、农学和文化知识典籍，有些还发展成为后来的大学。很难简单评价教会对包括科技在内的西方文化的作用。总的来说，中世纪的基督教会禁锢思想，限制了学术自由，在大多数情况下，都扮演着新思想反对者的角色。

东西方的接触

阿拉伯人于630年开始向外扩张，700年时便成为一个横跨亚非欧的大国，把近东和中东的古代文明重新推到中世纪欧洲的门口，使中世纪的欧洲接触了东方的文明以及被阿拉伯人改造过的古希腊罗马学术。

基督教产生于中东地区。信奉基督教的中世纪欧洲人于1095—1291年间，对东方共举行了8次十字军东征。十字军东征的幌子是拯救东方的天主教兄弟，使他们不受异教徒的迫害。教皇乌尔班动员时宣传东方遍地是蜜和乳，封建主想去东方扩展土地，穷苦农民则想去东方寻找发财致富的机会。从军事上讲，这些东征没有取得很大成果，但农奴出征，摆脱了主人，西欧封建主的势力有所削弱。通过和东方的接触，西欧人看到了东方封建主的豪华生活，还打通了东西方贸易的路线，商品经济发展了。意大利半岛上的威尼斯、热那亚、佛罗伦萨等城市的商业开始繁荣。

1229 年至 1241 年，蒙古人向西扩张到亚得里亚海滨（巴尔干半岛地区和波兰的西部），带去了纸币、中国的活字印刷术、火药和火器。生于威尼斯的意大利人马可·波罗（1254—1324）当时曾远游东方，回去后写了一本游记。欧洲人对东方获得了越来越多的了解。

技术的进步和学术的复苏

中世纪晚期，欧洲的技术有了明显进步，其中许多先进技术是从东方传来的。例如从波斯传入了风磨。风车和风磨是当时最复杂的机械之一。今天欧洲还有 3 000 多个风车，每辆风车每天可以加工 20 吨小麦。人们把风称为"天堂的呼吸"，对它的利用没有任何有害的结果。另外，中世纪的欧洲还从中国传入了养蚕和制丝（555 年先传入拜占庭帝国）、造纸术、熔炼铸铁技术、火药火炮、纸币、印刷术（古腾堡 1456 年用活字印制了《圣经》），以及阿拉伯数字、水稻、甘蔗等。

由于阿拉伯人在西班牙的最后一个据点一直保留到 1492 年，欧洲人通过西班牙接触了大量东方和古希腊罗马学术。据说出生于意大利、但主要生活在西班牙的杰拉德（1114—1187）一个人就将 92 本阿拉伯文著作译成拉丁文，其中包括亚里士多德、希波克拉底、托勒密和盖仑的著作。在他之后不久，西班牙的卡斯蒂里亚国王阿尔方索十世曾组织一批学者修订阿拉伯学者宰尔嘎里的《托莱多天文表》，并以《阿尔方索天文表》的新名出版。这位国王对繁琐的托勒密体系颇为不满，公开讲"上帝在创造世界时若向我求教，天上的秩序就可以安排得更好些"。不过，他为此付出了代价，被指控为异教徒，并于 1282 年被废黜。东罗马帝国晚期四面受敌，很不安宁，这里的希腊学者不断逃往意大利，为那里的文艺复兴添了一把火。

中世纪晚期，主要教授神学的教会学校逐步发展为也教文学、法学、科学、哲学的世俗学校。比如，1158 年建立的意大利波伦亚大学原来就是一个罗马法讲学中心。此后出现了由教会建立的巴黎大学（1160 年）、牛津大学（1167 年）、剑桥大学（1209 年），公立的帕多瓦大学（1222 年），由国王创建的那不勒斯大学（1224 年），以及里斯本大学（1290 年）等。

在大学中出现了一批有新思想的人，欧洲的学术开始复兴。其中罗吉尔·培根（1220—1292）是牛津大学的毕业生，在巴黎大学任过教，他做过许多光学实验，曾设想用透镜组成望远镜和显微镜，提倡用实验研究自然，预言可以制成自动行走的车、自动行驶的船、飞行器等；同时，他又是一位著名的炼金家。巴黎的奥雷斯姆（1325—1382）提出了地球自转的想法，并在研究物体运动时引进了v—t图，这一方法后来影响了伽利略和笛卡尔。意大利库萨的尼古拉（1401—1464）主教用天平证明生长着的植物从空气中吸收了一些有重量的东西，提议改良历法，抛弃了托勒密的天文体系，拥护地球自转的理论，成为哥白尼的先驱。

第二篇

近代科学技术的进展

近代科学的最大特点是用数学语言描述自然，用实验手段研究自然。这是人类与自然对话的特殊方式。

这一时期，科学发展开始打破国家和地域的界限，天文学、力学、数学、生物学、化学、物理学等得到了系统的发展，技术也取得了全面的进步，并促进了工业的发展。

近代科学技术是以前所未有的速度发展的，这一时期的一系列成果，是现代科学技术的基础，因而也是现代文明的一部分。

近代科学技术的发展促进了市场经济和世界贸易，机器大工业的出现，更是把人类社会带入了工业文明时代。

第九章

新时代的到来

现代的自然研究，和整个近代史一样，是从这样一个伟大的时代算起……直到这个时候才真正发现了地球，奠定了以后的世界贸易以及从手工业过渡到工场手工业的基础，而工场手工业则构成现代大工业的起点……这是人类以往从来没有经历过的一次最伟大的、进步的变革，是一个需要巨人而且产生了巨人——在思维能力、热情和性格方面，在多才多艺和学识渊博方面的巨人的时代。

恩格斯:《自然辩证法》

城市和资本主义生产

欧洲中世纪缓慢的技术进步使手工业和商业有了更大规模，社会能养活的非农业人口增加了，在同东方贸易最多的地中海沿岸形成了大大小小的新城市。这些城市成了新的商业和手工业中心，拥有大量金钱的商人和新贵族中的一部分人用资本把脱离了土地流落到城市里的贫民吸收到新开办的工场中，让他们集中生产为贸易和城市生活所需的产品，富裕起来的作坊主用金钱把小作坊变成了较大的工场。

自由的商业竞争使工场主不得不设法改进技术。这些工场通过专业分工，让许多人在同一时间和同一地点生产同一种产品，生产的效率提高了，产品周期缩短了。同时，分工使操作过程专业化，手工劳动变得简单了，这就有可能发明出新的工具或机器来代替原来的手工操作。专门化的工具慢慢出现，刨、凿、钻等工具得到改进，新式纺车、卧式织机、水泵也出现了，水磨、风车和机械钟得到了改进。冶金、酿酒、玻璃制造、眼镜制造业也兴旺起来。这时，一部分知识分子对技术问题的兴趣增加了。

据说列奥那多·达·芬奇（1452—1519）曾三番五次地去佛罗伦萨的纺织厂观察纺纱机，到米兰的铁工厂、大炮铸造厂观察风箱和炼铜炉，到教堂去观察钟。他研究后改进过纺织机和织布机，还研究了螺丝、齿轮、联轴节、轴承、杠杆、斜面等简单机械的原理。列奥那多·达·芬奇在研究了水波和声波的传播后提出了液体压力的概念，证明了连通器中液柱的必然等高。在建筑工程中，他得出了柱子载重能力和直径立方成正比、横梁承受能力与粗细成正比而与长度成反比的经验公式。总之，流体力学、摩擦理论、机械传动、炮弹运动、化学工艺等都开始成为人们研究的问题。

手工工场的发展和贸易的繁荣使城市的经济生活复杂化，管理也逐渐完善起来，形成了手工业行会和商业行会。市民共同的利益和防范其他城市及国家觊觎财富的需要，使意大利形成了许多大大小小的城市国家。在新的以城市为中心的国家里，通过各种渠道聚敛起来的财富潜在地成为特权和地位的挑战者。当一项公共工程或城防事业以财富的数量来向所有市民摊派捐税时，就使一般市民更多意识到了自己的重要性。金钱已开始淡化中世纪封建秩序所划定的社会等级界限，尊贵贫贱的观念受到了金钱的冲击。

发现地球

地中海沿岸星星点点的城市中缓慢形成资本主义萌芽时，1453年，土耳其苏丹穆罕默德二世的15万大军和360艘战船攻陷了由热那亚人、威尼斯人和希腊人帮助固守的东罗马帝国首都君士坦丁堡。强大的奥斯曼帝国牢牢控制了东地中海，在意大利同东方和非洲的贸易线上设立了高高的壁垒。博斯普鲁斯海峡上的层层关卡和各种通往东方商路的过境税，使欧洲经济缓慢进步的车轮徘徊不前了。

但是，同新的资本主义萌芽一起成长起来的欧洲人对东方黄金和财富的幻想，却由于这一武力和地理的阻拦而更加膨胀和狂热起来。这一幻想首先是由远行商人、航海家亲见和道听途说的报道以及马可·波罗的游记激发起来的。既然通过地中海到达东方的道路不通了，人们就把目光投向浩瀚的大西洋，企图重新寻找一条通往东方的道路。希腊人关于大地球形的知识和中国人最先发明的罗盘，都使人们敢于这样想和这样做。地中海沿岸的工场已能制造出适于远洋航行的轻快的多桅帆船。从海上和东方直接贸易不但可以免去陆路的艰难跋涉，还会摆脱中转商人所赚取的大笔利润。于是，处于地中海西端直接濒临大西洋的西班牙和葡萄牙，利用它最优越的地理位置，首先开始探索通往东方的新航路。

意大利热那亚一个织布工的儿子克里斯托弗·哥伦布（1451—1506）受天文学家托斯堪内里（1397—1482）的鼓励，对古希腊人埃拉托色尼大地球形的观点深信不疑，并将此作为他事业的基础。1486年，他跑到葡萄牙国王处游说，企图向西航行到达印度。但葡萄牙人已把希望寄托到绕过非洲的航路，于是他又去找西班牙国王，西班牙忙于同阿拉伯人的战争，没有立刻支持他的计划。

就在哥伦布的计划被搁置的第二年，即1487年，葡萄牙人迪亚士的船队沿非洲西海岸南下，绕过南端的尖角进入了印度洋。他们发现前进时大陆已经到了左方，而太阳则从右方升起了。这次航行后，葡萄牙国王将非洲南端的尖角称为好望角。

1492年，西班牙王国把阿拉伯人完全赶出了伊比利亚半岛，立刻支持了哥伦布的计划。哥伦布被封为海军大将，于1492年8月3日率领三只帆船和90名船员从巴洛斯港出发，在70天后到达了巴哈马群岛，接着又到了古巴和海地。但哥伦布竟把自己发现的地方误认为印度，把古巴误认为日本。此后直到1504年他又三次出航，往来于欧美大陆之间，但始终认为自己发现的是印度。他把地球估计得太小了，这当初曾是他远航勇气的来源。

在这段时间里，英国人约翰·卡波特父子也在1497年远航美洲，葡萄牙贵族达·伽马（1460—1524）则于同年从非洲南端远航印度，并于第二年到达。1499年，当达·伽马满载香料的船队从印度返回里斯本时，另一位意大利人阿美利加·维斯普奇（1451？—1512）赴南美探查。在1501年又一次探查后，维斯普奇感到哥伦布发现的土地不是亚洲，而是一块新大陆。今天这块大陆就是以他的名字命名的（关于此事有好几种说法）。当然，哥伦布发现新大陆是约定俗成的说法。实际上，美洲人在哥伦布之前早已在那里生活，他们可能是从亚洲经过白令海峡漂洋过海到达的。

哥伦布的发现并没有给西班牙立即带来财富，这位英雄最后在失意和冷落中死去。1519年9月20日，在西班牙王室支持下，葡萄牙人麦哲伦（1480—1521）开始环球旅行。这支船队共有265名海员，先到达美洲南端，然后进入太平洋，并给这片当时风平浪静的世界最大洋取了名字。在1521年3月到达菲律宾群岛后，麦哲伦企图利用岛上部落间的矛盾来征服这个岛，但却丢掉了性命。1522 年 9 月，经过疾病、战斗和疲劳的折磨，剩下的 18 名船员驾驶着仅剩的一只帆船回到了西班牙。人类第一次环球航行终于完成，大地是球形的猜想得到了确证。

这样，欧洲主要的商路从地中海转移到了大西洋，意大利的港口商业城市不再独占东方的贸易了，西班牙的塞维利亚、葡萄牙的里斯本、尼德兰的安特卫普等城市成了新的贸易中心。紧接着，尼德兰土地上的新国家荷兰和不列颠岛也跟着繁荣起来。

新航路的发现给欧洲各国的殖民者带来了鼓舞、黄金和新的野心，非洲的黑人奴隶和他们的象牙、黄金、乌檀木，印度的香料、宝石、鸦片和布匹，锡兰的珍珠，印度尼西亚的胡椒和大米，中国和日本的茶叶和瓷器，美洲的金银、蔗糖和可可等，都分别被装上往返于欧非、亚美之间的航船，而没有被装船运回欧洲的只是非洲黑人奴隶的血泪和美洲印第安人的白骨。

地理大发现给欧洲带来的财富使一部分人有充裕时间来从事科学研究。航海活动直接推动了天文、大地测量、力学和数学的发展，因为远航能使人从不同地区和方位观察天象，获得更丰富的天文资料；远航需要精确的星图、海图及测量海里和方位的量表；航海需要造炮舰，这需要大量力学知识。天文学和力学的发展推动了数学的发展，为简化计算，苏格兰人耐普尔（1550—1617）发明了对数，布里格斯（1561—1631）帮助发展和推广了耐普尔的发明。此外，探险家们重新发现了地磁倾角，并把罕见的花木和鸟兽带回欧洲。地磁学、地理学、植物学、生物学、人种学等，只有在全球范围内才能有巨大的发现。前所未闻、未见的自然现象能丰富人的头脑，启迪人的思想。比如，早期航海家发现了非洲西海岸和南美东海岸轮廓的相合性，这一发现最先被荷兰人麦卡托（1512—1594）表示在第一张世界地图上。后来达尔文的生物进化论，也是通过航海活动发现的。

这里需要特别提到的是，在哥伦布发现美洲后，美洲的古代文明遭到了欧洲殖民者的破坏性冲击。但美洲先民从野生植物中选育出来的玉米、土豆、辣椒、西红柿、烟草、可可、南瓜等植物品种，却随着世界贸易及工业革命的扩展，在全世界引发了一场静悄悄的农业革命。看看我们现代人的餐桌吧！如果没有这些在美洲土地上培育出来的植物品种，我们的饮食会失去多少味道？就此而论，现代人也许应该承认，美洲古代文明对人类的贡献，一点也不亚于欧亚大陆和北非的古代文明。

人的觉醒

在地理大发现前后，意大利进入一个艺术繁荣的时代，画家、雕刻家成为文艺复兴的主角。他们多靠富有和掌权的贵族作庇护的恩主，多以古希腊罗马的神话和基督教为题材，但却把人的意识深深融入作品，创造了比文学更生动直观的形象。

佛罗伦萨的画家波提切利（1445—1510）把女神维纳斯画成一个娇嫩美丽的少女，成为冲击教会禁欲主义大堤的美的浪潮。列奥那多·达·芬奇在《岩间圣母》、《最后的晚餐》、《圣安娜与圣母子》等画中把宗教人物和神人格化，还描绘了《蒙娜丽莎》这个普通妇女温柔和悦的神秘微笑。不过，他晚年把更多精力倾注到科学上，尤其是力学方面。他去世那年，正是麦哲伦船队去环球航行的时候。在拉斐尔（1483—1520）的画里，圣母比列奥那多·达·芬奇所画的更为秀美，他的《雅典学派》则让自己崇敬的不同时代的古典哲学家们聚于一堂，反映出作者对古典文化的景仰。米开朗基罗（1475—1564）在他神圣而痛苦的一生中以宗教为题材，创造了震撼人心的、展示人类英雄主义力量的不朽雕刻和画卷。这些画卷正好表现了这个时代人类精神中所产生的最蓬勃的生机和力量。威尼斯画家提香（约1485—1576）的画不仅技法纯熟，而且有清醒的现实主义精神。

意大利的艺术繁荣之风在西端吹到了伊比利亚半岛上的西班牙，波及尼德兰和英国；在北方，则越过了阿尔卑斯山，到达法兰西和德国中部，甚至更北方，形成了一个时代的风气。文艺复兴运动的主旨是肯定人的价值，要求并运用文学艺术表达人的思想感情，主张教育要发展人的个性，社会要发挥人的才能、满足人的欲望。这股思潮冲击了中世纪以来形成的教会的绝对权威，解放了人的思想，有利于科学的发展。

信仰里的冲突

罗马教廷和各地的教会组织既是大片土地的拥有者，又是精神生活的主宰，同时也在世俗的政治生活中扮演重要角色。教会并不反对技术和经济的进步，也不是金钱的敌人，但教会的天职是代理上帝看守人的精神大门，不让他们看到自己的权利、天才和尊严。经济生活的进步通过欲望和进取心，把这一切从人的心中慢慢诱惑出来，文艺复兴时代艺术大师的作品也在向全社会公开宣扬这些东西。

这时一个重要的事件是，1450年德国人古腾堡（约1398—约1468）制成了铅、锡、锑合金的活字，开始印刷《圣经》。由于当时欧洲社会的手工抄写劳动力和时间都并不缺乏，古腾堡在8年后破了产，那年欧洲据说只有3万册书。但到50年后，他的技术使欧洲的书达到900万册！书籍的第一次大规模生产，首先打破了教会对教义的垄断解释，使一般人有可能从《圣经》中独立地领悟教义。于是，对教会的怀疑和反叛便是不可避免的了。

1517年，符腾堡大学的教授马丁·路德（1483—1546）教堂的门上贴出《95条论纲》，对教廷的免罪符提出异议，宗教改革开始。宗教改革最深刻的历史影响是使教会放松了对教义的控制，个人对《圣经》的自由理解开始了。尽管像日内瓦的加尔文（1509—1564）这样的新教主对自由思想的迫害丝毫也不亚于罗马教皇，但基督教会分崩离析的局面已经形成，中世纪教会的专制局面已不能维持，宗教必须在精神领域逐步给科学让开一些地盘，思想自由的大势已经不可逆转了。

宗教改革对科学发展的影响是复杂而深远的。尽管不能强求作为哥白尼同代人的宗教改革家马丁·路德成为哥白尼学说的赞成者，也不能否认加尔文对发现肺循环的塞尔维特的迫害更甚于罗马教廷对布鲁诺的迫害，但宗教改革仍然使各种新思想得到了越来越多的信奉者和支持者，并使越来越多的愿意独立面对上帝的人面向科学，也使他们相信自己的新发现甚于相信教会支持的成说。

第十章

理解天体和地上物体的运动

在所有这些行星中间，太阳傲然坐镇。在这个最美丽的庙堂中，我们难道还能把这发光体放到更恰当的别的什么位置使它同时普照全体吗？人们正确地把太阳称为"巨灯"、"理智"、"宇宙之王"，……太阳就这样高居王位之上，统治着围绕膝下的子女一样的众行星。

哥白尼：《天体运行论》第 1 卷

重新安排宇宙

在意大利艺术繁荣的时代，比米开朗基罗年长两岁的波兰青年哥白尼（1473—1543）于 1496 年来到意大利的艺术中心波伦亚，成了波伦亚大学天文学教授诺瓦腊（1454—1503）的学生。这正是迪亚士、哥伦布和达·伽马航海的时刻，在海上确定船只位置和编写航海历书刺激了天文研究。当时学术上占主导地位的托勒密地心宇宙模型结构很复杂，诺瓦腊批评它在数学上太不合理，给哥白尼以深刻的影响。哥白尼在意大利读了他能找到的所有古代哲学著作，并和老师进行了天文观测。

哥白尼受到毕达哥拉斯学派思想的影响，他把数学上是否简单完美作为评价一个学说的标准。托勒密的天文学体系不符合这个标准，所以他想探讨新路。在意大利游学 10 年后，哥白尼返回波兰，一边行医，一边担负教会的一些工作，同时开始构思和撰写一部不朽的天文学著作——《天体运行论》。1543 年，当作者老卧病榻时，这本写作、修改和保存了 36 年的书终于出版了。哥白尼在见到自己的著作后与世长辞，但这本书却在他身后引起一场巨大、持久、深刻的科学革命，使人类重新认识了宇宙、地球、物体的运动乃至自身在宇宙中的位置。

哥白尼的理论使古希腊人和中世纪阿拉伯学者中关于地球周日自转的思想和阿利斯塔克关于地球绕太阳周年公转的主张以新的形式复活了。哥白尼天文体系的数学形式极其简单，它第一次正确地描述了水星、金星、地球和月亮、火星、土星、木星轨道实际相对太阳的顺序位置，指出它们的轨道大致在一个平面上，公转方向也是一致的，月球是地球的卫星，和地球一起绕日旋转。根据这个理论假设，哥白尼成功地解释了天球、太阳、月球的周日视运动，以及太阳和行星的周年视运动，解释了行星顺行、逆行、留的现象和岁差。这就足以摧毁从喜帕克斯到托勒密以来建立起的数学上极其繁复的天文学体系，成为近现代天文学和天体力学的真正出发点。

哥白尼在世时预感日心说的命运并不乐观，只坚持研究却迟迟不发表成果。他的理论在当时遭到两方面的压力。第一，地球上的人根据日常经验观察天体运动时，更容易接受地心说。假若地球在公转和自转，地上物体为何不分裂飞散？这个问题哥白尼未能解答，后来伽利略和牛顿才解答了这个令人困惑的难题。第二，哥白尼的学说触及当时的一个神圣而敏感的问题：无论是罗马教会还是刚产生的路德和加尔文的新教，都认为世界是为人的安适和利益创造的，人受到上帝的特殊恩宠，人居住的星体自然是宇宙的中心。让人从宇宙的中心挪到一个自转并绕日旋转的星球上，是一件不可思议的事情。[①] 所以，对欧洲的学术和精神生活负有责任的宗教界不敢也不愿接受哥白尼的学说是完全可以理解的。另外，从科学的角度，哥白尼还给相信他的学说的人留下了很多困难。比如，他描述的行星运动是匀速的，轨道是圆形的，这就使他自己不得不笨拙地借助托勒密的轮子来解释行星的实际运动。他的体系还需新的发现才能立足。

最先，生于诺拉的意大利哲学家布鲁诺（1548—1600）接受了哥白尼的学说。他曾在巴黎大学、牛津大学讲学时宣传空间无限大和地动说，批判亚里士多德和托勒密的学说。他显然比哥白尼更激进，认为太阳也不是宇宙的中心，无垠

---

① 事实上，直到 1851 年法国人傅科发明著名的傅科摆，才证明了地球的自转。这个摆被高吊起来，可经久不停地摆动，摆下有一个刻度盘，由于地球的自转，盘随地球旋转，因而可以看见摆平面相对刻度盘不断改变方位。

的宇宙没有中心。但新教和天主教会均不能接受他的观点。布鲁诺 30 岁时在日内瓦因反对加尔文教派入狱，1592 年回意大利后被宗教裁判所监禁。他本来可以选择放弃自己的观点而获释，但却没有这样做。1600 年，布鲁诺被烧死在罗马鲜花广场，为坚持自己的信念付出了生命的代价。

开普勒定律

哥白尼去世 3 年后出生的丹麦人第谷·布拉赫（1546—1601）是一位著名的天文学家。据说他 14 岁在哥本哈根大学读书时就预见了一次日食，使他名声大振，因而后来成为宫廷天文学家。第谷并未接受哥白尼学说，但在弗恩岛的福堡天文台细心观测天象达 20 多年，并一个一个地纠正了前人星表中的错误。他是历史上用肉眼观测天象取得最大成就的人。经几次迁徙，第谷晚年定居布拉格，并收德国人开普勒（1571—1630）为弟子。

大概是由于哥白尼体系在数学方面的简单性，大学读书时开普勒成了哥白尼学说的信奉者。但他开始从事的正式职业是编辑流行的占星术历书。他曾试图把五种不同的正多面体叠套起来，把行星运行的轨道安排在它们相互内切和外切的球面上，但这一企图并没有什么结果。在同第谷合作后，开普勒得到了发现的机会。他开始接触实际观测得来的资料，放弃了以前的神秘主义幻想。开普勒先从第谷留给他的火星资料开始研究，发现没有任何一种圆的复合轨道能与其相符。经过几次尝试和计算，他终于发现火星的轨道是一个椭圆。

开普勒在欣喜之余把这一发现推广到所有行星，继而发现了三条定律：（1）行星运行的轨道是椭圆，太阳在椭圆的一个焦点上。（2）单位时间内行星中心同太阳中心的连线（向径）扫过的面积相等。（3）行星在轨道上运行一周的时间的平方和它至太阳的平均距离的立方成正比（$T^2 = K \cdot R^3$）。这就是著名的开普勒行星三定律：轨道定律、面积（速度）定律和周期定律。这三条定律打破了以往天文学家把行星轨道视为正圆、把速度视为均匀的观念，并使人们对已观测到的行星运行周期同它与太阳的距离有了科学的理解。[①] 开普勒的发现使哥白尼学说的几何简单性真正体现出来了，因而为日心说奠定了不可动摇的基础。当然，对

---

① 中国古代天文学家中有人已认识到行星运动的不均匀性。地球绕日运动的不均匀性表现在 1 月初（1 月 3 日地球在近日点）在地球上看到太阳在恒星背景上运动得快，7 月初（7 月 4 日地球在远日点）在地球上看到太阳在恒星背景上运动得慢。

宗教感情深厚的开普勒来说，他找到的是世界创造者——上帝头脑中的数学和谐。

伽利略的研究

伽利略（1564—1642）最初的科学兴趣是力学。1597年，伽利略从开普勒那里了解了哥白尼的学说，便对天空发生了兴趣。1608年的一天，荷兰眼镜商汉斯·利佩希把两组透镜合在一起对准教堂尖顶上的风标时，发现风标被放大了，于是便开始制造望远镜，并向海牙的荷兰中央政府递交了专利申请。但他只得到了一笔奖金。10个月后，伽利略听到了这个消息，便自己动手制造了一架望远镜，把它指向了天空。伽利略的这一举动标志着天文研究从古代的肉眼观测进入了望远镜观测时代。

伽利略在天空看到了激动人心的景象：月面上的山丘和凹坑，木星的四颗卫星，金星的盈亏，太阳的黑子和自转，茫茫银河中的无数恒星。这使他成了哥白尼学说的坚定信奉者，因为他看到的木星正是一个小太阳系。他的发现在1610—1613年公布时轰动了学术界，人们说：哥伦布发现了新大陆，伽利略发现了新宇宙。

伽利略的发现用事实支持了哥白尼的学说，1615年他受到宗教法庭的传讯。当时伽利略面临和布鲁诺相似的情境，在教廷面前不得不在口头上答应放弃自己的观点。但伽利略实际上并未放弃自己的见解。1632年，他征得佛罗伦萨宗教法官的许可，出版了《关于托勒密和哥白尼两大世界体系的对话》。在书中，伽利略以生动的三人对话形式支持哥白尼，还用运动的相对性来说明地球上的人认识地日运动时的情况。伽利略在该书中写道："在我们的时代，的确有些新的事情和新观察到的现象，如果亚里士多德现在还活着的话，我敢说他一定会改变自己的看法。……现在多谢有了望远镜，我已经能够使天体离我们比离亚里士多德近三四十倍……单是这些太阳黑子就是他绝对看不到的。……你难道会怀疑，如果亚里士多德能看到天上的那些新发现，他将会改变自己的意见，并修正自己的著作，使之能够包括那些最合理的学说吗？"①

但伽利略的这部著作给他带来教廷的申斥和判处终身监禁。据说他被迫当众放弃日心说，不过嘴里却在自言自语："但是，地球确实在动呀！"最后，伽利略

---

① 转引自朱长超主编：《世界著名科学家演说精粹》，32～33页。

在双目失明中孤独地死去。他临死前 4 年，英国诗人弥尔顿访问了这位老人，回去写了一部主张言论和出版自由的著作，但意大利的科学在伽利略之后再也没有突出的光彩了。值得说明的是，在伽利略去世 350 年之后的 1992 年，梵蒂冈的罗马天主教会终于承认，当年在审判伽利略案件时"有几次失误"。①

在科学史上，伽利略的最大贡献在力学方面。从列奥那多·达·芬奇时代起，意大利人便开始了对力学和机械运动的研究，伽利略的老师中就有人开始用数学解决炮术、兵器和建筑方面的技术问题。伽利略的一系列发现超越了所有前人，奠定了现代力学的基础。

伽利略在比萨大学读书时，经常到教堂里去欣赏壁画和雕刻。有一天黄昏，教堂里的一个司事在点燃一盏吊灯时使灯摆动起来，伽利略怀着好奇的心情观察，发现吊灯摆动的幅度越来越小，速度也越来越慢，但每摆动一个周期所需的时间仍是大致相等的。他以自己的脉搏测量时间，并发明了利用摆的等时性测量病人脉搏的仪器。正是这盏偶然摆动起来的吊灯决定了这位不满 20 岁的青年的科学生涯，他开始了对机械运动的研究。他在佛罗伦萨和威尼斯时经常去工场倾听工匠们的意见，他对阿基米德产生了极大的兴趣。在对杠杆、斜面、平衡等问题，以及磨坊的粉碎机、扬水机、钟等机械研究的基础上，伽利略在帕多瓦大学讲授了机械学课程。

伽利略的另一个发现是落体定律。应该说到，早在伽利略之前，已有很多人不相信亚里士多德关于重物体比轻物体下落速度快的结论了。法国人 N. 奥勒斯姆、葡萄牙人 A. 托马斯、英国牛津大学的 W. 海特斯伯格，可能还有列奥那多·达·芬奇，都对落体运动有了正确的见解。被伽利略称为老师的班纳蒂蒂（1530—1590）在其《力学论》中已经提出：自由落体离开落点越远，下落速度越快。比伽利略年长一些的荷兰人史蒂文（1548—1620）于 1586 年曾在高处让重量不同的两个物体同时落下，并观察到它们同时落地。但由于年轻的伽利略早负盛名，常常流传的一个说法是他在比萨大学教书时，在斜塔上做了落体实验。但伽利略确实设想，在没有空气阻力的真空中，所有的物体以同一速度自由下落，而且用逻辑推理反驳了经常使用逻辑推理的亚里士多德：把轻重不同的两个物体捆在一起，它们将如何运动呢？显然，根据亚里士多德的结论，那个较轻的物体将延缓较重的物体的运动，但同样根据亚里士多德的结论，这两个物体的重量比较重的一个更重了，那么它们又应该以更快的速度下落。这显然是自相矛盾

① 参见保罗·斯特拉瑟恩：《伽利略与太阳系》，王燕译，63～65 页，沈阳，辽宁教育出版社，贝塔斯曼亚洲出版公司，2000。

的。显然，伽利略不用登上比萨斜塔就已得出了令人信服的结论，推翻了亚里士多德的权威性意见。

伽利略是通过斜面实验发现 $S=\frac{1}{2}gt^2$ 的自由落体定律的。这是由于斜面的坡度按比例延长了在重力作用下运动小球的路程和所需时间，因而便于观察和计数。在这一实验中，伽利略设想，当小球从斜面上落下沿一个平面向前匀速滚动时，如果没有表面的摩擦力，小球将会无限地运动下去。因而这里又有了新的发现：力是运动产生和改变的原因，在没有外力的作用下，物体将保持原来的静止或匀速运动状态。这实际上是对惯性定律的最初表述，并且涉及了牛顿第二定律——力是改变物体运动的原因。不过，伽利略只是正确地提出了这个问题，最后完整表述这两个定律的是牛顿。在做斜面实验时伽利略发现，忽略摩擦力，尽管采用不同的斜度，小球滚到斜面底部时的速度都是相等的。另外，他也发现从同一高度沿不同弧线摆动的摆锤达到最低点时的速度同样相等。这些发现是动能定理的最初表述。

伽利略的第三个重要发现是运动叠加原理。这是在研究抛体运动时发现的。尽管当时的工程师们已发现抛体的运动轨迹是一条曲线，大炮的仰角为45°时射程最远，但却没能给出严格的证明。伽利略认为水平方向的匀速直线运动和垂直方向的自由落体运动同时存在于抛体上，互不干扰合成一种运动。他把两种运动加以分解，使用几何学的方法证明抛体运动的轨迹是一条抛物线，在仰角为45°时水平距离最远。他的研究开始了把复杂运动分解为若干简单运动的运动学研究方法。

牛顿的综合

随着美洲的发现，英国逐步取代了西班牙的海上霸权。很快，这个勃兴的岛国的社会风气发生了变化：莎士比亚（1564—1616）代表的古典风格的诗情暗淡下来，寻求财富、知识和从事海外扩张成为新的时尚。这实际上是弗朗西斯·培根（1561—1626）思想中已表达过的那种精神。海军、陆军和医生成了青年人喜欢的热门职业，宗教神职不再有吸引力，科学和艺术则出现了新的浪潮。

牛顿（1642—1727）的时代，正是科学在英国时兴的时代。① 牛顿 3 岁那年，培根实验哲学的追随者便在伦敦和牛津聚会讨论自然问题，并形成了学会。1662 年，英国皇家学会成立，以其为中心出现一大批热心科学研究和技术发明的人物，他们的许多新发现和新发明使不列颠成为欧洲的科学技术中心。牛顿则因发现了以他名字命名的三大定律和万有引力定律，成为这个时代最杰出的科学明星和伟人，也被认为是人类历史上最伟大的科学家之一。

牛顿出生于林肯郡一个中等农户家庭，是个遗腹子。他在中学时喜欢做机械玩具和模型，对农活没兴趣，也没有务农技能。后来舅父把他推荐到剑桥大学三一学院，他的老师伊萨克·巴罗（1630—1677）在光学和几何学方面的研究影响了牛顿。1665—1666 年，牛顿为躲避伦敦的瘟疫回到家乡爱尔索普。这期间他发现了二项式定理和流数法，开始颜色的试验，并开始思考万有引力问题。1667年回到剑桥后他被选为三一学院的研究员，1669 年接替巴罗成为数学"卢卡斯"教授。此后牛顿制造反射望远镜，发现了太阳光的合成性质，并被选为皇家学会会员，流数法也得到了发展。他还结识了许多科学界的朋友。

1677 年，在与同事的讨论中，牛顿的注意力再次被吸引到引力问题上。当时胡克（1635—1703）②、哈雷（1656—1743）③、雷恩（1632—1723）也在思考引力问题。由于荷兰人惠更斯（1629—1695）在 1673 年研究钟摆运动时发现了圆周运动的向心力定律，根据这一定律和开普勒第三定律，他们三人导出了太阳对行星的引力与它们之间距离的平方成反比的关系，但却仍然不能对行星运动作出完善的解释。雷恩甚至出了一笔奖金，看他的两位朋友谁能解决这个问题，但哈雷和胡克都未能解决。1684 年，哈雷访问剑桥时获悉牛顿已解决了引力的问题，便劝他把成果交给学会登记，以便确立优先权。牛顿把论文原稿丢失了，不得不凭记忆重写，终于用近 18 个月的时间把成果交到了学会。

1687 年，哈雷用自己的钱资助，学会出版了牛顿的著作《自然哲学的数学

---

① 在近代史上，有些人的一生能代表一个时代。例如，米开朗基罗（1475—1564）在世时是意大利的文艺复兴时期，他去世那年出生的伽利略（1564—1642）则代表意大利的文艺复兴转向了科学复兴。在伽利略去世的 1642 年牛顿（1642—1727）出生了，这时科学中心从意大利移到英国。牛顿去世 9 年后，瓦特（1736—1819）出生了，这时英国的科学革命转变为产业革命。在瓦特去世后出生的恩格斯（1820—1895）在世时期，是产业革命向欧洲、北美洲和亚洲扩展的时期。此后，就中国而言，毛泽东（1893—1976）在世时期，中国经历了晚清、民国、新中国的历史过渡。1978 年以来改革开放，中国进入了新的发展阶段。

② 曾任皇家学会干事。1660 年在用弹簧做实验时发现了固体应力与应变成正比的弹性定律。

③ 天文学家，曾编制了第一个由望远镜观测而成的星表，被选为皇家学会成员，发现了著名的哈雷彗星（约 76 年出现一次，是太阳系的一个成员）。

原理》。这本书被公认为科学史上最伟大的著作。在对当代和后代思想的影响上，没有任何作品可与之相比。它成了理论力学、天文学和宇宙学不可超越的理论基石。这本书包括了牛顿在力学、数学和天文学方面最重要的成就。全书的核心是牛顿力学三定律——惯性定律、加速度定律、作用与反作用定律，以及万有引力定律。实际上这是对所有地上物体和天上物体机械运动基本规律的发现。它的历史意义是伟大的：哥白尼提出了一个正确的太阳系结构假说；伽利略发现了落体和抛体的运动规律，并以相对性原理和望远镜观察的天文现象支持了哥白尼；开普勒发现了行星围绕太阳运动的真实状况，但他是用磁石那样的磁力来说明运动原因的。而牛顿则把他们的所有伟大成就完美地统一起来了。

如果说哥白尼只是回答了"是什么（太阳还是地球）在运动"的问题，开普勒和伽利略也只是回答了"天体和物体如何运动"的问题，牛顿则回答了"物体为什么按规律运动"的问题。牛顿明确定义的质量、动量和他的定律中的时间和空间概念，对欧洲的哲学也产生了深刻影响。他书中阐明的基本定律成了所有力学的基本出发点。他还用万有引力（日、月、地之间的引力）解释了潮汐现象，预言地球是个赤道部分略为突出的椭球。万有引力理论还导致了后来一系列天文学上的新发现。

牛顿的理论也留下了许多更深层次的科学和哲学问题。例如万有引力 $F = G\dfrac{m_1 \cdot m_2}{R^2}$，它是一个普遍的公式，但现实世界中却不存在由这个式子所表示或描述的独立的两体系统。从这个意义上，这个伟大的定律只是理智的一个创造。大概正因为这样的一类问题，牛顿在晚年把研究的兴趣和精力越来越多地转向《圣经》和宗教，并在临终时说过这些令人深思的话："我不知道世人怎么看我；但我自己觉得好像只是一个在海边嬉戏的孩子，不时为比别人找到一块更光滑的卵石和更美丽的贝壳而感到高兴，但我面前浩瀚的真理海洋，却仍然是一个谜。"[1]

太阳系演化的星云说

牛顿用万有引力定律解释了太阳系各天体运动的原因，但却没有解释这种运动是怎样开始的。1755年，东普鲁士的大哲学家康德（1724—1804）出版了他

---

[1]　David Millar and others, *Chambers Concise Dictionary of Scientists*，p. 293.

的《宇宙发展史概论》。年轻的康德用牛顿力学的原理解决了牛顿最后所困惑的太阳系初始运动问题。

康德认为太阳系起源于一片原始星云。星云最初非均匀地散布在空间，由于较大粒子具有较大的引力，使周围粒子向它们凝聚，从而形成一些中心天体。大大小小的粒子凝聚时的碰撞和排斥作用又使这些中心天体按一定方向转动和运动起来。这样，在中心形成了太阳，周围的粒子团则聚集成行星，在一个近似的平面上按椭圆轨道围绕太阳旋转起来。这一假说显然非常粗略，但却是一个有价值的起点。康德用物质和运动解决了牛顿用上帝之助才能解决的问题。[①]

康德的书发表后并未立即引起人们的注意。41 年后，法国人拉普拉斯（1749—1827）在他的《宇宙体系论》中独立地提出了类似观点，使康德的观点受到更多重视。不过，后来又发现，质量占 99.8% 的太阳，角动量只占太阳系天体的 1%，另外还发现了逆行卫星，这按照星云说所依据的力学规律得不到完满解释。康德本人大概当时也已经感到，星云说的解释还存在若干不能消除的疑点。所以，他后来便去研究人的认识能力和界限以及美学、伦理学问题去了。尽管如此，后来天文学发展过程中出现的 20 多种星云说，都仍遵循着康德、拉普拉斯的基本思想。只不过随着电磁学、化学、核物理学的发展，某些理论引入了更多物理和化学作用，试图解释太阳系角动量不均匀的原因。

波德—提丢斯定则

1766 年，德国天文学家提丢斯（1729—1796）在比较了太阳系各行星轨道后发现：各行星距太阳的平均距离服从 $0.4+0.3\times2^n$ 天文单位这样一种数学关系，其中水星、金星、地球、火星、木星、土星距太阳的距离，在上式中的 n 分别取为 $-\infty$，0，1，2，4，5。1772 年，柏林天文台台长波德（1747—1826）研究了提丢斯的发现，并公布了这一结果。

1777 年，赫歇耳扫描天空时在金牛座群星中发现了一颗既不像恒星又不像彗星的星，位于当时人们所认识的太阳系边界土星之外，后经英国人麦斯克雷

---

① 康德在《导论》中写道："自然界的最高立法必须是在我们心中，即在我们的知性中，而且我们必须不是通过经验在自然界里去寻求普遍法则，而是反过来，根据自然界的普遍的合乎法则性，在存在于我们的感性和知性里的经验的可能性条件中去寻求自然界。"这便是人类理性为自然界立法的思想。参见韩水法：《康德传》，50 页，石家庄，河北人民出版社，1997。

（1732—1811）的观察，确认它为太阳系的新成员①，命名为天王星，它的 $n=6$。这立即证明了波德—提丢斯定则的可靠性。但是在 $n=3$ 的天区存在着什么呢？这自然使天文观测者很感兴趣。1801 年，意大利人皮亚齐（1746—1826）首先在这个天区发现了第一颗小行星（谷神星）。1802 年奥伯斯（1758—1840）发现了第二颗小行星。到 19 世纪末人们已发现了 400 颗以上的小行星，到目前为止已探测到的小行星有 15 万颗，其中已编号的小行星达 1 万多颗。②

波德—提丢斯定则的发现反映了太阳系结构的数学完美性，使人们在开普勒、牛顿理论的基础上丰富和加深了对太阳系的认识。不过，后来按牛顿理论预言发现的海王星，其位置却不符合这个定则。

赫歇耳对银河的研究

赫歇耳（1738—1822）生于当时英国管辖的德国北部汉诺威，后移居英国，是当时最有影响的天文学家。以往人们的主要注意力都集中在太阳系的行星上，而他用自制的牛顿式反射望远镜巡视了整个天空的恒星。从 1783 年开始计算确定天空中恒星分布的密度，他最后得出结论：银河系是由一层恒星组成的，形状像一只边缘有裂缝的凸透镜，其直径约为厚度的 5 倍，太阳系就位于银河系中央平面上离开银核不远的地方。这可以说是对太阳系的重新发现，因为这一发现把太阳系放到了一个更大的星系中，从某种程度上使人们以往所坚持的太阳为宇宙中心的观点失去了依据。

不过，赫歇耳认为太阳系靠近银河中心，这并不正确。后来美国人沙普利（1885—1972）用大口径望远镜发现了更为正确的银河系中心位置，太阳系并不靠近银河中心。今天所采用的数字是由荷兰人奥尔特（1900—?）在 1930 年得出的：太阳距银河中心为 3 万光年。在直径为 10 万光年的茫茫银河中，太阳系只是位于偏旁位置上的一个恒星系。

另外，赫歇耳还发现太阳在银河系中也有自行，它朝着武仙座 λ 星附近运动着，是银河无数星系中的匆匆过客之一。以前人们认为双星和聚星是光学的而不

---

① 这颗星被发现后，天文学家将它的运行情况和过去的天文资料一比较，发现它早已被过去的天文学家记录在案，但却是当做一颗恒星处理的。

② 在编号的小行星中，1802 号为"张衡"，1888 号为"祖冲之"。1974 年紫金山天文台发现的两颗被命名为"钟山 1 号"、"钟山 2 号"。

是物理的，但赫歇耳发现它们在万有引力的作用下围绕着公共质心转动。他甚至确定了一些双星的运动周期，从而确定了它们的存在。这是把万有引力定律推广到更遥远的天体的创举。1844 年，德国人贝塞尔（1784—1846）预言天狼星有一个暗伴星，1862 年美国人克拉克（1832—1897）发现了这颗暗伴星，说明天狼星（古埃及人最关注的星）也是双星，其运动规律和赫歇耳对双星运动的解释是一致的。①

海王星的发现

海王星的发现证明了牛顿万有引力理论在太阳系中的权威。这是用已知理论和天文现象，通过计算作出预言，然后在观测中得到证实的一个例证。

1821 年，德国人布瓦尔德（1767—1843）在编制星表时发现天王星的运行轨道不是完美的椭圆。贝塞尔提出，在天王星附近可能有一个未知行星干扰其运动。1845 年 10 月，英国剑桥大学的学生亚当斯（1819—1892）根据万有引力定律和天王星的已知轨道算出了未知行星的位置，把结果送交英国皇家天文台的爱勒（1801—1892），但后者对这个年轻人的计算结果将信将疑。1846 年 7 月至 8 月，法国人勒威耶（1811—1877）根据同样的计算方法得出了未知行星的位置，柏林天文台台长加勒（1812—1910）接到勒威耶的来信后立即观察，发现了一颗新的行星——海王星。这一消息公布时，英国的天文学家们还只是在做观察的准备工作。②

数学描述运动

古代的数学都是常量数学（几何学和代数学）。微积分的发明把变量带进了数学。变量意味着运动，所以，微积分是描述运动过程的数学，它的产生为力学、天文学以及后来的电磁学提供了必不可少的数学工具。微积分产生的前提有

---

① 这位天文学家的儿子 J. F. 赫歇耳继承了父业，于 1849 年写了《天文学纲要》。该书在 10 年后被李善兰和伟烈亚力译成了中文，名为《谈天》。这是近代天文学第一次系统地传入中国。

② 继海王星之后，1930 年，美国人克林德·汤姆巴夫（1906—？）又发现了冥王星，已知太阳系中的大行星达到了 9 颗。不过，2006 年 8 月 24 日，国际天文学联合会由于"自身引力不足以清除其轨道附近其他物体"的原因，取消了冥王星的大行星资格，将其"降级"为"矮行星"。

两个：几何坐标和函数的概念。

在古代的天文坐标和地理坐标基础上，近代逐渐出现了几何坐标。这种坐标使人有可能把数和形、代数和几何联系起来研究。法国人费尔玛（1601—1665）和笛卡尔（1596—1650）在创立几何坐标方面贡献最大。其中笛卡尔把函数的概念带进了数学，他把几何图形（直线和曲线）看做是依一定函数关系运动的点的轨迹。

古代数学家把一个不规则的图形分成无限多小块求和的穷竭法是积分思想的萌芽。笛卡尔、费尔玛、罗伯瓦尔（1602—1675）、意大利人卡瓦列利（1598—1647）和英国人华里斯（1616—1703）等数学家在他们的工作中都已不同程度地运用了微积分概念。但只是牛顿和德国人莱布尼茨（1646—1716）才各自独立地把微积分变成了适合一般方程或函数关系的运算方法①，并指出了微分积分的互逆关系（微分是已知变量求其变化率，积分正相反，是已知变化率求变量）。然而，他们二人还没有极限的概念。牛顿在用代数方法求微分时将高阶微分不加说明地舍弃后得到了正确的结果，这在当时引起数学界关于微积分基础的长久争论。只是到了 100 多年后，法国数学家柯西（1789—1857）引入了极限概念，才为微积分奠定了严格的理论基础。

与微积分几乎同时发展起来的重要数学分支还有级数理论和微分方程，包括常微分方程和偏微分方程。其中级数是把函数展开成多项式形式的数学方法。1712 年英国人泰勒（1685—1731）提出了著名的"泰勒级数"。泰勒级数是一个幂级数，如果一个函数能展开成幂级数，它的值就可用多项式来逼近。苏格兰人马克劳林（1698—1746）在他 1742 年发表的《流数术》中给出了泰勒级数的特例——马克劳林级数。

最先明确注意到微分方程的人是惠更斯和莱布尼茨，但真正对这个重要分支做出贡献并开创了这个学科的是瑞士巴塞尔的伯努利家族中的雅各·伯努利（1654—1705）、约翰·伯努利（1667—1748）及其学生罗比塔（1661—1704）和欧拉（1707—1783）、丹尼尔·伯努利（1700—1782）等人。法国的三位数学家在这方面的贡献也极为重要：拉格朗日（1736—1813）创立了变分法，使微积分和微分方程的理论和方法都得到了发展。拉普拉斯提出了著名的拉普拉斯变换；傅里叶（1768—1830）创造了傅里叶变换，提出了傅里叶级数。后两人的工作使线性系统的微分方程式可用更简洁的积分形式来处理，这便是把实数方程变换为虚数形式的方程或级数形式。

---

① 牛顿和莱布尼茨两人在当时曾为争夺这一发明的优先权卷入一场争论。

由于微分方程是直接用微积分的方程式求解许多实际的力学和物理学问题，如单摆、弹簧振子、弦、水波和声波的运动，以及两个或三个天体之间的作用力和运动状况等，所以，它的发展使数学分析真正成了研究运动的工具，大大推进了动力学的发展。微分方程出现后在力学和机械系统中得到了普遍应用，后来又在电力系统中得到了应用。

力学的发展

力学是研究机械运动的学科。它的内容有静力学和动力学，还有固体力学、流体力学等分支学科。

古希腊人阿基米德总结了古代静力学的知识，他写了《论比重》一书，发现了杠杆原理，提出了平行力合成、分解的理论和重心学说，奠定了静力学的基础。列奥那多·达·芬奇、荷兰人史蒂文、法国人罗伯瓦尔等人的研究使力的平行四边形定律理论最后形成；列奥那多·达·芬奇提出的力矩概念，经法国人伐里农（1654—1722）的发展，形成了完整的力矩定理。后来法国人布安索（1777—1859）创立了力偶理论，使力学中的几何方法得到巨大发展，从而奠定了静力学的现代形式。

伽利略对惯性运动、炮弹等抛射体运动的研究是动力学的开始，牛顿的三大定律和万有引力定律以及他严格定义的一系列力学基本概念奠定了古典力学的基础。牛顿和莱布尼茨发明的微积分是力学向数学分析方向发展的工具。瑞士人约翰·伯努利最先提出的可能位移原理是以普遍形式表达的力学定律之一。担任过法国《百科全书》数学编辑的达兰贝尔（1717—1783）给出了达兰贝尔原理——作用于质点系内每个质点的主动力之和、约束力之和与质点的惯性力之和，构成一个平衡力系。这个原理也是一个解决动力学问题的普遍原理，它奠定了非自由质点系动力学的基础。法国人拉格朗日则把可能位移原理和达兰贝尔原理结合起来，导出了非自由质点系运动的微分方程（拉格朗日方程），从而使力学向分析方向大大进展。在天体力学方面，拉格朗日还提出了三体引力问题计算困难的处理方法，这是将牛顿力学向天文学方向的推进。

胡克定律则是近代固体力学中弹性力学的开始。在流体力学方面，古代有阿基米德发现的浮力定律。近代以来，伽利略的一个学生托利拆利（1608—1647）在考察矿山时发现水泵的扬程不超过 10 米，启发他发明了水银真空管，从而发现了真空和大气压力。法国人帕斯卡（1623—1662）得知后在里昂做了新的实验，解释了大气压和水银柱的平衡关系，发现了连通器原理和液体压力传递的帕斯卡原理。这两个原理成了后来液压机械中的基本原理。1738年，丹尼尔·伯努利给出了流体力学中著名的伯努利方程，这个方程后来被广泛应用于水力学。受学于伯努利家族的欧拉把牛顿第二定律表达成分析形式的微分方程，并导出了理想流体力学的基本方程。他们的工作奠定了流体力学的基础。

19世纪上半叶，由于工业革命中机器的广泛应用，在对机器效率的研究中形成了"功"和"能"的概念。这一时期发现的能量守恒与转化定律沟通了力学的许多学科，同时，力学中又增加了动能和势能守恒原理、动量守恒原理和动量矩守恒原理等。并且，能量守恒与转化定律使力学与物理学交织在一起。这个时期，机器工业的发展使工程力学得到新的进展，图解力学、机器原理、振动理论成为专门学科。另外，抛开运动的物理原因只从几何观点出发描述运动进行方式的运动学，也在这一时期成为理论力学的一个独立部分。刚体定点运动学被应用到技术方面后导致了陀螺仪理论的产生，刚体动力学的应用使外弹道学取得了新的进展。

19世纪后半叶，英国人劳斯（1831—1907）于1877年在拉格朗日研究的基础上开始了对运动稳定性的研究。此后，李雅普诺夫（1875—1918）发展出一套按照某些特征函数直接判别运动稳定性的严谨方法——李雅普诺夫方法。瑞利（1842—1919）则在1877年前后完成了对微振动理论的系统研究，他的理论后来被应用到机械调节、地震测量、船舶设计建造等方面。1883年，英国人雷诺（1842—1912）发明了反映黏性流体运动特征的雷诺数①，标志着对流体（液体、气体）运动认识的深入。这一时期奥地利人马赫（1838—1916）开始了对气体高速流动规律的认识。② 另外，还出现了变质量力学。显然，空气动力学和变质量力学是20世纪火箭运动理论的基础。

---

① 流体密度、黏性系数、流速与线度（圆管直径、渠道宽度等反映流场几何形状的量）之比为雷诺数。流体相对于几何形状相似的物体流动时，只要雷诺数相同，流动状态就相同。水在直管中流动时，雷诺数小于2 300为层流，大于2 300为紊流。故2 300为水在直管中流动时的临界雷诺数。
② 气流速度与音速之比为马赫数。飞行器飞行时，其速度与前方受扰动的空气中的音速之比亦为马赫数。当马赫数大于1时，即为超音速。

第十一章

探索生命的奥秘

　　心脏是生命的开始，它是微型宇宙的太阳，正如太阳是世界的心脏一样，因为它使血液发生运动……在动物体内的一切力量都离不开它。

哈维：《动物的心血运动和解剖学研究》

　　有关物种起源的类似观点，一旦被普遍地采纳以后，我们就可以隐约地预见到在自然史中将会引起重大的革命。

达尔文：《物种起源》

对人体结构的研究

　　意大利教堂和宫殿里那些美丽的人体艺术形象产生的同时，就有一批人对人体开始了冷静的解剖学研究。佛罗伦萨的画家波提切利、列奥那多·达·芬奇和德国的丢勒（1471—1528）为画画和作图，都研究了透视学和解剖学。列奥那多·达·芬奇通过大量的尸体解剖对人体构造有了相当多的了解，并把它用图表示出来，他还有血液循环的概念，再前进一步就会由解剖学进入生理学。

　　法国医生让·费内尔（1497—1558）和比利时出生的医生维萨留斯（1514—1564）是人体结构研究的开创者。前者还是哲学家和数学家，但维萨留斯的影响要大得多。维萨留斯18岁入巴黎大学医学院学习，后来到意大利的帕多瓦、比萨和波伦亚等大学教解剖学，上课时进行实际的解剖表演和讲解，并指出了被奉为权威的盖伦的多处错误。1543 年哥白尼发表《天体运行论》时，这位 29 岁的青年在教学期间写成的《人体的构造》一书也出版了。

维萨留斯对解剖学的研究大大超过了列奥那多·达·芬奇。他指导威尼斯的画家提香的一个门徒所绘的 300 多幅人体解剖图版令人赞叹。他在解剖时也接触到了血液循环问题，但却没有沿着这个方向前进。维萨留斯解剖的一般都是被处决的犯人尸体，这对教学来说显得不够，据说他的学生为了解剖还盗过墓。这引起了教俗两界的非难。因而，他在其著作出版后就放弃研究，做了西班牙皇帝查理五世及其继承者菲力普二世的御医。但这位御医后来还是受到了别人的攻击——有人说他解剖了活人，宗教裁判所对他提出公诉，判其死罪，后由国王出面干预，改为去耶路撒冷朝圣。这次旅行返回时船舶遇险，他也病死途中。

血液循环的发现

维萨留斯的同学塞尔维特（1511—1553）是西班牙人，也是"惟一神教派"的狂热拥护者，受到了天主教和新教两方面的仇恨。他躲开了天主教裁判所的阴影，却落入了新教加尔文派的魔掌，在被烤了两个小时后才活活烧死，同时他的《基督教的复兴》一书也被焚烧，仅有两三本幸存。这本书记载了作者对血液循环的天才发现。由于该书以宣传宗教主张为主旨，在当时影响不大。塞尔维特死了 6 年后，科隆布（1510—1559）重新提出了心肺循环的思想，但并没有提到塞尔维特的发现。

在发现血液循环方面还应提到帕多瓦大学的法布里修斯（1537—1619）。他在 1603 年发表了《论静脉的瓣膜》一书，但他没有弄明白瓣膜的作用是使血液单向地流回心脏，真正理解这一点并发现了人体血液大循环的是他的一个英国学生哈维。

哈维（1578—1657）在剑桥读过书之后才去帕多瓦大学跟法布里修斯学医。他就学时，伽利略正在这所学校任教。1602 年哈维回伦敦成为开业医生。1616 年，哈维开始以院士的身份在皇家医学院讲授第一门课程，此时他已发现了血液循环的大致情况。1628 年，他的《动物的心血运动和解剖学研究》一书出版。1632 年，他成了查理一世国王的御医。1649 年，他所侍奉的国王在资产阶级革命中被送上断头台后，他在伦敦过着隐退的生活。由于他的成就，英国皇家医学院在他生前就竖起了他的雕像。

哈维曾为弗朗西斯·培根看过病，但他们的关系并不融洽。有人问起他对培根的印象时，他不无讥讽地说："他以大法官的态度在写哲学著作。"哈维的名言是以自然为师而不以哲学家为师。但他和培根都认为，科学研究应以实验为据而不应以书籍为据。作为哲学家的弗朗西斯·培根在科学上的实验是多方面的，也是拙劣的，没有作出任何有意义的科学发现。哈维却通过绑扎上臂血管和计算心脏血流量两个实验作出了划时代的发现[1]，并预言了毛细血管的存在。他的发现为科学的生理学奠定了基础。

在哈维死后 3 年的 1660 年，意大利人马尔比基（1628—1694）用显微镜观察到了青蛙肺部的毛细血管，证实了哈维的预言。当时，荷兰人列文虎克（1632—1723）也用显微镜观察了蝌蚪尾巴，发现其中动脉血管的血液通过毛细血管回到了静脉。至此，血液循环的路线便完全清楚了。

从细胞的发现到细胞学说

在哈维发现血液循环后，对生物个体的研究就更加深入了，而这种研究的深入首先是由于显微镜的应用。

一般认为，显微镜是荷兰人詹森（1580—1642）在 16 世纪末发明的，伽利略和惠更斯改进了它。1665 年，英国人胡克在用显微镜观察软木切片时发现了细胞。随之，已运用显微镜发现毛细血管的列文虎克发现了微生物和动物的精子，德格拉夫（1641—1673）则发现了卵子。此后，意大利人斯帕朗扎尼（1729—1799）通过狗的精子和卵子的试验，发现了精子在卵子发育中的作用，明确了动物的性过程。1694 年，德国人卡梅腊鲁斯（1665—1721）通过对植物雄蕊和雌蕊的研究，发现植物也有性过程。后来德国人科尔鲁特（1733—1806）和盖特纳（1772—1856）还进行了植物杂交试验。沿着这个方向，便会发现生物的遗传定律。

在动物精子被发现后，人们在解释生物个体发生过程方面形成了所谓预成论和渐成论两种观点。预成论认为，在精子或卵子细胞中存在着完整的生物小体，个体的发育形成只不过是这种小体长大的结果。荷兰人施旺墨丹（1637—1680）

---

① 绑扎上臂血管时，下方动脉平，静脉鼓；上方则是动脉鼓，静脉平，表明动脉和静脉中血流相反，构成回路。观察动物心脏搏动，半小时后，发现输送出的血液超过了全身的血液总量，证明血液不可能在肢端被吸收，又在肝脏中制造出来，而只能是在身体内循环流动。

甚至认为蝴蝶的卵中已包含着蝴蝶的小体，甚至还包含着其未来世代的预成小体。根据这种说法，所有的人原来都包含在亚当和夏娃（《圣经》中人类的祖先）的性器官里。

德国学者沃尔夫（1733—1794）用显微镜仔细观察了植物的叶、花、果的形成过程后，发现它们不是预成的，而是由一些微小的"突起"发展出来的。他在观察了鸡的胚胎发育过程后发现，鸡的个体上的每个部分都不是预成的，而是在卵子的组织中逐渐发育成的，而这种发育是细胞变化的结果。这样，沃尔夫便用渐成论批驳了预成论，实际上建立了胚胎学。沃尔夫的渐成论中也包含着细胞学说的胚芽。沃尔夫之后，在德国从事生物学研究的俄国人冯·贝尔（1792—1876）发展了胚胎发育理论，彻底打击了预成论，他对比较胚胎学的研究还影响了达尔文的思想。

自从胡克发现细胞以来，经过100年的研究，一种完整的细胞学说在19世纪30年代终于形成了。1824年，法国人杜特罗歇（1776—1847）提出，动、植物的器官和组织都是由细胞组成的。但由于当时对细胞的内部结构还没有了解清楚，他的观点没有引起太大重视。3年后，意大利人阿米奇（1786—1868）和其他人制成了能观察透明和半透明物质的消色差（相差）显微镜，生物学家们有可能更清楚地观察细胞的结构了。从1832年起，先是英国人布朗（1773—1858），接着是捷克人普金叶（1787—1869）和法国人杜雅丹（1801—1860）等，都从不同材料中观察到了细胞核和细胞质。人们认识到，细胞是一个内部含有核的质块。

1838年，德国人施莱登（1804—1881）发表了《论植物的发生》一文，提出细胞是一切植物体的基本单位，植物发育的过程就是新细胞形成的过程。1839年，德国人施旺（1810—1882）发表了《动植物结构和生长相似性的显微研究》一文，把施莱登的学说扩大到了动物界。这样便形成了适用于整个生物界的细胞学说，动植物的结构组织和发育过程，便在细胞的层次上得到了一种统一的解释。

此后，德国人雷马克（1815—1865）和瑞士人寇力克（1817—1905）等人把细胞学说应用于胚胎学研究，发现精子和卵子就是一种细胞，卵子发育成生物个体的过程就是细胞分裂的过程。1858年，德国病理学家微耳和（1821—1902）将细胞学说应用于炎症、白血病和血栓等病理的研究，发现病变细胞是由正常细胞变化而来的，从而开创了细胞病理学。

19世纪的细胞学说认为细胞来自细胞，机体是细胞组成的。这个观点在细胞的个体发育方面无疑是正确的，但不能把它推广到细胞的历史发育方面。也就是说，细胞是怎样从无到有的，是生物学中依然存在的一个重大问题，它和生命的起源联系在一起。

微生物的发现和研究

在整个生物王国内，除了动植物之外还有微生物。1669年，列文虎克用放大倍数近300倍的显微镜观察了一个不刷牙的老人的口腔，发现"在一个人口腔的牙垢里生活的生物，比整个王国的居民还多"[①]。这种生物就是微生物。他把自己的发现写成报告，寄给了英国皇家学会。这一发现开创了一个新的生物研究领域。

当时，许多人重复了列文虎克的观察实验，发现在有机物质腐败和发酵的地方，到处都是微生物，只要将易腐败的物质放在温暖的地方，尽管原来没有微生物，它们也能很快发育起来。这样，人们便认为微生物是由非生命物质在发酵或腐败过程中自发生成的。不过，当时意大利人雷迪（1626—1698）做了一个实验，把肉或鱼放进用细密纱布盖好的器皿中，虽然有苍蝇把卵产在纱布上，但没有落上卵的肉或鱼却没有生蛆。雷迪得出结论：腐败物质只是蛆发育的场所，卵才是必要的先决条件，没有卵，肉不会生蛆。然而，这种苍蝇卵生蛆的研究并不能使人们放弃关于微生物自生的观点，因为微生物的身体要比蛆虫小得多。

法国人巴斯德（1822—1895）在1857年用显微镜发现细小的酵母菌是发酵的根源。1864年，他做的肉汤实验推翻了微生物的自然发生说。这一实验是这样的：把可发酵的营养液放在一个特殊的曲颈瓶里，用煮沸的方法杀死其中的微生物（消毒），当外面的空气通过曲颈瓶弯管时，空气中的微生物被阻滞在弯管表面，这样，营养液便能长期保持清洁，不会产生微生物，也不会腐败了。这一实验说明，营养液里不能自然产生微生物，生命只能来自生命。巴斯德的这一发现奠定了现代微生物学的基础，并对医学实践产生了深远影响。

1865年，英国医生李斯特（1827—1912）受巴斯德实验的启发，发明了用酚做消毒（防腐）剂的方法。这种消毒剂能防止外科手术后伤口的腐烂，大大降低了手术的死亡率。此后，法国医生达凡恩在1873年发明了更温和的消毒剂——碘酒。巴斯德本人在处理法国一种蚕病时于1865年提出了"疾病的病原菌说"，同年，德国医生科赫（1843—1910）则发现了引起炭疽的杆菌和多种病

---

① 转引自高之栋：《自然科学史讲话》，361页，西安，陕西科学技术出版社，1986。

原菌。后来他们二人都研究了引起炭疽、霍乱、结核等病的细菌，并发现生物在感染了减毒的病原菌后，会产生一种抗毒性很高的细菌，使生物机体产生免疫能力，类似1796年詹纳（1749—1823）种牛痘预防天花的情况，从而使免疫学大大发展了一步。

另外，德国人黑尔利盖（1831—1895）、布森戈（1802—1887）和英国人吉尔伯特（1817—1901）、劳斯（1814—1900）等人都发现了豆科植物根瘤菌的固氮作用。这一发现导致了对根瘤菌的研究，在一定程度上促进了人造化学肥料工业的发展。

对生物的系统分类

人类是生物的一种，生物同人类的生活关系密切。古希腊人亚里士多德和中国古代一些植物学家和药学家都对生物的类别有所研究。近代欧洲人在研究生物个体的结构组织及发育过程时，也在考察生物种群间的关系——对不同的生物进行分类。

伽利略时代的意大利人契沙尔比诺（1524—1604）和马尔比基把生物看成不连续的、界限分明的类群，以生物的少数特征（如生殖器官的性质）为依据对生物分类，这便是所谓人为分类法。荷兰人洛比留斯（1538—1616）、瑞士人鲍兴（1560—1634）和英国人约翰·雷（1627—1705）则注重生物之间的连续性，他们按照许多生物的共同特征分类，试图找到不同生物间的亲缘关系。这便是所谓自然分类法。按照人为分类法，卵生的动物鸟类、海龟、蛇等被归为一类；按照自然分类法，它们分别属于鸟纲、两栖纲和爬行纲。

1735年，瑞典人林耐（1707—1778）的《自然系统》一书出版。在这本书中，林耐用鲍兴最先提出的双命名法对当时欧洲人已知的植物作了系统的分类，采用了纲、目、属、种等分类阶元，被沿用至今。在该书的第10版（1758）中，林耐将他的分类法扩展到了动物界，甚至包括了矿物。《自然系统》被视为生物学发展的里程碑。

林耐的分类主要采用人为法，但也注意生物间的亲缘关系。他清楚地认识到："人为系统只有在自然系统还没有发现之前用得着；人为系统只告诉我们辨认植物，自然系统却能把植物的本性告诉我们。"虽然林耐最初认为物种是不变的，但他在晚年修订的《自然系统》一书中承认杂交可以产生新种，而且谨慎地认为，"也许一个属的所有种最初只是一个种"①。

显然，林耐的工作是对当时已知的各种生物静态地系统分类，此后产生的生物进化论则补充了生物分类学，从历史演化的角度说明了生物种属之间的联系。这两个学科都从整体上、宏观地研究多个生物个体和生物种群之间的关系，而解剖学、生理学，以及细胞学等，是研究单个生物个体身体结构和微观组织的学科。

生物进化理论

生物进化的思想最初是由一些博物学家提出来的。法国启蒙运动时代的博物学家布丰（1707—1788）是林耐的同时代人，他不认为林耐所确定的纲、目、属、种的界限是不连续的，而认为不同的物种可能是由一种或几种共同的祖先传续而来的，但这种传续可能不是由简单向复杂和完善的进化，而可能是反向的退化。布丰以动物为题的散文笔调优美，其影响超过了他的科学思想。

拉马克（1744—1829）是位由研究植物转向研究无脊椎动物的博物学家，他的主要著作《动物哲学》奠定了现代无脊椎动物分类的基础。他对整个动物界的分类粗略地描述了动物界由简单到复杂的进化过程。拉马克相信有一种内在的力量导致动物进化，这是最早的生物进化观点。他认为动物的器官用进废退，获得性可以遗传。拉马克设想有一种经常伸长脖子吃树梢上枝叶的羚羊进化成了长颈鹿，所以，长颈鹿的脖子可以用来支持他的假说。根据拉马克的观点，生物由于环境和行为习惯而导致的体质变化可以遗传。

但是，许多人的观点正好相反。拉马克之后，对获得性遗传持怀疑态度的德国动物学教授魏斯曼（1834—1914）割掉了连续 22 代中 1592 只老鼠的尾巴，但它们的下一代却仍有尾巴。魏斯曼认为，生物世代遗传过程中，先天的"种质"起关键作用，而不是后天的获得性或体质变化。在当时的生物学水平上，种质对应着生殖细胞，体质则对应着体细胞。魏斯曼的"种质说"已走到了现代遗传学的门槛，这是第一次明确地将遗传和进化作为一个问题的两个方面来考虑。

当然，魏斯曼这种粗野的实验方式与拉马克关于器官因长期不用而在世代连续中退化的观点并不完全相符。实际上，魏斯曼和拉马克从不同角度触及了生命科学的本质问题——遗传和进化，但这里隐含着生命的许多未解之谜，它涉及生

---

① 转引自高之栋：《自然科学史讲话》，291 页。

命自身演化的秘密，也涉及生物行为和环境之间相互作用的复杂结果。对不同生物在不同条件下和不同时域所做的实验或观察表明，并不能简单地肯定或否定获得性遗传。即使是到了 21 世纪初，生物学家们也仍然没有在这个问题上取得共识。

拉马克在巴黎博物馆的年轻同事居维叶（1769—1832）和圣提雷尔（1772—1844）也是当时有名的生物学家。革命时期居维叶在诺曼底安静地学习，到巴黎后潜心于动物构造和化石骨骼的研究，掌握了用零碎化石复原完整古生物的高超本领，对生物体不同部分之间相适应的关系有深刻理解。[①] 他在 1812 年出版了《化石骸骨的研究》，并复原了 150 种绝种的哺乳类动物标本。他的研究使人们对生物的历史和历史上的生物灭绝现象给予了应有的注意。这无疑奠定了古生物学的基础。

居维叶认为，动物是由脊椎型、软体型、有关节型和辐射型等四种原型构成的。圣提雷尔认为只有脊椎动物一种原型，但他不能为自己的理论提供充分的材料证据。居维叶的观点在当时显然更为合理。居维叶在生物起源方面注意到不同地层中脊椎动物化石在物种方面有明显差别，也注意到了古生物同现存生物的差别。为了解释这些差别，他在《论地球的革命》中推测：地球上曾发生过的灾变造成生物的灭绝，然后远方生物迁徙过来。这种解释不是没有根据的，但居维叶忽略了地球不发生灾变的时候，生物的生命和机体也在发生着悄悄的变化。大自然的最高杰作——生命的奥秘，决不只有一种答案。

1859 年，英国人达尔文（1809—1882）的《物种起源》一书出版，标志着生物进化论的诞生。达尔文的进化论立足于丰富的观察材料，有广阔的理论视野，对生物的进化作了总体上的说明，引起了一场生物学革命。

根据达尔文的理论，生存斗争和自然选择是生物界的普遍规律。生物为了生存和传留后代，须适应或对付周围无机环境的挑战，还须和其他种类的生物相竞争（种间斗争）。同时，生物个体间还进行着竞争（种内斗争）。在这个过程中，凡是能较好适应环境而发生有利变异的个体，在斗争中将较多得到生存和繁殖的机会，那些发生了有害变异的个体则将被淘汰。[②] 这一过程便是生存斗争和自然选择。在这个过程中，那些被自然选择了的有利变异在世代传递中逐渐积累为较

---

① 一个故事说明了这一点：他的学生穿上牛头魔鬼的服装夜入其屋，用吓人的声音叫道："居维叶，我吃你来了。"居维叶睁开一只眼看了一下说道："所有长角长蹄子的动物都是吃草的，你不可能吃我。"然后继续睡觉。

② 许多生物都有极强的繁殖能力。如按照 1，2，4，8，16……的级数，20 年后，一粒种子会成为100 万颗。蠓在生殖季节每个个体可产一亿个卵子。但由于生存斗争，存活的数量总是有限的。

大的变异，从而转变成新的物种。这便是物种进化的过程。

达尔文的著作用大量事实和严密论证说明生物物种不是被造物主分别创造出来的，而是由简单的物种演化来的，给生命世界引入了发展和变化的思想，使人们不再把动物和植物之间、动物和人之间的区别看做是神圣的和绝对的。这种思想不但涉及科学理论的变革，也冲击了关于生命现象的特创论和静态观点，还震撼了哲学，冲击了宗教，在当时的欧洲自然引起了一场风波。科学界和宗教界以及一些普通人开始都不接受达尔文的思想，因为根据达尔文的理论，高贵的人不是由造物主特意设计的，他的出现也不是超自然的奇迹，而是在自然演化的序列中出现的，或者说是从猿猴进化而来的。但也有一些人立刻支持了达尔文。英国人赫胥黎（1825—1895）曾努力宣扬和传播进化论。马克思（1818—1883）1860年写给恩格斯（1820—1895）的信中认为达尔文的学说为他们的观点提供了自然史的基础，1873年还给达尔文寄去他的《资本论》（第 1 卷，德文第 2 版）以示敬意。[①]

1831—1836 年间，达尔文由他在剑桥的老师们推荐，作为博物学家乘"贝格尔号"军舰参加了由政府组织的南太平洋考察。这是他学术生涯中的关键时期。出发前他还带着由老师亨斯罗推荐的一批书，其中包括赖尔（1797—1875）的《地质学原理》，这本书中关于地球表面缓慢变化的思想影响了他。但最重要的是他在这几年的远距离考察中发现了不同地区众多的生物，它们间的差异和相似性引起了达尔文的思索，从而使他最后找到了能解释这些大量生物现象的进化理论。

在达尔文研究的同时，英国的另一位自然学家华莱士（1823—1913）也通过研究和远洋考察形成了与达尔文相同的生物进化思想。不过，华莱士的研究成果只是在 1855—1858 年间形成的一篇论文，达尔文的《物种起源》则是在 20 多年中写成的。但相同的一点是，他们二人在思考生物进化理论时都读过马尔萨斯（1766—1834）的《人口论》，都受到了马尔萨斯思想的影响。对达尔文的研究还表明，法国人孔德的哲学、英国人亚当·斯密的经济学，以及比利时人阿道夫·凯特尔的统计学观点，也不同程度地影响了达尔文。[②] 另外，达尔文同时代的英国人斯宾塞（1820—1903）关于市场经济条件下个人自由竞争的理念在某种程度上与达尔文理论中生存竞争、适者生存、优胜劣汰的思想不谋而合。恩格斯也认为，"达尔文的全部生存斗争学说，不过是把霍布斯一切人反对一切人的战争的

---

① 参见童鹰：《马克思恩格斯与自然科学》，157 页，北京，人民出版社，1982。
② 参见田洺：《未竟的综合》，27～28 页，济南，山东教育出版社，1998。

学说和资产阶级经济学的竞争学说以及马尔萨斯的人口论从社会搬到生物界而已"①。这说明达尔文进化论是生物学发展中会自然出现的成果，而且也有一定的社会、经济和文化背景。

当然，达尔文并没有把生命进化的全部过程和细节搞清楚，他的理论，除了不可辩驳的推论，还有不少发散的猜测，某些结论也经不起推敲。例如，作为达尔文进化论核心的自然选择概念，也被表述为最适者生存。这导致了所谓逻辑上的循环论证：由于其最适合生存，所以才得以生存下来；由于其生存下来了，所以表明其最适合生存。另外，达尔文在其研究中也充分注意了人工选择和性选择的作用，性选择与自然选择之间的关系肯定是非常复杂的，而家养畜禽和植物都是在多年的人工选择下演化而成的。这说明物种演化的选择本身也是多种多样的，不仅仅是自然选择。所以，自然选择作为一种建立在可观察事实基础上的科学推论，还存在拓展和修补的可能性。

具体看，达尔文只强调了个体的变异怎样得到保存和发展，而对引起个体发生变异的内在原因、过程和机制却没有深入研究。这便使达尔文的理论留下了很大的一片空白。在达尔文时代，对生命个体的研究还停留在细胞层次，遗传学刚刚起步，但却没有引起科学界的关注，达尔文也不可能超越这些限制。20世纪以来，遗传学在生物大分子层次探索有机体遗传和变异的规律，进一步揭示了生物进化过程的内在机制和具体细节。另外，达尔文的一些著作和书信表述了获得性遗传的观点，猜测身体的细胞里存在一种作为遗传物质的胚芽，可以通过循环在生殖细胞中积累，在身体受到环境的影响时发生变化，进而影响子代。这种猜测在克隆技术成为现实后看来是有道理的，但获得性能否遗传，却涉及生物进化过程中内外部因素在个体和群体层次上极复杂的作用和关系，并不存在简单明确的结论。因此，达尔文的那些猜测，在当时能引发争议，却无法得到结论。

还有，现代生态学对食物链的研究表明，生物物种的进化过程中，无论是在种内还是在种间，都不仅仅只存在竞争，也同时存在着相互依存和相互制约的复杂关系。诚然，达尔文在当时已注意到这一点，例如，他指出由于猫吃野鼠，野鼠毁坏土蜂的窝和蜜房，而土蜂为三叶草的花传粉。所以，"完全可以相信，如果一处地方有多数的猫类动物，首先通过鼠再通过蜂的干预，就可以决定那地区内某些花的多少"②。但这方面的内容在达尔文的理论中不占主导地位，可见他的理论在生物为了生存而斗争与同样为了生存而合作方面没有找到一种平衡。

---

① 转引自童鹰：《马克思恩格斯与自然科学》，171页。
② ［英］达尔文：《物种起源》，88～89页，北京，商务印书馆，1997。

　　总之，达尔文的学说直接引起了人类起源学说和生物进化学说的革命，还暗示人类的智力也是通过进化获得的。在他之后，胚胎学和生物谱系研究获得新进展，进化论在优生学中也有应用，还影响了社会科学，尤其是伦理学和历史学说。尽管达尔文认为人类的不同种族之间并不存在根本的差异，但由于对达尔文理论的误读和误用，还产生了诸如"民族优越论"以及形形色色的种族歧视和类群歧视观点。尤其值得一提的是，达尔文的进化论对中国近代的社会思潮也产生过深刻的影响。①

---

　　①　1873 年中国出版的华蘅芳编译的赖尔《地学浅释》一书讲到生物进化论。1898 年严复译的赫胥黎《天演论》把达尔文学说完整介绍到中国，在当时的知识界中引起极大轰动，人们把生物界的生存竞争、优胜劣汰同当时中华民族所面临的危机联系起来，号召国民图强救国。

第十二章

追究元素和物质变化

凡有相当大小的物体，不管它是液体或固体，都是由无数极微小的质点或原子所组成，它们为一种引力所束缚，这种引力因情况不同而有强弱的差异。

道尔顿：《化学哲学的新体系》

和我的名字相联系的只有四件事：周期律、气体张力研究、把溶液理解为缔合以及《化学原理》。这就是我的全部财富。它们不是从别人那里抢来的，而是由我自己创造出来的。

门捷列夫
转引自马诺洛夫：《名化学家小传》

从炼金术到冶金化学和制药化学

随着工场手工业规模的扩大，欧洲社会对铜和铁的需要量增加了，于是采矿业开始明显繁荣起来，冶金工艺和采矿技术受到一些人的重视。

由于采矿业的发展，中世纪从阿拉伯人那里学来的炼金术和纯粹经验性的化学工艺已显得过时。意大利人毕林古齐（1480—1530）在1520年出版《烟火术》一书，论述用火制取各种物质的技术，其中包括硫黄、矾、砷、硼砂、盐的开采和提炼，火药的制造，金属的加工、冶炼和铸造等。书中详细介绍了青铜大炮的铸造技术和铜锡合金的冶炼。作者反对炼金家的观点，认为不同金属是不能转化的。手工业的发展和工艺的进步，使人们从中世纪炼金家的幻想中醒悟过来。

曾在意大利留过学的德国矿区的医生阿格里柯拉（1490—1555）在1546年出版《论矿物的性质》一书，1556年其遗著《金属学》出版。后一本书总结了当时从采矿到冶金的全部工艺，用290多张图解说明冶炼方法，它展示了欧洲文艺复兴时期技术复兴的宏伟画面。当时在作者考察的矿山上已广泛使用机器和传递马力、风力和水力的齿轮装置，各种卷扬机、木制水车、三级抽水泵、水力鼓风冶金炉等都出现了。此外，阿格里柯拉也开始定量的化学研究。当时，手工工场的冶金炉已经使中世纪炼金家小密室中的丹炉成为历史。

这两个人的著作是欧洲文艺复兴时期技术进步的记录。如果说欧洲中世纪的技术是落后于中国的，那么，此时已迎头赶上。不过，当时欧洲人也没有走得太远，稍晚一些，明末宋应星在《天工开物》中描述的中国手工业工场中的技术水平，与此时的欧洲大致相近。但在文艺复兴和宗教改革的浪潮中，相当多的欧洲知识分子把兴趣转向科学技术，除了前述的天文学和解剖学之外，不少人对医学和化学发生了兴趣。这里的一系列进步，使欧洲文明逐步远离了中世纪。

这里首先应该说到的是富于冒险精神的瑞士（1648年以前是神圣罗马帝国的一部分）医生帕拉塞尔苏斯（1493—1541）。他的本名叫特奥弗拉斯·荷恩海姆，改名的含意是要超越古罗马名医塞尔苏斯。他大胆地抛开盖仑和阿维森纳的学说，尖刻批评那些按古代经典和各种迷信传统给人治病的庸医，认为炼金术的目的不在炼制黄金，而在配制药物。他用自己的观察和经验革新医学，认为"眼所看见的、手所接触的才是老师"[①]。他用化学方法炼制药物，发现空气是一种混合的东西，并发现了醚和它的麻醉性，在治病时他还应用过毒药。他和他的追随者发现了很多有价值的药物，但在实验中也死了不少人。

帕拉塞尔苏斯的事业是化学从炼丹术、炼金术向医药化学过渡的开始。他不反对古希腊人的四元素说，也相信阿拉伯人关于物质是由盐、硫、汞三种要素组成的说法。由于他是一个愤世嫉俗的人，生前受到了各种势力的反对，经常在饥寒交迫中流浪行医，最后死于奥地利的萨尔斯堡，墓碑上的铭文说他以高超的医术治愈了许多疾病。

伽利略的同时代人、布鲁塞尔的医生荷尔蒙脱（1577—1644）对气体化学兴趣浓厚，他通过化学实验发现了许多新的气体，被称为"气体发明家"。荷尔蒙

---

① 转引自［英］丹皮尔：《科学史》，178页。

脱大半生都过着隐居生活，还由医生变成了化学家。他的事业说明西医和化学有日趋密切的关系。

荷尔蒙脱做过著名的柳树实验：在一定重量的土中栽一棵柳树，浇水，5年后土壤没有变化，小树却长到164磅。他认为，既然供柳树生长的土的重量没有变化，那么全部柳树就是所浇之水变成的。显然，他当时还不理解柳树生长的全部生化过程——柳树生长时，吸收水分和土中的养料，还进行光合作用。另外，荷尔蒙脱用沙子和碱的混合物生成水玻璃，水玻璃在吸收了空气中的水蒸气后又变成了液体，他认为这是土变成了水。如果再用酸处理，液态的水玻璃又变成了固态的"土"。他的这些实验为物质守恒思想提供了最初的依据。

波义耳和近代化学

尽管化学已从炼金术中解放出来，与冶金和制药工艺有了密切关系，但仍没有成为一门独立的学科。英国人波义耳（1627—1691）认为，化学不应仅充当医药学的婢女或冶金学的奴仆，而应成为自然科学中的一个独立部分，成为探索宇宙奥秘的一个方面。"为了完成这样光荣而庄严的使命，决不能认为到目前为止的方法是正确的。必须抛弃自古以来的空想的方法。化学也应当像觉醒了的天文学和物理学等姊妹学科那样，立足于严密的实验基础之上，并始终忠实地遵循这一原则，以扎扎实实的步骤前进。"[1] 他的工作为化学确立了独立的目标，使化学开始成为一门近代意义上的科学。

波义耳是一个伯爵的第七个儿子，在伊顿上完学后去欧洲大陆旅行，伽利略去世那年他正在意大利。他是一个淳厚、高雅的人，终生未娶，过着简朴的生活，也是倡导成立皇家学会的人之一。他深受弗朗西斯·培根、伽利略和笛卡尔著作的影响，但并不崇拜权威。[2] 他主张化学应以实验为基础，摧毁一切旧的物质学说，包括古希腊的四元素说，也应摆脱当时帕拉塞尔苏斯和荷尔蒙脱所信奉的各种元素说和要素说，从炼金术、制药和冶金工艺中寻找一般的原理和真正的元素。他嘲笑那些被煤烟弄脏了的经验实验家，认为化学不是为了制备药物或改

---

① 转引自［日］山冈望：《化学史传》，23～24页，北京，商务印书馆，1995。

② 1645年波义耳在伦敦他姐姐家里遇到年长的笛卡尔时，就发生了关于理性和实验哪个更重要的争论。波义耳认为不能把理性放在高于一切的位置上，知识和理性是从实验中来的。笛卡尔则坚持实验要靠理性指导。参见杨建邺、李思梦、克乾、刘鹤龄：《世界科学五千年》，413页，武汉，武汉出版社，1994。

变金属，而是为了弄清大自然如何用原始的单纯的元素组成了物质。所以，从事化学研究的不应是医生和炼金士，而应是哲学家。

波义耳用近代理论思维的精神摆脱了化学的旧义成说，清扫了当时蒙在冶金化学和药物化学上的经验主义灰尘。他的成就汇集在 1661 年出版的《怀疑的化学家》一书中。在这本书中，波义耳写道，"我所指的元素就是化学家们讲得非常清楚的要素，也就是某种不由任何其他物体构成的或是相互构成的原始的和简单的物质，或是完全纯净的物质"，"是确定的、实在的、可觉察到的实物"。他以炼金家常处理的黄金和汞为例说明，它们是单纯的，虽可与其他物质混合成与自身完全不同的东西，但其本性不改变，通过适当的方法仍可把它们从混合物中提取出来。

波义耳关于元素的这种概念彻底否定了中世纪炼金术士的理想，也是对当时无数化学实验结果的理论总结。当时的化学实验证明：不可能把铜变成金或把铅变成银，这说明许多金属就是元素，而且元素绝不仅限于三种或四种，一定会有更多种，将来的实验可能发现它们。显然，波义耳理解的元素已不同于古希腊人的哲学猜想，也突破了元素只有三四种的限制。这开启了用实验发现新元素的近代科学之路。

波义耳还亲自动手，试图用若干的实验来支持自己的理论，并做出了一些新发现。他在法国人马略特（1620—1684）之前还发现了以他们的名字共同命名的波义耳—马略特定律：当温度一定时，一定量的气体的体积和压力的乘积是一个常量。

燃烧的本质

燃烧是人类学会用火以来就同生活密切相关的现象，但古代人却没有认识燃烧的本质。火在古代哲学家那里被视为构成万物的基本元素（水、土、气、火）之一。近代冶金化学家和医药化学家中有人（如荷尔蒙脱）相信"四元素说"，但冶金化学和医药化学的发展却推动了对水、土、气、火（燃烧）的研究，朴素的"四元素说"面临实验的冲击。

早些时候，法国人雷伊（1583—1630）已发现金属燃烧后重量增加，并认为这是与硝气粒子结合的结果。波义耳在解释这一现象时也认为，金属燃烧时有一种火微粒进入。另外，波义耳和一些人还把燃烧现象和生理学研究结合起来。他在实验中发现，空气中所含的精华帮助动物通过呼吸维持生命，并同血液混合。

胡克则更进一步认识到，燃烧所耗的那部分空气就是呼吸所耗的那部分空气。后来当选为英国皇家学会会员的洛厄（1631—1691）和梅奥（1643—1679）都做了同类研究。他们已接近发现氧气，但当时却把这种空气称为硝气，这是因为他们知道，含硝的火药会在没有空气的情况下自燃。

德国人贝歇尔（1635—1682）从千差万别的化合物中找出了所谓玻璃状土、油状土和流质土，认为它们是构成物质的三种基本成分。这实际上只是前代人帕拉塞尔苏斯所代表的医学化学家观点的翻版，即盐、硫、汞是构成物质的三种基本成分。但在贝歇尔学说的基础上，其学生——普鲁士国王的御医施塔尔（1660—1734）把贝歇尔的油状土改造为燃素，并用燃素来解释燃烧现象：任何可燃物中都含有燃素，植物中的燃素是从空气中吸收来的，动物中的燃素是从植物中吸收来的，空气助燃是带走可燃物中的燃素，甚至金属与酸的作用和金属的置换反应也可以看成物质间交换燃素的结果。这是一种企图把各种化学现象加以统一解释的学说，因而在几十年时间里，它甚至比波义耳、胡克等解释燃烧的学说更为流行。

但是，燃素说有一个致命的弱点：有机物燃烧后灰渣变轻了，无机物金属在燃烧后灰渣却变重了。如果燃素是燃烧时被空气带走的实体，那后一种现象便无法解释了。坚持燃素说的人认为燃素可能有负重量。然而，这种解释是难以令人信服的。奥秘究竟在哪里？当氧气及其性质被发现后，真相就大白了。

氧气的发现与气体化学研究的进展有关。英国人布莱克（1728—1799）在加热碳酸镁、石灰石或用酸处理石灰石时，得到了所谓固定气体（实际上是 CO_2），麻雀和老鼠留在其中会死亡，蜡烛会熄灭。这一发现说明气体可与固体化合。1766 年，卡文迪许（1731—1810）用稀酸和锌、铁等反应制出了氢气（H_2），但他将氢气看成是助燃的燃素。1772 年，布莱克的学生达·卢瑟福（1749—1819）从空气中去掉呼吸和燃烧时所消耗的气体，得到了"浊气"（实际是 N_2）。1773 年，瑞典人社勒（1742—1786）通过加热硝酸盐、金属氧化物、浓硫酸与黑锰矿的混合物后得到了助燃的"火气"（实际上就是 O_2）。社勒证明，火气存在于空气中，燃烧时消耗掉的就是这种空气。

1774 年，英国人普列斯特里（1733—1804）用聚光镜加热氧化汞时得到了不溶于水、助燃和宜于呼吸的空气（氧气）。但他和社勒都相信燃素说，他们认为这种空气助燃是因为它有极强的脱燃素能力，而不是它自己参与了燃烧中的化学反应。普列斯特里在同年 10 月访问巴黎的拉瓦锡（1743—1794）时，把自己的实验和想法告诉了对方，宣布发现氧气并正确解释燃烧现象的运气便落到了拉瓦锡头上。

　　拉瓦锡是一位学识渊博、极其能干和善于思索的人，也是个出色的化学实验家。他在 1769 年便开始化学研究，并用实验证明荷尔蒙脱关于"水变成土"的说法是站不住脚的。他在化学上的另一个发现是化学反应中的质量守恒定律：使磷燃烧后，生成物增加的重量恰好等于空气失去的重量。① 他正在思索：如果使燃烧后的物质重新还原，那部分被吸收了的空气可能会重新释放出来。普列斯特里来访之后，拉瓦锡立即想到，这可能正是他预想的在还原金属煅灰时会产生的那种空气。

　　他按照自己的想法做了实验：加热汞，让它生成煅灰，然后再加热汞灰使其还原。结果证明：生成汞灰时失去的空气和还原汞灰时得到的空气正好相等。把这一部分空气同不参加反应的其他空气混合后，正好就是普通的空气。他断定，正是这一部分特殊的空气参加了燃烧过程的化合。1777 年，拉瓦锡给法国科学院提交了《燃烧概论》的文章，称这部分空气为氧气（成酸元素），这就把燃素从燃烧中驱除，用真实的元素解释了燃烧的化学过程。他的《化学纲要》一书总结了自己的研究成果，还列出了有 23 种元素的表格。由于他的贡献和当时其他一些化学家的研究，水、土、气、火或盐、硫、汞不再被当做是元素了。在他看来，元素"是化学分析所达到的真正终点"。这比波义耳的表述更确切。

　　拉瓦锡后来因替政府承包收税而在法国大革命中被处死。当时被送上断头台的还有其他一些科学家，这一年法国科学院也被封闭了。直到 1795 年，当革命政府发现为了保卫国家仍需要科学家的时候，科学院才重新开放。

原子—分子学说

　　道尔顿（1766—1844）是英国乡村的小学教师，从 1787 年开始对气象、大气成分和性质的研究。1802 年他在曼彻斯特宣读论文时提出了混合气体的分压定律（总压力等于各种气体分压力之和）。1803 年，他根据德国人特里希（1762—1807）1791 年在酸碱反应中发现的当量定律和法国药剂师普罗斯（1754—1826）1799 年测定和提出的定比定律，提出了原子论，认为物质由原子

---

　　① 牛顿理论中，物质的质量被认为是一个常量，质量和重量尽管是两个概念，但无法用实验将它们区别开来，因为它们在实验上是永远成比例的。拉瓦锡的理论说明，物质的重量在物质元素参与的一系列化学反应过程中也是一个常量，是守恒的。这是把牛顿力学的原理应用或推广到化学过程中。当然，近代化学的这一观念不是绝对的。20 世纪人们认识到元素是可变的，质量和能量是可以转化的。

组成，并据一些化学实验计算出一张最早的原子量表，其中以氢原子量为1，求得了其他原子的重量。

原子论的中心思想是：构成元素的最小成分是不可再分割的原子，不同元素的化合是其原子的结合，原子在化合和化分中保持原性质不变；同种元素的原子，形状、性质和重量相同，异种元素的原子则不同；化合中不同元素的原子按简单数目相结合。化学实验的定组成定律和倍比定律支持了道尔顿的理论，例如，在 CO 和 CO_2 中，氧的重量比例是 1：2。

与德谟克里特的古代原子论相比，道尔顿的原子论建立在化学实验基础上，是用近代的实验化学重新激活了古代哲人的猜想！相比之下，波义耳的学说肯定元素的化学单纯性、不变性和多样性，是近代化学的出发点。拉瓦锡发现氧气揭开一种最重要的化学现象——燃烧的秘密，发现了与人类生活关系最密切的氧元素，并强调了化学中数量研究的重要性。道尔顿则进一步解析了元素概念，指出每一种元素都有独特的原子，不同元素的原子在大小和重量方面都有所不同，原子也是不可再分割的。这是从物理结构特性上刻画化学元素。所以，道尔顿的原子论不但为近代化学奠定了更坚实的理论基础，有很强的解释力，而且，由于他从物理学的角度深刻切入了近代化学的核心问题，他的原子论也为 20 世纪的原子核物理和原子核化学构建了一个基础性的概念平台。

不过，道尔顿的原子论也不是一开始就十分完善。当时道尔顿认为，如果两种原子只形成一种化合物，其比例一定是 1：1，若生成两种以上的化合物，比例则为 1：2 或 2：1，这便是他臆想的最简化合规则。当时人们只知道有一种氢氧化合物——水，故道尔顿认为水分子为 HO，而不是 H_2O，另外，他还认为氨是 HN，而不是 NH_3。另外，他还把氧的原子量定为 7，而不是 16。

道尔顿提出原子论后，法国人盖-吕萨克（1778—1850）研究了各种气体反应时的体积关系，发现参加反应的气体会以最简单的体积比相结合。这使他想到道尔顿"化学反应中各种原子以简单数目相结合"的说法，提出了一个假说：在同温同压条件下，相同体积的不同气体含有同样多的原子数。当时盖-吕萨克还没有分子的概念，他把化合物称为复杂原子。盖-吕萨克认为自己的研究成果是对道尔顿理论的补充，但道尔顿只注重化学反应中的重量比，忽视体积比，并且反对盖-吕萨克的假说，因为按照相同体积中不同气体的原子数目相同的说法，1体积的氯和1体积的氢化合生成2体积的氯化氢，则每一氯化氢原子（实际为分子）中就只含半个氯原子和半个氢原子了。这与简单原子不可分割的观点是完全对立的。

这一问题被意大利人阿伏伽德罗（1776—1856）在1811年提出的分子概念

解决了。阿伏伽德罗正确地指出：原子是参与化学反应的最小质点，分子则是在游离状态下单质或化合物能独立存在的基本单位，单质分子是由相同的原子组成，化合物分子是由不同原子组成，当压力一定时，一切气体在相同体积中含有相同数目的分子。① 在此同时，他还正确地测定了被道尔顿弄错了的氨分子组成，并确定了水的分子组成。他的这一假说是完全正确的。

不过，当时瑞典人柏采里乌斯（1779—1848）的电化二元论认为，同一元素的原子其电性是一致的，只能互相排斥，不能互相吸引而形成双原子分子。这一观念使人们忽略了阿伏伽德罗的假说，因为阿伏伽德罗承认同一元素的双原子分子的存在。一直到 49 年后的 1860 年，在德国的卡尔斯鲁厄召开的国际化学会议上，意大利人坎尼扎罗（1826—1910）才使分子学说为化学界所接受。坎尼扎罗在散会时给人们散发了他宣传分子学说的小册子，这本小册子论据充分，条理清楚，方法严谨，使原子—分子学说得到了化学家们的普遍承认。

元素周期律

大量新元素的发现是发现元素周期律的前提。铜、铁、金、银、汞等金属元素在古代已被人类发现，它们常以纯净的形态出现在自然界，并由于熔点的差别，人们容易认识到它们各自的独立性质。

自从波义耳重建化学元素概念、拉瓦锡发现氧以来，人们对寻找自然界的基本组成部分——元素，越来越感兴趣了。18 世纪后半叶，由于欧洲工业和技术的发展，人们陆续发现了一系列新元素。19 世纪以来，根据道尔顿的原子量概念，化学家更有可能区分和发现更多元素。到 1869 年，化学家已认识了 63 种元素。当时寻找新元素的技术有：用王水分析矿石，电解法，分光镜和光谱分析法。瑞典的柏采里乌斯，英国的沃拉斯顿（1766—1828）、台奈特（1761—1838）、戴维（1778—1829），法国的库特瓦（1777—1838）、莫瓦桑（1852—1907），俄国的克劳斯（1796—1864），德国的本生和基尔霍夫等人都热情地寻找过新元素。

---

① 根据阿伏伽德罗的假说，在标准状况下，22.4 升的任何气体都具有相同数目的分子数量［奥地利人罗斯特米蒂（1821—1895）于 1865 年给出的数值为 6×10^{23}］，而其重量则为与气体分子量相同的克数，如 22.4 升的 O_2 为 32 克，22.4 升的 H_2 为 2 克。这便是所谓气体克分子的概念。今测值 6.022×10^{23} 称为阿伏伽德罗常数。

在寻找新元素的过程中，人们也在寻找这些宇宙之砖之间的关系。显然，元素的原子量，它的化学性质等，都可以用来区别和比较。

1814年，柏采里乌斯通过精确测量给出当时已知元素的第一个原子量表。1815年，英国医生普劳特（1785—1850）根据已测知的元素原子量是氢原子量近似整数倍的结果，提出其他元素原子都是氢原子集合体的想法。1829年，德国人德贝莱纳（1780—1849）从已知的54种元素中选出15个，按化学性质分成了三组。随后其他人提出了50多种元素分类法。

在1850—1859年间，德国药物学家培顿科弗（1818—1901），英国化学家格拉斯顿（1827—1902）、欧德林（1829—1921），美国人库克（1827—1894），法国化学家杜马（1800—1884）等人都先后对化学元素做了不同的尝试性分类，并开始思考原子量之间的公差和倍数关系。与此同时，英国人弗兰克林（1825—1899）、库帕（1831—1892）和德国人凯库勒（1829—1896）提出了原子价概念，阐明了各元素化合时遵循的数量关系。在1860年召开的卡尔斯鲁厄国际化学会议上，统一了原子量测定，各国化学家探索元素之间内在联系的步调趋于统一。

1863年，法国地质学家尚古多（1820—1886）按原子量大小为序，把已知的62个元素排列在一个螺旋柱上，发现有相似性质的元素大致按16为周期，重复出现。第二年，英国人纽兰兹（1837—1898）则把这62个元素按原子量大小顺序排列，发现在这个排列中任取8个元素，第8个元素的性质总是重复第1个元素的性质，好像音乐中的八度音节。他将自己的发现称为八音律。当然，他的这个音乐还不精确，因为他还没有给未发现的元素留下精确位置，元素排列还存在颠倒、重叠和混乱。同年，德国人迈耶尔（1830—1895）从已知元素中取出一部分元素，列出了一个六元素表，并给某些未知元素留下了空位。在迈耶尔的表中，同族元素显出清晰的周期性质。但这不是对全部元素的系统分类。对元素的系统分类是俄国人门捷列夫（1834—1907）首先做出来的。

门捷列夫诞生在西伯利亚的托博尔斯克，在彼得堡师范学院毕业后进入彼得堡大学读研究生，毕业后留在那里教书。1860年他参加了在德国召开的国际化学会议，认识了当时欧洲第一流的化学家李比希（1803—1873）、凯库勒、杜马、维勒（1800—1882）、坎尼扎罗等。1869年，他通过长期的教学和研究，排出了第一张元素周期表，两年后又完善和修改了这个周期表，并以《化学元素的周期性依赖关系》为题发表了第二个元素周期表。他明确指出：元素及其化合物的性质与元素的原子量有周期性的依赖关系，元素的性质是其原子量的周期性函数。门捷列夫大胆地纠正了一些元素的原子量，把它们放在表中更合适的位置上（但他也弄错了几个），并在表中留下了空格，预言了6个未知元素和它们的性质。

不久这些元素就被一一发现了。很快，门捷列夫的周期表便成了化学的"圣经"。

门捷列夫最初的周期表中没有惰性气体元素族（零族），在发现氦、氖、氩、氙后补上了这个族。化学周期表的出现为化学研究提供了新的理论基础，结束了人类寻找和认识宇宙之砖的盲目性。它实际上也是人类揭示的自然界最基本的秘密之一。在这里，宇宙之砖之间质和量的关系清楚地显示出来。正是由于这个表所揭示的元素性质的周期规律，演化出了宇宙中物质原子结合和分解过程中复杂纷纭的景象。

有机化学

有机物是以碳氢为母体的化合物，它同人类生活的关系比无机物更密切。采集、渔猎和农业产品全是有机物，人类主要靠对有机物的消化吸收来维持生命，它们对人就像阳光、空气和水一样重要。古代的酿酒、制糖、造纸、染色和制药都是对有机物的利用，但那时人们不可能深究其中的化学奥秘。18 世纪后半叶，欧洲的工业发展促进了化学实验，有机物的化学组成被慢慢揭开。到 1828 年，人们已了解到植物含有 C、H、O，而动物机体中还含有 N，多数人认为，碳氢化合物是动植物机体所特有的，正是它给生命赋予了活力，也只有在生物机体的生命活动中才能产生这种东西。当时盖-吕萨克、柏采里乌斯及其同事们通过对蔗糖、乳糖、淀粉、蜡等物质的化学分析，搞清了它们的组成成分和比例。

1828 年，曾跟随柏采里乌斯学习的德国人维勒把无机物氰酸和氨溶液混合起来，得到了有机物尿素。此后他又用其他无机物通过不同途径合成了尿素。维勒在他的论文中指出："这是特别值得注意的事实，因为它提供了一个从无机物人工制成有机物并确实是动物体上的实物的例证。"[①] 随后，醋酸、葡萄酸、柠檬酸、苹果酸、油脂类、糖类等都被用无机物合成了，罩在有机物上面的神秘性被清除，人类的认识超越了无机物和有机物之间的界限，无机化学的知识开始向有机物领域渗透。

当然，有机化学领域必定还有其特殊的秘密。在和维勒共同研究的基础上，德国人李比希提出：有机化合物中包含着不变的组成部分——基，它可以与简单物结合，但这简单物可被其他简单物取代。这一概念能解释大量有机化学反应。但问题依然存在：为什么有机物反应中会出现基？基的本质是什么？

---

① ［德］维勒：《论尿素的人工制成》，载《自然辩证法研究通讯》，1964（1）。

1834 年，法国化学家杜马（1800—1884）在研究了卤素和有机物的反应后发现，某些有机物基中正电性的氢可以被负电性的氯或氧取代，而原来有机物的基本性质不变。这个事实与柏采里乌斯的电化二元论是矛盾的。根据电化二元论，电性相反的元素在反应中是不可能相互取代的。五年后，杜马提出了类型论，化学性质和化学式相似的有机物被归入化学类型，化学式相似但化学性质不同的有机物被归入机械类型。① 这一分类反映了有机化合物家族在反应时的区别，但它们的内部结构仍然是个秘密。这里困难重重，前进中步履维艰。第一个用无机物制成有机物的维勒在 1835 年放弃了对有机化学的研究，去搞矿物分析了，他在给柏采里乌斯的信中写道："有机化学当前足以使人发狂。它给我的印象就好像是一片充满了最最神奇事物的热带原始森林；它是一片狰狞的、无边无际的、使人无法逃出的林莽，也令人非常害怕走进去。"②

在类型论影响下，法国化学家热拉尔（1816—1856）于 1843 年提出了同系列的概念。他认为有机化合物存在着多个系列，各系列都有自己的代数组成式，同系列中不同化合物分子式之差为 CH_2 的整数倍，它们的化学性质相似，物理性质呈有规律的变化。同德国人霍夫曼（1818—1892）和英国人威廉逊（1824—1904）一起，他们把当时已知的所有有机化合物分成了水、氢、氯化氢、氨四个类型。这时，他们已在维勒所描述的原始森林中竖起了一些路标。

接着，新的探索开始了。英国人弗兰克林于 1852 年、德国人凯库勒于 1857 年，提出了原子化合价的概念。凯库勒确定了包括氢、碳、氧在内的当时已知部分元素的化合价（亲和力）。这一概念阐明了各种元素化合时在数量上所应遵循的规律，对正确测定原子量、发现元素周期律以及探索有机物的化学结构，都曾提供了一把有用的钥匙。

这时，煤焦油工业的发展还帮助凯库勒做出了另一项发现：大量的芳香族化合物苯、萘、蒽、甲苯、二甲苯都被从煤焦油中提取出来，凯库勒经过多次实验和思考，提出了苯的环状结构学说。这一学说反过来又加速了新的芳香族化合物的利用与合成，促进了煤焦油工业和染料工业的发展。

凯库勒之后，俄国化学家布列特洛夫（1828—1886）在 1861 年较系统地提出了有机化学的结构理论。从 1864 年起，马克思的朋友肖莱马（1834—1892）

---

① 当时杜马的类型论使柏采里乌斯感到恼怒，于是杜马在理论上退缩了。但他的学生洛郎（1807—1853）坚持研究并宣传了类型论。后来类型论重新得势，杜马又改了调子，并试图将洛郎的一些成就攫为己有。1848 年拿破仑三世当政后，杜马放弃了科学研究，当过参议员、造币厂厂长等。

② ［英］梅森：《自然科学史》，433 页，上海，上海译文出版社，1980。

又合理地解释了异构现象，有机结构理论基本上趋于定型。

立体有机化学理论在 19 世纪也得到了发展。1815 年，法国人比奥（1774—1862）发现有些天然有机物在液态或它的溶液中有旋光性。① 1848 年，巴斯德用人工方法把 19 种酒石酸盐的结晶分为左旋酒石酸和右旋酒石酸，它们之间的关系就像左手和右手一样不能叠合，亦如镜中的影像和实体的对称一样。随之，德国化学家威利森努斯（1838—1902）研究了乳酸的旋光性后认为，分子的旋光异构只能以原子在空间的不同排布来解释。

在此基础上，1874 年荷兰人范霍夫（1852—1911）和法国人勒贝尔（1847—1930）分别提出了碳的四面体结构学说。这一学说标志着人类在有机物世界开始立体思维。有机物质的原子在空间有规则地排列也是一种自然的美。范霍夫由于他后来的化学成果，在 1901 年成为第一个诺贝尔化学奖的获得者，此时有机化学也进入了一个新时代。

---

① 当偏振光射入这类物质后，振动面会发生偏转。石英晶体、松节油、糖溶液等，都有这种性质。

【第十三章】
测热和发现热力学定律

　　热现象的直接原因是运动，它的交换定律恰如运动交换定律一样。

戴维：《化学哲学原理》

测　热

　　热是一种运动，是一种能量传递形式。气体的温度是大量气体分子热运动的集体的宏观表现，固体的热传导是物质原子在平衡位置附近作机械振动时的能量传递，热辐射是物体内部带电粒子热运动时引起的能量辐射。从本质上看，热在空气中的对流和在固体中的传导都是热能在不同介质中的不同传递方式，热辐射才是热能的本质。

　　近代人们对热的研究是从测热开始的，当时还不能把热和温度区别开来，认为二者是一回事。伽利略在1593年曾设计了一个空气温度计，后来意大利西门图学院的一些人设计了酒精温度计。

　　1714年，移居荷兰的德国人华伦海特（1686—1736）制成了一种水银温度计，并规定了华氏温标：水、冰、海盐混合物的冰点为0°，水的冰点为32°，水的沸点为212°。1730年，法国人勒奥默（1683—1757）规定了勒氏温标：水的冰点为0°，沸点为80°。勒奥默是用酒精温度计测量的，如果酒精在水的冰点时体积为1 000毫升，在水的沸点时则成为1 080毫升。

1742 年，瑞典人摄尔修斯（1701—1744）规定：水的冰点为 100°，沸点为 0°，随之他和另外一些科学家将这个规定倒了过来。1948 年，该温标在科学界普遍赞同下被称为摄氏温标。后来，华氏温标在英美比较流行，勒氏温标曾多为德国人所采用，但今天已基本不用。摄氏温标则为全世界通用。到 1852 年，随着热力学研究的深入，英国科学家开尔文（1824—1907，原名威廉·汤姆逊）提出了以他的名字命名的开氏温标（亦称绝对温标）。开氏温标的零度是摄氏—273°，这是所谓的绝对零度。

比热的概念

比热定义为：1 克物质温度升高 1 摄氏度时所需的热量。在英国人布莱克（1728—1799）之前，人们已发现，相同重量的不同种类的液体上升或下降 1 度时，所吸收或放出的热量是不同的。由此产生了热容量的概念。①

1760 年布莱克做了一个实验：将温度 150℃的金子和同重量的 50℃的水混合在一起，达到的平衡温度为 55℃。这个实验中，金子温度下降了 95℃，水温只升高了 5℃，水、金之间吸热、放热的能力之比为 19：1。这实际上便是比热的发现。不过，当时布莱克仍将比热称为热容量。后来，他的学生麦根仑明确区别了这两个概念，拉瓦锡和拉普拉斯将卡（Calorie）定为热量单位，拉瓦锡还测定了许多物质的比热，使这一概念确立起来。这样，人们就不再把热和温度看做一回事了。

布莱克还发现，冰变成水（温度仍为 0℃）时所需的热量可使同样重量的水温度升高 78℃，水蒸发为气体时也需要吸收更多的热量，于是他提出了溶解热和汽化热（当时称为潜热）的概念。布莱克的研究对当时曾在爱丁堡大学供职的瓦特产生过影响，瓦特由于改进了蒸汽机而成了工业革命时代的英雄。

机械能转化成热

在布莱克之前，弗朗西斯·培根、笛卡尔、波义耳、阿蒙顿、胡克、牛顿等人都曾认为热是一种运动，但他们没能用实验来说明这个认识。拉瓦锡、拉普拉

---

① 物体的质量与比热的乘积为热容量。

斯以及对比热研究做出最大贡献的布莱克都坚持把热看成一种特殊的物质。根据这种所谓的"热质说"，热是一种特殊的流体，在热交换中从一个物体流向另一个物体，其总量是守恒的。热质说能解释不少已知热现象，但毕竟是一个误解。不过，工业技术的发展还是帮助人们消除了这个误解。

1798年，本杰明·汤普森①（1753—1814）在德国监制大炮时发现：钻炮膛时，炮身和铁屑中产生的大量热，不可能是空气和金属中的热质所供给的，而可能是来自钻头的运动。为证实自己的想法，他用钝钻头连续工作了两个半小时，产生的热使大量冷水沸腾了。按照热质说，炮筒生热是因为铁屑的比热小于炮身的比热，产生铁屑时其中一部分热质流向炮筒，使炮筒升温。但这次的钝钻头没有产生铁屑，炮筒却发热了。1799年，英国化学家戴维在真空中摩擦冰块，使其融化，同样对热质说提出了质疑，因为真空中没有介质，两块冰的比热一样，融冰的热量只能产生于摩擦运动。

但在当时，热是一种运动的概念还未立即取代热质说，因为拉瓦锡、拉普拉斯，尤其是法国数学家泊松（1781—1840）等人的工作，使热质说具备了一种数学形式。与之相比，本杰明·汤普森和戴维的实验虽然无可置疑，却还没有得出一种确定的数量关系。因而，要认识热的本质，还有待于进一步的研究和发现。

能量守恒与转化定律的发现

实际上，热是最普遍的能量现象，在本质上和机械能、电磁能、光能、化学能等联系在一起。自从资本主义生产发展起来之后，这些不同形式的能量在各类工场和小型实验室中相互转化的情况十分常见。笛卡尔、惠更斯、莱布尼茨等人已有了机械运动守恒和转化的粗略概念。18世纪30年代以来，英国开始了产业革命，欧洲逐步进入了机器大工业时代，能量守恒与转化定律的发现，或迟或早，已成为一种必然。

1755年，法国科学院曾宣布不再审理永动机的设计方案，表明科学界已对能量的守恒有了直觉的信念。1782年瓦特制成蒸汽机，1798年汤普森的摩擦生热研究，1799年戴维的摩擦冰块实验，1800年伏特发明的电池和尼科尔逊对水的电解，1819年奥斯特（1777—1851）发现的电流磁效应，1821年德国人塞贝

---

① 由于倾向于保守党人，美国人本杰明·汤普森在革命战争中被迫逃往欧洲，1790年在德国巴伐利亚选帝侯处得到了伦福德伯爵的封号，所以被称为伦福德伯爵。

克（1770—1831）发现的温差电效应，1824 年卡诺的热力学研究，1831 年法拉第和亨利（1797—1878）发现的电磁感应现象等，实际上已经把机械能、热能、电磁能、化学能不可分割地联系在一起了。能量守恒与转化定律的发现最后为这种联系提供了确定的数量关系。

最早公布这一定律的是德国 26 岁的医生迈尔（1814—1878）。他随船去热带时发现病人的静脉血比在欧洲时要亮一些。这时，拉瓦锡的理论和血液循环理论帮助了他的思考：炎热使人只需从食物中吸收少量的热就可维持生命过程，食物氧化产生的多余氧留在血液中了；而人消化食物产生的热，一部分转化为体温，另一部分转化为体力，两者的总量是一个常量，同消化食物产生的能量相当。另外，迈尔还把海员所讲的暴风雨来临时海水温度升高也视为热与机械能的转化。

1841 年，他把这些还不成熟但却新颖的想法写成一篇论文，但德国的一家权威性物理学杂志的主编波根道夫拒绝发表，理由是没有实验数据。迈尔继续进行实验，第二年算出了一个近似的热功当量值。这一年，李比希把这篇题为《论无机自然界的力》的论文发表在他主编的《化学和药物》杂志上。这篇论文包含了能量守恒定律是支配宇宙的普遍规律的思想，然而它在当时却未引起人们应有的重视。迈尔本人也由于人们对他的思想的忽视、优先权的争论以及孩子的夭亡，受到了极大的精神刺激，在不幸中度过了后半生。

英国人焦耳（1818—1889）不是靠观察和思辨，而是靠实验发现了这一定律。焦耳在年轻时就已是曼彻斯特一个大啤酒厂的主人，同时也从事电磁研究，后潜心研究电解热、化学热的关系，测量热功当量。1840 年，焦耳发现了著名的表示电流热效应的焦耳定律：$Q=0.24I^2Rt$。1843 年，他在英国皇家学会宣读的论文中给出了热功当量：460 千克米/千卡（今值为 473 千克米/千卡）。

焦耳的发现也遭到一段冷遇，后来才得到科学界应有的评价，从而确立了热是一种能量的概念。最先支持焦耳并在 1852 年提出开氏温标的开尔文，把一个热力学系统的热力转化过程同气体分子内能的变化联系起来，在 1853 年给出了热力学第一定律的数学公式：$\Delta u=A+Q$。它表明，系统内能的变化（Δu）等于系统对外做的功（A）与这个过程中传递给外界的热量（Q）之和。这一定律表明，如果系统在不吸收外部热量的情况下对外做功，就必须消耗自身的内能。这一定律指出，历史上企图创造的既不需外界传递能量，又不消耗系统内能的（第一类）永动机是不可能制造出来的。由于热力学第一定律所表示的关系也可以推广到电磁、化学等形式的能量转化过程中，从而被理解为广义的能量守恒与转化定律。

由于能量守恒与转化定律是处处起作用的普遍规律，并包罗各种自然界的能量转化过程，它这时恰好被许多人同时独立地以不同形式、不同程度地发现了。

这些人中有德国人赫尔姆霍兹（1821—1894）、英国律师格罗夫（1811—1896），以及丹麦科学家柯尔丁（1815—1888）。恩格斯当时也在其《自然辩证法》（生前未发表）中考察了这个定律的发现过程，而且认为，能量守恒与转化定律和当时的一系列科学发现支持了新的自然观：世界上没有固定和永恒存在的东西，整个自然界被证明是在永恒的流动和循环中运动着。①

热力学第二定律的发现

由于蒸汽机是第一个热机，也是当时惟一的工业动力机，19 世纪人们对热的研究更为重视了。法国工程师萨迪·卡诺（1796—1832）1824 年发表的著作表明，他已运用数学和抽象方法对蒸汽机的热效率作出了理论分析。根据他的分析，热机只有在两个温度不等的热源中间才能对外做功，它的效率仅仅取决于两个热源之间的温度差，而与工作物质的性质无关。如果系统由高温热源吸收的热量为 Q_1，热机对外做的功为 A，向低温热源放出的热量为 Q_2，则热机效率 $\eta = A/Q_1 = 1 - Q_2/Q_1$。另外一位法国工程师克拉佩龙（1799—1864）把卡诺的原理更明确地抽象为气体运动和做功的四个理想过程，并用压力容积图上工作气体循环曲线所包围的面积来表示气体所做的净功。

卡诺对热力循环的研究已显示出热力学第二定律的萌芽。后来，这一定律被开尔文和德国物理学家克劳修斯（1822—1888）分别独立地以不同方式表达出来了。1850 年克劳修斯给出了这样的表述：热不可能独立地、没有补偿地从低温物体传向高温物体；在一个孤立系统内，热总是从高温物体传向低温物体的，而不是相反。② 1851 年开尔文的表述是：不可能从单一热源吸取热量，使之完全变为有用功而不产生其他影响。他们的表述包含的共同结论是：热机不可能把从高温热源中吸收的热量全部转化为有用功，而总要把一部分热量传给低温热源。根据这个定律，不可能制造出效率为 100％的热机（所谓第二类永动机）。

1865 年，克劳修斯用一个新的概念——熵来反映热力学第二定律所描述的热过程。熵在这里被视为系统中能量可以转化的程度。对于具有相同能量的系统

---

① 参见《马克思恩格斯选集》，2 版，第 4 卷，268~270 页，北京，人民出版社，1995。

② 如果说热力学第一定律可以解释我们为什么要吃饭的话，热力学第二定律则可以解释我们为什么要穿衣。或者说，由于热力学第二定律描述的热传递过程，我们在夏天感到热，冬天感到冷。在这个意义上，热力学的定律虽然抽象，却也十分具体。

来说，温度高的熵小，温度低的熵大。在孤立系统中，热量总是由高温物体（熵小）传向低温物体（熵大），所以这个系统总是要沿熵增加的方向运动。

然而，克劳修斯被他的发现过分鼓舞，以至于把整个宇宙也视为一个孤立系统，从而担心它有一天会趋于熵无限大的热平衡死寂状态。但 20 世纪以来自然科学已发现，无论在宏观世界还是在微观世界，显然还有另外一些规律在起作用，世界有熵增的过程，也同时存在熵减的过程，整个宇宙并不是一个仅仅服从热力学第二定律的孤立系统。热传递的单向性和不可逆性，并不一定在任何情况下或任何物质层次中都导致热平衡或无序状态的出现。实际上，太阳能量传到地球上的过程也是单向的，但却导致了地球上气候的变化和生命现象的演化。

1888 年以后，夏特列等人曾研究了固体、液体、分子和原子的自由能，这方面的成果在 1906 年被德国人能斯特（1864—1941）归结为热力学第三定律。根据这个定律，绝对零度时系统的熵趋近于零，无规则的热运动将停止，而出现有规则的零点运动。这个定律指出，尽管人们可以用制冷技术降低物体的温度，但绝对零度实际上是不可能达到的。目前人类技术可以实现的最低温度为 10^{-6} 度，但 $0=10^{-\infty}$，可见达到绝对零度多么遥远！

分子运动学说

19 世纪上半叶之前人们对气体的某些性质已有充分的认识。其中波义耳—马略特定律、盖-吕萨克定律以及英国人查理（1746—1823）发现的查理定律①等，全面反映了气体温度、压力、体积等参数在一定条件下的关系。这三个定律是气体分子运动论的基本定律。

分子是物质存在的一个基本单位，而流体（液体和气体）的分子，更有其特殊的存在状态和运动规律。早在 1826 年，英国植物学家布朗在用显微镜观察水中悬浮的植物（藤黄）花粉时，发现花粉粒子在无规则地不停运动，这便是所谓布朗运动。开始，他认为这是花粉粒子生命活动能力引起的运动，但当他发现无机微粒在液体或气体中都有相似的运动时，才认识到这是由液体或气体粒子内部不平衡的运动撞击引起的。这是从结果找到原因，从现象找到本质的一个例子。

当阿伏伽德罗的分子概念在 19 世纪后半叶被人们普遍接受后，克劳修斯对宏观的热力学现象作了微观的动力学解释：气体是由大量运动着的弹性质点——

---

① 一定质量的空气，体积不变的情况下，温度的增加和压力的增加成正比。

分子组成的，气体分子运动时，通过在各个方向上的不规则的相互碰撞，交换动量和动能。气体的压力便是气体分子对器壁碰撞的总效应。运动的速率①随气体的温度升高而增加，气体的热能就是分子运动的平均动能。这样，他就对气体的压力和温度作出了微观解释。克劳修斯还从若干参数出发，导出了气体温度、压力与分子平均平动动能之间关系的数学表达式。

1860年，英国人麦克斯韦（1831—1879）用概率统计的方法发现，气体处于热平衡时，尽管个别分子运动的速率大小是偶然的，但从整体来说，大量气体分子的速率分布却遵从一定规律，在一定速率区间运动的分子数目是相对确定的。这便是气体分子速率分布规律，它是气体分子运动论的基本规律之一。

由于热力学第二定律断言孤立的热力学系统的熵趋于增加，麦克斯韦曾设想在这个孤立系统内存在着一个小巧机灵的"妖"，它可在微观尺度上鉴别分子运动的速度，从而把快慢不同的分子分别聚集到两个相互隔离的空间，造成温度差，减少系统的熵，以至于粉碎热力学第二定律。但根据布里渊在1951年提出的论据，麦克斯韦"妖"本身的活动也要消耗有效能量，它的活动增加的熵比其所能减少的熵还要大，因而有它存在的孤立系统仍然服从热力学第二定律。这个结论似乎表明，一切创造和维持有序的活动过程，都会造成周围环境的更大混乱。

1868年，奥地利物理学家玻尔兹曼（1844—1906）进一步提出了平衡状态时气体分子能量按自由度均分原理②，并从分子运动论的角度对熵作了统计学的几率解释。他指出：非平衡状态下的物质系统，内部差异大，组织程度高，向确定方向转变的可能性大，这种系统是有序的。热平衡状态下的物质系统，内部差异小，组织程度低，向确定方向转变的可能性小，这种系统是无序的。熵的增加也就是有序状态出现的几率小，而无序状态出现的几率大。

显然，19世纪中期以后的科学家把统计方法应用到了分子运动研究上，从而揭开了自然界宏观现象和微观现象之间的微妙联系。

---

① 速率是不考虑方向的速度值，或者说是作为标量，而不是矢量的速度值。

② 决定一个物体空间位置所需要的独立坐标数目，为该物体的自由度。

第十四章

研究电磁及其关系

　　每当与磁体 N、S 极相接或断开时，在电流计上都有磁的运动——正如以前的一些情况一样，作用不是持久的，而是瞬间的推或拉……因此，磁变换为电，在这里就很清楚了。

法拉第

转引自詹姆士：《法拉第的生平和信件》

对磁的研究

　　古代中国人发明了磁针，宋代沈括的《梦溪笔谈》一书还记录了地磁偏角现象，即磁针"能指南，然常微偏东，不全南也"。这是由于地理南北极和地磁南北极不重合而引起的。

　　指南针传到欧洲后被用于环球航行，欧洲人对磁的兴趣与日俱增。地理大发现时的航海家已发现了地磁倾角。英国伊丽莎白女王的御医吉尔伯特（1544—1603）在研究天然磁针和地球磁场时，断定地球本身的作用相当于一个大磁石，并解释了地磁倾角现象。另外，吉尔伯特还设想太阳为一个大磁石，磁性引力使行星绕日旋转。这种思想启发过开普勒和胡克等人。

　　1750 年，剑桥大学的米歇尔（1724—1793）做了磁极扭秤实验：把磁铁用线吊起，用同性磁极去排斥它，从线的扭转程度测量斥力的大小。他已发现，磁极之间的斥力基本上遵循平方反比定律。

对静电的研究

古代人已经知道，琥珀和皮毛、玻璃和丝绸摩擦后会吸起轻小物体，这实际上是静电引力。吉尔伯特也研究过物体之间的摩擦起电现象。

在此之后，德国人盖里克（1602—1686）造了一台起电机——用手与转动的硫黄球摩擦，使球体和人体都带电。利用这种方法，他发现电可以通过金属杆传导给另一个物体，并发现了感应起电现象。另外，盖里克还在1654年发明了抽气机。他的起电机和著名的马德堡半球实验，为北欧的实验科学起了引路作用。

1709年，德国人豪克斯比（1688—1763）用玻璃代替盖里克的硫黄，造了一台玻璃球起电机。利用起电机，英国人格雷（1670—1736）在1729年用实验证明金属丝和人体均能导电，并发现带电体上的电荷分布在物体表面。法国人杜费（1698—1739）在重复人体导电实验后，发现自然界存在两种电：一种是皮毛与树脂摩擦后树脂上带的电（负电）；另一种是丝绸与玻璃摩擦后玻璃上带的电（正电）。他还发现，电有同性排斥、异性相吸的性质。

起电机的发明使电实验越来越普及。1745年，德国人克莱斯特（1700—1748）在一次实验中使小玻璃瓶中所装的铁钉跟起电机上的导体接触，发现铁钉带上了强烈的电，以至于他一只手接触时，肩膀和手臂受到一次猛击。第二年，荷兰莱顿大学的穆欣布罗克（1692—1761）正在用起电机使瓶内的水带电，他的一个朋友的手接触到插在瓶中的铁丝后，被突然一击，这便是所谓电震现象。后来，穆欣布罗克根据这个实验，发明了莱顿瓶。这是一种存贮静电的设备。他当时曾写信给法国人勒奥默，法国人便开始实验，有人甚至在国王面前用莱顿瓶放电，传过180个看守人，使他们同时惊跳。莱顿瓶的发明使电学实验更为普遍和方便。

1767年，英国人普列斯特里通过实验证明：空心带电体对空腹内的电荷没有作用。这便是所谓静电屏蔽作用。根据牛顿理论，中空的磁体对内部物体是没有万有引力的，普列斯特里因而猜想：电作用力亦是遵循平方反比定律的。当时对静电感兴趣的还有英国人卡文迪许，他的一生都是在自己的实验室和图书馆里度过的，被誉为他那一代中"有学问的人中最富有、富有的人中最有学问的人"①。在荷兰人发明莱顿瓶后，卡文迪许做了许多电学实验，测量了许多物质

---

① ［英］亚·沃尔夫：《十八世纪科学、技术和哲学史》，上册，414页，北京，商务印书馆，1995。

的电容率，证明静电荷处于导体表面，并证明静电引力跟带电体之间的距离成反比。

当时法国的一名工程师库仑（1736—1806）也在研究静电。他在 1783 年发现：两个点电荷之间的作用力大小与它们的电量乘积成正比，与距离成反比，作用力在两点连线上。库仑是在改进了剑桥大学米歇尔的磁极扭秤实验后发现这一定律的。库仑定律在形式上和万有引力定律相同，它的确立标志着静电学进入了科学行列。

在最初策划建立美国的那些人中，也有一位电学的先驱，这便是本杰明·富兰克林（1706—1790）。他年轻时做过印刷徒工，曾是热心新闻事业的企业家，后来还在法国为刚独立的美国争取外交支持。正是在荷兰人穆欣布罗克发明莱顿瓶的那一年，40 岁的富兰克林在波士顿看到了来自苏格兰的史宾斯博士的电学实验，此后他也开始研究电。他通过实验认为，电是一种可以流动的普通元素，在所有的物质中存在。

富兰克林有一次想用莱顿瓶里的电击杀火鸡，由于不慎，自己却被击昏。1752 年，他用风筝把雷雨中的电引下来使莱顿瓶充电，并使人感到了电震。这就证明，天上的电和地上的电是一回事。这是物理学对天空中秘密的揭示。根据这一实验，富兰克林发明了避雷针，为工业社会的高层建筑增加了安全系数。不过，经验证明，有避雷针的建筑并不是绝对安全的，因为如果放电是振荡性质的，避雷针就可能失效。

值得提到的是，在 1753 年，俄国人罗蒙诺索夫（1711—1765）和利赫曼也通过架在屋顶上的"雷电器"研究闪电，利赫曼为此还献出了生命。

电流的发现

莱顿瓶储存的电会在瞬间释放，不能提供持续不断的电流。但电学实验的普及，导致发现了持续不断的电流。

意大利医生伽伐尼（1737—1798）1780 年开始用蛙腿做动物电实验。他知道给蛙腿通电会引起肌肉痉挛。一次，他的助手用解剖刀轻轻触到蛙腿时，蛙腿抽搐了一下，起电机上有火花出现，他当时认为，这是由起电机放电引起的。但当他把连接着蛙腿的铜钩子挂到院外的铁栏上，试图观察雷雨天的放电能否引起蛙腿收缩时，蛙腿同样抽搐了一下。他还发现，即便是晴天，只要铜钩一接触铁栏，蛙腿就会产生痉挛。① 伽伐尼于 1791 年发表了《论肌肉运动中的电作用》一文。他当时并没有认识到电流产生的真正机制，却以为电存在于蛙腿中，在和不同金属接触后释放出来。

他的文章引起了伏特（1745—1827）的注意。伏特当时已知道，德国人用连接起来的两根金属丝的两端，同时接触舌头，会尝到苦味。他用舌头含着一块金币和银币，用一根导线把它们连接起来，同样感到了苦味。伽伐尼的文章发表后，伏特用各种金属做类似实验，最后认识到：金属的接触是产生电流的真正原因。② 伏特根据他的发现制成了用锌板和铜板作为两极的伏特电堆，这是最早的能提供稳定直流电的电池。这一发明为 19 世纪电学的实验和发展提供了最重要的工具。由于这一发现和发明，伏特曾被法国皇帝拿破仑请去讲学，伏特的名字也成了电压（电位差）的基本单位。

伏特电池发明后，英国人尼科尔逊（1753—1815）和卡莱尔（1768—1840）很快制出了伏特电堆，并立即用它实现了对水的电解。这实际上是用电使物质发生转化，电化学时代开始了。

电动力学的诞生

电流的发现促进了电的研究和发明，最后导致了电动力学的诞生。

1800 年，丹麦哥本哈根大学的奥斯特教授在做物理实验时偶然发现：电流通过铂丝时，铂丝下罗盘的磁针会发生偏转。这一发现表明，电现象可以转化为磁现象，这是电流的磁效应。而且，引力、磁力和静电力的作用都是在直线上发生的，电流引起磁针偏转的力，却不是沿直线作用的。③

奥斯特的发现公布后，欧洲几乎所有的物理学家都立即重复了他的实验。当年，法国人毕奥（1774—1862）和萨伐尔（1791—1841）给出了关于电流元在周围空间一点上所产生的磁场强度的大小和方向的矢量表达式：毕奥—萨伐尔定律；奥地利人施威格（1779—1857）则很快发明了电流计。

---

① 这实际上是发现了两种不同金属接触时就会产生的电流，它是由两种金属的接触电势差造成的。

② 两块相同的金属接触时，只有在它们的温度不同时才会产生电流，称为温差电效应；但当不同的金属接触时，在相同温度下亦会产生接触电势差造成的电流。物理学认为，不同的金属，表面有不同的电子逸出功，因而会发生接触电现象。

③ 电流磁效应的发现，还标志着人类开始认识宇宙中普遍存在的电磁相互作用。其他几种相互作用是：引力相互作用，强相互作用，弱相互作用。

1800 年 9 月，法国科学院的一个纪念会上表演了奥斯特的实验，法国人安培（1775—1836）以极大的兴趣重复了这个实验，并在几个星期后发现：通电导体不但会对磁针发生作用，两根通电导体还会相互作用。当它们有同向电流时相互吸引（与静电荷不同，相同静电荷相互排斥）；当它们有反向电流时则相互排斥。3 年后，安培完整地发现了电流使磁体偏斜的方向法则——安培法则（右手螺旋定则），并给出了这一法则的完美的数学形式（安培定律和安培环路定律）。安培对电动力学的贡献是开创性的，他的名字也成了电流的单位。

1825 年，德国物理学家欧姆（1787—1854）通过实验发现：导线中的电流和电位差有正比关系，这二者的比值便是导线的电阻；而电阻与导线的长度成正比，与其截面积成反比。这便是著名的欧姆定律。

奥斯特发现电可以转化为磁，英国化学家戴维的助手法拉第（1791—1867）自 1822 年以来一直尝试把磁转化成电。1831 年，他终于成功了。他在实验中发现：原线圈中的电流接通或断开的瞬间，连接的次级线圈中会产生电流。他的反复实验还表明：当闭合电路的磁通量发生变化（磁场强度发生变化）时，线路里就会产生感生电流，感生电动势的大小与闭合线路中磁通量的变化率成正比。同一时期，美国人亨利甚至比法拉第更早发现了这一现象。但由于法拉第当时在科学界有更高的地位，同时，法拉第还引入了力线的概念以说明电磁场的作用方式，使他的影响大大超过了亨利。

电磁感应定律的发现，为发电机和电动机的制造奠定了理论基础，法拉第也是这方面的先驱。另外，法拉第在 1833 年还发现了电解中的两条定律：电解产物的数量与所消耗的电量成正比；由相同电量产生的不同电解产物间有当量关系。这两项发现为电化学工业奠定了基础。1833 年，在俄国工作的德国人楞次（1804—1865）研究了法拉第电磁感应定律后提出一个新的发现：线圈中感生电流的方向总是使它自己所产生的磁场抵抗原有磁场的变化。这一定律表明，电磁感应所产生的新的能量，要靠消耗原有能量才能获得。这样，电磁感应定律便更加完善了。

电磁学理论的大厦是由英国人麦克斯韦最后完成的。在领略到法拉第成就的意义之后，麦克斯韦企图用优美的数学形式来表达它。1855 年，他用一个矢量微分方程和几何图像说明了电力线和磁力线之间的空间关系。1862 年，他论证了位移电流的存在，并预言：变化着的电场和变化着的磁场会相互连续地产生，以波的形式向空间散布开去。这便是电磁波。10 年后，麦克斯韦把包括库仑、高斯、欧姆、安培、毕奥和萨伐尔、法拉第等人发现的定律以及他本人的位移电流理论概括为一组积分形式的方程式（共 4 个）①，并因此导出了电磁场的波动方程。由于式中电磁波的传播速度就等于当时测出的光速，麦克斯韦预言：光也是一种电磁波。他的这一套理论成了反映电磁运动基本规律的普遍理论。

1886 年，德国人赫兹（1857—1894）发明了检波器，并检验了由莱顿瓶的间隙放电或线圈火花产生的电磁波的存在，并成功地让这些波发生反射、折射、衍射和偏振，麦克斯韦的理论得到了证实。麦克斯韦 1873 年出版的《电磁学通论》，与牛顿的《自然哲学的数学原理》和达尔文的《物种起源》一样，都被视为科学巨著。

---

① 第一个方程式反映静电荷与其产生的电场强度之间的关系。第二个方程式表示，任何磁场中，通过任意封闭曲面的磁通量恒等于零。这是因为，磁极都是成对存在的，每一根磁力线都从 N 极出发，在 S 极结束；而载流导线周围的磁力线则是封闭的曲线，没有起点和终点。第三个方程式反映电流与其产生的磁场强度之间的数量关系。第四个方程式反映磁场变化与其产生的电场之间的强度和方向关系。这样，静电场、磁场、电转化为磁、磁转化为电的基本数量关系，都被麦克斯韦的理论所概括。

第十五章

考察光现象

尽管我仰慕牛顿的大名，但我并不因此非得认为他是百无一失的。我遗憾地看到他也会弄错，而他的权威也许有时甚至阻碍了科学的进步。

托马斯·杨

转引自梅森：《自然科学史》

对折射、反射、绕射、干涉的研究

光是光子的运动。它是光源中原子或分子中的电子运动状态发生变化时辐射出来的能量。

开普勒最早开始全面研究光。他发现，点光源发出光的强度随着被照物体与光源距离的平方成反比减弱。开普勒在古人认识的基础上明确指出，光从光疏物质进入光密物质时，其折射方向会折向靠近法线的方向；反之，从光密物质进入光疏物质时，就向远离法线的方向折射。他还发现，光从玻璃中折射到它与空气的界面上时，如果入射角大于 42°，就会发生全反射。他通过对透镜的研究解释了眼睛成像的光路，并设计了一种与伽利略望远镜不同的、由两个凸透镜组成的开普勒式望远镜。

1621 年，荷兰人斯涅尔（1591—1626）发现了光的折射定律：光在经过两种介质的界面发生折射时，折射光线与入射光线在同一法面内，入射角的正弦与折射角的正弦之比等于第二种介质对第一种介质的相对折射率。16年后，笛卡尔将这一定律公布出来。1655年，意大利人格拉马蒂（1618—1663）发现了光的绕射（衍射）现象和薄膜干涉现象。他最先把光看成一种波动。后来，胡克解释了薄膜干涉现象，认为彩纹的出现，是由于从上面反射回来的波动与从下面反射回来的波动不同。

波动说与微粒说

荷兰人惠更斯在波动光学上贡献最大。他发现了惠更斯原理——介质中波动传播到的各点都可以看做是发射子波的波源，任意时刻这些子波的包络就是新的波前。惠更斯认为，光是以球面波的形式向前传播的，光波的介质是以太粒子，它们能把振动传给邻近的粒子，而本身不发生位置移动。从这一原理出发，可用几何方法证明光和波的反射和折射，因而这一定律成了波动光学的基本定律，惠更斯把光视为波动的观点也就成了影响最大的关于光的本性的学说。

惠更斯游历过许多地方，多次到过英国，并是皇家学会会员，还是巴黎科学院院士，在法国住了将近20年，他的学术通信在出版的全集中竟达10卷。他发明过航海钟、望远镜，并用自制的望远镜在伽利略逝世13年后发现了土星的光环。他在研究钟摆时发现了向心加速度定律。惠更斯在年老时读到牛顿的《原理》，立即洞悉了这本书的要旨。

牛顿在光学方面也是成果累累。据说他对科学的兴趣最初就来源于对太阳光及其作用的神秘感。他几乎总结了当时光学的所有成果——反射、折射、干涉和颜色。他用棱镜分解了太阳光，说明白光中包含七种颜色光，发现了牛顿环，并定量解释了牛顿环和薄膜干涉，还提出了对以后光学和物理学发生了重大影响的问题，如：光如何能转化为热？物体加热到一定程度为何发光？物体能否对光发生作用而使之弯曲？光能否转变为物体？入射到黑色物体上的光如何在内部折射、反射和被吸收？

牛顿的光学研究成果反映在他的《光学》一书中。在大多数情况下，他似乎把光看成是光源向各个方向阵阵簇射出来的粒子流，它们在以太介质中激起振动，有的被加速，有的被减速，到介质界面时被分开，产生折射、反射现象。按照牛顿的微粒说，被折射的光微粒，其速度增大后偏向法线，光在水中的速度应大于在空气中的速度。但后来人们测出了与此相反的结果。

波动说的胜利

光的波动说是对光本性的一种猜测和解释。在格拉马蒂提出光是一种波动后，惠更斯完善了这一学说。但牛顿把光看成微粒的观点影响最大，他的名声和成就使后世人忽视了波动说的合理性，于是大多数人接受了光的粒子说。

1801 年，英国人托马斯·杨（1773—1829）让一束光从相距很近的两个小孔通过，射到屏幕上，出现了明暗相间的条纹。他认为，这是同一束光干涉的结果，而干涉是波动的特性。另外，他还以此解释了薄膜干涉现象。但他的观点当时并未令人耳目一新，反而引起了学术界的反感。

惠更斯以来，坚持波动说的人一直把光看成是一种像声波那样的纵波。[①]1808 年，曾在军队中服过役的法国人马吕斯（1775—1812）发现了光的偏振现象，而偏振是横波的特性，不是纵波的特性。1811 年，万花筒的发明者、英国人布儒斯特（1781—1868）发现了两个晶轴都不产生双折射的双轴晶体，这也是当时很难解释的现象。

1817 年，托马斯·杨提出，光也可能是像水波那样的横波。1818 年，法国工程师菲涅尔（1788—1827）受托马斯·杨的启发，用波动说解释了光的衍射、干涉和偏振现象，还设计了著名的双镜实验，计算了反射光束产生的干涉现象。1819 年，他和另一位法国人阿拉戈（1786—1853）又发现了偏振方向互相垂直的两条光线从不干涉的现象。从此，光的波动说复活了。紧接着，洛埃（1800—1881）所做的实验证实，从光疏物质进入光密物质时，反射光会发生半波损失，这是对波动说的又一个支持。

测定光速

丹麦曾诞生过天文学家第谷，接着又出现了天文学家勒麦（1644—1710）。1672 年，勒麦在法国人皮卡尔（1620—1662）的间接介绍下到巴黎天文台工作了四年。这个天文台是路易十四时期法国刚成立不久的科学院的一部分，当时惠

---

① 纵波在可压缩介质中传播，如声音在空气中传播，空气就是可压缩介质。当然，没有空气的地方，就没有声音。与之相比，横波在不可压缩介质中传播，如水波，水一般被视为不可压缩介质。

更斯正留居巴黎。在这段时间里，勒麦通过对木星及其卫星运行的观察，大胆假设光速是有限的，并且利用地、日和木星及其卫星的关系，首次测算了光速。他所测的值为 193 120 千米/秒。这是一个误差不小的数字，但却开了认识和测定光速的先河。在勒麦之前，伽利略就曾有过光速有限的想法，但却没能找到测量的方法。

1725 年，格林威治天文台长布拉德雷（1693—1762）在寻找恒星视差时发现了光行差现象，这一发现支持了勒麦的光以有限速度传播的假设。

在勒麦测定光速之后，法国人菲索（1819—1896）和傅科（1819—1868）各自独立地测定了光速。菲索 1849 年在巴黎市郊相距 8 633 米的苏伦和蒙马特尔之间进行他的实验，转动着的齿轮可以规则的间隔把一定距离上镜面反射过来的光挡开。他得到了一个当时最精确的光速值：315 000 千米/秒。傅科 1862 年用旋转镜面代替了齿轮，测出光在水中的速度比在空气中慢，其比值等于水与空气的折射率之比。这个结果与波动说的解释一致，而与微粒说的预言相反。

红外线、紫外线和夫琅合费暗线

1800 年，天文学家赫歇耳发现，在太阳光谱线的红外端以下所放的温度计，明显地受到了热辐射，从而发现了红外线。紫外线不会产生显著的热效应，却会产生一些化学效应。通过这个途径，英国人沃拉斯顿和德国人缪勒（1809—1875）先后发现了紫外线。意大利人梅伦尼（1798—1854），德国人诺布劳赫（1820—1895）和爱尔兰人丁铎尔（1820—1893）等人研究了红外线同可见光之间相同和不同的性质。这些研究说明，富兰克林关于黑色布料吸热最好、白色布料吸热最差的结论，仅仅对太阳中的可见光才是正确的。

自从牛顿分解了太阳光谱之后，由于仪器的粗陋，人们把太阳的光谱看成了连续的。1814 年，德国人夫琅合费（1787—1826）用他制成的分光镜发现了太阳光谱中的暗线——夫琅合费暗线。他改进过仪器后又仔细观察，发现的暗线竟达几百条！当他把分光镜对准月球、金星和火星时，在这些星的光谱里也发现了那些暗线。这一研究开创了天体分光学。后来，基尔霍夫（1824—1887）和本生（1811—1899）对这些暗线的研究和解释表明，它们同太阳上的元素成分有关。

这一发现开始从化学上证明，天体和地球都是由同类元素构成的。①

基尔霍夫和本生合作时利用了本生发明的本生灯，它能通过化学作用蒸发出一些特殊的元素，让其单独发光。另外，他们还研制了分光镜，分析了不同元素的不同光谱，并从矿泉水中发现了金属铯和铷。他们的光谱分析方法开创了天体化学，使地球上的人能通过光谱线认识天体物质的构成。同时，光谱分析方法为分析矿物的元素含量提供了新手段，成了真正的"试金石"。

多普勒效应

奥地利布拉格实业学校的数学教授多普勒（1803—1853）在研究声学时发现：声源相对于接受者运动时，接收者接受到的声音频率和声源的频率是不相同的。这一现象称为多普勒效应，它由英国皇家气象学院的巴洛特（1817—1890）在实验中进一步证实。根据多普勒效应，火车进站时汽笛比实际声调高，离站时则比实际声调低。

1842 年，多普勒沿这一思路研究光学时提醒人们注意：发光体的颜色可能正如发声体的声调一样，随物体和观察者的来去运动而变化。随着分光镜被应用到天体的光谱分析上，19 世纪后半叶的天文学家们证明：光的谱线颜色并不会像多普勒猜想的那样改变，但星体的运动却可以使整个光谱线向某个方向移动；向我们运动的星体的整个光谱会向紫外区方向稍微移动，某些红外光可以变为可见光，某些紫光则可变为不可见光。

这一发现最初被用于观察距离靠近的双星，并且发现一些星体存在离开我们而去的运动。更为重要的是，20 世纪天文学上的惊人发现之一，即河外星系的谱线红移，也可用多普勒效应来解释。

寻找"以太"

近代以来人们认识到，机械波（声波、水波）的传播是需要介质的。光，无

---

① 基尔霍夫的财产经管人是一位银行家，对在太阳中发现元素无动于衷。他问基尔霍夫："如果不能将太阳中的金子取到地球上来，发现它又有什么用呢？"后来基尔霍夫因其研究成果，得到了一枚英国授予的奖章和一笔金镑。他把这些钱交给那个银行家时便说："这不就是太阳上的金子吗！"参见［美］I.阿西摩夫：《古今科技名人辞典》，223 页，北京，科学出版社，1988。

论是纵波还是横波，它的传播也都需要介质。这种介质是什么呢？是"以太"。"以太"被想象为充斥整个宇宙并只在其所在位置做微小振动的静止物质，它可能是所有运动的惟一静止的参考系。这是自笛卡尔以来就存在的一个虚假的概念，但它在很长时期，却是支持人类科学信念的一根支柱。从惠更斯到菲涅尔，都用"以太"作为光波传播的介质来构造他们的理论。

根据这一信念，在德国和法国接受了光学教育的美国人迈克尔逊（1852—1931），1881年设计了著名的迈克尔逊实验。实验假设，光对"以太"的速度恒为 c；他设计了一个镀银的半透镜把太阳光分为与地球运动平行的透射光和与地球运动垂直的反射光，然后分别把这两束光反射到望远镜中，这时在望远镜中看到了两束光的干涉条纹。这是由光程差造成的。如果"以太"参考系是存在的，那么，当转动整个实验装置时，由于两束光相对于"以太"运动方向的改变，就会造成光程差的改变，所以就会观察到原有干涉条纹的移动。但实验的结果是否定的。1887年，迈克尔逊和莫雷（1838—1923）改进了实验装置，考虑了地球的绕日公转，在一年四季重复实验；考虑了地球的自转，他们又在白天与夜晚重复实验。但始终没有看到干涉条纹的移动。

这一实验的结果没有找到绝对静止的"以太"坐标系。爱尔兰人斐兹杰惹（1851—1901）和荷兰人洛仑兹（1853—1928）提出了大胆的设想：由于物体是由含有阴电和阳电的粒子组成的，在斥力和引力的作用下保持一定距离。物体运动时，原有平衡被打破，粒子间距离发生变化，会沿运动方向按比例缩短。他们认为，迈克尔逊的实验中，干涉仪沿地球运动方向的缩短程度恰好补偿了光沿两条不同路线所造成的光程差。洛仑兹给出了物质沿运动方向收缩的比例因子 $\sqrt{1-v^2/c^2}$，并且把伽利略的时空数学变换改为新的变换——洛仑兹变换。在洛仑兹变换中，出现了所谓局部时间 t'。

实际上，洛仑兹变换的理论触角已进入了一个新的科学领域，在这里，牛顿的绝对时间观念被动摇了。但洛仑兹却为此而遗憾，因为完美的经典物理学受到了他自己还无法解释的变换式子的破坏。不过，正是斐兹杰惹和洛仑兹为"以太"存在的辩护，导致了一场时空观的变革——爱因斯坦从这里出发，提出了狭义相对论。

第十六章

工业时代的技术发展

工业化是一个有巨大威力并不断前进的历史过程。在此以前，从来没有哪件百年一遇的大事如此深刻地改变了地球的面貌及其居民的生活。

鲁道夫·吕贝尔特：《工业化史》前言

文艺复兴时期的技术著作

文艺复兴时期，意大利是欧洲的文化和科学中心，技术进步的节奏最快，但欧洲大陆各国的技术也先后跟进。16 世纪 40 年代，意大利人毕林古齐的《烟火术》和德国人阿格里科拉的《金属学》等著作，描述了欧洲地区的技术状况。

1579 年，法国里昂印行了《博学的数学家雅克·泊松的数学和力学仪器》一书，内容包括仪器、螺丝机床、唧筒、武器设计制造，设计中广泛应用了螺杆和涡轮。1588 年巴黎出版了《阿果斯提诺拉梅利上尉的各种精巧的机械装置》一书，作者曾在列奥那多·达·芬奇指导下学习过，对齿轮系统、旋转运动向往复运动的转变都十分熟悉。在英国和荷兰等地，毛纺织、矿山和冶金、造船和兵工工场都有了发展，人们对技术问题的兴趣也越来越浓厚。

蒸汽机的早期发展

1608年，荷兰人惠更斯设计了一台有气缸和活塞的用火药膨胀力做功的机器，但他没有制造出来。给他做助手的法国人帕平（1647—1712）发明了带安全阀的蒸煮器。帕平在英国还同波义耳一起工作过，并被选入皇家学会。波义耳当时在用抽气泵研究气体的性质。帕平到德国后改进了惠更斯的设计，制造出了活塞蒸汽机。这是一个实验性的抽水装置。据说莱布尼茨和他讨论过实验问题。

英国人胡克在知道这个发明后马上认识到，靠冷凝蒸汽可以得到真空。此后，英国的军事工程师萨弗里（1650—1715）成功地设计出了可用于矿井抽水的蒸汽机。这种机器没有活塞，靠蒸汽冷缩产生的负压抽水，需要安装在井下，锅炉需3个大气压，容易产生爆炸。尽管萨弗里称它为矿工之友，但它既昂贵又危险。

1705年，英国铁匠纽科门（1663—1729）同一个装配玻璃的手艺人约翰·卡利制成了有活塞的蒸汽机。纽科门当时已知道帕平的发明，并且就蒸汽压力机的问题同皇家学会的终身秘书胡克通过信。这种机器只用低压蒸汽驱动活塞，靠冷凝气缸使活塞在大气压力下回程，靠连杆驱动排水泵，可安在矿井上面。它在矿井中得到了普遍应用，但这远非工业中普遍应用的动力机。

纺织机器的革命

自哥伦布远航美洲以来，到牛顿去世时的235年时间里，英国从海外扩张和殖民活动中取得了大量财富，资产阶级的羽毛渐渐丰满，并通过几十年的战争基本上取得了政权。对外战争的胜利使这个国家成为世界头号殖民帝国，地理位置的优越又使其海上贸易和发展前景十分光明，牛顿时代科学的昌明更给英国人增加了精神上的优越感。一次悄悄的但却是影响深远的技术革命随之发生了。

这场革命是从英国最发达的、为海外贸易生产产品的纺织部门开始的。自世界市场出现之后，纺织业就成了影响英国大部分人命运的产业，它的发展使农村出现了圈地运动，使大批无地农民不断流入城市，成为工业的后备军。

1733年，呢绒工人凯伊（1704—1774）发明了飞梭，从此人可以不再用手抛梭织布了，织布效率大大提高，使手工纺纱供不应求。5年后，约翰·怀特和刘易斯·保罗又发明了滚轮式纺纱机，这样又不用手指纺纱了。

紧接着，1764 年，织工哈格里沃斯（1720—1778）把单锭纺车改造成了多锭纺车，引纱和捻纱都实现了机械操作，纺纱效率提高了十几倍。他以自己女儿珍妮的名字称呼这个能纺出细纱的杰作。1768 年，理发师阿克莱特（1732—1792）可能是剽窃了木匠海斯的设计，制成水力带动的滚筒纺纱机①，它能纺出不够均匀但却坚实的纱。1774—1779 年间，当过童工的工厂主克伦普敦（1753—1827）综合了哈格里沃斯和阿克莱特机器的优点，制出了骡机——它效率很高，纺出了既结实又均匀的纱。

这样又改变了纺织业的局面：在纺纱机面前，飞梭已嫌太慢。1785 年，牧师卡特赖特（1743—1823）发明了自动织布机。

这些机器的应用使工厂的生产能力和利润直线上升，机器成了摇钱树。尽管它也曾因造成工人的失业而遭到了反对，但仍然逐渐在整个纺织业中推广开来。到 1800 年时，英国的纺织业已基本上实现了机械化。

蒸汽机的完善

随着纺织部门的机械化，产生了对动力的新需求。人力不足以推动这些新机器，风车不够稳定，水车在冬季和旱季都可能停转，用马驱动日夜运转的机器显然既昂贵又麻烦。1784 年，曾在格拉斯哥大学当过仪器制造工人的瓦特（1736—1819）把纽科门的气压机变成了能在各个工业部门普遍应用的动力机，完成了在工业中将热能转化成机械能的伟大功业，使他的名字成为工业革命的象征。

瓦特出生在苏格兰诺克镇，他的祖父曾教过数学，父亲当过地方行政官、制造过望远镜和六分仪。瓦特小时候，家里墙上挂着耐普尔和牛顿的画像，培养了他对科学的好奇心。他 13 岁时就在父亲的作坊里制造出一些机械模型，这使他后来选择了实验室工具制造者的职业。

在格拉斯哥大学时，瓦特结识了几个著名的科学家，其中有热学家布莱克。当布莱克讲课时，他就去听。据说他懂法语、意大利语和德语，是一个博学和智力敏锐的人，对哲学、诗和音乐也有兴趣。从格拉斯哥大学的生涯开始，瓦特就

---

① 无论如何，是阿克莱特首先懂得了这种机器的用场。他自己制造了一台，登记了专利，然后用它开办新工厂，并发了财。

关注科学的发展，并参与了一些重大的发现。他同布莱克，以后又同罗巴克做过几种化学试验，研究改进过晴雨计和湿度计的构造，后来还同普列斯特里和卡文迪许分析过水的成分。

1763年至1764年冬天，瓦特为大学物理实验课修理一台纽科门机器时，观察了它的运转，发现它的气缸也是冷凝器，活塞运动一次后，恢复冷凝过的气缸内部温度时，要消耗掉大量热素，便产生了把气缸和冷凝器隔离开来的想法。这实际上是把气压机变成蒸汽机的想法。此后他便开始研究改进。

蒸汽机这样一个巨大的发明是不能在实验室中进行的，建造和实验都需要齐全的设备和人员。因此，布莱克教授把瓦特介绍给他的一个朋友——工厂主罗巴克。他们合伙研究，后来罗巴克破产，合同被转让给博尔顿。瓦特的蒸汽机终于在与博尔顿的合伙中完成。1783—1785年间，博尔顿·瓦特公司开始大量推销蒸汽机。当时的蒸汽机有曲轴连杆、飞轮和离心调速器，蒸汽的膨胀力在这里被转化成均匀的机械圆周运动，可为所有工业提供动力。蒸汽使工业发展起飞了。

机器制造机器

纺织机、蒸汽机和枪炮的手工制造同迅速扩张的工业趋势越来越不相容了。1782年，英国人威尔金森发明了蒸汽锤。1790年，蒸汽轧钢机诞生。这一时期，由蒸汽机带动的冲孔机、铆接机、蒸汽锤、离心式水泵等都被发明出来。

最重要的发明要算英国人莫兹利（1771—1831）1794年发明的车床上的运动刀架了：原来人手握持的加工刀具被安装在一个可以沿车床中心轴线平行运动的机架上，可迅速准确地加工直线、平面和圆柱、圆锥等多种几何形状的部件。人的手被解放出来了。接着，这一原理被以不同的形式应用到加工炮筒的镗床、加工平面的刨床、刀具垂直运动的插床、加工孔的钻床和其他机床上。

1800年，莫兹利基本上完善了机床的全套设计。1817年，英国人罗伯特又发明了牛头刨床。1850年，惠特沃斯发明的计量仪器使机械加工精度提高到了1/1 000毫米。一个工作母机体系出现了，机器制造实现了专门化、标准化、精密化和机械化，为大工业奠定了用机器制造机器的技术基础。从此，包括蒸汽机在内的所有机器都不再由手工制造，而由机器迅速、精确、大批地制造出来，装备所有工业部门，工业革命的基础已不可动摇！

从凯伊发明飞梭的1733年至1830年间，英国已基本上完成了工业革命。随后，荷兰、比利时也完成了工业革命。19世纪初，法国也开始了工业革命，德国、意大利继之。

美国于 1776 年宣布独立。发明家惠特尼（1765—1825）于 1793 年发明了剥棉花机，一台机器可完成 50 个人一天的工作，使南方的棉花生产大增，对奴隶的需要量大增，大批奴隶被卖到南方，南方的奴隶制得到了强化和发展。1798年，惠特尼又在康涅狄格州的武器工厂发明了标准化生产枪支的方法。这种标准化方法推动了北方工业的发展。后来，美国南北发生战争，工业化的北方战胜了南方，最终消灭了奴隶制。美国内战后，工业革命加快了步伐。

印刷的机械化

中国人最先发明造纸术和印刷术。欧洲最早的印刷机是古腾堡 1450 年制成的，和古代一样，古腾堡的印刷是靠手工排字，造纸、印刷、装订也都是手工作业。这种方法在欧洲持续了约 350 年，世代沿革，没有变化。然而，工业革命改变了印刷工艺，实现了第二次印刷术革命。

1798 年，法国人尼古拉·路易·罗贝尔发明了长网造纸机，并随后将他的专利带到英国，作了进一步改进，于 1803 年展出了第一台造纸机。机器造纸的时代开始了。到 1843 年时，英国纸张的价格已降低了一半。

继造纸机之后，德国人柯尼斯（1774—1833）在机械师弗里德里希·鲍尔的帮助下于 1812 年发明了高速印刷机。1814 年 11 月 24 日用高速印刷机印制的《泰晤士报》首次发行，这一年，柯尼斯又发明了双面印刷机。高速印刷机的出现标志着印刷的机械化，是印刷术发明以来一次重要的技术革新。

继高速印刷机发明之后，德国人戈特罗普·克勒尔于 1844 年发明了用刨碎的木材造纸的技术，改变了用破布造纸产量不高的局面，为书刊的大量推广创造了条件。

1845 年，美国纽约的理查德·霍（1812—1866）取得了自己设计的报纸轮转印刷机的专利，这种机器经过改进，在 1881 年时已能在一小时内印出 2.5 万份 8 页的报纸。它的速度把平压的高速印刷机远远抛在后面，使报纸真正开始成为大宗工业产品。

20 世纪，轮转印刷机已能每小时印出 70 万份 4 页的报纸，并出现了胶印方法，在排字方面则出现了电传排字机。20 世纪 70 年代还出现了激光照排系统。印刷术的机械化使各种消息和文化媒介能快速大量传播，构成了现代文明的一部分，它的意义怎么估计都不为过。

交通工具的发展

瓦特的蒸汽机出现后，一些正为动力发愁的工厂主买进蒸汽机，加快了生产的节奏。工作母机的出现又使各种机器成批生产出来。这样便产生了一系列直接的后果：工业对蒸汽机燃料——煤的需要量大增，机器制造行业对作为机器材料的钢铁的需要量大增。于是，矿业和冶金业开始扩张。这样，煤和铁以及其他生产原材料及产品的运输问题也变得突出了。

1814 年，矿工出身的英国人史蒂文逊（1781—1848）制成第一台实用的蒸汽机车。1822 年他建立了机床车辆厂，3 年后他建造的铁路正式通车。从此，铁路首先在英国，紧接着在欧美大陆乃至全世界延伸，成为工业的大动脉。古老的及新开的运河、弯曲的乡间小道和马车道，都不得不给这股钢铁的洪流让道，或让它跨越。随着铁路的延伸，工业化的浪潮也随之向全世界扩展。

早在 1785—1790 年间，美国人菲奇（1743—1798）就曾制造了由蒸汽机驱动的船只，但他的事业没能顺利发展起来。1803 年，得到拿破仑（1769—1821）资助的美国人富尔顿（1765—1815）设计的蒸汽船在塞纳河上试航时断裂下沉，法国政府没有继续支持他的发明。两年后，拿破仑的海军在特拉法角被英国人击败。富尔顿回到美国继续他的试验，1807 年，他的"克利蒙梭号"汽船在北美哈得逊河上试航成功。

1819 年，美国人制造的装有蒸汽动力的帆船"萨凡那号"满载棉花，用 29 天走完了哥伦布 72 天走过的航程。1838 年，单用蒸汽机推动的"大西洋号"轮船把航程缩为 15 天。两年后，大西洋两岸利物浦和波士顿的定期航班开通。1850 年，螺旋桨取代了击水明轮，钢铁船壳开始代替木结构船壳。自此，造船业在欧美各个港口城市兴盛起来。浩瀚的大西洋、太平洋和印度洋似乎不再像往日那么辽阔，海上航行已不再是冒险的事业。燃料动力船满载着工业原料和产品在各大洲之间穿梭，它通过工业、财富，还通过殖民战争，把世界各大洲迅速地联结起来。于是，古老的帆船永远退出了远航的行列。

热机的发展及其影响

19 世纪，随着热力学研究的展开和机械加工技术的日趋完善，蒸汽机的效率迅速提高。但烧煤耗水的蒸汽机，尽管功率很大，它的体积也是庞大的，无法成为小型机器的动力机，所以，人们开始寻找各种新的热机。

由于蒸汽机和炼铁炉对煤的大量需要，煤取代木柴成为工业能源。英国人在18世纪后半叶，便在采煤时开始用天然煤气和炼焦收集的煤气照明。直接利用煤气的燃烧作为动力的尝试也随之开始。1832年，布朗发明了最早的内燃机——煤气机。在1860年法国人卢诺瓦（1828—1900）发明点火栓后，煤气机便开始进入工厂。1876年，德国人奥托（1832—1891）、戴姆勒（1834—1900）和他们的合作者在法国人德罗夏（1832—1891）的理论启示下制成了四冲程煤气机。

随着19世纪中叶石油的开采和蒸馏技术的出现，代替煤气的汽油、柴油和煤油等新液体燃料出现了。1883年，奥托的合作者戴姆勒在自己独立开业后的工场里制成了小巧轻便的汽油机。这种发动机用白炽灯管点火，装上了他的追随者威廉·迈巴赫发明的汽化器。1885年，装有这种发动机的第一台摩托车出现。第二年，第一辆著名的四轮汽车和摩托船问世。与此同时，比戴姆勒年轻10岁的卡尔·本茨（1844—1929）也制造出了他设计的三轮汽车，并于1890年开始生产四轮汽车。于是，以气体为燃料的煤气机被汽油机取而代之，人类有了不用马拉、不用轨道的车辆。

此后，美国的汽车大王亨利·福特（1863—1947）1903年在底特律创立福特汽车公司，并随之在1913年开始用流水线生产汽车，一部分人的生活方式开始被这一发明大大改变。今天，马车在大城市，甚至在工业国家的乡村基本绝迹，巨大的公路网密布在各个大陆，和铁路干线一起，构成了现代世界交通运输网络的一部分。和火车相比，汽车甚至在更大的程度上改变了人类的生活方式。

这里还不能忘了鲁道夫·狄塞尔（1858—1913）的天才发明。1897年，他在纽伦堡机械厂和弗里德里希·克虏伯合作，终于制成了多年梦想造出的柴油发动机。尽管这个伟大发明家由于对自己经济前景的悲观而投海自尽了，但他的发明却成了20世纪的坦克、拖拉机、舰艇以及多数重型车辆的动力机。同汽油发动机相比，柴油发动机的特点是功率大，压缩比高，而且利用了较为廉价的重油。

由内燃机驱动的车辆，给世界带来了巨大的影响。首先，由于燃料需要造成工业对石油的需要，以至石油井架和炼油塔成为20世纪人类文明的象征之一，盛产石油的中东地区开始在世界经济和政治生活中扮演举足轻重的微妙角色。其次，由于汽车轮胎的旋转，还使天然橡胶成为一种具有世界经济意义的原料。①另外，交通运输的发展也推动了建筑业的发展，导致了许多服务性行业的产生，公路、铁路和桥梁的修建和维修，以及汽车车库、加油站、停车场等，也构成现代社会的重要部分。

与化学有关的工业

（1）煤

早在工业革命之前，由于居民家用燃料，以及冶金、造船等行业对木材的需要，英国的森林就几乎被砍光，1700年的伦敦已成为被迫烧煤的城市。

1735年，亚伯拉罕·达比发明了焦炭②，从此煤成了炼铁的燃料。瓦特的蒸汽机出现后，煤成为工业动力机的燃料。炼焦产生的煤气和天然煤气也被用做煤气灯③和煤气机的燃料。世界采煤量自工业革命以来迅速上升，煤不但一直是城市和农村的家用燃料，并由于化学的进步，它成了化学工业的重要原料。

（2）酸碱工业

纺织工业需要用稀酸来加工纺织纤维。1746年，英国医生罗巴克发明了用铅室法生产硫酸的方法，后来在伯明翰建立了首批硫酸工厂。纯碱是制造玻璃和肥皂不可缺少的东西，在织物的漂、染、印过程中，它和硫酸一样重要。而且，生产纯碱的初级产物中还有硫酸。因而，纯碱制造成了18世纪和19世纪相当重要的化学工业。

欧洲人以往是从植物灰中提取纯碱的。在法国科学院奖金的激励下，1789年，化学家尼古拉·路布兰（1742—1806）发明了路布兰制碱法。当时法国是大革命和拿破仑帝国时代，第一批大型制碱厂建立起来不久，陷入困境的发明家路布兰便在贫民窟中自杀了。1862年，比利时人索尔维（1838—1922）发明了更好的索尔维制碱法，逐步取代了路布兰的方法。随后，电解制碱法又补充了索尔

---

① 由于天然橡胶的稀少，最先发明汽车的德国人在占领殖民地中又落后一步，更为缺乏天然橡胶的来源，于是在20世纪初首先开始着手研究合成橡胶。恰好德国人在化学工业方面有雄厚的知识和实力储备，这种研究在1937年便取得了成果，但最初的研究成果也被用来为希特勒（1889—1945）的战争服务。

② 在抽去空气的炭窑中烘烤煤，产物为焦炭、煤气和煤焦油。

③ 煤气灯补充了菜油和鲸油灯，被用于家庭、工场和工厂照明，在戴维发明安全煤气灯之后，还用于矿井照明。

维的方法，成为大量生产烧碱的主要工艺技术。用这些方法，欧洲已能大批生产硫酸、盐酸、硝酸，以及纯碱、烧碱。

当硫酸厂、制碱厂在法国、英国和德国纷纷建立起来的时候，德国人李比希把他的化学研究成果应用到化学工业中，通过宣传和实验指导，首先使 19 世纪 40 年代的德国，紧接着是英、法两国，出现了第一批生产磷肥和钾肥的工厂。

(3) 新的化工产品

1856 年，年轻的英国化学家珀金（1838—1907）首次合成苯胺紫。这是第一个人工合成的染料。在这以前各种染料只有从植物和动物中才能提炼出来。英国人由于能从广阔的殖民地便宜地获得这种天然染料，起初对它并没有强烈的兴趣。但不占有殖民地却急于发展的德国人对它产生了极大的兴趣。

德国人威廉·赫夫曼（1812—1892）曾是李比希的学生，后来到伦敦教学，珀金正好是他的助手。他看到了人工合成染料的工业前途，于 1864 年返回德国，推动了德国染料工业的发展。他的工作和凯库勒对苯的分子式的研究（1865年），同李比希去世后接替了其在慕尼黑大学职务的拜尔（1835—1917）对天然染料靛蓝的化学分析一起，促进了德国焦油染料工业的迅速增长。1877 年，世界合成染料的产量中德国占了一半，很快，昂贵的天然染料对工业国家的国民经济不再具有重要的意义了。

由于很多化学工厂是从药铺或大药房发展起来的，医生和药物学家常常是化学家。19 世纪后半叶，化学工业的怀抱中也诞生了制药工业。19 世纪 80 年代，成批生产的合成药剂进入市场。20 世纪以来，这些药物的种类迅速增长，日益繁多。

(4) 诺贝尔的发明

1863 年，瑞典人阿尔弗雷德·诺贝尔（1833—1896）发明了安全炸药，这为采矿、工业及筑路提供了爆破物。当时几乎所有工业国家都根据他的专利兴建了炸药厂。19 世纪后半叶，无论是军用火药，还是民用的炸药，都已由化学工艺生产，而不再用人工方法配制了。

诺贝尔的专利和经营俄国巴库油田的利润，给这位化学家兼工业家带来了万贯家财。1895 年 11 月 27 日，诺贝尔立下遗嘱，把他的 3 122 万瑞典克朗捐献出来设立基金，以每年的利息作为奖金，授予"一年来对人类做出最大贡献的人"。按此遗嘱，瑞典政府设立了"诺贝尔基金会"，制定了评奖与颁奖办法。最初，诺贝尔奖授予在物理学、化学、生理学及医学、文学与和平事业方面贡献突出的人们。① 后来，为纪念诺贝尔，瑞典中央银行在 1968 年还提供基金，设立了诺贝尔经济学奖。

(5) 炼钢法的进步

19 世纪，机器制造、枪炮制造、火车和轮船的制造等，对钢铁数量和质量的要求以空前速度增长。矿山的规模在日益扩大，矿山设备在日益更新，过去的土法炼铁炼钢法已不能满足要求。

1855—1856 年间，英国工程师贝塞麦（1813—1898）发明了转炉炼钢法。这种方法在熔化了的生铁中吹入空气并加入高锰铁水，去除了杂质，并控制了含碳量，开始了炼钢的新纪元。

当转炉同传统的高炉在欧洲冶炼厂同时矗立起来时，1861—1865 年间，德国的威廉·西门子（1823—1883）和法国的马丁（1824—1915）又发明了平炉炼钢法。这一方法提高了炉内的温度。至此，高碳钨锰钢、钨铬钢和高速工具钢等，都先后被炼制出来。

1878 年，英国人托马斯发明了具有良好脱磷效果的碱性转炉炼钢法。这样，就为机械加工中的刀具和机械制造提供了更多可供选择的材料。即使是在 20 世纪，钢铁工业也依然是重要的基础工业。

电在工业中的应用

奥斯特发现电可以转化为磁以后，电的发明如雨后春笋般出现，并悄悄进入了工业革命的潮流中。

1825 年，英国人斯特金（1783—1850）发明了一个电磁铁，它能提起 9 磅的重物。1829 年，美国人亨利造出有更大力量的电磁铁，它在单一电池激发下能提起比自己重 50 倍的物体。1836 年，英国人丹尼尔（1790—1845）把伏特电池改进为能提供恒稳电流的丹尼尔电池。同期，英国人惠斯通（1802—1875）发明了作为变阻器的电桥。1832 年，法国人皮克斯（1808—1835）用马蹄形永久

---

① 诺贝尔物理和化学奖由瑞典皇家科学院负责评定，生理学及医学奖由瑞典卡罗琳外科医学研究院负责评定，文学奖由瑞典文学院评定，和平奖由挪威国会选出的五人委员会评定。每年 12 月 10 日诺贝尔逝世纪念日在斯德哥尔摩（和平奖在奥斯陆）举行颁奖仪式，一般由瑞典国王（和平奖由挪威国王）亲自授奖。第一次授奖时间是 1901 年。获得诺贝尔奖被视为科学家的最大荣誉。

磁铁绕线圈旋转，制成试验性发电机，并设置了能把发出的交流电变成直流电的换向器，这种电机可为电镀和电解提供电源。

法拉第、麦克斯韦等人的电磁理论研究，反映出人们对电有极大的兴趣。这一时期关于电的发明也一直层出不穷，法拉第本人便是一个发明家。1866 年，德国人西门子（1816—1892）对发电机做了决定性的改进，即用发电机发出的电给电磁铁励磁，由电磁铁中的剩磁来启动发电机。这样，发电机便不再需要永久磁铁了，因而可以成为更方便的动力机。

在美国人亨利发明电磁铁后不久，德国人雅克比（1801—?）就发明了电动机，但这种电动机需要电池供电，很不实用。1873 年，曾独立地发明了发电机的比利时人古拉姆参加了维也纳的展览会，会上出现了一件有趣的事：由于工作人员的疏忽，他误将别的发电机发出的电流通进自己的发电机，使之转动起来。这就偶然地发现，发电机也可以当电动机使用。

最早的发电机被应用于电照明，点燃的也是由电极放电产生光亮的弧光灯。弧光灯一般安装在城市街道、夜晚不停工作的车间和大型公共场所。1879 年，美国发明家爱迪生（1847—1931）发明了碳丝灯。这种耐用灯泡先进入家庭，取代了煤气灯。1882 年，在爱迪生建立的直流发电厂中，6 台发电机点燃了 9 000 个 15 瓦的灯泡，第一个民用电照明系统诞生了。从此，电的光辉开始照亮太阳照不到的那半个世界。

在 1879—1891 年间，为了把电流输送到更遥远的地方，法国人德普勒（1843—1918），还有德国人冯·米勒（1885—1934）等，都先后在慕尼黑、法兰克福等城市召开的电力博览会上，展示了他们利用直流变压器远距离输电的技术。1883 年恩格斯在伦敦时给爱·伯恩施坦写过一封信，特别谈到了"德普勒的最新发现"的意义。在恩格斯看来，电力网的扩张将"使工业彻底摆脱几乎所有的地方条件的限制，并且使极遥远的水力的利用成为可能，如果在最初它只是对**城市**有利，那么到最后它将成为消除城乡对立的最强有力的杠杆"[①]。

然而，使电作为强大动力进入工厂车间的决定性步骤是三相交流供电系统的出现，这是电力技术的顶峰。1882—1885 年，匈牙利人代里、布洛赫依、齐派尔诺弗斯基，以及一度和爱迪生合作的特斯拉（1856—1943）[②]，都分别发明了交流变压器。为推进交流电的应用，特斯拉还发明了适合交流电的特斯拉电动机和特斯拉线圈。1889 年，俄国人多布罗沃尔斯基（1862—1919）设计成了结构

---

① 《马克思恩格斯选集》，2 版，第 4 卷，654 页。
② 他于 1884 年从克罗地亚移居美国，实际上和爱迪生合不来。

简单而安全的三相交流电动机。由于这些发明，发电机就无须用换向器把交流电转换为直流电了。而且，在远距离输电方面，交流电的能耗也远小于直流电。

这样，从19世纪末开始，包括三相交流发电机、电动机、三相变压器、电站和变电所、输电线路在内的三相交流电力网便逐渐布满了全世界。直到今天，电也依然是人类工业和生活所利用的最重要的中间能量形式。没有电，人类社会生活的运转便会立刻陷于瘫痪。

电在通信和生活中的应用

19世纪，人们不仅在寻找电的规律，利用电的力量，同时也在利用当时认为速度无限大的电做通信手段，让电来为人类传递信息。这方面的一些发明，对人类生活产生了深刻的影响。

（1）电报

安培在发现导线的相互作用力之后，于1821年便建议用电磁装置来传递信号，当时已具备的电池可以成为这种信号的动力源。在法拉第发表电磁感应定律的1833年，德国人高斯（1777—1855）和韦伯（1804—1891）就在天文台和物理馆之间9 000英尺的距离内架设了原始的电报线。美国画家莫尔斯（1791—1872）1832年从欧洲回美途中遇到一个电气工程师，此后就放弃了绘画，醉心于实现电报通信的梦想。三年后他制出了电报机，又过了三年便发明了莫尔斯电码。1844年，他在政府资助下在华盛顿和巴尔的摩之间建成了40千米的电报线。第一句电文是从美国最高法院大庭上发出的由莫尔斯拟好的："上帝创造奇迹！"1851年，他的电报系统应用于美国铁路线，并开始向北美和西欧普及。1858年，由于大西洋海底电缆的架设，英美两国首次用电缆通信。美国总统发出了"上帝保佑，愿电报成为同种民族之间和平与友谊的纽带"的文字。但这个电缆的工作很快就中断了。直到1866年，由于美国实业家赛勒斯·菲尔德（1819—1892）和英国物理学家威廉·汤姆逊的不断努力，新的可供稳定通信的大西洋海底电缆架成。1869年，从英国伦敦出发，经过欧洲大陆直到印度卡里卡特城的电缆建成。19世纪末，从印度到澳大利亚的海底电缆建成。1902年，电缆又将澳洲和加拿大联系起来。从此，全球各个大陆都可以用电报联系起来了。

（2）电话

美国人贝尔（1847—1922）在实验中实现了用电传递声波，于1867年发明了电话。这是比电报更方便、更直接的信息传递技术。10年后，贝尔创办了电话公司，并在3年内安装了5万多部电话机，使美国相距80千米的城市之间有了长途电话。随之，由于爱迪生和英国人休斯发明了新的话筒，以及交换机和自动拨号机的问世，电话得到了改进。1969年，由贝尔创办的企业发展而来的美国电话电报公司已拥有1亿部电话分机。今天，固定电话和移动电话（手机）一起，成了普通人最常用的通信工具，全球各个地区的人，都可以通过电话直接对话。电话缩小了人类的语言空间，加快了社会信息流的传递和反馈速度。

（3）留声机

爱迪生于1877年发明的留声机是用在锡箔或锡管上刻声迹（沟纹）的方法来保存和重显声音的装置。这一发明首先把音乐带进了家庭。后来，由于丹麦人波森在1898—1900年间发明了磁录音带，留声机便逐渐改进和发展为现代录音机。录音机和无线电广播一起，成为人们文化生活的一部分。由于录音设备能把声音保存下来，并在需要的时候重放，实际上它也和随后发明的摄像设备一起，成了保存人类历史片断的魔箱。

（4）无线电通信

由于赫兹发现了电磁波，1890—1894年，法国人布冉利（1844—1940）和英国人洛奇（1851—1940）制成了无线电接收器。1895年，在英国取得专利的意大利人马可尼（1874—1937）和得到海军支持的俄国人波波夫（1859—1906）分别实现了无线电的发送和接收。1901年马可尼在英国和加拿大之间实现了无线电通信。此后，无线电通信的技术和理论都取得了巨大进展。

光化学照相术

对摄影有用的光学机械在望远镜发明后便出现了。1725年，德国解剖学教授休采尔（1687—1744）在制造磷时发现，含有银的硝酸见到阳光后会变色。瑞典化学家雪勒（1742—1786）研究了这种现象，认为光谱中最短的紫线在使银盐变黑的过程中起着主要作用。瑞士日内瓦图书馆员塞内比（1742—1809）推进了雪勒的结论。

1826 年，法国人尼普斯兄弟（1763—1823，1765—1833）最先发明了银板照相的方法。1839 年，曾跟尼普斯兄弟合作过的法国人达盖尔（1789—1851）的银板照相法获得了专利。这种方法的原理是：含银的硝酸见光后变色，形成底片。洗印底片的过程中，溶液中的化学物质在光作用下以不同程度沉积在纸面上，形成照片。

　　到了 1851 年，英国人安彻尔（1813—1853）发明了涂火棉胶的玻璃板底片（湿板）。这种底片与银板底片相比，极鲜明又浓淡均匀，湿板的摄影开始被广泛应用。尽管如此，用这种底片摄影要首先在玻璃板上涂乳剂，并乘乳剂未干时完成摄影，且必须当场显影、定影、清洗、干燥等。在野外摄影时还必须带上暗房，所以并不方便。

　　1871 年，英国医生麦道克斯发明了干板。接着，美国人乔治·伊士曼（1854—1932）改进了干板，并发明了卷式底片。在他的努力下，照相底片开始工业化生产。1888 年，伊士曼将装卷式底片的柯达相机推上市场，从而打开了轻便摄影之门。用伊士曼做广告时的话说："你只要按下，其余由我们来处理。"从此，摄影技术开始普及。

　　随着摄影器材、底片材料和洗印技术的改进，黑白照相能由光线把自然景物和人的形象一丝不差地在平面上复印出来，开始把陌生而遥远的地方的自然景象逼真地呈现到人的面前，并使那些请不起肖像画家的普通人能通过摄影把本人的肖像留存于世。这实际上深刻地影响了艺术的发展。19 世纪后期，肖像画家的生意已不如往昔兴隆，画家的作品从此只有艺术的意义了。当然，照相机不但利用阳光体现真实的影像，而且也可以进行艺术摄影。

　　这里还应特别提到彩色摄影术。1861 年，电磁学家麦克斯韦建议了一种方法，彩色摄影的实验频繁起来，10 多年后便有人拍出了彩色风景照片。彩色照相是通过胶片对红、绿、蓝三原色的特殊感光与洗印时的特殊处理来完成全色彩照的。1904 年，法国的鲁米埃尔兄弟（1862—1954，1864—1948）设计的彩色版获得了专利权。1935 年，柯达彩色照相彩料公司成立。

　　值得说明的是，20 世纪 40 年代还有了紫外线、红外线摄影技术，这实际上是一种遥感技术。20 世纪的多谱段遥感仪可分别传感不同谱段的光线，然后有选择地将其中几个光区（通常为可见光的绿、红、红外区）的两三张照片组合起来，得到假彩色合成像片。从电磁波谱的角度看，摄影、雷达、遥感仪是同一类技术。

第三篇

现代科学技术的发展

现代科学的发展将人类对自然界的认识水平提高到了一个崭新的高度：微观世界的大门已被打开，物质和能量之间已不再有绝对的界限，时空和运动之间的关系被发现；人类不但认识了化学元素的衰变规律，还更深刻地认识了各类元素原子及各种物质分子的结构及其特性；由于射电望远镜的应用，天文学研究的时空跨度达到了极限；地壳演化的秘密被初步揭开；生命科学达到了分子水平，人类基因组的工作草图已初步绘就，脑科学有所发展；数学的基础问题得到了探索，应用数学有了长足进展；一系列综合性科学、非线性科学和应用性科学涌现出来。现代科学的发展不但改变了人类对自然界的认识，而且改变着人类对待自然界的态度。

现代科学发展的同时，人类在每个前沿都遇到了新问题，如怎样理解量子力学，夸克禁闭，反物质，暗物质，宇宙的尺度和演化，黑洞，生命的起源和进化，浑沌和非线性……这些问题就像是一场不会结束的已知和未知之间的对话。

在现代，由于材料技术、能源技术、农业技术、医学和治疗技术、克隆和生物技术、建筑技术的发展，以及环境科学和可持续发展理论的产生，人类文明的技术基础空前雄厚，精神财富也愈加丰富。同时，由于影视技术、通信技术、水陆交通技术、航空技术、航天技术、原子能技术、电子计算机技术、激光技术、光纤技术以及武器技术的发展，人类的生产方式、生活方式和交往方式都发生了巨大的变化。总之，人类在自然界面前拥有了空前强大的力量，也面临着一系列严峻的挑战。

第十七章

探幽索微的物理学革命

在我们这个时代里，知识以一种神奇的速度向前发展着，它每迈出新的一步都开辟了一个新的前景。古老的科学正焕发着第二个青春。物理学迈步在其他学科的前列，领先进入未知世界。

瑞德尼克：《量子力学史话》

电子的发现

1836 年，法拉第曾观察到低压气体中的放电现象。德国人盖斯勒（1814—1879）在 1855 年用水银真空泵制成了低压气体放电管。三年后，普吕克尔（1801—1868）用它研究气体放电效应时发现，正对着阴极的管壁上产生了绿色的荧光。1876 年，另一位德国人戈尔茨坦（1850—1930）指出，荧光是由阴极射线引起的。英国人克鲁克斯（1832—1919）在 1879 年制成高真空度的克鲁克斯管①，发现阴极射线是一种高速带电粒子流。

1881 年，英国人汤姆生（1856—1940）通过研究发现，阴极射线是带负电的、沿直线前进的高速微粒子流。1897 年他测量了这种粒子所带电荷与质量的比，发现它的荷质比与氢离子的荷质比相比，要大上千倍左右。后来，汤姆生采

① 真空管或有低压气体存在的玻璃管，两端通电后，阴极会发出一种射线。

用了英国人斯通尼（1826—1911）的说法，将这种微粒称为电子。

为了验证电子存在的普遍性，汤姆生研究了爱迪生效应①，发现在阴极采用不同的金属材料时电子的荷质比是相同的，这说明任何金属中都存在这种相同的东西。1906—1914 年间，美国人密立根（1868—1953）用油滴法测出了精确的电子电量值，并证明电子的电量 e 是电荷的最基本单位，所有带电物质的电量都是 e 的整数倍。

电子是人类发现的第一个基本粒子，它是古代原子论者和道尔顿都不曾想到过的东西，预示着物质元素的原子还存在着不同的成分。继电子之后，物理学家们后来又发现了 400 多种基本粒子。

X 射线的发现

1879 年克鲁克斯在研究真空管中的阴极射线时，发现管子附近的照相底片有感光迹象，但他没有深究原因。1895 年，德国人伦琴（1845—1923）研究阴极射线激发玻璃壁发生荧光时，偶然发现放电管附近用黑纸密封的照相底片感光了，这说明管内发出了一种能穿透底片封层的射线。当年 12 月 28 日，伦琴向德国维尔茨堡物理学医学学会递交了《一种新的射线——初步报告》的论文。当时他称这种新的射线为 X 射线。

伦琴经过连续七个星期的紧张研究发现：阴极射线（电子流）打在固体上面便会产生 X 射线；固体元素越重，产生的 X 射线越强；X 射线不能被电磁场偏转，不能被玻璃透镜聚焦；它穿透力极强，把手放在放电管和荧光屏之间，可以从淡淡的手影中见到透明度较差的骨影。这样，X 射线很快被应用于医学上的体内异物诊断，并进而用于透视诊病和工业方面的检验分析。

X 射线的本质是什么？1912 年德国人劳厄（1879—1960）提出用天然晶体的晶格作为衍射光栅，观察 X 射线的衍射现象。弗里德里希和柯尼平两人当年就按劳厄的建议做了实验，发现了 X 射线透过晶格衍射的"劳厄斑"，表明 X 射线是波长很短的电磁波。1912 年英国的布拉格父子（1862—1942，1890—1971）确立了计算 X 射线波长的新方法，后来，人们又反过来利用 X 射线的波长来研究晶体的结构和缺陷。

---

① 封在灯泡内的炽热灯丝发射带负电的粒子时，与灯丝相对的金属片表面会发出淡蓝色的亮光，这种现象称为爱迪生效应，它是爱迪生于 1883 年研究白炽灯时首先发现的。

自从赫兹发现电磁波以来，科学界已普遍承认光是一种电磁波。X射线亦是电磁波谱中的一部分。把当时已发现的自然界的电磁波以波长大小为序排列起来有：电力频率、无线电波（长波、中波、短波、微波）、红外线、可见光、紫外线、X射线。后来又发现了波长更短、能量更大的γ射线和宇宙射线。当然，其中电力频率和无线电波为相干电磁波，其余电磁波只有在成为激光的情况下才有相干性。

放射性的发现

由于阴极射线冲击玻璃管壁时产生X射线的同时在管壁上也产生了荧光，法国人贝克勒尔（1852—1908）设想荧光物质在发出荧光的同时可能会产生X射线。1896年2月，他把一种能产生荧光的铀盐放在用黑纸包严的照相底片上，在日光照射下铀盐发出荧光，并使照相底片感光。贝克勒尔认为可能是X射线使底片感光了。但当他把铀盐放在室内时，荧光消失了，铀盐使底片感光的能力却丝毫没有减弱。通过反复实验，贝克勒尔发现铀盐本身具有放射性质。

法国人皮埃尔·居里（1859—1906）和他的波兰妻子玛丽·居里（1867—1934）在了解贝克勒尔的工作后，发现了新的放射性元素钍，接着又从沥青铀矿中分离出放射性比铀强400倍的钋。[①] 经过45个月的艰苦努力，1902年，居里夫妇从几吨沥青铀矿渣中分离出0.12克的氯化镭，它的放射线是铀的200万倍！它几乎能穿透一切东西，能使许多物质发光，可使钻石生辉，会把细菌杀死。1903年，居里夫妇和贝克勒尔同获诺贝尔物理学奖。

1899年，出生于新西兰的英国物理学家卢瑟福（1871—1937）用强磁场使铀的射线发生偏转，从而发现了放射线中的α射线（带正电的离子流，实际上是氦核）和β射线（带负电的电子流）。1900年，法国人维拉德（1860—1934）发现，放射线中不受磁场作用的γ射线是光子流。至此，放射线的成分和性质被认识清楚了。

放射性的发现给人类带来了原子核内部的信息，是原子核物理学和核化学的起点。

---

① Polonium，取此名以纪念居里夫人的祖国波兰。

黑体辐射的紫外灾难和量子假说

19世纪后半叶，人们不再满足于从热力学角度研究热了，而把热同光辐射联系起来。事实上，发光现象总是同热辐射联系在一起，当然，在电磁辐射波谱中，热辐射的频带要比可见光宽，红外线和紫外线也有热效应。

然而，19世纪后半叶对热的研究是以麦克斯韦建立的经典电磁学理论为框架的，是以能量的连续分布观念为前提的。夫琅合费发现的太阳光谱中的暗线还不足以使人们想到能量可能是不连续的。

在基尔霍夫于1859年定义了可以全部吸收电磁辐射能量而全无反射的理想黑体之后，1879年，奥地利人斯特凡（1835—1893）在实验中发现：黑体每秒以光和热的形式发射的能量密度的积分与其绝对温度的4次方成正比。[①] 1884年，奥地利人波尔兹曼还用经典物理学对此实验做过理论解释。

1896年，德国人维恩（1864—1928）根据实验给出了一个描述黑体能量分布的半经验的理论公式，即维恩位移定律：随黑体温度（K）的升高，其发射中亮度最大的光线，波长随之变短（向光谱的紫区移动）。这个公式在高频辐射部分与实验一致，在低频辐射部分则与实验不一致。1900年，英国人瑞利（1842—1912）根据统计力学和经典电磁学理论，给出了另一个公式[②]，它在低频辐射部分与实验相符，在高频辐射（紫外光区）部分却与实验值相差甚远，而且随着频率向紫外光区的增加，黑体辐射的能量密度单调增加，趋向无穷。但实验测得的值是趋向于零。这显然是荒谬的。经典物理学的理论在这里遇到了"紫外灾难"。

从1894年起，德国人普朗克（1858—1947）就开始注意黑体辐射问题。1899年他从热力学定律推出了维恩公式。1900年10月，他了解了瑞利公式之后，便用内插法建立了一个普遍公式——普朗克公式。这个公式在高频部分与维恩公式符合，在低频部分与瑞利公式符合。当时普朗克在论文《维恩辐射定律的改进》中宣布了这一公式。为了寻找这一侥幸揣测出来的内插公式的真正物理意

---

① 这是把一个只有小孔的空腔物体，近似地视为理想黑体，用以做黑体对能量（热和光）的吸收发射实验。

② 1905年，英国人金斯（1877—1946）纠正了瑞利公式中的一个错误，后来这个公式称为瑞利—金斯公式。据该公式，黑体的辐射强度与温度（k）成正比，与发射光线波长的平方成反比。

义，普朗克考虑了玻尔兹曼阐述的熵与几率之间的关系。两个月后，普朗克放弃了经典的能量均分原理，提出了能量子假说。

根据这个假说，黑体腔壁由无数能量不连续的带电谐振子组成，它们所带的能量是一个最小能量单元 ε 的整倍数。ε 称为量子。这些带电谐振子通过吸收和辐射电磁波，与腔内辐射场交换能量。在数学关系上，$\varepsilon = h\nu$，其中 h 为普朗克常数，ν 为电磁波的频率。

普朗克的量子说打破了经典物理学中关于能量连续的概念，把能量不连续的概念引入了物理学，它摆脱了"黑体辐射的紫外灾难"这一经典物理学的困境。但这一革命性的思想是当时的老一代物理学家难以接受的，甚至普朗克本人也只是在 1915 年才认识了量子理论的重大意义。

爱因斯坦的光量子理论

普朗克仅仅把能量的不连续性限于电磁辐射的吸收与发射过程中。德国犹太人爱因斯坦（1879—1955）于 1905 年在瑞士发表了《关于光的产生与转化的一个启发性观点》一文，提出电磁辐射在传播过程中的能量也是不连续的，并称传播中的能量子为"光量子"（后来又称为光子），同时用光量子的理论解释了赫兹等人早已发现的光电效应。[1]

光电效应的实验表明，每一种金属材料都存在着一个确定的临界频率 ν_0。当入射光的频率低于 ν_0 时，光强度再大也不能使金属表面的电子逸出。光电子的能量只与入射光的频率有关，而与光强无关。在临界频率以上，光强度便决定着逸出电子的数目。这一效应无法用麦克斯韦的理论来解释。爱因斯坦用光量子理论解释了这一现象：光照射到金属表面时，能量为 $h\nu$ 的光子与电子交换了能量，电子吸收了光子的能量，一部分用来克服金属表面对它的吸引力，一部分变为离开金属表面的动能。当 $h\nu$ 小于金属表面的电子逸出功时，电子便不会逸出。除了解释光电效应，爱因斯坦还把能量不连续的思想应用到固体中的原子振动问题上，得出一个结论：当温度趋于绝对零度时，所有固体的比热都趋于零。

爱因斯坦的光量子论提出后，并没有立即得到物理学家们的支持。1916 年，

---

[1]　В. И. 瑞德尼克《量子力学史话》一书关于光电效应的发现是这样叙述的："早在 1872 年，莫斯科大学教授斯托列托夫就已发现了这个现象。以后德国物理学家赫兹和雷纳德也对此现象进行了研究。"赫兹研究光电效应的时间在 1886 年。

美国人密立根用实验证明，用光量子理论得到的 h 值和由普朗克公式得出的 h 值完全一致，从而支持了爱因斯坦的假设。1923 年，美国人康普顿（1892—1962）做了 X 射线在金属中的散射实验，发现散射光中出现了波长大于入射光的射线。由于在波的传播过程中，发生折射、反射、衍射之后会有能量损失，但表现为振幅的减小，波长不会改变，即频率不会改变。所以，康普顿便将此看成 X 射线的光子与电子碰撞的结果。而且，康普顿用光量子理论计算所得的散射波长与散射角之间的关系同实验结果完全一致。于是，康普顿的实验被视为光量子存在的判决性实验，还证明在微观领域里能量和动量仍然遵循守恒定律。

爱因斯坦的光量子理论把光的粒子性和波动性统一起来了，这种统一表现为光子的能量与光波的频率不可分割地联系在一起。至此，人们认识到光具有波粒二象性，在传播过程中表现为波动，在同物质相互作用的过程中则表现为光量子。

原子的结构

1904 年，发现电子的汤姆生提出了一个原子结构模型：正电荷像流质一样均匀分布于原子球中，带负电的电子嵌在球体的某些固定位置上，中和了正电荷，整个原子不显电性。这个模型也称为"葡萄干蛋糕模型"。同年，日本人长冈半太郎（1865—1950）提出了所谓"土星模型"，认为原子中心是带正电的很重的球体，电子在外围均匀地形成一个圆环。

1909 年，卢瑟福与他的助手盖革（1882—1945）和学生马斯登（1889—1970）让 α 粒子穿透金箔时发现，大部分粒子可以穿透金箔或偏转一个很小的角度，少量粒子却产生了很大偏转，个别粒子竟被反弹回来。进一步的实验测定，约有 1/8 000 的粒子发生了大于 90° 角的散射。据此，卢瑟福提出了原子的有核行星模型：带正电的原子核如太阳居于原子中心，电子如行星绕日那样绕核运行。

但是，按照经典电磁学理论，电子绕核运行时具有向心加速度，因而会以发射电磁波的形式放出能量，损失能量后电子的轨道将不断变小，最后会在极短的时间内落到核上。这样，"行星系统"就不存在了。因此，按照卢瑟福的说法，就不会有稳定的原子。但实际上，原子是稳定的。

另外，按照卢瑟福的模型和经典辐射理论，原子中电子向外发射的电磁波的频率与电子绕核运动的周期有关，当电子轨道不断变小时，其绕核运动的频率会越来越高，而且应该是连续变化的。但是，由瑞士人巴尔末（1825—1898）1881

年发现、由瑞典人里德伯（1854—1919）1890 年总结出的巴尔末—里德伯公式
所描述的氢原子光谱表明，原子光谱是分立的线状光谱，而不是连续的。

丹麦人玻尔（1885—1962）1912 年曾在卢瑟福身边工作，他相信卢瑟福的
模型符合实际。1913 年，一个朋友又向他介绍了氢原子光谱的巴尔末公式。于
是，他立即把二者联系起来，从原子具有稳定性和分立的线状光谱这两个经验事
实出发，提出了两个与经典理论相悖的概念：（1）原子中的电子只能在一些特定
的轨道上绕核运转，在这些轨道上运动的电子不吸收也不辐射能量，处于稳定状
态，即定态。（2）电子在受到扰动后会在两个不同的定态之间发生跳迁，这时会
吸收或发射能量，吸收或发射的能量取决于两态之间的能量差（$\Delta E = h\nu$）。

玻尔的氢原子模型解释了原子的稳定性和氢光谱规律。1915 年，德国人索
末菲（1868—1951）将玻尔氢原子轨道推广为椭圆，同时考虑了相对论效应，更
好地说明了氢光谱的精细结构。不过，玻尔理论的局限性在于仍然把电子看做经
典物理学中具有完全确定轨道的粒子。随着量子力学理论的建立，人们进一步认
识到：电子也具有波动性；根据不确定原理，电子的轨道只是一个电子出现几率
较大的区域，这个电子几率分布的区域被形象地称为电子云。

德布罗意波

爱因斯坦的光量子理论被康普顿效应证实后，法国人德布罗意（1892—
1987）受到了深刻的影响。他认为经典力学无法解释微观粒子的运动规律，因而
有必要创立一种具有波动性质的新力学。1924 年德布罗意在向巴黎大学提交的
博士论文《关于量子理论的研究》中破天荒地提出：实物粒子也有波动性。

根据德布罗意的假设，能在空间自由运动的粒子的能量 $E = h\nu$，动量 $P = \frac{h}{\lambda}$。从这种关系可以看出，动量 P 越大，波长 λ 越小。由于普朗克常数 h 很小，
故实物粒子的波动性不易显示出来，可以用经典力学来处理。但质量很小的微观
粒子动量很小，波长就可能被观察到，波动性可能会显示出来。在 1924 年 4 月
召开的第四届索尔维国际物理学会议上，爱因斯坦从法国人朗之万（1872—
1946）处了解了德布罗意的思想，认为这揭开了自然界巨大面纱的一角。爱因斯
坦提出光有粒子性，德布罗意提出实物粒子有波动性，这两种理论揭示了物理世
界的对称性。

1927 年，美国人戴维逊（1881—1958）和革末（1896—1971）一起，按照

德布罗意曾提出的设想，做了镍单晶电子衍射实验，第一次确认了电子的波动性。同年，英国人乔·汤姆逊（1872—1975）也得到了电子束通过薄晶片的衍射图样。他们按衍射理论计算得到的电子波波长与德布罗意公式给出的一样。此后，随着原子核物理学的发展，质子、中子、原子、分子的波动性都被逐步证实，波动性是物质粒子普遍具有的性质。

德布罗意的物质波思想，为量子力学中波动力学的产生奠定了基础。

量子力学的建立

1925年，德国人海森堡（1901—1976）建立了量子力学的一种数学表达式——矩阵力学。在他看来，玻尔所描述的电子在原子核外轨道上的运动模型是不可观测的，量子力学方程中只应包括可观测的原子光谱线的频率和强度。[①] 矩阵力学就是用矩阵计算方法处理这类可观测量的数学方程。

在完善这种矩阵力学的过程中，海森堡得到了玻恩（1882—1970）和约尔丹（1902—1980）的帮助。生于奥地利的瑞士人泡利（1900—1958）从海森堡的理论推导出了巴尔末关于氢原子光谱的公式。英国人狄拉克（1902—1984）在研究过海森堡的理论与经典理论之间的本质区别后于1927年发表了《量子代数学》一文，使矩阵力学理论体系更加严密。

1926年，奥地利人薛定谔（1887—1961）沿另一条途径建立了量子力学的又一种数学形式——波动力学。薛定谔是从了解德布罗意的思想开始的，但他不满足于德布罗意的工作，试图找到一个更为普遍的理论。1926年1月至6月，薛定谔连续发表了四篇论文，提出了波函数 Ψ 的概念，给出了描述物质波的运动方程，从而创立了波动力学。

在薛定谔波动力学描述的原子模型中，电子可以位于周长等于其实物波波长整数倍的任何轨道上。这是一种驻波，电子在这个轨道上无须辐射能量。在两条可以存在的轨道之间，不允许有等于波长非整数倍的任何轨道存在。这样，薛定谔便用电子的属性说明了电子轨道为什么是分立的，也说明了原子谱线为什么是分立的。在此之前，人们只是由分立的原子谱线来推测电子轨道的分立性。从薛定谔的波动方程出发，可以通过波函数求得 t 时刻粒子在 $(x，y，z)$ 处的状态。薛

---

① 原子轨道内电子的运动状况不可观测，但原子光谱线的频率和强度是可观测的，这种情况可比喻为：我们可以观察到钟的走动，但不能确定是怎样一套齿轮在推动着钟的指针转动。

定谔的物质波运动方程提供了系统和定量处理原子结构问题的理论，除了物质的磁性及其相对论效应之外，它在原则上能解释所有原子现象，是原子物理学中应用最广泛的公式，它在量子力学中的地位与牛顿运动方程在经典力学中的地位相似。

1926 年，薛定谔在认真研究了海森堡的矩阵力学后，证明了矩阵力学与波动力学的等价性，两种理论实际上是同一的。在这种情况下，玻恩对薛定谔的波函数作出了统计解释：粒子波函数在空间某点的强度（振幅的平方）与粒子在该处出现的几率成正比，物质波是一种几率波。实际上，后来的电子衍射实验表明，用大量电子做较短时间的实验和用少量电子做较长时间的实验，所得到的衍射图像都是一样的，这表明几率波就是大量电子运动的统计结果，波函数所表示的就是电子的运动轨道。在此前后，泡利于 1925 年提出了电子自旋的概念。由于薛定谔和海森堡所给出的量子力学数学方程还不能精确描述需要考虑相对论效应的高速微观过程，狄拉克得出了电子具有磁矩的结论，并提出了符合狭义相对论要求的电子量子论，开创了相对论波动力学的研究。

1927 年，海森堡在研究了微观粒子的波粒二象性后提出了著名的不确定原理。[①] 不确定原理表明，对粒子的动量测量得越精确，对它的位置就测量得越不精确，即它们不可能同时被精确测量。[②] 这种状况是由微观粒子的波粒二象性造成的，而不是由仪器的不精确造成的。为了精确测量粒子的位置要采用波长较短的光，这时光子会把较大的动量传递给粒子，这样虽然可以较精确地测定粒子的位置，却无法测定粒子的动量；反之，用较长的光波可以较小地干扰粒子的速度，从而较准确地测定粒子的动量，但它的位置就很不确定了。不确定原理的数学形式为：$\Delta P \cdot \Delta X \geqslant h$。根据这一关系式，我们如果知道粒子在这里，就不知道它的运动情况。如果知道它的运动情况，就不知道它的确切位置。[③]

1927 年，玻尔通过对微观粒子波粒二象性及不确定原理的研究，提出了著名的互补原理（并协原理）。玻尔认为，量子力学在描述微观粒子的运动规律时仍然运用着经典力学中的概念——动量、质量、能量、频率、波长、几率等，这

---

① 由于"不确定原理"是针对测量而言的，所以，有时也翻译为"测不准原理"或"测不准关系"。

② 在这里，动量和位置是一对共轭变量。另外，能量和时间也是一对共轭变量，它们也不可能被同时精确测量。

③ 海森堡 1941 年 11 月 26 日在莱比锡大学作的题为《自然科学世界图像的统一性》的演讲中曾说道，电子本身已"不再具有哪怕是最简单的一些几何和力学的特性，而所谓它的特性，只是在它受到外界作用之后我们所能观察到的那些。这时，在所能观察到的原子的这些特性之间，存在着一个互补性，它的意义是，知道了原子的一些特性，就排除了同时知道它的另一个特性"。所以，在面对原子而思考自然科学世界图像统一性时，"必须用另一种比较广阔的想象来代替"。参见朱长超主编：《世界著名科学家演说精粹》，124～128 页。

是自然科学的基础语言，不可能抛弃它们。但与宏观领域不同的是：为描述微观粒子运动规律而运用一类经典概念时，就会排斥另一类经典概念；但在换一种条件的情况下，又要运用那些在原来的条件下被排斥的概念。这两种描述中的任何一种都是不充分的，而且是彼此不相容的，但为了说明所有可能的实验又都是必要的。这两类彼此对立的概念在描述微观粒子性质所具有的二重性时是互补的。例如，设计了光的衍射实验，就抑制了其粒子性，这时用波的概念来描述它；反之，设计了光电效应实验，就抑制了其波动性，这时用粒子的概念来描述它。但光本身具有波粒二象性，只有用这两类相互对立的概念的两种描述，才能形成对光本性的较完整认识。①

在 1927 年 10 月于布鲁塞尔召开的第五次索尔维物理会议上，爱因斯坦认为互补原理对神圣的经典物理学的这种根本性的背离是完全不能接受的，"可爱的上帝不是在掷骰子"，量子理论的统计解释不是最终的解释，不确定原理是不能接受的，量子力学至多只是一个暂时的方案，因果性和连续性终将复归为物理学的基础。他相信完备的定律和秩序。但对以玻尔为首的哥本哈根学派来说，他们不但相信掷骰子的上帝，而且宁肯追问：上帝是怎样掷骰子的？是怎样通过掷骰子创造出了定律完备和秩序井然的宇宙万物？

显然，爱因斯坦怀着对宇宙的简单性与和谐性的直觉信念，试图用决定论来解释量子力学。他同玻尔进行了激烈的辩论，但他的证据在当时均被对方一一驳倒了。不过，爱因斯坦此后仍然经常思考着这个问题，因为这场争论实际上也触及了人类对自然事物的认识能力有没有一个限度的问题。1931 年爱因斯坦在他的《宇宙宗教以及其他见解和警句》中作过这样的比喻：假设二维平面上的一个扁臭虫有理智，能研究物理学和写书，它的世界是二维的，它在思想上和数学上能理解第三维，但却不能直觉想象第三维。人是三维的，在数学上人可以想象第四维，但在物理上却不能想象第四维。这里可以将爱因斯坦的比喻推而广之：假设微观粒子是一只从四维空间中伸向人类的手，那么，人类便不能同时看到这只手的手心和手背，甚至不能握住它。

20 世纪围绕着对量子力学的诠释，进行了科学和哲学层次的争论。1935 年，爱因斯坦、波多尔斯基（B. E. Podolsky）和罗森（N. Rosen，1909—1995）联

---

① 由于物理学家不能像伽利略那样在观察自由落体的情况下发现自由落体定律，不能像牛顿那样在能眼见苹果和月亮的情况下感悟到万有引力定律，而只能在见不到电子、光子、质子和中子的情况下，通过对实验结果的分析来理解它们，而不同的实验设计会得出完全不同的结果。所以，人类运用量子力学理论描述微观世界时的处境，真是有点瞎子摸象的味道。

名发表了《能认为量子力学对物理实在的描述是完备的吗?》①，他们认为只要一个量子体系不受干扰，就可能对它作出确定的预测，而不是可能的预测。量子力学用两个不可对易的算符来描述两个物理量，对其中一个物理量的知识就会排除对另一个物理量的知识。要么这种对实在的描述是不完备的，要么这两个量不可能同时是实在的。这便是所谓 EPR 争议。1963 年，美国人 J. S. 贝尔针对该争议提出后一系列工作中的"定域性假设"②，又提出了用以验证其是否成立的不等式。此后，据此所做的实验也并不能得出判决性的结论。

根据有关学者的研究，尽管在不同学派之间和同一学派内部的个人之间存在着争议或观点上的差别，但当前大多数物理学家接受哥本哈根学派对量子力学的诠释：量子力学中的主体和客体是不可分辨的③；人们对自然界的认识存在一个以普朗克常数 h 为最小单元的极限；植根于经典物理学的因果律和决定论不复存在；微观粒子在实验中表现出来的粒子性和波动性即互斥又互补，而且这种互斥又互补的概念适用于整个物理学乃至一切知识领域，是一条有普遍意义的哲学原理。④ 显然，关于这个问题也许还可以争论⑤，但量子力学的理论目前在信息科学方面的应用并没有止步。

从狭义相对论到广义相对论

爱因斯坦对物理学的最大贡献是相对论。相对论提出了对宇宙的一种新观点，爱因斯坦也因此被公认为 20 世纪最伟大的科学家。

当迈克尔逊—莫雷实验及其结果吸引着一批人的注意力的时候⑥，爱因斯坦

---

① 《爱因斯坦文集》，第一卷，328～340 页，北京，商务印书馆，1977。

② 指测量一个量子系统的某个可观察量，其所得结果与当时还对其他量子体系做了什么测量无关。贝尔认为这个假设并不是不证自明的。

③ 通俗的说法是，在同微观粒子对话的舞台上，我们既是演员，又是观众，可能还是剧本的作者。

④ 参见龚剑平、金尚年：《量子力学诠释的世纪之争》，载《科学》，1996 (1)。

⑤ 美国人约翰·惠勒在思考这个问题时作了一个比喻：在万事万物最深处隐藏着的是一个问题，而不是一个答案。当我们费尽心机去窥视物质世界的最深之处和宇宙最远的边界之外时，我们最终所能看到的，只是自己那疑云密布的脸，也正在不解地回望着我们。参见［美］约翰·霍根：《科学的终结》，119 页，呼和浩特，远方出版社，1997。

⑥ 这些人包括斐兹杰惹、洛仑兹，英国人拉摩（1857—1942）和法国人彭加莱（1854—1912）。拉摩曾于 1900 年提出抛弃"以太"观念，彭加莱在 1904 年 9 月的一次演讲中曾提到了运动的相对性，光速不可逾越，物体的惯性会随着速度的增加而增加等。

经过 10 年的默默探索，于 1905 年提出了狭义相对论。狭义相对论假定：不论光源或光的测量者运动与否，真空中的光速永远是一个常数①；光是以量子的形式传播的，具有粒子的性质，而不需要"以太"的存在；由于没有"以太"的存在，宇宙中任何运动都不是一种绝对运动，一切运动都是相对于为方便起见所选择的某种参考系而言的，自然规律对所有这类参考系都是保持不变的。正是由于"一切运动都是相对的"这个概念，使爱因斯坦的理论被称为相对论。

根据狭义相对论，爱因斯坦推论：物体相对于观察者运动时，沿相对运动的方向上，它的长度会缩短，速度越大，缩短越多，即运动的尺子要缩短；时钟相对于观察者运动时会走得慢些；光速是物质运动的极限速度；如果两个事件在一个惯性系中是同时但不是在同地发生的，那么它在相对于该惯性系匀速运动的另一个惯性系中则不会是同时发生的，即同时性也是相对的；在物体运动速度远小于光速的情况下，相对论力学就变成了牛顿力学。

狭义相对论揭示了牛顿所设想的作为单个实体的时间和空间并不存在，存在着的是一个时间—空间统一体。曾给爱因斯坦当过老师的闵可夫斯基（1864—1909）在 1905 年最先给狭义相对论提出了一个几何解释，并在 1907 年出版了《时间与空间》一书，提出了四维时空的概念。爱因斯坦采用了这个观点并在后来的广义相对论中发展了这个观点。爱因斯坦的理论是违反"常识"的，不过，常识是以低速情况下的通常物体为经验依据的。在广阔的宇宙和微观世界中，常识不能成为指南，爱因斯坦的观点优于牛顿的观点。

在此基础上，爱因斯坦还提出了著名的质速关系式。根据这个关系式，物体在运动速度趋近光速时，质量会趋向无穷大。这个结论已被电子运动的实验所证实，它反映了能量向质量的转化。1906 年，爱因斯坦在一篇文章中提出了更著名的质能关系式：$E=mc^2$。这个关系式揭示了质量转化成巨大能量的可能性。后来原子核物理学的发展证实了这一关系式的正确性。几十年后美国的第一艘核动力航空母舰下水时，水兵们曾在甲板上排成质能关系式的队形，以表示对这一伟大发现的纪念。

在牛顿力学中，质量和能量完全是两回事，它们有着各自的守恒定律。但爱因斯坦的伟大发现，使人们再也不能从 19 世纪的意义上去理解质量守恒定律（例如拉瓦锡在研究化学反应时所理解的那样）与能量守恒与转化定律（例如焦耳、恩格斯等人理解的那样）。质量和能量也已不再是单独的存在，存在着的是

---

① 当代测得的光在真空中的速度为每秒 299 792 458 千米，是重要的物理常数，称为 C。在其他媒质中，光的传播速度小于 C，且随媒质和光波波长的不同而不同。

质—能统一体。这一发现是革命性的，它使人类对世界的基础有了更深刻的认识。

在建立了狭义相对论之后，爱因斯坦又研究了引力问题。在牛顿力学中，物体有两种质量：牛顿第二定律中的惯性质量；万有引力定律中的引力质量。尽管牛顿推算出这两种质量是相等的，但却没有作出理论上的解释。匈牙利人厄缶（1848—1919）曾用实验证明这两种质量是相等的。以两种质量相等为基础，爱因斯坦在 1913—1916 年间提出了著名的等效原理和广义协变原理，建立了新的引力理论——广义相对论。

根据等效原理，一个加速度为 a 的非惯性系等效于含有均匀引力场的惯性系，也就是说，在一个加速系统中所看到的运动与存在引力场的惯性系统中所看到的运动完全相同。这个原理可以形象地描述成：在地球引力场中以 g 为加速度下落的人的感觉，与失重情况下相同；而当一艘太空船以同 g 一样大小的加速度前进时，其中的宇航员的感觉，同在地球上的人一样。等效原理的发现被爱因斯坦当做他一生最愉快的事。爱因斯坦当初凭理性和想象得出的结论，在后来却可以由登上太空的宇航员来亲身验证了！

根据广义协变原理，无论在惯性系中还是在非惯性系中，物理学规律的数学形式都是相同的。这样，相对性原理就由惯性系推广到了非惯性系，从而把狭义相对论变成了广义相对论。这也是这一理论被称为广义相对论的含义。广义协变原理说明，自然界的规律性与我们选择的坐标系无关。

根据广义相对论，时空的性质不但取决于物质的运动，而且也取决于物质本身的分布。物质和运动在决定时空性质方面有等价性。在引力场中，空间不再是服从欧几里得几何学的平直空间，而是服从黎曼几何学的弯曲空间（参见第二十二章），它的弯曲程度取决于物质在空间的几何分布。物质密度大的地方引力场的强度也大，时空弯曲得厉害。其中时间的弯曲是指时间流逝节奏的变化；在广义相对论的空间，把绝对真空看做一个物理实体已经没有意义了。狭义相对论指出时空的性质取决于运动，广义相对论进一步指出，时空的性质还取决于物质本身的分布。

在牛顿眼里，时间均匀流逝，空间平直广延，物质、时空和运动各行其道。在爱因斯坦眼里，"物质告诉时空怎样弯曲，时空告诉物质怎样运动"。物质、运动和时空三者之间有不解之缘。从绝对时空的观点看，月球围绕地球运动的轨道是一个椭圆，维持这种运动的力量是万有引力。从相对论的观点看，物质、运动和时空之间有一体的关系，由于地球的质量使其周围的空间弯曲，月球只不过是在弯曲了的空间中沿最短的路径做匀速运动而已。至此，牛顿理论体系中的所有基本概念：时间、空间、物质、运动、质量、能量、引力等及其相互之间的关系，都被爱因斯坦赋予了全新的含义。而这种新的含义，不但引起了一场物理学革命，而且直接深刻地影响了天文学，引发了人类宇宙观的一次革命。

按照广义相对论，爱因斯坦曾预言了三个重要效应。（1）水星近日点的进动。① 按牛顿理论的计算值与实际观测值相差甚远②，广义相对论的计算值则与实际观测值十分接近。（2）光线在引力场中弯曲。这是引力场周围空间弯曲的必然效应。1919年，由英国人爱丁顿（1882—1944）率领的日全食观测队在巴西的索布拉尔和非洲的普林西比所拍摄的当时在太阳附近的恒星照片显示的结果，证实了这一预言。（3）光从引力场强的地方传向引力场弱的地方，频率会变低，谱线整体上会向红端移动。这便是所谓光谱线的引力红移。1925年美国人亚当斯（1876—1956）对天狼星暗伴星观测的结果，确认了爱因斯坦的这一预言。1960年以后，太阳光谱线的引力红移也被庞德（Robert Pound）和雷贝卡（Glen Rebka）等人利用穆斯堡尔效应在地面实验室中测定，其结果（波长的$2/10^5$）与理论值是一致的。

爱因斯坦的相对论不但丰富了科学理论，也留下了不少科幻趣闻。为了解释时间对不同的运动来说以不同的速率流淌，爱因斯坦曾打过这样的比方："如果你在一个漂亮的姑娘身旁坐一个小时，你只觉得坐了一小会儿；反之，如果你坐在一个热火炉上，一小会儿就像一小时。"还有人曾假设，一对双胞胎，一个乘飞船去星际旅行，一个留在地球。旅行者归来时，二人中谁更年轻呢？仅以运动的相对性和钟慢效应，无法说清这个问题。爱因斯坦的回答是"旅行者更年轻"。因为飞船离开、调头及降落时的正反向加速，使飞船上的时间流逝节奏变慢了。为了验证，后来有人把两台原子钟对准，将其中一台放到飞机上绕地球长期飞行，返回后发现飞行钟的确走得慢些。按照慢的节奏，有人想象，若星际旅行者的速度是99.9%的光速，当他10年后返回时，地球上已过了200年！"天上才几日，地下已千年。"这句中国神话小说中的情景，在相对论中居然变成了科学的推论！

值得提到的是，目前相对论的结论也面临一些挑战。

第一是关于引力波的预言与探索。物理学家普遍认为，电荷的加速能产生电

---

① 行星绕太阳运动的椭圆轨道很缓慢地在它自己的平面上旋转，使得行星每运行一周，近日点便移动一个角度，其中以离太阳最近的水星为最大。

② 1859年法国人勒威耶曾发现了这一点，1882年美国人纽康（1835—1909）测定的相差值为每100年43″。

磁波，那么，从理论上来说，物质的加速运动也辐射引力波。物质是产生引力的源泉，就像电荷是电磁场的源泉一样。这两种波传播时都无需介质。根据爱因斯坦 1918 年计算的结论，相同质量的物质体系，其分布的不对称性越高，变化的速率越大，辐射出的引力波越强。现代天文学研究认为，恒星演化末期，由于引力塌缩引起超新星爆发，向外高速并不对称地抛射大量物质，应该伴随着强烈的引力脉冲辐射。这是目前探索引力波的主要目标。1992 年物理学诺贝尔奖得主约瑟夫·泰勒和拉塞尔·赫尔斯得奖的原因就是在 1974 年发现了一个距地球 1.5 万光年的脉冲双星，并对之进行了十多年的研究，发现其由于不对称性和高速的轨道运动而有强烈的引力辐射，辐射的能量使轨道周期变短，与广义相对论的预测十分符合。但这只是一个间接的证据。

第二是超光速存在吗？爱因斯坦认为，不存在超光速，不存在瞬时超距作用，若没有等于或小于光速的物理信号建立联系，空间中分离的客体是彼此独立的（即可分隔性原理）。20 世纪 70 年代以来，现代物理学的进展有种种迹象表明，超光速运动和超光速作用可能是存在的。如射电天文学发现，半径大于一光年的河外射电源 3C273，能在几个月内发生整体的明亮变化。如果光速是不可超越的，河外射电源发生这种变化所需的时间就一定在一年以上。

十分迅速的亮度变化意味着上面存在着超过光速的相互作用。另外，克莱和克劳奇 1974 年观测研究了广延大气簇射现象，在英国《自然》杂志上发表文章，说通常接近光速的簇射粒子到达地面之前，实验装置已经记录到非随机信号。他们认为，这可能是超光速粒子引起的。

原子核物理学的进展

(1) 现代"炼金术"

1919 年，卢瑟福用 α 粒子轰击氮，得到了氧和氢核（质子），首次用人工方法实现了从一种元素向另一种元素的转变。从现代的观点看，古代和中世纪的炼金家们企图把铁或汞变成黄金的想法，也是企图实现一种元素向另一种元素的转变，波义耳的元素说彻底否定了这种转变的可能性。但卢瑟福的实验又实现了古人梦寐以求的奇迹！卢瑟福在 1921—1924 年间用多种材料做实验，证明有十几种轻元素都可以像氮原子那样在 α 粒子的轰击下发生衰变，成为另一种元素的原子。卢瑟福的发现开辟了核物理学的新天地，并且深刻影响了现代化学。

（2）中子的发现

1920年6月，卢瑟福根据原子量和原子电荷之间的差设想，原子核中可能存在着质量与质子相同的中性粒子，当时他领导的实验室还制定了企图把这种粒子从轻元素核中打出来的计划，但没有立即取得成功。1932年1月，居里夫人的女儿伊雷娜·居里（1897—1956）和她的丈夫约里奥·居里（1900—1958）用很强的钋源放出的α粒子轰击铍，发现铍在衰变时辐射出了一种贯穿力很强的不带电的粒子流，它能把氢核从含氢的石蜡中撞出。由于他们没有注意到卢瑟福曾提出的设想，便把这种中性粒子猜想为光子。卢瑟福的学生查德威克（1891—1974）了解老师关于核中存在中子的设想，并多次想找出它，在听到小居里夫妇的实验结果后立即意识到那种贯穿力很强的粒子可能正是中子，并马上重复他们的实验，发现中性粒子具有静止质量，其速度也比光速小得多，便得出结论：约里奥·居里夫妇所发现的中性粒子流不是光子，而正是人们一直企图寻找的中子流。

查德威克关于发现中子的札记发表在1932年2月的英国《自然》杂志上，这离小居里夫妇的实验仅仅一个月。就在这一年，海森堡和苏联人伊凡宁柯（1904—?）分别独立地提出了原子核是由质子和中子组成的理论。这种理论进一步解释了元素周期律。此后的实验还证明，中子可以从不同的元素中打出，从而确认了质子和中子组成原子核的理论。

（3）中微子的发现

1914年查德威克在研究各种物质发出的β射线时发现它的能谱是连续分布的，而不像α射线那样，是分立的。这便产生了β衰变中如何满足能量守恒定律的问题。物理学家们为解释这个现象提出了各种猜想，玻尔甚至认为能量守恒定律只是在总体上成立，发射慢β粒子时，多余的能量可能是无中生有的。

1931年泡利提出一种设想：放射性物质在发生β衰变时除了放出β粒子外，还要放出一种质量极小的中子，这样难题就可解决。由于一年后查德威克发现了质量很大的中子，费米（1901—1954）便把泡利设想的质量极小的中子改称为中微子。接着，泡利于1933年提出了完整的中微子假说：β衰变能被β粒子（电子）、中微子和剩下的原子核分占，从而使β粒子的能量从零连续地变化；中微子质量小，穿透力强，在实验中没有被观测到。

1934年，费米受海森堡关于中子是质子与电子的复合体的推测启发，依据泡利的假说，提出了定量的中微子理论：β衰变的本质在于原子核中的一个中子转变为质子，这是核子从一个量子态向另一个量子态的跳迁，跳迁过程中放出电子和中微子，这实际上是今天所说的反中微子。由于中微子难以探测，物理学界十分勉强地接受了泡利和费米的理论。

直到 1953—1956 年间，美国人莱尼斯（1918—）和柯文（1919—）才通过巧妙的设计，用反中微子被质子俘获后产生中子和正电子的实验，最终证明了反中微子的存在。1956 年，美国人戴维斯从实验中探测到了中微子。1965 年，物理学家们又探测到了来自太空的中微子。中微子的发现证明：能量、动量与角动量守恒定律在放射性元素的衰变过程中是依然成立的。

（4）**重核裂变的研究**

约里奥·居里夫妇 1934 年用钋源放出的 α 粒子轰击铝靶时发现，铝靶在受到轰击时发射出了中子和质子，停止轰击时仍能持续几分钟发射出 β 射线。他们继续研究后发现，α 粒子与铝结合后变成了磷的同位素^{30}P，它是自然界不存在的，稳定性极差，在放出正电子后最后变成稳定元素硅。此外他们还发现用 α 粒子轰击镁、硼等轻元素后亦能产生人工放射性元素，这是一个重大的发现。[①]

费米设想，用不带电的中子代替 α 粒子作为炮弹，不仅可能使稳定的轻元素成为放射性元素，而且还可能使稳定的重元素转变为放射性元素，因为中子不受原子核中正电荷的排斥。在 1934 年的几个月内，费米与他的助手们先后轰击了 63 种元素，得到了 37 种放射性元素。在用中子轰击银时费米发现，在中子源和银靶之间放有石蜡时，银的放射性提高了 100 倍。费米认为，这是由于中子在到达银靶前先击中了石蜡中的氢核（质子），速度减慢了，在银核周围停留的时间更长了，所以比快中子更容易被银核所俘获。此后他用水代替石蜡，并用进一步的实验证明了慢中子效应，从而开创了用慢中子进行核反应的方法。

为了制造出当时没有的 93 号元素，费米用中子轰击了 92 号元素铀。在第一次轰击中，中子被吸收，生成物中放出了 β 射线，费米认为他希望找到的 93 号超铀元素已经找到。当时（1934 年）德国人哈恩（1879—1968）和奥地利的犹太人迈特纳（1878—1968，女）为了验证费米实验的结果，也用慢中子轰击了铀，但在分析生成物时他们发现了 93 号、94 号元素以及其他元素，并测定了这些元素的化学特性。

1938 年，迈特纳在希特勒迫害犹太人时不得不到瑞典的斯德哥尔摩避难，哈恩则与斯特拉斯曼（1902—1980）一起继续研究，并于 1938 年 12 月公布了他

[①] 约里奥·居里夫妇因此同获诺贝尔奖。皮埃尔·居里夫妇也曾同获诺贝尔奖，居里夫人又曾单独获奖。一门两代五次获奖，这是 20 世纪科学史上很动人的佳话。

们用中子轰击铀后的新发现：产物中出现了原子序数为 56 的钡，而铀元素如果不分裂为大小相近的两半，就不可能生成钡。哈恩在论文发表之前就把实验结果和存在的疑难告诉了迈特纳。迈特纳在和她的侄子弗立希（1904—）讨论了哈恩的实验结果后，根据玻尔刚提出的原子核"液滴模型"设想，铀原子核在受到中子轰击后可能像细胞分裂那样进行了一种分裂，钡与其他元素正是核分裂的产物。① 迈特纳在比较了反应前后物质的原子量后，还发现了"质量亏损"现象。② 按照爱因斯坦的质能关系式，这意味着巨大能量的产生。他们把这些看法告诉了玻尔，并于 1939 年 2 月在《自然》杂志上发表了论文，正确分析了哈恩的实验结果，并特别指出，由于质量亏损，核分裂后的两部分物质会具有巨大的动能。

核武器的出现

1939 年 1 月 6 日，玻尔到美国出席一次物理学家会议，把原子核分裂的消息告诉了与会的科学家们，这些人兴奋无比，很多人立即着手研究，在数周内，一再证实了铀裂变的存在，并发现了铀裂变时原子核放出的巨大能量。同年，费米从意大利来到美国，并从玻尔处了解了核裂变的消息，明白了他找到的超铀元素其实是裂变的产物。费米错过了一次重大发现的机会。不过，费米和约里奥·居里夫妇、在美国的匈牙利人西拉德（1898—1964）等人进一步考虑并论证了在铀裂变中产生链式反应③的可能性。毫无疑问，链式反应的实现，会在极短的时间内放出巨大的能量，从而为制造原子武器提供可能。同年 3 月，费米便拜访了美国海军负责人，向他阐述了制造原子弹的可能性，但没有立即得到采纳。

由于德国的科学家曾参与了核裂变研究，还由于当时美国的情报证实纳粹分子正在组织人力研究链式反应，在美国的物理学家中有人感到，有必要抢在德国

---

① 哈恩后来因此得了 1944 年诺贝尔化学奖，但他却在许多重要场合都回避迈特纳的贡献。参见[美] 汝茨·丽温·赛姆：《丽丝·迈特纳——物理学中的一生》，南昌，江西教育出版社，1999。

② 元素原子发生聚变或裂变后，生成物的质量（和）小于参加反应物的质量（和）的现象。具体说，中子和质子结合成原子核后，原子核的质量小于原来中子和质子的质量和。而重元素铀的原子分裂后，生成物的质量和小于铀元素的质量。

③ 铀原子分裂时放出 2 个以上的中子，作用于 2 个新的铀核，使之裂变后放出 4 个中子，继而作用于 4 个新铀核，放出 8 个中子……从而使裂变自发持续地进行。

之前制造出原子弹。1939 年 8 月，一封由西拉德谋划、由最有声望的科学家爱因斯坦签名的信，经一位与白宫关系密切的经济学家萨克斯交到了美国总统富兰克林·罗斯福（1882—1945）手中。1940 年，在英国的弗立希和他的同事佩尔斯认为用很少的纯铀就可能制成原子弹，并就此向英国官方提交了一个报告，引起了英国政府的重视，英国人可能秘密通知了美国政府。同年，在美国的物理学家们采取了共同保守有关核裂变和链式反应研究全部秘密的紧急措施。

1941 年 12 月，美国制造原子弹的"曼哈顿工程"正式上马，由军方的格罗夫将军负总责，科学家奥本海默（1904—1967）被任命为洛斯阿拉莫斯实验室主任，领导原子弹的设计和研制；康普顿负责裂变材料的制备；费米则负责原子能反应堆的建造。1945 年 7 月，世界上第一颗原子弹在美国西部沙漠上试验成功。在现场观察这次试验的奥本海默，望着原子弹爆炸的壮观景象，忽然想起一首古印度圣诗中的句子：漫天奇光异彩，有如圣灵逞威；只有一千个太阳，才能与其争辉。同年 8 月，美国在日本的广岛和长崎分别先后投下了两颗原子弹，它们的爆炸是人类历史上最惨烈的第二次世界大战的巨大尾声。

第二次世界大战后，苏联于 1949 年 2 月①，英国于 1952 年 1 月，法国于 1960 年 2 月，都成功地爆炸了原子弹。1964 年 10 月，中国继美、苏、英、法之后加入了拥有核武器国家的行列。印度也于 1974 年爆炸了一颗核装置，并于 80 年代拥有了核导弹。1998 年，巴基斯坦也完成了核武器的成功实验。

在发现重核裂变产生巨大能量的前后，物理学家们还发现，把轻核聚变成中等质量的原子核之后会放出更为巨大的能量。自然界元素的这种性质与不同元素原子核的平均结合能有关。② 由于中等质量的原子核平均结合能最大，故把重核分裂或把轻核聚合成中等质量的原子核，都会发生质量亏损，并同时向外放出能量。而由于轻核的平均结合能相对最小，故轻核聚变时放出的能量要比重核裂变时放出的能量大得多。但轻核只有在高温下才能克服库仑斥力，实现聚变，而重核裂变技术的成功使这种高温条件成为可能。1952 年 11 月，美国试验成功了第一颗核聚变武器——氢弹，9 个月后，苏联的氢弹也爆炸成功。1967 年，中国也成功地爆炸了第一颗氢弹。由于氢的同位素氚（可作为聚变材料）在氢元素中占

---

① 苏联物理学家库尔恰托夫（1903—1960）领导了原子弹的研制，萨哈罗夫（1921—1989）在苏联氢弹研制方面贡献较大。

② 核子结合时由于产生质量亏损而放出的能量叫结合能，不同的原子核有不同的结合能。某种元素原子核的平均结合能等于其结合能与其核子数之比值。

1/6 000，而氢在地球上，尤其在海洋中是取之不尽的，故核聚变被人们视为最丰富的潜在能源。

核武器 60 多年来的发展对世界的军事、政治格局及国际关系产生了不可估量的影响。从 20 世纪 40 年代末到 80 年代中期，美国和苏联都竭尽全力扩充自己的核武库。据估计，80 年代中期美苏各自拥有的核弹头接近 2 万枚，它们可以由陆基发射井发射，也可以由潜艇发射，亦可以由远程飞机运载投射，据估测，其总当量足以将地球毁灭几十次。这种状况导致了人们对未来战争的新观点：核大战中将没有胜利者，因而谁也不敢轻易发动世界大战。但双方都采取了确保相互摧毁的战略，发展可以承受核袭击的第二次打击力量，世界处于核战争威胁的恐怖和平之下。参与制造第一颗原子弹的科学家费米在其弥留之际，就担心原子弹有使文明毁灭的可能，因为只要有一个疯子在一个大国里掌握了权力，就会使用原子弹。而从历史来看，狂人掌握大国国柄的情况每几个世纪总会发生，他推测，如果幸运的话，文明大概也就只能延续不多的几个世纪。费米临终前还特别让人把极力推进美国氢弹计划的特勒（1908—2003）找来，与他谈话，为的是在自己临别世界时再做一件有益于人类的事。① 但特勒还是积极参与了美国政府完成了自己的计划。

20 世纪 80 年代后期，戈尔巴乔夫在苏联当政后改变了其世界战略，开始和美国谈判。1987 年 12 月，美苏在华盛顿签订了削减全部中短程核武器的协定。但这部分核武器的当量约占美苏核武库全部当量的 5% 左右。在此基础上，双方继续进行各削减 50% 战略核武器的谈判。1991 年 10 月初，美国总统老布什宣布美国单方面全部销毁战术核武器。1993 年 1 月，即将离任的老布什总统和苏联瓦解后担任俄罗斯总统的叶利钦签署协定，决定在 10 年内将双方各自的战略核武器削减 2/3，各方只保留 3 000 枚至 3 500 枚战略核武器。目前在最机动的海基战略核武器方面，美国仍占据优势，约有 5 000 多枚核弹头。1996 年 9 月 10 日，《全面禁止核试验条约》在联合国会议上通过并开始开放性签字。中国等 56 个国家首批签署了该协议。不过，印度和继印度之后也拥有了核武器的巴基斯坦仍坚持核试验，给核裁军带来了新的变数。2000 年，俄美第二阶段削减战略核武器条约的谈判正在政府间进行，并交由双方议会投票。据此，双方决定把各自保有的战略核武器削减至 2 000 枚至 2 500 枚，然后再将这个数字减到 1 500 枚。

---

① 参见 ［美］埃米里奥·塞格雷：《永远进取——埃米里奥·塞格雷自传》，301 页，上海，东方出版中心，1999。

基本粒子物理学的进展

（1）核力和基本粒子

在认识到原子核是由质子和中子组成的之后，物理学家们开始探索是什么力将许多带正电的质子与中子紧紧结合在一起形成原子核的，也就是说，能克服静电斥力的核力来源是什么？1935年，日本人汤川秀树（1907—1981）提出了关于核力的介子理论：正如带电粒子通过交换光子而产生电磁作用一样，核子（质子和中子）之间由于相互交换一种粒子而产生核力场，从而把核子结合在一起，形成稳定的原子核。当然，核力是一种强相互作用力，也同时是一种短程力，作用范围限制在原子核中相邻核子附近。由于汤川秀树预言的粒子质量介于质子和电子之间，它的名字最后被称为介子。1947年，英国人鲍威尔（1903—1969）领导的小组用乳胶探测技术从宇宙线中发现了汤川秀树预言的介子，它被命名为π介子。1949年，美国的科学家们利用粒子加速器获得了π介子。

基本粒子研究的进展在很大程度上依赖于加速器。1929年，英国人科克罗夫特（1897—1967）和瓦尔顿（1903—1995）发明了加速质子的电压倍增器。1930年美国人劳伦斯（1901—1958）发明的回旋加速器尤为有效，对核物理研究起过重要作用。1931年美国人范德格拉夫（1901—1967）还发明了高压静电发生器。至1947年时，物理学家们已发现了光子、正反中微子、正负电子、正负μ子、三种π介子、中子和质子等12种基本粒子。20世纪50年代，由于大型高能加速器、气泡室、火花室的出现，至60年代，已发现了100多种基本粒子，其中包括反质子和反中子，以及通过强相互作用产生、通过弱相互作用①缓慢衰变的奇异粒子，还认识到，所有基本粒子都有共振态②，它可以被视为粒子通过强相互作用产生后、发生衰变前的一个极短时间内的特殊不稳定状态。

（2）弱相互作用下宇称不守恒的发现

左右对称是一个古老的观念，它体现在人类生活的许多方面。自然界中也存在着许多对称现象，如树叶、许多动物的外形、尤其是鸟和昆虫的飞行器官。物

---

① 即基本粒子在衰变过程中发生的相互作用。弱相互作用力是短程力。

② 1952年费米在用π介子束轰击质子时发现π介子的散射几率会突然增加，并出现高峰，像弦的共振一样，但持续时间极短。

理学中的对称是指运动规律的空间对称性。"为了再进一步解释这一点，假定存在着这样一个镜中人，他的心脏在身体的右侧，其他内脏也处在同我们相反的一侧，而构成他身体的分子（例如糖分子）也是我们身体的镜像，再假定他所吃的食物也是我们所吃食物的镜像，那么，按照过去的物理定律，他的身体机能就应该和我们的完全一样有效地进行。"①

微观粒子运动的空间对称性是用宇称来描述的。如果一个粒子的波函数在空间变换下改变符号，即：$\psi(-x, -y, -z, t) = -\psi(x, y, z, t)$，该粒子便具有奇宇称（定义为 -1）。反之，如果一个粒子的波函数在空间变换下不改变符号，即：$\psi(-x, -y, -z, t) = \psi(x, y, z, t)$，则该粒子具有偶宇称（定义为 $+1$）。1956 年以前，物理学家们认为，多个粒子的体系在转化过程中总宇称是守恒的：一个奇宇称粒子和一个偶宇称粒子作用生成两个新粒子，其中必有一个奇宇称粒子和偶宇称粒子。如果反应前的两个粒子都是奇宇称粒子，则反应后它们要么都是奇宇称粒子，要么都是偶宇称粒子。在多个粒子体系中，整个体系的总宇称为各个粒子宇称的乘积。

1954—1956 年间，物理学界出现了所谓 "τ-θ" 之谜。在质量、电荷、寿命上相似的 τ 介子和 θ 介子衰变后产生了不同的结果：τ 衰变为 3 个 π 介子，π 介子的宇称为 -1，故其总宇称为奇；θ 衰变为 2 个 π 介子，其总宇称为偶。美籍华人杨振宁（1922—）和李政道（1926—）二人认为，要么 τ 和 θ 不是同种粒子，要么宇称守恒定律在这里不成立。通过进一步研究分析，他们认定 τ 和 θ 是同一种粒子，宇称守恒定律在弱相互作用下不成立。为了验证这一想法，他们提出了实验设想：安排两套奇异粒子衰变的实验装置，它们互为镜像，然后检查这两套装置仪表上的读数是否总是相同。这套实验由吴健雄、安伯勒、海渥德、霍卜斯和哈德逊等人完成了。实验结果表明，两套仪表的读数差别非常大，弱相互作用下宇称是不守恒的。

（3）夸克及其禁闭

作为比原子更小且构成原子的基本粒子，本身又是由什么东西构成的？20 世纪 30 年代以来就有不少人提出了各种理论模型，其中对参与强相互作用的中子、质子和介子等强子结构的研究最为引人注目。1964 年，美国人盖尔曼

---

① 杨振宁 1957 年 12 月 11 日在斯德哥尔摩接受诺贝尔奖时的演讲，参见杨振宁：《读书教学四十年》，香港，三联书店香港分店，1985。

188

（1929—）提出了关于强子的夸克①模型。盖尔曼通过数学分析认为，中子和质子是由 u、d、s 三种夸克及其反夸克 $\bar{u}$、$\bar{d}$、$\bar{s}$ 所组成的，介子是由夸克和反夸克组成的，夸克的重子数和电荷数都具有分数值。夸克模型解释了介子和重子的性质，还预言了 Ω^- 的存在。后来的实验证实了 Ω^- 的存在，其质量与盖尔曼预计的相当。②

1974 年，美籍华人丁肇中（1936—）领导的小组发现了 J 粒子，同年美国人利其特（1931—）等人发现了 ψ 粒子。当发现这两种粒子是同一种时，它被命名为 J/ψ 粒子。由于盖尔曼的 u、d、s 三种夸克不能组成这种新粒子，美国人格拉肖（1932—）预言存在着第四种夸克 c，它被发现后，美国人勒德曼（1922—）又于 1977 年发现了 Υ 介子，并从理论和实验上分析 Υ 可能由新的 b 夸克组成。除了上述五种夸克外，物理学家们推测，还存在着第六种夸克 t，并且于 1995 年用实验间接验证了其存在。

在追寻夸克方面，欧洲原子核研究组织，美国布鲁克海文实验室、费米实验室、斯坦福大学加速器中心等都试图取得成功。然而，目前人们还没有找到一种自由夸克。1977 年，美国斯坦福大学的科学家们从实验中得到了分数电荷，宣布证明了自由夸克的存在，但物理学界至今并未普遍认可这一事实。物理学家们还推测夸克由胶子粘合在一起，丁肇中领导的一个研究小组在 1979 年间接证明了胶子的存在。1984 年 7 月，欧洲原子核研究组织宣布找到了 t 夸克，但由于事例太少，其存在还需进一步验证。一直到目前为止，还没有任何人能一睹自由夸克的"芳容"。这便是所谓的"夸克禁闭"。

尽管如此，夸克概念的引入确实给强子的分类和研究带来了方便。据此作出的一些预言得到了令人满意的证实，从而使物理学家们觉得，夸克决不单纯是一种数学符号。不过，在实验中也发现了一些无法用夸克模型解释的现象。关于这一难题，有的物理学家认为 20 世纪的高能加速器还不能产生足以把强子打碎的能量；有的则认为目前的夸克模型还需要进一步修正；也有的认为强子被打碎后，夸克很快就转变成为其他粒子，存在的时间太短暂，所以才致使人们无法得到自由夸克。占主导地位的意见认为：夸克禁闭可能与真空的性质有关，也许真

---

① 夸克的名字出自爱尔兰作家乔依斯的长诗《芬尼根的彻夜祭》中的一句话："Three quarks for muster Mark"，即"为马克检阅者王，三声夸克！""Quark"是一个象声词。盖尔曼提出夸克模型时，只是为了克服理论上的困难，追求数学上的完美，甚至他本人也对夸克的存在表示怀疑，并不认为它是一个实在的物理客体。

② 1965 年，中国的物理学家朱洪元、胡宁、戴元本、何祚麻等人提出了关于强子结构的层子模型，指出层子可能具有整数电荷，也可能具有分数电荷，这一点可以通过实验来验证。

空不空，物质、夸克和反夸克及胶子在这里不断相互作用，变幻着强子的结构图像。因此，找到夸克有赖于揭示真空的本质。

人类能否找到自由夸克，目前还很难说。

探索终极理论

爱因斯坦晚年曾致力于统一场论，企图用一种理论来说明引力作用和电磁相互作用，但他没有取得成功。当强相互作用和弱相互作用被发现后，物理学家中有人设想能有一种描述这四种相互作用的统一理论。

1961 年格拉肖发表的一篇论文为弱相互作用与电磁相互作用的统一奠定了基础。美国人温伯格（1933—）和巴基斯坦人萨拉姆（1926—）分别于 1967 年、1968 年独立地提出了电弱统一的规范理论。这个理论解释了已知的弱相互作用和电磁相互作用的基本规律，并预言了弱中性流和传递弱相互作用的 W^+、W^-、Z^0 粒子的存在。1973 年，欧洲原子核研究组织和费米实验室都找到了弱中性流存在的证据。1983 年，欧洲原子核研究组织宣称发现了以上三种粒子，其初测质量与电弱统一理论的预言完全一致。然而，能否建立把自然界四种基本作用力统一起来的大统一理论呢？

在 1968 年，意大利人加布勒·维尼齐亚诺（Gabriel Veneziano）提出了弦理论。后来，一些物理学家发展了这个理论，其中有约翰·施瓦茨（John Schwarz），爱德华·魏廷（Adward Witten），米歇尔·格林（Michael Green）等人。弦理论认为，目前可观测的包括夸克在内的不同的基本粒子，有不同的性质，反映了弦的不同的振动频率，就像不同的琴弦都有其共振的频率一样。所以，万物在最微观的层次上，是由振动的绳子"弦"组合在一起的。在他们看来，弦理论有可能解释宇宙赖以构成的基本粒子和时空的所有基本特征，因而它可能是一个"包罗万象的理论"（theory of everything），或者是一个"终极理论"。①

根据弦理论，空间最大的维数是 11 维，因而人类对时空性质的认识，似乎可以超越爱因斯坦的广义相对论。弦理论对微观粒子的理解和描述，似乎也超越

---

① 关于弦理论，可参见 [美] 米切奥·卡库、[美] 詹妮弗·汤普逊：《超越爱因斯坦》，陈一新、陆志成译，长春，吉林人民出版社，2001；[美] B. 格林：《宇宙的琴弦》，李泳译，长沙，湖南科学技术出版社，2002；[美] S. 温伯格：《终极理论之梦》，长沙，湖南科学技术出版社，2003。

了量子力学遇到的根本性难题。《宇宙的琴弦》一书的作者格林（Brian R. Greene）认为，弦理论"已经带来了令人惊奇的关于空间、时间和物质的新认识。将广义相对论与量子力学和谐地统一起来，是它的主要成功。而且，与其他理论不同，弦理论有能力回答有关自然最基本的物质构成和力的原初问题"。他甚至乐观地推测："如果弦理论是正确的，我们宇宙的微观结构将是一座错综复杂的多维迷宫，宇宙的弦在其中不停歇地卷曲、振动，和谐地奏响宇宙的旋律。"不过，作者也非常清楚："说到底，还得靠确定的可以检验的预言来决定弦理论是否真正揭开了宇宙最隐秘的真理的面纱。"①

寻找反物质

人类在认识物质世界和精神世界时发现了许多相反的事物，例如光明和黑暗、生和死、善和恶等。从哲学的角度看世界，世界是物质的，是否存在着同我们已知的物质相对立的"反物质"呢？

由于狄拉克 1928 年建立的相对论电子运动方程中包含了负能解，为解释这种负能解，他预言了与电子对称的带正电荷的粒子（正电子）的存在。1932 年 8 月，美国人安德逊（1905—1991）在和他的助手研究宇宙射线时发现了正电子。正电子的发现使人们看到，物质世界远比预想的复杂。如果狄拉克的理论是普遍和正确的，就还会有反质子、反中子乃至反物质世界的存在。自第一个反粒子发现之后，物理学家们都倾向于认为，一切粒子都有反粒子，它与粒子具有相同的质量、寿命和自旋，相反的电荷和磁矩。

1955 年，美国人塞格雷（1905—1989）和张伯伦等人合作，利用高能质子同步稳向加速器，成功地产生了反质子。自 20 世纪 50 年代起，随着反质子的发现，兴起了反核子物理研究，这种研究的深广程度涉及一个反物质世界。人们发现，正反核子湮灭时将放出各种介子和巨大的能量，由此可以产生许多奇特的现象。

反核子物理学研究的基本方法，是利用反电子和反质子构造出反物质原子——反氢。不过，人造的反电子和反质子能量都很高，不能相互结合。科学家预测，为了使反电子和反质子安定下来，"和平共处"，从而结合成稳定的反氢，需要将它们的能量降低到千分之一电子伏特以下。1983 年以来，位于日内瓦附

---

① ［美］B. 格林：《宇宙的琴弦》，李泳译，17 页。

近的欧洲原子核研究组织一直致力于制造反氢。1996年1月，该组织宣布成功合成了反氢。但据说实验中只产生了9个反氢原子，且仅仅存在了三亿分之四秒！

1998年丁肇中主持设计了AMS（阿尔发磁谱仪）实验，当年6月2日至12日，美国"发现号"航天飞机载着它飞行了10天，记录了2亿个事件，估计大约发现了2 000个反电子，1 000个反质子，但这还不等于发现了反物质。AMS于2002年1月19日再次升空，又在空间工作了几年。但人类寻找反物质并非易事。

反物质的研究关系到人类对现代物理学理论的重新理解和验证，也关系到对时空和物质的重新理解。人造反物质若能实现，或者在宇宙中发现反物质，无疑会大大改变人类对物质世界的认识。在天文学领域，有科学家宣称在银河系中央有一个反物质喷射源，喷出的反物质高达数千光年之远。然而，现在还没有把握确定反物质的存在。

第十八章

元素可变和新化学理论

好的理论模型为实验人员提供了指导，并给他们节省了时间。福井和霍夫曼二人的理论，是我们对化学反应过程认识进程中的里程碑。

瑞典科学院关于 1981 年诺贝尔化学奖的说明

转引自高之栋：《自然科学史讲话》

对元素周期律的新认识

波义耳重新构建了元素概念后，人们开始发现越来越多的元素。门捷列夫发现的元素周期律是近代化学知识的系统总结和最高成果。根据门捷列夫的周期表，人们开始有目的地寻找新元素。如果说化学元素是"宇宙之砖"，它们究竟有多少块呢？

1895 年，英国人莱姆塞（1852—1916）发现了惰性元素氩和氦，并推测存在一个以氦为首的惰性元素族。两三年后，他预言的氖、氪、氙等惰性元素被发现，惰性元素族（在周期表中为零族）的元素除氡之外已被全部发现。紧接着，1899 年发现了锕，1901 年发现了铕，这样，当时周期表中的 92 个位置只剩下八九个空位了。

1902 年，卢瑟福和索迪（1877—1956）发现 α 射线便是氦离子，放射性元素铀、钍、锕等在不断放出 α 粒子后，最后变为铅，于是提出了元素衰变理论。

元素是可变的，这一观念使周期律的发现者门捷列夫感到震惊，他于当年发表了一个小册子，坚持认为元素不变是周期律得以成立的前提。然而，到 1907 年，被分离和研究过的放射性元素已有 30 多个，它们都在通过衰变转化为其他元素。当时这些放射性元素在周期表中的位置还没有被完全确定，但被波义耳所否定、为近代化学所排斥的古代炼金士的梦想，却在现代核物理和核化学中实现了。

1909 年，瑞典人斯特龙霍姆与斯维德伯格（1884—1971）建议把某些化学性质十分相似的几种元素排列在周期表中的同一格子里，索迪在 1910 年接受了这个建议，将 37 个放射性元素分为 10 类，将用化学方法不能分开的元素放在同一格内，并称它们为"同位素"。从此，化学家们开始认识到，某化学元素不只代表一种元素，而是代表一类元素。这也是近代化学家没有想到的。

1913 年，莫斯莱在做过不同元素的 X 射线衍射实验后发现，不同元素的 X 射线光谱不同，把这些光谱按波长顺序排列起来，其次序与元素周期表中的次序是一致的，于是他便把这个次序称为原子序数。正如镥的发明者乌尔宾当时所言，"莫斯莱的定律是精确而又科学的，足以代替门捷列夫的分类法，达到了传奇般的地步"[1]。同年，索迪发现：原子衰变时放出 α 粒子（$_4^2H_e^+$）后，该原子在周期表中的位置会向前（向左）移动两个位置，即原子序数减少 2；元素的原子在发生 β 衰变（放出电子）后，则向后（向右）移动一个位置，即原子序数增加 1。这便是所谓的位移规则，它反映放射性元素可按规则在元素周期表的格子间运动。1920 年，查德威克用实验证明：原子序数在数量上正好等于核电荷数，从而揭示了周期律和原子核中电荷数量的直接联系。这是在原子核层次从物理（电荷、质量）角度揭示元素的化学性质。

1914 年，化学家们在研究了各种放射性元素后，填补了周期表中的许多空位。1919 年，英国人阿斯顿（1877—1945）利用同位素质量不同在电磁场中运动速度不同的特点制成了质谱仪，并发现了许多元素的同位素。随后，他又在 71 种元素中发现了 202 种同位素。到 20 世纪 20 年代末，从 1 号元素氢到 92 号元素铀所组成的元素周期表中只留下四个空位（43 号、61 号、85 号、87 号元素），而且已确定了自然界中氧元素同位素的比例是 $^{16}O : ^{17}O : ^{18}O = 500 : 0.2 : 1$。1931 年，阿斯顿确定了对核反应有重要意义的氘（^2H）和氢之间的比例为 1 : 4 500。1937 年，美国人佩里厄和塞格雷用氘轰击钼，第一次用人工方法创造出了第 43 号元素锝（以往用人工方法得到的只是已知元素的放射性同位素），

---

① 转引自高之栋：《自然科学史讲话》，792 页。

锝的英文含义为"人造的",它的质量为 97 的同位素的半衰期为2.6×10^6年。至 1945 年,92 种元素全部被找到了。

92 号元素铀是否是元素周期表的终点?费米在 1934 年时就曾试图制出超铀元素。1940 年,美国人麦克米兰(1907—1991)和阿贝尔森(1913—)用热中子轰击铀,制出了第一个超铀元素镎。随之,美国人西博格(1912—1999)用氘轰击铀,制出了 94 号元素钚(这种元素成了重要的核燃料)。1944—1961 年间,西博格和乔索(1915—)又制成了 95～103 号元素。104～106 号元素是于 1969—1974 年间制成的。接着,苏联化学家在 1976 年制成了 107 号元素,德国达姆施塔特重离子研究所的化学家在 1983 年制成了 109 号元素。接着又合成了 110～112 号元素。在 20 世纪的 63 年中,人们合成了 20 种元素。2006 年 10 月,美国和俄罗斯的科学家都宣称制成了 118 号元素。现在的问题是,还能制造出多少个元素?

尽管人工方法可以制造出超铀元素,但大多数超铀元素都是短命的,例如 105 号元素的半衰期为 40 秒,106 号元素的半衰期为 0.9 秒,107 号元素的半衰期仅为 2/1 000 秒。德国化学家为了合成 112 号元素,昼夜不停地做了 24 天的实验,只合成出了两个原子,而它们仅存在了数微秒。据说 118 号元素的原子只存在了 1 毫秒就衰退为 116 号元素,在 1 毫秒后又衰退成 114 号元素,然后再衰退成 112 号元素,最后分裂成两半。在这里,人们似乎逼近了一个无法超越的边界。对此,有的化学家提出超重元素稳定岛的假说,认为由质子和中子组成的原子核的大小有一个极限,人们不可能无限地制造最大的元素,就像始终找不到最小的自由夸克一样。

然而,目前人们已发现了足够多的"宇宙之砖",它们是近 500 种各种元素的同位素(其中有稳定的,也有不稳定的)和 2 000 多种人工放射性元素。这完全可以满足化学家们创造新物质和新材料的需要了。

无机化学的进展

除了碳氢化合物及其衍生物外,周期表中的所有元素及其化合物都是无机化学研究的对象。19 世纪的化学家们把原子视为不可分割的基本质点,电子的发现、对原子结构的研究,使化学家们改变了旧的观念;放射性的发现和核物理学的发展,使化学在原子核层次上与物理学结合在一起;尤其是量子力学的理论使原子中电子的运动规律得到了较准确的描述,产生了量子化学。这样,20 世纪化学的基础理论部分在很大程度上已成为研究电子在原子和分子中运动和分布情况的科学。

化学键理论是无机化学中的一个核心部分。它研究化学的一个基本问题：物质是由什么构成的，是怎样构成的？19世纪提出的化学价学说在20世纪发展成了原子价的电子理论。1916年，德国人柯塞尔（1888—1956）从元素原子外围电子得失的角度提出了离子键理论：在化学反应中一部分原子失去电子而形成与惰性元素有相近电子结构的稳定正离子，另一部分原子因得到电子而形成与之具有相似电子结构的稳定负离子，这两种离子因库仑引力而结合。这个理论满意地解释了离子化合物的形成。同年，美国人刘易斯（1875—1946）又提出了解释非离子型化合物形成的共价键理论：两个或多个原子可以相互共有一对或多对电子，从而形成与惰性元素类似的电子结构，彼此组成稳定的分子。共价键理论满意地解释了非极性共价化合物的形成，尤其是单质分子的形成，但它不能解释包括某些有机物在内的极性分子的形成，极性分子体现了共价键的方向性。

1925年，泡利提出了关于原子中电子分布的泡利不相容原理[①]，同时量子力学也在1926年前后产生了，于是化学家们开始把量子力学的理论应用于分子微观结构研究，这便导致了量子化学理论框架中的化学键理论的产生。1927年，德国人海特勒（1904—1981）和美籍德国人弗·伦敦从薛定谔方程出发，研究了氢分子，建立了崭新的化学键概念：分子中电子云在不同原子核之间的集中分布形成了化学键，电子云的形状可以用波函数来描写。这种理论认为，电子云的集中分布也就是电子轨道的重叠，电子轨道能够重叠的条件是：化合前未成对的电子自旋是反平行的。另外，由于键的形成一般在原子电子云密度最大的方向上，所以，原子结合的共价键便显示出一定的方向性（极性）。

1931—1932年间，美国人鲍林（1901—1994）、穆利肯（1896—1986）和德国人洪德（1896—1997）等先后提出了分子轨道理论。1952年，英国人欧格尔为解释夹心型化合物的结构，提出了配位场理论。中国科学家唐敖庆（1915—）对这个理论的发展和应用也作出过贡献。这一理论认为原子形成分子后就失去了原子的个性，应把分子视为一个整体，考察分子中某个电子的运动规律。此后，美国人伍德沃德（1917—1979）和霍夫曼（1937—）于1965年提出了分子轨道

[①] 在一个原子中，不可能有两个或两个以上的电子具有完全相同的运动状态，或任何两个电子不可能有完全相同的一组量子数。

对称守恒原理①；50 年代，日本人福井谦一还提出了前线轨道理论②。这些理论都是为了进一步揭示化学键的本质，指导新物质和新材料的合成。值得说明的是，在 80 年代以前，福井的前线轨道理论在日本并没有引起很大重视。

作为无机化学基础理论部分的内容还有物理化学中的化学热力学、溶液理论和电化学、催化理论和化学动力学等。它们研究反应物和生成物之间的关系、化学反应进行的条件和达到最佳效果的条件等。其中化学热力学进展的重要理论基础是德国人能斯特于 1906 年提出的热力学第三定律：绝对零度时熵变趋近于零。根据这一定律，人们不可能用任何设备和手段使物体达到绝对零度（参见第十三章）。这一理论在化学平衡理论中得到了广泛的应用，能斯特也因此获得了 1920 年的诺贝尔化学奖。能斯特的理论提出之后，解释了高炉生产条件下炼铁反应不可能进行到底（一氧化碳没有被充分利用）的疑难问题，还指出在低于 1.5 万个大气压下不可能把石墨变为金刚石，使人们对化学反应条件有了更深刻的认识。

1923 年，荷兰人德拜（1884—1966）和德国人休克尔（1896—）提出了强电解质静电作用理论，更好地解释了一些浓溶液和电化学现象。20 世纪 60 年代以来，电化学进入了以电极过程动力学为中心的时代，主要研究电能转变为化学能、光和辐射能转变为电能和化学能的途径。这方面的研究对金属冶炼、用电解法生产强氧化剂和强还原剂、电镀、尖端技术设备中的化学电源的生产等方面的技术进步，都产生了推动作用。

催化理论对无机化工和石油工业都十分重要，现代化学工业中 $80\% \sim 90\%$ 的产品都是利用催化剂生产出来的。20 世纪 70 年代以后，量子力学的理论被应用到催化研究方面。80 年代以来，多相催化、匀相催化、酶催化等理论的研究也开始了。

化学动力学研究化学反应的速度及反应过程中的理论问题，其中有碰撞理论、绝对反应速度理论、连锁反应理论等。20 世纪 70 年代以来，借助先进的实验技术，化学动力学已能在原子和分子的水平上研究其态—态之间的变化，向化学动态学发展，并在电化学、光化学、催化理论、激光化学、高能化学中得到了一些应用。

从整体上看，现代无机化学研究的领域已大大扩展，其中有些新学科已越出

①　在许多一步完成的反应中，反应物的分子轨道直接转化为产物的某些分子轨道，在转化时分子轨道的对称性保持不变。

②　分子中的最高占据轨道和最低空轨道（前线轨道）在分子反应中贡献最大。福井谦一与霍夫曼同获 1981 年诺贝尔化学奖。

了传统化学的领域，与相邻学科交织在一起。例如无机固体化学是化学和物理学紧密结合的一个领域，它为制备许多尖端技术所需的特殊固体材料服务；生物无机化学是应用无机化学的原理解决生物化学问题，主要研究金属在固氮、光合作用、氧的输送和贮存、生物体内能量转变等过程中的作用；有机金属化学研究金属元素在与碳成键时的作用，这方面的成果丰富了无机物的配位和结构理论。

另外，现代无机化学的研究方法也有了巨大进步。19世纪的化学分析方法是所谓的经典分析方法，主要靠化学家的经验与简单的实验设备分析化学过程。20世纪以来，由于物理学和工业技术的进步，光谱、光度、红外线、紫外线、光电子能谱、电子显微镜、色层法、X射线衍射、质谱、中子衍射、核磁共振、顺磁共振等分析方法得到了广泛应用，为化学研究定量化和精确化提供了前提。20世纪40年代以后，化学研究开始应用仪器分析，大大提高了化学分析的灵敏度、准确度和分析速度。60年代以来，由于电子技术、微波技术、激光技术、等离子技术、真空技术、电子计算机技术的发展，化学分析的手段已开始实现自动化、数学化和计算机化。

据统计，目前已知的单一物质已有1 000多万种，世界上每周就会有数千种新的化合物问世。在数不清的物质种类海洋中，在气态、液态、固态及其中间态的多种物质形态之间，许多化学家还设想，可根据指定要求，通过理论计算，在分子的层次上设计和制造新材料、新药物。这便是所谓分子工程。不过，当前化学的基础理论部分，尤其是量子化学和化学键理论，仍处于定量与半定量（用经验公式进行近似计算）的水平，化学工程师的工作在较大程度上仍类似凭经验工作的"炒菜师傅"或"泥水匠"，还没有完全达到分子工程师的水平。

有机化学的进展

有机化学研究碳氢化合物及其衍生物。目前已知的有机化合物已达500多万种。由于有机物同人的生活关系密切，所以，有机化学的主要分支在很大程度上都属于应用科学。

20世纪以来，由于内燃机车的出现，石油工业突飞猛进，导致了石油化学的兴起，其研究差不多是直接为石油的化工利用服务的。1919年，美国人建立了以石油轻馏分丙烯为原料生产异丙醇的工业装置，被视为石油化工利用的开端。此后，以石油原料生产乙二醇、环氧乙烷、甘油的工艺也获得了成功。第二次世界大战后，石油的催化、裂化技术取得了进步，石油乙烯成为廉价的化工原料。

20 世纪 60 年代末，世界有机化工产品中有 80％～90％是以石油和天然气为原料生产的。橡胶、塑料、合成纤维三大合成材料的原料几乎全部来源于石油化工，它们的产值当时接近或超过钢铁和有色金属的总和。20 世纪 70 年代末，全世界的塑料产量已接近木材的产量，合成纤维的产量已等于天然纤维的产量，合成橡胶的产量已达到天然橡胶的 2 倍。总之，石油化学工业已成为现代化学工业的重心，也是现代工业的支柱之一。当然，与石油化学关系密切的电石化工也值得一提。电石化工用乙炔（电石）合成乙醛、醋酸、氯乙烯、丙烯腈、丁二烯、塑料、橡胶、合成纤维与合成树脂，是现代化工的一个重要组成部分。

三大合成材料属于高分子材料，与高分子材料关系密切的一个有机化学分支是高分子化学。德国人施陶丁格（1881—1965）于 20 世纪 20 年代末提出了由小分子通过其价键联结成大分子的概念。此后，美国人卡罗瑟斯（1896—1937）在 30 年代发明了尼龙，杜邦公司开始工业化生产尼龙，在此基础上，卡罗瑟斯的助手费洛里（1910—1985）致力于研究以同种组合一再重复构成大分子的理论，使人们有可能按需要设计出具有特定性质的塑料或其他合成物。

1953 年，德国人齐格勒（1898—1973）发现，他可以把一种树脂与铝或钛这类金属的离子连接起来，作为生产聚乙烯的催化剂，从而得到没有分支的长链。这种新的聚乙烯比原来更坚韧，熔点也高得多。在得知齐格勒研制出金属有机催化剂后，意大利人那塔（1903—1979）立即用丙烯进行聚合，并发现生成聚合物中所有甲基都面对同一个方向有规则地分布。因而，齐格勒发现的催化剂被称为配位聚合催化剂。这方面的理论和实验研究，为高分子材料的分子设计提供了一定的依据。

另外，20 世纪 50 年代出现的新型活性染料可以与纤维发生化学反应，使染料和纤维融为一体，耐洗，可印可染，色泽鲜艳，且成本较低，能广泛应用于多种纤维（由于化学的发展和材料科学及农业和医药等问题联系在一起，本书第二十五章还要进一步叙述相关问题）。

第十九章

追寻宇宙边界的天文学

　　我们发现星云越小越暗，数目就越多，由此可知我们的视野正在越来越远地进入太空深处。当我们看到用最大的望远镜能观测到的最暗星云时，那就到达已知宇宙的边界了。

埃德温·哈勃

转引自 J. 希尔克:《大爆炸》

天文观测手段的进步

　　第谷是用肉眼观测天象的，伽利略最先把望远镜指向太空，使天文学进入了望远镜观测的时代。近代以来，望远镜的口径不断增大，观测的距离和清晰度不断增加。① 自 19 世纪照相术发明以来，照相方法也逐步被用于天文研究。1919年英国人爱丁顿率领的日食观测队，就是用照相方法发现了恒星光线经过太阳引力场时的弯曲现象，证明了广义相对论的预言。

---

　　① 望远镜的口径越大，收集到的光线越多，本来看不见的暗弱天体可以看到。口径越大，望远镜的分辨率越高，本来看不清的天体可以看清了。但造大望远镜要求有高水平的光学和精密机械技术。1948年美国在帕洛马山上建立了直径为 5.1 米的光学望远镜，镜面重 5 吨，面积 20 平方米，误差极小。目前世界上最大光学望远镜是西班牙政府、两所墨西哥研究机构和美国佛罗里达大学合作 7 年建成的 GTC (Gran Telescopio Canarias)，它由 36 面镜子组成，直径为 10.4 米。

另外，19世纪以来，由于光学的进步，分光方法在天文研究中得到了进一步应用。分光方法是指让星光通过棱镜或光栅，使之按波长大小排列，形成光谱进而研究的方法。牛顿用棱镜分解日光是分光方法的开始。夫琅合费、基尔霍夫和本生等人开始把光谱与星体上发光的元素联系起来。20世纪由于原子物理学的发展，人们认识到原子发出的特定的光与其电子在不同能级轨道之间的跳迁有关，分光方法趋于成熟。另外，20世纪在研究恒星方面还采用了光度测量方法。这种方法是指测量恒星可见表面每秒辐射出来的能量（单位为：尔格/秒），然后按此把它们分成等级的方法。

20世纪50年代以来，随着航天技术的发展，人们已不再局限于大气层内的天文观测，而开始了大气层外的天文观测活动。在这方面最著名的例子是1990年4月由美国人通过航天飞机送入太空的哈勃望远镜。这架望远镜起初的工作状况不很顺利，修好后传回了在地球表面不可能获得的天文信息：遥远宇宙的深处有织锦画般的星系，它们的形状如人的掌纹一样从不相像，其神奇瑰丽超过画家最狂野的想象。特别值得一提的是，哈勃望远镜还观测了1994年7月发生的苏梅克—利维9号彗星撞击木星的全过程，对这一现象的完整而清晰的观测使人类对太阳系和地球演化中的特殊事件有了深刻的直观认识。

射电天文学

20世纪天文研究最深刻的变化，是射电天文学的出现。射电天文学使天文观测的范围从可见光频率扩展到了所有电磁波谱的频率范围，开辟了对不可见天体的研究，作出了一系列惊人的发现，在某种意义上导致了20世纪天文学的革命性进展。

1928年，美国电信工程师央斯基（1905—1950）参加了贝尔实验室的工作，专门搜索和鉴别电话的干扰信号。1931年他在一些干扰信号中发现了一种每隔23小时56分4秒出现最大值的无线干扰。经过一段分析和研究，央斯基于1932年12月断言：这是来自银河系中心方向的射电辐射。这一发现是用射电波研究天体的开始。

在当时，央斯基的发现并没有引起很大的注意。8年后，美国人雷伯尔（1911—2002）用他自制的直径为9.45米的射电望远镜证实了央斯基的发现，并测到了太阳和其他一些天体发出的无线电波。此后，第二次世界大战期间英国人的军用雷达接收到了太阳发出的无线电辐射波，雷达技术开始被应用于射电天文学。射电望远镜实际就是一种对空间无线电波辐射的接收、显示和分析装置，它可不分昼夜地工作，并可接收到宇宙尘埃后面的天体辐射。

1964年，美国贝尔电报电话公司的彭齐亚斯（1933—）和威尔逊（1936—）在装置卫星通信的角状天线时，发现了一种原因不明、消除不掉的噪声辐射，它相当于3.5K温度的物体的辐射，各向同性，没有季节变化，显然只能是一种宇宙背景辐射。1967年，英国人休伊什（1924—）和一位年轻的研究生乔斯林·贝尔发现了来自天空的强烈射电脉冲信号，并在研究后将射电爆发源称为脉冲星，后来美籍奥地利人戈尔德（1920—）将它称为中子星。这一发现为恒星演化理论提供了新材料。1968年，美国人汤斯（1915—）等人在银河中心区的星际云中发现了氨和水分子的谱线，第二年又发现了甲醛分子的谱线，说明星际存在着有机物质。① 另外，60年代射电天文学家还发现了类星体。类星体是类似恒星的一个点光源，但其谱线的红移量极大，如果用多普勒效应来解释，它的退行速度便可接近276 000千米/秒。如果类星体离我们很远，那么它辐射的巨大能量是如何产生的？如果离我们不远，那么红移现象又是如何产生的？这些都为天文学提出了新的问题。

以上射电天文学的四大发现也给人类提供了宇宙中的特殊信息：星际空间存在着每立方厘米不到一个原子的高度真空，中子星内部的密度达到了每立方厘米10亿吨物质，脉冲星表面有1万亿高斯的磁场，爆发时的恒星会产生100亿度的高温，某些星系与星系核以接近光速甚至看来可能大于光速向外抛射物质等。目前已在天空发现了数万个射电源，接收范围达到了100亿光年以远。这些信息都标志着现代天文学已进入了直观经验难以把握的时代。

20世纪70年代联邦德国建成的射电望远镜直径达到100米，它可接收波长在厘米以下的射电波，并接收到极其微弱的无线电信号。2006年，墨西哥和美国建成了碟型天线盘径为50米的射电望远镜，可接收来自于130亿年前的宇宙毫米波。然而，由于大气层中的臭氧和其他成分会强烈地吸收紫外线、X射线、γ射线等，地面上的射电望远镜仍有一定局限性，随着宇航技术的发展，射电望远镜也将像光学望远镜一样进入地球的外层空间，扩展射电天文学的研究。总之，射电天文学意味着全波天文学，它研究的是眼睛看不见的宇宙信息，所以也

---

① 在此之前，美国人特郎普勒（1886—1956）通过对银河星团距离和大小的对比，提出银河系星际存在着星际物质，约每立方厘米一个粒子，90%为氢。20世纪30年代人们还用光学望远镜在星际找到了甲川和氰基。1944年，荷兰人胡斯特（1918—2000）预言，在星际摄氏零下200度，氢原子会发出波长为21厘米的电磁波。这种波于1951年被射电望远镜观测到了。这些发现和星际有机分子一起，产生了星际化学。

可称为"看不见的天文学"。

宇宙的广度

宇宙无限还是有限？在用肉眼观天的古代，甚至在 20 世纪初期，这始终都是一个无法用观测证据和科学理论来回答的问题。东西方的哲学家们在这个问题上有许多想象和论断。

古罗马哲学家卢克莱修认为，宇宙在任何方向都是无界的：假如有界的话，那就必定在某个地方有一个界限；但是一件东西除了有别的东西从外面去限制它，显然是不可能有一个界限的；因而宇宙在各个方向上都没有尽头。近代意大利哲学家布鲁诺也认为空间是无限的，无论是推理还是感知都不能给它以限制。但也有一些哲学家认为空间虽然无界却是有限的，无限空间是想象的产物。实际上，在任何时代，人们直观经验所能把握的宇宙总是有限的，但人们并不能从直观上肯定自己的经验所感知的是全部宇宙。所以，人们的想象可以超越经验，认为宇宙无限，甚至像卢克莱修那样用经验能够接受的推理方法来论证宇宙的无限；但也可以认为，这种无限只能是逻辑的和想象的，因而是无法体验的，并以此为由，断言宇宙有限。

从观察经验的角度看，20 世纪以来天文观测的宇宙范围越来越广。1923—1924 年间，美国人埃德温·哈勃（1889—1953）用当时世界上最大的反射式光学望远镜（口径为 2.5 米）确认仙女座大星云不是银河系的弥漫星云，而是银河系以外的恒星系统。1943 年，更大口径的望远镜把这个恒星系统的核心部分及其两个椭圆形伴星群分解成一个一个的恒星。这样，天文学家认识的恒星系范围就超出了赫歇耳研究的银河。目前，最大的反射式光学望远镜可看到 30 亿光年远的宇宙，但射电望远镜的出现使人类对宇宙的认识达到了极限。在这种情况下，现代天文学的进展反而趋向认为，"可观测的宇宙是有限的"。当然，现代天文学对宇宙广度或深度的认识，也并不是直观经验性的，而是从某些天文现象，尤其是河外星系谱线红移的现象出发，作出的一种推论。

1912 年，美国人斯里弗（1875—1969）把多普勒效应运用到河外星系的观测时发现，除了仙女座大星云外，所有河外星云都从地球退行而去，其速度远远高于普通恒星的视向速度。由于光源的退行运动在光谱上表现为吸收线整体上向红端的移动，故这种现象被称为谱线红移。此后，哈勃在进一步观测和分析后，于 1929 年确定了星系谱线的红移量与星系到我们的距离粗略地成正比关系。按照多普勒效应，这表明远处的恒星系均在离开我们向宇宙深处飞去，而且距离我们越远的星系，离我们远去的速度就越快。

哈勃关系式第一次揭示了宇宙中恒星系的物理特征。恒星系的普遍退行在当时立刻被解释为宇宙的膨胀，成了弗里德曼（1888—1925）和勒梅特刚提出的大爆炸宇宙论的第一个论据。显然，在接受哈勃关系的情况下，谈论宇宙的中心已毫无意义了。

哈勃当时测出，当星系离我们的距离为100万光年时，其退行速度为150千米/秒，后来的天文学家将这个值估计为30千米/秒。由于距离与退行速度之间是线性关系，故根据哈勃关系式，当星系离我们的距离达到100亿光年时，其退行速度便会达到光速。在这种情况下，这些星系所发出的光和电磁辐射就不能传到地球上来了，所以，我们也就永远无法探测到它们了。根据这种估计和对哈勃常数的最新修正，目前光学望远镜看到的30亿光年远的星系，已达到可观测宇宙五分之一的深度，而用射电望远镜看到的约120亿～150亿光年远的星系，便已达到可观测宇宙的边际了。

不过，这个结论并不是定论。第一，天文学家对星系退行速度与距离之间的比值还有不同的看法；第二，根据广义相对论，星系谱线红移也可以由引力场造成；第三，遥远星系发出的光和电磁辐射也可能由于途中损失而造成红移。在这方面，人们提出了各种不同的解释，并由此提出了各种不同的宇宙演化理论。显而易见，人类不可能轻而易举地解开宇宙的面纱。

对太阳能量的解释

太阳自古以来都是各个民族崇拜的对象之一，是神话的一个源泉。太阳的能量造成了大气层中的风、云、雨、雪、雷、电，孕育了地球上的生命。它的能量——无穷无尽的热和光明、决定人间昼夜与冷暖的力量，是哪里来的？为何如此强大、如此不灭不熄？19世纪中叶，曾发现热力学第一定律的英国人开尔文和曾发现过能量守恒定律的德国人赫尔姆霍兹，都曾先后提出并企图解决这个问题，但19世纪的物理学家对此还是百思不得其解。

爱因斯坦在1906年提出的 $E=mc^2$ 质能关系式，使人们第一次能够设想自然界存在着热、电、磁、光和机械能之外的潜在能量。随着20世纪20—30年代原子核物理学的发展，物理学家开始认识到了原子核反应中由于质量亏损而产生巨大能量的可能性，在这种情况下，美籍德国人贝特（1906—2005）和德国人魏扎克（1912—）于 1938 年分别独立地提出了关于太阳能量的氢燃烧理论。

根据他们的理论，在太阳内部高温、高密和高压的条件下，氢核通过碳的催化或者直接聚变为氦，在这个过程中，大约有1/100的氢转化为能量，这些很少的质量损失会产生巨大的能量。从太阳的能量辐射率可以得出，它每秒要损失 420 吨物质，但太阳中氢的含量非常大，以至于在几百万年中这样失去的氢对总体质量来说仍可忽略不计。这样就说明了为什么太阳可大规模地进行绵绵无期的能量辐射。另外，根据这种理论，依据可以测得的太阳中现存的氦的含量，还可以估计出太阳已存在了几十亿年。

恒星的生命周期

1905 年，丹麦人赫兹普龙（1873—1967）根据他对恒星照片的研究，发现了恒星颜色和光度之间的关系，提出了绝对星等的概念。1914 年，美国人罗素（1877—1957）发表了同样的研究成果。按照他们的发现，用反映恒星颜色的光谱型和反映恒星真实亮度的光度作图，就会在图上得到不同的恒星序列。这种恒星光谱型和光度的分布规律图称为赫罗图。在赫罗图上，绝大多数恒星都分布在一条从左上方到右下方的主序列上，处于主序列上的恒星称为主序星。在图上端的水平带上分布着巨星和超巨星。少量的矮星散布在图的左下角。罗素当初就认为恒星在图上的分布反映了恒星演化的不同阶段，并试图在此基础上用收缩假说来解释恒星的演化，但他无法解释恒星演化过程中巨大的能量和质量变化。

贝特和魏扎克关于太阳能源的热核反应理论提出后，恒星演化的理论便随之产生。1950 年，美国人史瓦西（1912—）指出，恒星从主序星向红巨星的迅速转变可用氢壳层燃烧与核心引力收缩两种模型来解释，这样便能大致描绘出恒星一生的过程。50 年代以来，天文学家以赫罗图为基础，对恒星一生的演化过程作出了这样的描绘：在一定化学成分的前提下，恒星的质量同它的光度和温度存在一定的对应关系。因而，当由恒星内部结构决定的化学成分随时间推移发生变化时，恒星的光度和表面温度便会发生变化，恒星在赫罗图上的位置也会沿一定路线移动。这个过程也就是恒星生命的演进过程。

具体看，恒星的前身是弥漫于星际空间的星云，通过引力坍缩为星胚，并在几十万年的时间内就进入主星序列，成为主序星。主序星正如太阳一样，引力收缩导致了 1 000 万度以上的高温、每立方厘米几千克的高密和几千亿个大气压的高压，于是内部便产生了核聚变，氢转化为氦，释放出的巨大能量以辐射压力和气体压力的形式顶住了进一步的引力收缩，从而保持平衡达 10 亿年到 100 亿年之久的时间。接着平衡被打破，由氦构成的核心越缩越密，燃烧着的氢壳向外膨胀，恒星成为红巨星。在红巨星内部，氦继续聚变为碳，接着碳核继续耗竭，直至聚变成为铁。由于比铁重的元素只有裂变才能产生能量，这时聚变就宣告结束，核能储备告缺，铁核心的恒星进入晚年。

这时，如果一个恒星铁核的质量小于 1.44 个太阳质量，它将通过引力坍缩最终变为白矮星，白矮星内部的物质紧密地挤在一起，产生简并压力，抵住进一步的坍缩，温度变低，颜色变白，在几十亿年的时间里，逐渐冷却，从天文观测的视野中消失。1862 年由美国人克拉克（1832—1897）观测到的由贝塞尔预言的天狼星的暗伴星便是一颗白矮星，它高达太阳 50^3 倍的高密度是量子力学理论建立起来之后才得到解释的（电子达到简并状态）。按照广义相对论，它的谱线将出现引力红移。1925 年，美国人亚当斯（1876—1956）把有巨大色散作用的摄谱仪配置在 2.5 米口径的大望远镜上，果然观察到了与理论推算值大致相同的结果，既证明了白矮星的高密度，又验证了广义相对论。目前，天文学家已观测到了数以千计的白矮星。

如果恒星铁核的质量在 1.44～2.0 个太阳质量之间，最后就连简并电子压力也不能抵住极强大的引力场，恒星猛然坍缩，直到在非常高的密度下，电子与质子结合成为中子为止。最后，这些中子又变成简并中子，形成一个中子星，它内部的密度约等于原子核的密度，直径为数千米的中子星质量就可以超过整个太阳。由于极强的引力坍缩，中子星飞速自转，并以 1 秒左右的周期（1983 年 5 月发现了脉冲周期为 6.133 毫秒的中子星）向外辐射能量，其中有 X 射线、γ 射线和中微子，所以中子星也称为脉冲星。苏联人兰道早在 1932 年就预言了中子星的存在，在美国工作的德国人巴德（1893—1960）和瑞士人茨维基（1898—1974）于 1934 年提出了中子星是超新星爆发产物的假设，奥本海默 1939 年用广义相对论算出了中子星比白矮星还高 1 亿倍左右的质量，休伊什和贝尔 1965 年用射电望远镜最先发现了中子星。在中国北宋时代（1054 年）天文学家发现的超新星爆发遗迹——蟹状星云中，也发现了一颗中子星。到 1980 年为止，已有 330 多颗中子星被发现。

如果恒星聚变后的铁核质量在 2 个太阳质量以上，恒星据说会因为引力坍缩而成为黑洞。根据奥本海默在 1939 年的说法，大质量的天体坍缩到某一临界体积时，会形成一个封闭的边界，强大的引力使界外的物质和辐射只能进入，不能逸出，消失在黑暗中，这便是所谓黑洞。搜索黑洞是现代射电天文学家最热心的目标之一。天文学家们认为，虽然任何光线都不能逃离黑洞，但当黑洞有一个伴星时，会从伴星吸取物质，被吸物质旋入黑洞之前会形成一个发射大量 X 射线的物质盘。目前 X 射线天文学家已普遍赞同这样的看法：X 射线源天鹅座 X—1 可能是个黑洞。支持这一看法的论据是：通过分析这个射线源光学伴星的周期和光变，发现该射线源可能包含超过 8 倍太阳的质量。黑洞的理论是优美的。有人认为，黑洞中可能既没有空间，也没有时间，那里存在时空隧道，是星际飞行的走廊。但目前还无法观察到孤僻的黑洞。对黑洞的认识，也许会给人类的物质观、运动观和时空观带来巨大的变革。

宇宙演化的理论

依据牛顿力学，康德和拉普拉斯提出了太阳系演化的星云说。今天看来，他们的理论只是相当粗浅的猜想。对于具有千亿个银河系的宇宙的演化来说[①]，情况要比恒星演化更为复杂，它不但需要原子核科学，还需要比牛顿力学更具有普遍性的广义相对论，也需要依靠巨大的光学望远镜和射电望远镜对大尺度范围里天体状况的新发现。

不过，19 世纪天文学家关于宇宙的两个佯谬却为现代宇宙学指出了探索的方向。第一个是德国人奥伯斯（1758—1840）1826 年提出的光度佯谬：如果无穷大的宇空中存在无限多均匀分布的不动恒星，那么，在射线的任何方向上都会见到有恒星，整个天体表面应该是明亮的，但实际上夜空却是黑暗的。这一佯谬规定了任何宇宙模型都必须满足使夜空黑暗的条件。

第二个是德国人西利格 1894 年提出的引力佯谬：假定宇宙中存在无限多个均匀分布的不动恒星，按照牛顿的万有引力定律和微积分方法计算，则全部恒星对宇宙中任何质点的吸引力将是无限大或是一个不定值，但实际上地球受到的引力就不是这样的。而要让西利格佯谬不起作用，就必须假定宇宙是有一定结构的，天体是非均匀分布的，这样才能解释地球为什么能在自己的轨道上运行。

为了消除上述两个佯谬，1917 年，爱因斯坦发表了《根据广义相对论对宇宙的考察》一文，提出了一个体积有限但没有边界的宇宙模型。这个模型被通称为"爱因斯坦宇宙"。这是第一个现代宇宙模型。当时河外星系的退行还未被发现，爱因斯坦的宇宙模型是一个有物质无运动的静态模型。同年，荷兰人德西特

---

① 据估计，可观测的宇宙中的星系超过 1 000 亿个，银河系为其一，银河系中至少有 2 000 亿颗恒星。参见 [英] 海德·库珀、尼格·汉柏思：《太空知识百科全书》，193 页，太原，希望出版社，2000。

（1872—1934）根据爱因斯坦的考察提出了一个物质密度等于零、但却不断膨胀着的宇宙模型。这是一个有运动无物质的空虚宇宙，后来被称为"德西特宇宙"。

1922年，苏联人弗里德曼在解爱因斯坦引力场方程时得到了各向同性的均匀宇宙时空度规。弗里德曼论证，如果空间几何特性符合欧几里得几何，就得到一个不断膨胀的宇宙；如果空间几何特性符合黎曼几何，就得到一个膨胀和收缩相互轮换的脉动封闭宇宙；如果空间几何特性符合罗巴契夫斯基几何，就得到一个膨胀着的敞开宇宙。1927年，比利时人勒梅特（1894—1966）在研究了"弗里德曼宇宙"模型后，提出了大尺度空间随时间膨胀的概念，建立了"勒梅特膨胀宇宙"模型。

1929年哈勃提出哈勃关系式后，英国人爱丁顿最先把它与宇宙膨胀学说联系起来，认为宇宙膨胀说得到了天文观测的证实。由于爱丁顿因观测到星光在太阳引力场中的弯曲而验证了广义相对论的预言，他的观点提出之后，爱因斯坦、德西特的宇宙与弗里德曼和勒梅特的膨胀宇宙开始引起天文学家们的广泛注意和研究。

弗里德曼和勒梅特的宇宙是一个膨胀着的宇宙，而膨胀总是从物质密度无穷大开始的。1932年，勒梅特从他的模型出发，提出了一个宇宙演化学说，认为整个宇宙的物质最初集中在一个超原子宇宙蛋里，后来发生猛烈爆炸，碎片向四面八方散开，形成了今天的宇宙。但他当时还没有足够的核物理学知识来描述宇宙蛋爆炸后宇宙演化的具体过程和细节。另外，因为当时哈勃所给出的宇宙尺度过小，勒梅特还低估了宇宙的年龄。后来巴德研究河外星系时得出了新的周光曲线（造父变星光变周期与光度的关系曲线），宇宙的尺度有所增加，其年龄也增至约60亿年。但这还不是确定的数字。

1948年，曾多年研究核物理的盖莫夫（1904—1968）完善了勒梅特的理论，提出了系统的大爆炸宇宙学说。大爆炸学说提出后经过一些天文学家[1]的完善，把我们的宇宙追溯到了100亿～200亿年前。据说宇宙蛋爆炸前没有时间存在，爆炸后先后经历了普朗克时代、大统一时代、强子时代、轻子时代、核合成时代、物质时代、复合时代等一系列时代，然后宇宙才开始透明，逐渐形成星系和星系团、恒星和恒星系。在太阳系形成之后，它中间的一颗行星地球，变成了生命的摇篮……显然，这个假说似乎还是一种物理学的神话，但却足以从根本上扫除全部古代创世神话，也超越了近代哲学家们关于宇宙的粗陋臆想。

---

[1] 其中有盖莫夫在美国的同事阿尔芬和海尔曼根两人，以及皮伯尔斯、苏联的泽尔多维奇、英国人霍伊尔·泰勒等人。

大爆炸宇宙论预言，宇宙爆炸后原初辐射达到热平衡时，必定还存在着背景辐射。1964 年美国贝尔电话公司的彭齐亚斯和威尔逊用射电望远镜发现了 3.5K 的宇宙背景辐射，但他们二人当时并没有把这一辐射同大爆炸宇宙论的预言联系起来，由于普林斯顿大学的迪克（1916—）的提醒，他们才把自己的发现确认为宇宙蛋爆炸后的残余背景辐射。另外，他们还提出了一个进一步检验的方案：如果宇宙背景辐射是大爆炸后宇宙灰烬的残余辐射，它的波长分布应该与热平衡情况下温度相当的黑体辐射波长分布相似。后来，射电天文学家们发现，宇宙辐射谱线相当于 2.7K 的黑体辐射谱线。这样，宇宙背景辐射便成了支持大爆炸宇宙论的证据之一。

大爆炸宇宙论所描述的宇宙时代包含氢核合成氦的时代。根据这种理论估计，目前宇宙中残存的氦丰度为 25％左右。目前射电天文学家在整个银河系内和许多近邻星系中都发现了氦，甚至在称为类星体的明亮而遥远的天体中也探测到了氦。在所有发现氦的场合下，有力的证据表明，无论在哪里，只要有 1 个氦核便有 10 个氢核，既不过多也不太少。宇宙中这种普适的氦丰度亦被视为大爆炸宇宙论的有力证据。

当然，大爆炸宇宙论完全是根据现有物理学知识解释宇宙演化的，甚至仅仅从物理学的观点，大爆炸宇宙论也还不是一个完善的理论，它还不能说明宇宙初始点的条件，也不能有把握地预言宇宙的终结。关于这一点，斯蒂芬·霍金（1942—）和罗杰·彭罗斯等人提出了"奇点定理"，并据此来分析宇宙大爆炸和黑洞，这便是所谓量子宇宙论。他们认为，广义相对论并不是一个普适的定律，不能用来分析宇宙演化的起点和终点。另外，有的天文学家并不接受大爆炸宇宙论，认为被用来说明宇宙膨胀的星光谱线红移可能是由于光在旅途中损失了能量后造成的，因而提出了疲劳光宇宙论。除此之外，还有人分别提出了稳恒态宇宙、星系和反星系宇宙、收缩宇宙、冷宇宙等模型。

目前，作为大爆炸宇宙论理论基础的物理学本身还有许多未解之谜，例如，强相互作用与引力相互作用仍然没有被统一起来，原子核物理学也还没有进入夸克禁闭的大门，人类对暗物质和反物质还知之甚少。人们期待新物理学的诞生。在这种情况下，大概只能说，大爆炸宇宙论是目前最好的一种宇宙理论。

在一定意义上，现代宇宙学是站在地球上研究整个宇宙，也是立足于现在研究过去。人类主要通过电磁辐射来接收遥远宇宙的信息，而这些信息源和人类之间总被一定的时空长河所阻隔。现代宇宙学家们正如小说里的英国侦探福尔摩斯一样，只是凭过去事件留下的痕迹来判断发生过的事实，也和考古学家一样，是从今天看到的材料推论曾发生的事件。① 对宇宙演化过程的研究是为了满足人类探索过去（宇宙从何处来）的空渴望，这有益于精神世界的丰富，但并不像应用性科学那样能直接为生产服务。在这个领域里，也许所有学说都只是一种假说，因为人类不可能用实验手段来重演宇宙的演化，也很难把在有限时空范围内获得的科学知识不加限制地推展到广袤无垠的宇宙。

寻找暗物质

20世纪是科学发展的黄金世纪，也是科学未知领域大大扩展的世纪。在科学发展过程中，发现一个规律，发现一个事实，科学就前进了一步，而发现了一种未知的现象，科学也同样向前迈进了一步。

光是宇宙中最重要的能量形式。人们现在认识到，宇宙中存在发光物质和不发光物质。在太阳系中，太阳是发光的，八大行星和它们的卫星是不发光的，但却能反射、折射或散射光。这是因为它们都是由质子、中子和电子组成的。目前人们广泛关注的是：宇宙中是否存在着不但不会发光和发射电磁波，而且也不会反射、折射或散射光和其他波长的电磁波的物质。如果一种物质是这样的，那我们不但不能用光学望远镜看到，也无法用射电望远镜发现。这种物质是完全透明的，也没有电磁作用，是真正的"暗物质"。

物理学认为，在宇宙的宏观尺度中，引力是运动的主宰，物质则是引力之源，不参与电磁作用的物质仍可有引力作用。早在20世纪30年代，一些天文学家在研究太阳系、银河系和其他星系时发现，用可见物质所产生的引力，无法解释星系的存在和旋转，因而提出了存在暗物质的设想。20世纪70年代以来，关于存在暗物质的推断得到了更多认同。天文学界在1998年得出的一种观测结论认为，宇宙由40%的物质和60%的隐藏能量组成，而40%的物质中，只有5%是可见物质，35%是不可见的暗物质。据此，宇宙中95%的物质和能量是看不见的。如果这种推测能得到证据的支持，无疑会使人类从根本上重新审视已有的科学知识。

天文学家认为，宇宙中暗物质的多少，决定了宇宙是封闭的还是开放的，是平直的还是弯曲的。就目前而论，宇宙中是否存在暗物质？如果存在，它们的组

---

① 人类文明中的法学、历史学和宇宙学在许多特征上是极其相似的，甚至比宇宙中的不同星系更相似。

成如何？性质如何？我们如何发现它们？这些问题仍然悬而未决。根据上述观测结论，有人认为，宇宙的主宰不光是暗物质，更重要的可能是隐藏能量。隐藏能量无处不在，但在小尺度范围却不表现任何效应，只有站在整个宇宙的尺度上才可以看清它的真面目。① 如果真是这样，宇宙学在这里可就是"不识庐山真面目，只缘身在此山中"② 了。

---

① 参见子学：《宇宙中的暗物质》，载《中国科技画报》，1999（10）。
② 中国宋代文学家苏轼《题西林壁》中的句子。

第二十章

勘探地球的演化和构造

如果我们相信魏格纳的假说，我们必须忘掉我们过去 70 年内所得到的全部东西，重新开始学习。

美国地质学会（1922 年）
转引自贝那德·科恩：《科学革命》

这种情况同哥白尼革命有些相似……地学革命仅仅保留了魏格纳关于各大陆块有相对运动的假说，但却抛弃了魏格纳学说关于洋壳不动、大陆块在静止洋壳上运动的理论。

贝那德·科恩：《科学革命》

近代研究的问题和观点

人类是操起石器闯进文明时代的，岩石与人类文明关系密切。在铜器和铁器时代，金属工具逐渐取代了石器，但金属矿藏和煤在某种程度上仍是一种特殊的岩石。即使今天，岩石仍是相当重要的建筑材料。欧洲近代资本主义工业兴起后，由于矿业的发展，人们对岩石的种类和分布有了越来越多的认识，同时也产生了研究它的兴趣和需要。

近代欧洲人研究了岩石的成因。这方面产生了两种主要观点：水成论和火成论。1695 年，英国格雷山姆学院的教授伍德沃德（1665—1728）在《地球的自然史试探》一文中利用《圣经》中关于诺亚洪水的传说，用水的作用解释了岩石的成因：地球史上一个时期的洪水冲走了大部分生物和地表的砂石土壤，后来悬浮在水中的各种物质按重量大小分层沉淀，多年后沉积成各层岩石和其中的动植物化石。这种水成论的观点，在 19 世纪由于德国弗莱堡矿业学院的维尔纳（1750—1817）的进一步发展和他的学生们的宣传，产生了很大影响。

维尔纳在考察了弗莱堡矿区后把已知岩石分为五个构造层：不含化石的花岗岩、片麻岩、石英斑岩和正长石等原始岩层；含有少量化石的云母板岩、结晶片岩、杂砂岩和石膏等过渡性岩层；含有大量化石的砂岩、煤、石灰石、玄武岩等沉积岩层；沙、黏土、卵石、皂石等次生岩层；火山岩、焦石、碧玉、矿渣等最新堆积层。维尔纳认为，原始岩层是原始地球大洋中包含的岩石物质结晶而成；过渡性岩层一部分是化学作用形成的，一部分是机械作用形成的；在海水的震荡和平静交替中露出水平面的岩石被风化，堆积形成了沉积岩和次生岩，生物遗骸埋入其内。维尔纳不承认最新堆积层中的火山岩是由火山喷发形成的，而用地下煤层的燃烧来代替了火山的作用，甚至还不承认玄武岩为火山岩。把大部分精力倾注在弗莱堡矿区的他没有考虑到地壳的升降运动，局限了自己的目光。他的两个学生布赫（1774—1853）和洪堡（1769—1859）在考察了法国和意大利的一些矿区后，转向了与老师观点不同的火成论。

火成论观点最初是由威尼斯修道院的莫罗（1687—1764）提出的。莫罗1740 年发表的《论在高山里发现的海洋生物》一文指出，山上存在的贝壳化石不能用诺亚洪水来解释，只能用火山作用来解释。在莫罗看来，由于地下火山的爆发，使原始地球石质表层下的物质喷发出来，盐被溶进覆盖地表的淡水里，形成苦涩的海水，其他物质在地表上形成新的地层。地下火山的重复爆发形成了更多的地层，动植物的残骸被埋入时形成了化石。一次又一次的火山活动使地表不断隆起，这样化石便出现在高山之上了。莫罗的学说可以解释 1538 年意大利那不勒斯附近蒙特努伟地方的突然升起，以及 1707 年希腊海岸附近新火山岛的出现。莫罗之后的地质学调查证明，火山附近的玄武岩石柱确实是由火山熔岩固化而成的。

英国人赫顿（1726—1797）被认为是火成论的集大成者。1785 年他在爱丁堡皇家学院发表了题为《地球的理论》的演讲。赫顿在演讲中提出，必须用现在地球上仍然在起作用的、可观察到的因素来说明地球形成的历史，而不应借助任何超自然的力量，这应该是研究地球形成历史的一个普遍原则。赫顿的见解是针对地质学中用诺亚洪水说明地壳形成的观点而提出的。

不过，按照他的原则，洪水仍然是今天存在着的、可观察到的因素，而不是应该排除的超自然力量。实际上，赫顿在阐述关于地球形成的原因时，既考虑了火山的作用，也考虑了水的作用。而且，他的理论在很大程度上大大超出了探讨岩石的成因，而形成了一个较完整的关于地壳形成的理论。赫顿认为，原始地球的核内包容着高温岩浆，外面是一层洋水，火山是地球内部的安全阀门。地内能量聚足之后，熔岩从火山口射出，形成玄武岩的结晶构造。在火山运动过程中，海壳隆起形成陆地、高山，山岩被风化成碎屑后又被洪水冲入大海，在沉积和地热作用下又固化为岩石，覆盖在海底，在地壳隆起时被抬高，变为倾斜状态，这便是地面上可以看到的包围着火山岩核心的倾斜沉积层。赫顿认为，从现在的地质构造中可以看到旧日地球的废墟，但由于地球有漫长的历史，在现存地质现象中还看不到开始的痕迹和结束的前景。

由于地壳中包含着大量古生物的化石，瑞士博物学家博耐特（1720—1793）在解释它们之间的差别时提出了全球定期性灾变的假说，把化石视为每次灾变前生物的遗骸。研究古生物学的法国人居维叶为了说明他发现的不同地层中脊椎动物化石在物种上的明显差别以及这些化石同现存生物的差别，采信了博耐特的假说。在1826年出版的《论地球的革命》一书中，居维叶认为地球历史上多次出现过局部地区自然环境的骤变，包括某种原因引起的地面突然升降、海水忽然进退以及冰川期的骤然来临等，使当地生物灭绝，远方迁徙而来的生物取而代之，它们后来也被埋在这一地区的地层中。在岩石成因方面，居维叶倾向维尔纳的水成论，并认为历史上最后一次灾变是《圣经·创世记》描述的洪水，经过那次洪水，由于神的干预，一些生物被拯救了。这便是居维叶关于地壳运动变化形式的灾变论。

居维叶把地球的灾变称为"革命"，可能是受法国大革命时代文化氛围的影响。由于他在地球和生物的历史中没有完全排除神的干预，便使灾变论受到了不少批评。但科学和自然界本身也经常支持灾变论，至少不绝对排斥灾变论。目前，地质学和古生物学的研究普遍认为，距今1亿至6 000万年前有一颗小行星与地球碰撞，引发了一场灾变，导致了地球上的恐龙灭绝。另外，1994年7月苏梅克—利维彗星撞击木星的事件，也为灾变论提供了一个旁证。

与此对应的是英国人赖尔（1797—1875）提出的均变论。赖尔与在法国潜心研究古生物化石的居维叶不同，他曾在欧洲和北美长途旅行，见识较广，于1830—1833年先后出版了《地质学原理》1～3卷。赖尔和赫顿一样，认为今天是认识过去的钥匙。在他看来，地震、火山、风、雨、雪和温度变化等力量的长期作用，以积累渐进的形式使地球的面貌发生了巨大的变化。

显然，赖尔找到的这些力量，有些会剧烈地改变地球面貌，有些则是缓慢起作用的，他只是强调了人们没有充分注意的地质渐变过程。赖尔的著作曾影响过达尔文，在达尔文的《物种起源》发表后，赖尔也把他的地质均变论推广到生物学方面，顺便接受了生物进化论。

地质年代研究

1893 年，美国人威廉斯（1847—1918）提出了地质年代学的概念，企图按地质构造来确定地壳岩层的年龄。卢瑟福和索迪在 1902 年提出了放射性元素衰变理论，地质年代研究有了新的思路。1907 年，美国人波特伍德（1870—1927）取得了第一个矿物放射性铅年龄数据。索迪在 1913 年提出了同位素的概念，随之产生了同位素地质学。这是因为放射性元素有一个固定的半衰期，在半衰期内，核数目会减少到原有数目的一半。所以，研究地壳岩石中元素的各种稳定和不稳定同位素的丰度和它们之间比值的变化，便可以确定矿物、岩石的地质年龄。①

英国人霍尔姆斯（1890—1965）的研究推动了同位素地质年代学的发展，他在 1947 年提出了一个地质时间表，将地球的年龄估计为 45.5 亿年。20 世纪 50 年代以后，由于质谱议和同位素稀释技术的广泛应用，地质年代学的研究取得了更多进展。根据 20 世纪 60 年代以来的同位素年龄测定，地球和陨石大约是在 46 亿年前产生的。

1977 年 7 月，国际地质科学联合会前寒武纪地层分会经过讨论，将寒武纪以前的两个地层单位分为太古宙和元古宙，并规定了其上限和下限。目前的地质年代，从古到今为太古宙、元古宙、古生代（包括寒武、奥陶、志留、泥盆、石炭、二叠等纪）、中生代（包括三叠、侏罗、白垩等纪）、新生代（第三、第四纪）。其中古生代的寒武纪是从距今 5.7 亿年开始的。

不过，当前人类对地球的认识还很浅。苏联 1970—1989 年间在贝加尔湖地区打的钻孔最深，也只有 12 千米，而地球在赤道的半径达 6 378 千米。人类所取得的地质资料，充其量只来自地球的皮毛，因而也不能说已确切知道地球的年龄。当然，由于古老地层中蕴藏着丰富的铁矿和其他重要矿产，地质年代研究不

---

① 最常用的方法是通过矿物放射性铅年龄来推算。许多半衰期已知的放射性元素最后衰变为铅，通过现有的铅含量与残存放射性元素的比例，便可推算出矿物的年龄。

但有理论意义，而且有重要的经济意义。另外，由于电子显微镜的应用，20世纪60年代以来，人们还在古老岩石中发现了远古的植物化石，在澳洲陨石中还发现了十几种氨基酸，还有人发现了5亿年前三叶虫甲壳里的蛋白质。这些古生物学方面的发现，对于探明地球上生物的起源和演化历史，都有十分重要的意义。

大陆漂移说和地幔对流说

哥白尼关于地球自转的学说近代以来被人们普遍接受了，傅科摆能向人证明地球的自转。但地球表层的大陆是活动的还是固定的？这个问题仍然长期存在争议。近代以来，弗朗西斯·培根、布丰、洪堡、乔治·达尔文（1845—1912，查理士·达尔文的儿子）等人都有大陆活动的思想。1908年，美国人泰勒（1860—1938）根据喜马拉雅山脉、阿尔卑斯山脉呈弧形向南弯曲的现象，猜测地球旋转时产生的离极力导致了大陆的向南滑动。但一般来说，人们普遍认为，地球表面的大陆是静止的，没有运动。近代的地质科学还没有关于大陆运动的思想。

1912年1月，德国人魏格纳（1880—1930）在马尔堡科学协进会作了题为《大陆的水平位移》的演讲，提出了关于大陆漂移的假说。1915年，魏格纳利用服兵役的病假期写成了《大陆和海洋的形成》一书，从地球物理学、地质学、古生物学和生物学、古气候学、大地测量学等五个方面详细论述了大陆漂移说。这是第一个关于大陆运动的系统学说。魏格纳认为，大陆由较轻的刚性硅铝质（花岗岩）组成，它漂浮在较重的黏性硅镁质（玄武岩）上面。全世界的所有大陆原来是一个被整海（泛大洋）包围着的整陆（泛大陆），由于潮汐和地球自转的作用，巨大的大陆岩体分裂成几块，慢慢分开，向各个方向移动，经过几亿年的时间，这些移动形成了世界各大洋大洲今日的面貌。

魏格纳提出这一惊人的假说并不是偶然的。地理大发现以来，欧洲的航海家已发现南美洲东海岸的凸出部分与非洲西海岸的凹入部分正好相合。20世纪初，欧洲的地质学家发现了阿尔卑斯山的巨大推覆体，说明地壳有大规模的水平位移。魏格纳完全了解这些发现。他曾就学于海德尔堡、因斯布鲁克和柏林大学，也是一位探险家。他对大气热力学、高空和极地对气候形成的影响等很感兴趣，发明了探空气球，首创了连续乘坐自由气球在高空停留52小时的世界纪录。他曾四次到格陵兰进行极地考察，并在第四次考察时死于零下54℃的严寒中。

魏格纳的学说比较圆满地解释了大西洋两岸轮廓的相合，以及两岸地形、地质构造、古生物群落的相似性，也解释了南半球各大陆古生代后期冰碛层的相似分布。当然，魏格纳学说中的一些论据并不充分。格陵兰岛地理位置的明显移动是魏格纳学说的论据之一，但后来的精确测量表明这块陆地根本没有移动，原来的说法是基于错误的测量。另外，魏格纳并没有令人信服地解决大陆漂移的驱动力问题：是什么力使整陆分裂了呢？大陆裂开又漂向何方？是什么力使它们漂流移动？他的学说提出后，虽然遭到了受传统地质学观念影响的地质学家和地球物理学家的反对，但也吸引了一批接受大陆漂移说的地学学者，他们进一步推进了大陆运动的理论。

1928 年，英国人霍尔姆斯提出了地幔对流说，认为地壳下的地幔物质可以发生热对流，上升的地幔流遇到大陆屏障后会向两边流去，产生的引张力将陆块扯裂，然后使之漂移，在陆面上形成裂谷；两股相向流动的地幔汇合起来向下流动时，挤压力和拉力造成了地槽和海渊。霍尔姆斯把地幔作为大陆漂移的传送带，从而较好地解决了大陆漂移的驱动力问题。当然，霍尔姆斯的说法也仍是一种假说。后来有人支持并发展了地幔对流说。但在任何情况下，取得关于地幔对流的充分证据都是困难的。因为我们无法解剖地球，也无法大范围观测灼热的地幔物质。这是地球科学家共同面对的难题。

正因为如此，英国人乔利（1857—1933）于 1930 年提出了所谓"热循环说"，企图从另一个角度解决大陆漂移的驱动力问题。南非人杜顿（1878—1948）为了解决这个问题，在《我们动荡的大陆》一文中赞扬了魏格纳，又提出了所谓"大陆船说"。另外，自 1958 年以来，欧美一些人对大陆边缘形态的计算机拟合结果，在各大陆发现的一些地层和古生物证据，以及古冰川、古地磁的许多新证据等，都支持了大陆漂移说。

海洋地质学和海底扩张说

解决大陆静止还是运动的问题以及深入探索大陆运动的原因和模式，离不开对海洋地质的研究，因为海洋和大陆在一起才能构成完整的地球表面。

自从哥伦布发现美洲以来，欧洲人开始了频繁的航海活动。但海洋地质学研究是 19 世纪才开始的。1872—1876 年间，英国皇家海军的"挑战者号"军舰巡航三大洋近 7 万海里，舰上人员就海洋物理、化学、生物、地貌、沉积物等方面写出了 50 卷深海调查报告，还首次在洋底发现了含有 20 多种元素的锰结核。此后，欧洲许多国家都开始做海洋调查研究。1896 年，人们发现海底也蕴藏着石油。

第一次世界大战后，荷兰人迈因兹（1887—1966）乘坐潜艇遍历各大洋，测出大洋盆地的重力值是正常的。因为水比同样厚度的陆地轻，这样便得出了洋壳比陆壳更重的结论。另外，迈因兹还发现，太平洋沿岸海沟处存在负重力异常。根据均衡补偿原理，在没有下拉力存在的情况下，海沟应自然上升，并最后消失。负重力异常说明海沟处有一种比重力更强大的力（可达每平方厘米 1 吨左右）将地壳拉向地球深处。这一发现支持了地幔对流的假说。

1925—1927 年，德国的"流星号"调查船在南大西洋中采集了许多标本，并用回声法测定了洋底的起伏，描绘了大西洋洋中脊。30 年代，人们发现了大陆架油田。第二次世界大战中潜艇的频繁活动使人们更加熟悉海底。另外，法国人朗之万（1872—1946）利用超声波的性质发明的声纳，也为海底通信提供了工具。

第二次世界大战结束后，海底石油的探测和开采推动了海洋地质学的发展。1947—1948 年间，瑞典的"信天翁号"调查船在综合性海洋调查中首次发现，红海中某些地方有海水温度过高的异常现象，说明海底可能存在某种热源。1959—1965 年间的国际印度洋考察，在红海海底发现了热孔，水温最高可达52℃，海水盐度达 25%，远高于正常海水。20 世纪 50 年代，英国人马克斯威制造了一种测定洋流热值的仪器，测定了太平洋和大西洋的热流，发现洋底的热流值几乎与大陆的热流值相等。

1956 年，美国人尤因（1906—1974）在与哥伦比亚大学的同事多次进行海洋调查的基础上明确指出，他们发现的大西洋中部海岭绕过非洲进入了印度洋，然后又绕过南极洲进入了太平洋，从而构成了一个使任何大陆山脉都相形见绌的海底山脉。后来尤因还指出，大洋中有一个裂隙穿过大西洋洋中脊，从中涌出的物质正在使海底扩张。

20 世纪 50 年代末，美国地质学界提出了一个雄心勃勃的"莫霍钻探计划"①，试图钻穿洋壳最薄处，得到地壳深部样品和地幔物质。1959 年开钻后，在北大西洋海盆水深 6 000 米处，钻探曾至 4 600 米。不过，这个计划后来并未获得成功。该计划是 1957 年在多伦多召开的国际大地测量及地球物理学会联合

———————————

① 莫霍面是地壳与地幔的界面，这个计划试图钻穿莫霍面。这个面是 1909 年由地震学家莫霍洛维奇（1857—1936）根据地震波所得资料发现的，它在大陆上的平均深度为 30 千米～40 千米，在山区可到50 千米～75 千米，在岛弧地区约为 20 千米～30 千米，在大洋区只有 5 千米～10 千米。

会上通过的。1962 年，领导这个计划的美国人巴斯科姆辞职，1966 年该计划宣告结束，未能达到目的。

1960 年是海洋地质学上有纪念意义的一年。这一年，瑞士人 J. 皮卡德和一位美国人乘坐奥古斯特·皮卡德①（1884—1962）发明的"的里雅斯特号"深潜器，下潜到 1 万多米深的马里亚那海沟底部，探测到了海洋的最深处。另外，美国普林斯顿大学的赫斯（1906—1969）在这一年提出了海底扩张说。赫斯认为，洋中脊是洋壳生成的地方，地幔对流环将地幔物质从这里挤出，形成新的洋底；对流环分离时携带新洋底背离洋脊运动，在海沟处重新返回地幔深部；陆块边界若与下降的对流环为邻，便会发生强烈的变形；另外，海底平顶山原是洋脊处的火山岛，后来被侵蚀作用削平，由于随洋底运动，逐渐离开洋脊，淹没在海洋中。赫斯的理论假设：尽管海洋是古老的，但洋底是年轻的，洋壳不断生成和减灭着。1962 年，赫斯以《海洋盆地的历史》为题发表了他的上述观点。

赫斯在第二次世界大战中是美国海军上校，其任职于"约翰逊角号"军舰，在南太平洋巡航期间对该海域做了深海测量，因而萌发了海底扩张说的灵感。②值得一提的是赫斯最先并不希望把自己的文章看做科学论文，而请人们将它看做"一首地球的诗篇"。这说明他对海底扩张说是否反映了海洋地质的实际和科学界能否接受这一理论并无把握。另外，1961 年，美国海岸和大地测量局的迪茨（1914—?）也发表了《从海底扩张看大陆和洋盆的演化》的文章，明确提出了海底扩张的术语。

20 世纪 60 年代世界各国进行的大量地热测量表明，热流值与大地构造单元有关，洋中脊顶部的热流值比正常值高出几倍，如大西洋洋中脊热流值比两侧高出约 4.7 倍；海沟处数值最低，为地面平均值的一半。这种测量结果说明洋脊处可能有热物质从地幔中流出，它是对海底扩张说的间接支持。1963 年，英国人马修斯（1931—）和他的学生瓦因（1939—）提出了海底磁异常条带的假说，认为海底岩浆在沿洋中脊被推上来时，在冷却时获得了与当时磁场方向一致的磁性。在新岩浆不断涌出、已凝固的岩石不断远离洋脊而去的过程中，由于地磁场的多次倒转，在洋底形成了以洋中脊为对称轴的正反向交替的磁条带。与此同时，加拿大人莫利、拉罗什尔也独立地提出了这种看法。1964 年，美国人考克

---

① J. 皮卡德的父亲，他曾和另一个人于 1931 年乘气球首次穿过了平流层，创下了当时气球升限的最高纪录。

② 参见柴东浩、陈廷愚：《新地球观——从大陆漂移到板块构造》，93 页，太原，山西科学技术出版社，2000。

斯把古地磁倒转和同位素测年法相结合，给出了地磁倒转年表，用定量的方法论证了海底扩张说。

1964 年，在大量深海地形资料的基础上，美国人黑森（1924—1977）和他年轻的女助手撒普绘制的洋底地形图出版，被称为震撼了地质学根基的事件。这幅地图上不但标有万米深的海沟、上千千米的断错带和海底平顶山，还标出了一个遍及全球、横穿大洋盆地达 65 000 余千米的海底山脉。更为惊人的是，作者利用部分洋中脊剖面图和一些新的声测资料，可能还有尤因等人的发现，沿着罗德已勾画出的海底中部狭长地震带，标出了全球性的洋底大裂谷！该裂谷的一部分横过北冰洋，沿大西洋向南延伸，在非洲与南极洲之间进入印度洋，并与另一部分相遇；另一部分从红海开始，横穿印度洋，经澳洲与南极洲之间进入太平洋，向东北方向穿过太平洋，在加利福尼亚湾附近与北美洲相遇。海底的这种地形表明，尽管地球上的海洋是完整的，洋底却是四分五裂。这不但又为海底扩张说提供了支持，而且为全球构造理论的建立提供了必要的资料。

1965 年，加拿大多伦多大学的威尔逊（1908—）通过研究提出：由于新洋底在洋脊轴部向两侧扩张的速度不一致，洋脊处普遍发育出了一类新的断层——转换断层，它的方向代表着海底扩张的方向。显而易见，转换断层的概念是支持海底扩张说的。

另外，在"莫霍钻探计划"临近失败的 1964 年，为了取得地球深部的物质样品，美国几个主要的海洋研究机构又联合制定了一个"深海钻探计划"，企图揭示洋底物质的性质，探讨洋底构造的演化过程。加州大学的兰德负责这个计划，吸取了"莫霍钻探计划"失败的教训，而特别建造了"格·挑战者号"万吨钻探船。1968 年 8 月该船正式开始工作，用电子计算机指挥推进器以保持动力平衡，用卫星导航来确定钻孔的精确位置，在 15 年内（1968—1983）航行 96 次，钻孔遍及北冰洋以外的世界各大洋，获取了大量洋底沉积层和玄武岩样品，并进行了回声测深、地震勘探、海底红外照相、古地磁研究、岩石年龄测定工作。研究的结果表明：所有海底盆地岩石样品都不老于 1.6 亿年；从大西洋和东太平洋的钻探结果来看，离洋中脊越远，海底沉积层的地质年龄便越老；自白垩纪以来，南大西洋板块单侧扩张速度为每年 2 厘米。这次钻探研究的资料和结论，为海底扩张说提供了大量可信的证据，为研究洋壳结构、组成及演化奠定了重要的基础。

另外，1968 年开始的这个"深海钻探计划"还在墨西哥湾一个 3 000 多米的海渊中发现了含油沉积层，表明深水区也可能储藏着石油。到目前为止，人类已探明的世界海底石油和天然气储量极为丰富。20 世纪 60 年代上半叶，国际印度洋考察还发现了红海裂谷中的重金属软泥①，后来发现这种东西在大西洋的二号深洼中也有丰富的藏量。1972 年，苏联的调查船在太平洋底发现了铁锰软泥沉积层。1974 年 9 月至 12 月，日本地质调查所在冲绳岛以东和中太平洋盆地东部发现了丰富的锰结核。海洋矿藏的发现是开发海底矿区的先声。

古地磁学和地震学

在了解新的全球构造理论之前，还须了解古地磁学和地震学方面的发现。因为古地磁场变化的历史记录提供了地球演变的证据，地震在一定程度上能反映地壳运动的动力学特征。

早在 1906 年，法国人就发现了反向磁化岩石。20 世纪 30 年代，日本人松山范基发现了大陆上的古地磁倒转现象。20 世纪 50 年代，英国伦敦大学的布莱克特（1897—1974）测量了英国和印度一些地方的古地磁场，发现某些地方在地史时期所处的纬度与现在是不同的。例如，今天处于北纬 19°的印度孟买在侏罗纪却位于南纬 40°处。按时间计算，印度次大陆已以每年几厘米的速度向北漂移 7 000 千米。这个结果使布莱克特想到了魏格纳关于大陆漂移的思想。

1962 年，英国纽卡斯尔大学的让考恩在绘制欧洲和北美的极移②轨迹时发现，只要把北美大陆向东转 30°，北美洲的磁极轨迹就会与欧洲的磁极轨迹重合。这说明在地质时期两块大陆的海岸是连接起来的，其间的大西洋可能并不存在。这实际上就恢复了魏格纳的整陆图像。1964 年，第一个磁场反向时间表问世；1968 年，美国人海茨勒（1925—）作出了 7 600 万年统一的 171 次磁场反向时间表。这些研究表明，古地磁所指示的各大陆在远古某些时期的纬度与魏格纳根据古生物学和古气候学所推断的古纬度比较吻合。看来在地极不断迁移的地质时期，各大陆也确实发生过相对位置的移动。

在地震学研究方面，1900 年，英国人奥德汉姆（1858—1936）用地震仪记录了 P（初至波，纵波）、S（次波，横波）、L（表面波，也是横波，如水面波）三种地震波，对于研究地震和分析地球内部构造有重要意义。1906 年，奥德汉姆发现了地幔与地核的界面。1909 年，克罗地亚人莫霍洛维奇发现了地壳与地幔的界面（莫霍面）。1932 年，日本人和达清夫发现日本海沟、千岛海沟等处的

---

① 富含铁、锰、铅、锌、金、银等重金属，但未固结的泥质沉积物。
② 地极和地磁极在地质时期中的迁移，称为张德勒运动或极地迁移。

地震源是沿亚洲大陆倾斜面分布的。40 年代，美国人本尼奥夫（H. Benioff）将这些震源投影在一个剖面上，这个面的平均倾角约为 45°，震源深度不同的地震，分布在这个剖面的不同深处。这个剖面反映的地震带便是"本尼奥夫带"，它给人们提供了这样的信息：地震可能是由于洋壳在这里沉入地幔时与大陆块发生摩擦而导致的。此外，20 世纪 60 年代绘制的大西洋地震震中图表明，那里的地震中心基本上都位于洋中脊。这说明洋中脊也是大洋板块相遇的地方。

板块构造理论

在大陆漂移、地幔对流、海底扩张等学说及古地磁学、地震学研究资料的基础上，英国剑桥大学的麦肯齐（D. P. Mckenzie）、R. L. 帕克尔，美国普林斯顿大学的摩根（W. J. Morgan），法国人勒比雄（Lepichon）等人在 1967—1968 年间提出了板块构造理论。勒比雄将地球的岩石圈划分为欧亚、非洲、澳洲、南极洲、美洲、太平洋六大板块，详细讨论了它们的运动。摩根还讨论了地幔物质在洋脊热点处涌出的情况。

板块构造理论认为，地壳板块是地幔软流圈上的刚性块体，板块的边界处是构造运动最活跃的地方，在这里存在着三种边界应力：板块相对运动时产生挤压力，使造山带隆起，使海沟处一个板块俯冲到另一个下面；背离运动时产生引张力，使东非裂谷和海底全球大裂谷形成；相互滑过时产生的剪切力，使海底转换断层形成。正是这些力量造成了洋底和大陆的地质地形，并形成了造山运动和地震。板块之间的相对运动被视为全球地壳运动的基本原因。根据板块构造理论，大西洋在扩大，太平洋在缩小，红海和加利福尼亚湾在不断开裂。

这个理论是在大量海洋地质学、大陆地质学、地磁学、地震学资料基础上提出的，反过来，它又用板块的相对运动解释了海洋和大陆上的地质和地形，解释了地磁学的发现和地震的成因。这样一个全新的地壳运动理论的诞生，表明人类对脚下的大地和海底的构造运动有了超越日常经验的理论认识。在某种意义上，这是人类地球观的一次革命，它可以同哥白尼革命相媲美。

不过，这一理论把地幔对流作为板块运动的驱动力，这就存在一些困难，因为地幔对流的直接证据难以取得，所以，它的结论带有推测性质。1971—1974 年间进行的法美洋中脊潜水研究（简称 FAMOUS）取得了大洋裂谷的第一手资料，使板块边界扩张的研究取得了巨大进展，证实火山活动可把地球深处的地幔物质沿大洋裂谷的中线喷射出来。但近年的研究结果也表明，地壳和地幔都存在侧向非均匀性，这对地幔对流说是不利的。另外，秘鲁海沟中存在基本未变动过的沉积物，海底有几十处采到的岩石经同位素年龄测定，其形成年代远大于洋壳年龄。这些现象都不利于海底扩张说，而海底扩张说是板块构造理论的基础之一。

另外，还有人提出，大陆的分裂和漂移是撞击整陆的天体造成的，这种假说同样可以自圆其说，而且可以找到某些支持的证据。总之，人类作为地球的子民，对于地球海陆的演化及内部的构造，还没有完全了解。然而，无论如何，大陆漂移、海底扩张、地壳运动的概念已经成了现代地球科学的基本概念。

【第二十一章】

诘问生命的本质

基因论认为：个体的种种性状起源于生殖质内连在一起、形成若干连锁群的成对基因……

摩尔根：《基因论》

沃森和我没有"发明"这个结构，它就在那里，等待着人们去发现。我似乎觉得，我们两人中谁都不能独立地发现它……

克里克
转引自奥尔巴：《通向双螺旋结构的道路》

孟德尔的发现

近代生物学从维萨留斯研究人体结构开始，其后哈维发现了动物的血液循环，胡克发现了细胞。随着对生物生殖细胞的研究，在生物个体发生方面产生了预成论和渐成论，最后施莱登和施旺用细胞学说对个体生物学作了总结。从人体结构到动物的血液循环、再到细胞学说，显示了近代个体生物学进步的道路。然而，生命的奥秘还隐藏在细胞之中。

另外，在群体生物学方面，林耐的分类体系是一个很大成就，它对分布在不同地域的生物初步作出了合理的区分和归类，达尔文的进化论则描述了时间长河中各种生物演进变化的总体图像，是群体生物学在近代的最高成就。

达尔文的自然选择理论认为，物种进化是在每代中保留发生了有利变异的个体，淘汰没有发生变异或发生了不利变异的个体，从而在生存竞争中实现进化的。不过，这里也可以提出疑问：如果一个物种不能在进化中保持自身的固有特质，相同条件下的不同物种就有可能在变异中趋同，这样进化就会变成融合，自然选择就没有意义了。事实上，遗传和变异是生命存在和发展的两个轮子：没有变异，遗传就变成了简单的复制，而大自然从来都不喜欢简单地复制任何生命；同样，离开了遗传，变异就失去了基础和方向。

恩格斯曾经说过，"达尔文在说到自然选择时，并没有考虑到引起单个个体变异的**原因**"①。在达尔文看来，找出物种由于变异而形成新种的合理形式比研究生物个体变异的原因更为重要。不过，按照近代以来形成的科学标准，细胞学说和进化论都不能对生物个体的遗传和变异作出数量化的分析和解释。完整的生命科学需要遗传学的支持，才能对生命进化的过程和历史作出更深刻的说明。这样，生物的遗传和变异问题便自然地成为一个焦点。

实际上，与达尔文同时代的奥地利人孟德尔（1822—1884）已开始了遗传学研究，并于1866年在奥地利的一个地方杂志上发表了《植物杂交的试验》一文，公布了他所进行的豌豆杂交遗传实验结果。由于达尔文的《物种起源》出版于1859年，孟德尔也读过达尔文的《物种起源》，并发生了强烈的兴趣，同时也发现了达尔文理论的弱点。他发表的实验结果，实际上是在达尔文之后开辟了生命科学的新视野。

孟德尔年轻时因贫病交困进入奥地利布龙（现为捷克的布尔诺）修道院，曾被派到维也纳大学学物理、化学、数学、动物学、植物学等，还给多普勒当过物理学"演示助手"。1857年他开始在修道院的花园里做豌豆杂交遗传实验。在做豌豆实验时，孟德尔一共跟踪观察了七对区分性状在后代的分布情况，其中以红花和白花的分布规律最为简明，它是所谓的孟德尔分离定律：作为原始亲本的红花豌豆和白花豌豆杂交，第一代全为红花（红花为显性，白花为隐性），第一代自花受精产生第二代，红花和白花比例接近3∶1。第二代自花受精产生第三代，其中上代开白花的全部开白花，表现为白花纯种；上代开红花的有1/3全部开红花，表现为红花纯种；另外2/3既有红花又有白花，红花与白花的比例同样稳定

---

① 《马克思恩格斯选集》，2版，第3卷，410页，北京，人民出版社，1995。

地接近 3∶1。① 孟德尔推论，在红花和白花豌豆的卵细胞和花粉细胞中存在着决定各自性状的内部构成因子，这种因子在世代延续中传递下来，保持不变的特质。

在此基础上，孟德尔进一步讨论了两对性状的传递规律，即孟德尔独立分配定律：不同的两对性状（如红花和白花、黄色种子和绿色种子），在性状传递中是互不相关的，即红花能产生黄色种子，也能产生绿色种子。白花也是如此。这些性状在后代可以自由组合。

孟德尔的实验结果表明，遗传性状是被一种分散的单位携带着在世代中传递的，在传递的过程中存在显性支配隐性、不同性状按确定比例分离和分配的定律，它否定了旧的"混合"遗传概念和获得性遗传的观念。显然，19 世纪初道尔顿提出的化学原子论对孟德尔的影响很大，孟德尔的理论在一定意义上可以说是道尔顿原子论在生命科学中的应用。正如普朗克的量子论否定了能量连续的旧概念一样，孟德尔的理论也被一些人称为生物学的量子论。值得指出的是，这种与连续相对立的分散或离散的概念，并没有最先出现在物理学中，而出现在生命科学中，它揭示了物种世代延续中的连续与分散、变与不变的辩证关系。

不过，孟德尔的发现并没有被他的同代人接受。孟德尔把论文副本寄给了当时支持"种质说"的慕尼黑大学植物学教授耐格里（1817—1891）。本来，孟德尔发现的"分散单位"正是生物保持其"种质"的遗传因子，但耐格里认为孟德尔的工作是经验的，而非理性的，不予重视。19 世纪的科学家几乎没人能理解用试验和数学方法研究遗传问题。达尔文 1882 年去世时不知道有人填补了他学说中的一个漏洞，孟德尔 1884 年去世时不知道他的研究日后会产生巨大的影响，耐格里去世时则不知道他忽视了一个极为重要的成果。

直到 1900 年，生物学界重新发现了孟德尔。这要归功于荷兰人德弗里斯（1848—1935）、德国人考伦斯（1864—1933）和奥地利人特彻马克（1871—1962）。他们在各自独立准备发表植物杂交遗传研究成果前，都去查阅过去的文献，都十分意外地发现了孟德尔的文章。他们三人在 1900 年都发表了各自的研究成果，都提到了孟德尔，并且都不约而同地把发现的桂冠戴在孟德尔头上，把

---

① 为了找到性状世代传递的规律，孟德尔用 A 表示红花和显性性状，用 a 表示白花和隐性性状，上述实验便可描述如下：红花亲本提供花粉 A 和卵 A，白花亲本提供花粉 a 和卵 a，它们可分别被表示为红花纯种 AA 和白花纯种 aa；杂种第一代可表示为 Aa 和 aA，均为红花（其中显性的红花性状表现出来了，隐性的白花性状没有表现出来）；自花受精产生的第二代可表示为 AA（红花纯种）、Aa、aA 和 aa（白花纯种），其中红花和白花的比例为 3∶1；自花受精产生的第三代中，上代的 AA 和 aa 性状均不变化，仍相应产生了 AA 和 aa；上代中的 Aa 和 aA 则产生了 AA、Aa、aA、aa，其中红花与白花的比例仍为 3∶1。

自己的工作说成是对这位已故天才的发现的证实。在 20 世纪的科学史上，这三个人的做法，不但表现了尊重他人成果的科学道德，而且也为生命科学的发展提供了一个崭新的出发点。

基因及其与遗传物质的关系

1909 年，丹麦人约翰逊将孟德尔文章中的遗传因子称为基因，于是，基因便成了遗传学中的一个核心概念。值得说明的是，基因不是生命物质本身，而是关于生命的信息，这种信息是由生命物质及其结构来表达的。正如化学中的"元素"、物理中的"能量"等概念为近代化学和物理学的发展确立了坐标一样，遗传学中的"基因"概念，为 20 世纪以来生命科学的发展确立了坐标。特别值得指出的是，"基因"使信息概念成为生命科学探索的核心。这不但有别于以物质和能量概念为核心的物理学和化学，还给生理学、解剖学、胚胎学甚至进化论注入了新的内容。

（1）染色体的作用

由于生物学在 19 世纪已达到细胞层次，1879 年，德国人弗莱明（1843—1915）发现了细胞中的染色体①，并在三年后发现：细胞分裂时染色体准确均等地分裂和分配。1887 年以后，贝纳登（1845—1910）和斯特斯伯格（1844—1912）等人相继发现，细胞在形成配子时，其染色体的数目减少一半（减数分裂）。这说明在受精作用中，精核和卵核提供了等量的互补的染色体。当孟德尔的实验结果被发现后，美国人萨顿（1877—1916）最早提出：细胞的染色体和孟德尔的遗传基因之间存在着平行关系，因为它们都成对存在，形成配子时分离，受精后又重新配对。

1908 年，美国人摩尔根（1866—1945）开始做果蝇实验。果蝇有四对染色体，雌体和雄体有三对完全相同，一对则不同，雌的由两条 X 染色体组成，雄的由一条 X 染色体和一条 Y 染色体组成。摩尔根在实验中特别注意了这对不同的染色体（其中包含了性染色体），并在 1910 年发表了关于果蝇性连锁遗传的论文，将一个基因和一个具体的染色体的行为联系起来了。

摩尔根的实验是用一只白眼雄蝇和一只红眼雌蝇杂交，产生了全是红眼的杂

---

① 细胞有丝分裂时易被碱性染料着色的丝状或棒状小体，实际上由 DNA 和蛋白质组成。

种第一代。让第一代杂种互相交配产生的第二代中，白眼果蝇占1/4，红眼果蝇占3/4，且其中雌蝇均为红眼，雄蝇中有一半为红眼，一半为白眼。对此，摩尔根依据孟德尔的理论作出了解释。[①] 显然，摩尔根的果蝇实验与孟德尔的豌豆实验在数字规律方面是完全一致的，不同的是摩尔根用生物细胞中染色体的具体分配解释了孟德尔发现的显性支配隐性和性状分离定律。摩尔根的工作使孟德尔的遗传学进入了细胞学，染色体从此被认为是遗传基因的载体。

由于生物细胞中染色体的数目有限（人只有23对），但遗传特征却十分多，如果各种遗传基因都是彼此独立的，就很难用染色体的活动来说明。摩尔根通过进一步研究发现，在一对染色体上可以传递许多基因（即基因的连锁），例如在果蝇身上有四对染色体，也正好有四个基因连锁群。正是由于基因连锁群的存在，才可以决定果蝇身上除了眼睛颜色和性别之外的其他许多性状。他的学生斯塔特文特（1891—1971）还发现，由同一对染色体携带的不同的连锁群之间，基因可以发生有秩序的交换。

1915年，摩尔根与他的学生斯塔特文特、布里奇斯（1889—1938）、穆勒（1890—1967）等人发表了他们合著的《孟德尔遗传机理》，后来摩尔根又发表了《遗传的物质基础》和《基因论》。这些著作系统地阐述了基因学说和染色体理论，论证了基因是染色体上的分立的遗传单位。尽管如此，摩尔根还没有彻底弄清基因在染色体上是怎样表达的，染色体上的基因连锁群内部，仍是一个充满未知的世界。

（2）基因的突变

1926年，摩尔根的学生穆勒用X射线照射染色体时发现：X射线大大增加了基因突变的频率。这开创了生物化学的一个新的研究方向。这一发现使遗传学家在一定时间内有可能研究更多的突变，而且也说明，基因突变也只不过是一种化学变化的产物，人类自己就可以制造这种变化。穆勒对突变的研究使他相

---

① 摩尔根的解释是：原始亲本中白眼雄蝇的X染色体带有白眼基因；Y染色体只带性别的基因，不带有白眼的基因。红眼雌蝇有两个X染色体，均带有红眼的基因。第一代杂种里，雌蝇的两个染色体分别是来自母方的X（带红眼基因）和来自父方的X（带白眼基因），所以表现为显性的红眼；雄蝇的染色体是从母方得到的X（带红眼基因）和从父方得到的Y（带性基因），也表现为红眼。它们杂交后产生的第二代杂种里，染色体的分配组合有四种类型：由两个X（均带红眼基因，父方一个，母方一个）配合产生的红眼雌蝇；由X（父方提供的，带红眼基因）和X（母方提供的，带白眼基因）配合产生的红眼雌蝇；由X（母方提供的，带红眼基因）和Y（父方提供的，带性基因）配合产生的红眼雄蝇；由X（母方提供的，带白眼基因）和Y（父方提供，带性基因）配合后产生的白眼雄蝇。这里白眼果蝇均为雄蝇，其数量占第二代杂种的1/4。

信，大多数突变是有害的。如果让突变频率增加，不良个体的数目就会增加到影响物种生存的地步。从生物进化的角度看，基因突变也对以达尔文进化论为基础的生物物种渐进演化的观点提出了质疑，至少说明这种观点还需修正和补充。

（3）基因和酶的关系

在孟德尔的学说被重新发现后，就有人开始探索基因同生物体代谢作用之间的关系。1908 年，法国医生加罗德（1858—1936）在解释黑尿病①时曾通过对患者的家谱分析，认为患者可能是孟德尔式的隐性基因的纯合体，不能合成某种酶，造成了先天性的代谢异常。在此前后，许多生物化学家都研究了动物色素和毛色、植物花色等同基因之间的关系。英国的翁斯洛（1890—1922）和赖特（1889—?）在研究过哺乳动物黑色素的化学性质后认为，基因是通过它控制的酶起作用的（1917 年）。20 世纪 20 年代后，英国人霍尔丹、蒙里特夫（1903—?）逐渐弄清了决定植物花色的花青素苷与基因之间的关系。但由于动植物机体本身的复杂性，他们的结论不能令人信服。

1941 年，美国人比德尔（1903—1989）和泰特姆（1909—1975）发现：用 X 射线或紫外线处理红色面包霉（链孢菌）的孢子（低等动物植物的无性生殖细胞）后，可使某些孢子变得不能在最低培养基②上生长，但在培养基中加上某种氨基酸或核苷酸、维生素后，它就会继续生长。③ 这说明，照射的结果使某些菌体发生了突变（实验证明这些突变体的性质可以遗传），这些突变体已不能在以前的生存条件下生存。这样他们便认为，突变体因为基因突变而失去了某种特定的酶，没有这种酶做催化剂，便不能合成某种生长所需的氨基酸，因而便不能生长了。因此，他们提出了"一个基因一个酶"的假说，认为基因决定酶的形成，酶控制生化反应，从而控制代谢过程。后来的研究表明，实质上是基因决定着蛋白质的合成，酶只是蛋白质的一种。因而，正确的说法应该是"一个基因一个蛋白质"。而且，由于许多蛋白质是两条或几条多肽链的复合分子，所以，在分子生物学的层次上，实际上是"一个基因决定着一条多肽链"的合成。

---

① 一种遗传病，患者的尿液在空气中会变成黑色。
② 仅含无机盐、蔗糖和维生素 biotin。
③ 在正常情况下，菌体自己在培养基上合成氨基酸等物质，从而实现生长繁殖过程。在这个合成过程中，菌体中的酶（一种蛋白质）起着催化的作用。

蛋白质和核酸的作用

　　生物大分子的基础是蛋白质和核酸。蛋白质的名称是瑞典人柏采里乌斯 1836 年提出的。蛋白质种类很多，但它们都由 20 种氨基酸构成，19 世纪的生物化学家已发现了 13 种氨基酸。1902 年，德国人埃米尔·费舍尔（1852—1919）提出了蛋白质的多肽结构学说，认为蛋白质分子是许多氨基酸由肽键相连而成的长链高分子化合物。1907 年他在实验室中合成了有 18 个氨基酸的长链。费舍尔的学说正确地反映了蛋白质的基本结构。其后生物化学家们又发现生物催化剂——酶、内分泌激素等都是蛋白质。20 世纪 30 年代后，美国加州理工学院的鲍林用 X 射线衍射法研究蛋白质的晶体结构，肯定了肽键是蛋白质的基本结构。50 年代后，生物学家又分离出丘脑下部释放因子、生物体内起免疫作用的 γ—球蛋白等蛋白质。总之，被发现的具有不同功能的蛋白质种类越来越多。

　　核酸是瑞士人米歇尔（1844—1927）于 1868 年在德国做研究时从脓细胞中最先提取出来的。后来经德国人科塞尔（1853—1927）及其学生琼斯（1865—1935）和美籍俄国人列文（1869—1940）的研究，基本上搞清了核酸的化学成分和基本结构：核酸由腺嘌呤（A）、鸟嘌呤（G）、胸腺嘧啶（T）、胞嘧啶（C）等四种碱基与核糖和磷酸构成，它最简单的结构单体是碱基—核糖—磷酸构成的核苷酸。1929 年还认识到核酸有两种：DNA（脱氧核糖核酸）和 RNA（核糖核酸）。然而，列文等人当时认为核酸是四个含有不同碱基的核苷酸的高分子聚合物（所谓"四核苷酸说"），它的结构只是四种核苷酸的重复排列。[①] 这种简单化的认识曾在一段时期阻碍了人们认识核酸的复杂结构和它在遗传过程中的作用。

　　显然，由于染色体是由蛋白质和核酸构成的，那么，要在摩尔根理论的基础上推进遗传学，便要确定究竟是蛋白质还是核酸在遗传过程中起着主导作用。由于核酸比较稳定，结构简单，而蛋白质比核酸活跃，结构和种类比较多，最初，人们多把注意力放在蛋白质方面。然而，以下的两个重要的研究结果表明，核酸中的 DNA 才是遗传信息的真正载体。

---

　　① 现在的认识是：S（脱氧核糖）和 P（磷酸）以及 ATGC 四种含氮碱基，组成四种不同碱基的脱氧核苷酸。脱氧核苷酸形成长链，两条长链的碱基靠配对法则连接，形成双螺旋结构的 DNA（脱氧核糖核酸）。RNA（核糖核酸）的结构与 DNA 相似，只不过是以核糖代替脱氧核糖，再将四种碱基 ATGC 中的 T 换为 U（尿嘧啶）而已。

首先是肺炎球菌的研究结果。细菌学家们曾在实验室里培养了两种肺炎球菌——能引起肺炎的 S（不能被白血球吞噬）和不能引起肺炎的 R（易被白血球吞噬）。1926 年，英国人格里菲斯（1881—1941）把活的 R 菌和死的 S 菌混合后注入小白鼠血液内，小白鼠却患了病。他还发现，从病鼠血液内分离出来的肺炎球菌都是 S 型的。这个实验说明，死的 S 菌体内含有某种活性物质，把 R 菌转变成了 S 菌。1941 年美国人艾弗里（1877—1955）和麦克劳德（1909—1972）、麦卡帝（1911— ）等把 S 菌中的 DNA、蛋白质和荚膜物质抽取出来，分别将它们与活的 R 菌混合培养，发现只有 DNA 才能把 R 菌转变为 S 菌。经过几代培养，所有转变了的菌的后代都是 S 菌。这就说明 DNA 所诱发的转变可以永久遗传。然而，他们的实验结果并没有导致生物化学家们得出 DNA 是遗传基因携带者的结论——人们相信四核苷酸说，很难想象结构并不复杂的核酸具有基因载体的功能，甚至艾弗里本人也怀疑他们的实验结果，认为也可能某种附在 DNA 上的别的物质起了遗传信息的作用。

其次是噬菌体的研究结果。1938 年，玻尔的学生德国人德尔布鲁克（1906—1981）放弃原子能研究到美国，并和一些人组成了一个噬菌体研究小组，企图找到基因自我复制的秘密。噬菌体构造简单，比细菌还小，只有 DNA 和外壳蛋白，繁殖快，是研究基因复制的最好材料。1952 年，这个小组的成员赫尔希（1908—1997）和蔡斯（1921— ）以放射性同位素示踪物跟踪噬菌体感染过程，发现当一个噬菌体感染一个细胞时，仅把它的 DNA 注入寄主细胞，而把蛋白质留在外面，最后从寄主细胞中生出与原来一样的新一代噬菌体，并且，在没有蛋白质存在的情况下，噬菌体的 DNA 可单独完成在寄主细胞中生产后代的任务。这一实验的精确性是无可怀疑的，它说明在噬菌体的生活中，DNA 是世代之间惟一的连续物质，因而是关于 DNA 是遗传物质基础的判决性实验。

分子生物学的产生

1951 年春，美籍意大利人、信息学派①的鲁利亚（1912—1991）的学生、

———————————

① 玻尔和德尔布鲁克倡导的一个生物学学派，也包括薛定谔，他们试图把物理、化学规律和生物学规律协调起来。薛定谔甚至认为基因是一种非周期性晶体，它的原子群排列中蕴含着遗传密码。除了信息学派之外，英国人阿斯布勒（1898—1961）、佩鲁茨（1914— ）、肯德鲁（1917— ）和美国人鲍林致力于用 X 射线衍射技术分析生物大分子的结构与功能的关系，称为结构学派。比德尔、泰特姆等人则称为生化学派，因为他们是从生物化学的角度开展工作的。

美国人沃森（1928—）来到了结构学派的一个研究基地——卡文迪许实验室，遇到了研究晶体结构的英国人克里克（1916—）。当时克里克认为蛋白质可能是遗传物质，沃森则已了解了赫尔希和蔡斯未发表的研究结果，深信 DNA 是遗传的物质基础。他俩开始了合作，并于 1953 年开始分析 DNA 晶体结构。

这时，伦敦皇家学院的维尔金斯（1916—）和女科学家弗兰克林（1920—1958）也在做同样的工作。沃森和克里克直接从他们那里得到了相当清晰的 DNA 晶体（对 DNA 提纯、结晶处理后的物质）、X 射线衍射照片和较完整的分析数据，并从奥地利人查哥夫（1905—2002）处得到了 DNA 四个碱基两两相等的数据，还从鲍林那里得到了蛋白质肽链由于氢键的作用而呈 α 螺旋形的结果，经过计算和思考，最后建立了 DNA 的双螺旋结构模型。他们的论文《核酸的分子结构》发表在 1953 年 4 月英国的《自然》杂志上，同期还发表了弗兰克林拍摄的 DNA 的 X 射线衍射图像照片以及维尔金斯对衍射实验的分析数据。这篇论文的发表立刻引起科学界的轰动，被视为分子生物学诞生的标志。

克里克和沃森的模型表明，DNA 分子是两条多核苷酸彼此缠绕而成的双螺旋，两者靠碱基之间的氢键连在一起。结成对的碱基是不同的，但却是特异地互补的：A 与 T 相连，G 和 C 相连。一条链控制着另一条链的碱基顺序。若已知一条链上碱基的顺序，便可写出其补合链的碱基顺序，它是由碱基配对法则决定的。

1957 年，美国人科恩伯格（1918—2007）在实验中发现，只有存在少量 DNA 的情况下，四种核苷酸的聚合作用才能进行，而且产物 DNA 中的碱基比例与原先 DNA 的碱基比例相同。这个实验结果可以这样解释：DNA 的双螺旋在复制时解开，每一条链都是一个模板，然后按碱基配对法则补上另一条链。这便是所谓 DNA 的半保留复制方式。1958 年，梅塞尔桑（M. Meselson）等人用密度梯度离心法分析以重氮标记的染色体，追踪了细胞分裂过程中 DNA 的复制，确定地证明了 DNA 的半保留复制方式。

DNA 的半保留复制回答了基因是如何在世代之间传递的问题，但是，如果考虑当时已被修正为"一个基因一个蛋白质"的比德尔学说，就存在这样一个问题：作为基因的 DNA 是如何决定和控制着蛋白质的合成？实际上，当时人们已经设想，DNA 上碱基的序列代表了基因的遗传信息，同时也决定着蛋白质长肽链上氨基酸的组成和排列顺序。

由于 DNA 上只有四种核苷酸碱基，而蛋白质的长链是由 20 种氨基酸组成的，四种不同的碱基怎样排列组合才能表达 20 种氨基酸的排列次序呢？1954年，曾提出宇宙大爆炸理论的盖莫夫提出"相邻的三个核苷酸碱基组合代表一种氨基酸密码"的假说。按盖莫夫的假说，全部遗传密码的数量为 $4^3 = 64$ 个。

　　盖莫夫假说的细节是错误的，但方向是正确的。1961 年，美籍德国人尼伦伯格（1927—）和另一位德国人马太（Heihrich Matlhaei）在美国国家卫生局研究所工作时发现，苯丙氨酸的密码是 RNA 上的尿嘧啶（U）。这使生物学界大为震惊，并开始了大规模破译蛋白质氨基酸密码的活动。1963 年时，20 种氨基酸的遗传密码被全部译出；1969 年，64 种遗传密码的含义也被全部测出，一部按克里克的建议排列的遗传密码辞典问世了。这部辞典表明，所有生物的遗传密码是基本相同的，尽管生命的形态多种多样，但却能在遗传密码辞典里找到最基本的统一。

　　遗传密码解决了蛋白质链上氨基酸的排列顺序问题，那么，DNA 又是怎样决定着蛋白质合成过程的呢？1961 年，法国人雅各布（1920—）和莫诺（1910—1976）首先提出 RNA 是把遗传密码的信息从细胞核的 DNA 运送到细胞质的信使，后来这种 RNA 被称为信使 RNA（mRNA）。1962 年，休尔维奇（J. Hurwitz）和他的合作者用实验证明 RNA 是以 DNA 为模板合成的，这说明 DNA 的碱基配对法则也同样适用于 RNA 的形成。从此，以 DNA 为模板形成 RNA 被看成是遗传密码由 DNA 向 RNA 的转录，而通过 RNA 把遗传密码传向蛋白质并在蛋白质结构和功能上表达出来的过程，被看做遗传密码的翻译。

　　在遗传密码的翻译过程中，每个氨基酸都是由一种较小的 tRNA（1957 年最先发现，称为转移 RNA）携带到 mRNA 模板所指示的具体位置上的。60 年代，克里克将 DNA 一方面半保留复制、一方面通过 RNA 把遗传信息传向蛋白质，并在蛋白质结构和功能上表达出来的过程概括为所谓"中心法则"。1970 年，梯明和巴尔的摩两人还发现 RNA 作为模板还可以合成 DNA，这便是所谓的逆转录。逆转录表明，在生命演化的过程中，RNA 可能扮演了更重要的角色。至此，人们便在生物大分子的结构层次上，初步窥视了生命的奥秘。

人类基因组计划

　　对人类来说，健康是生命之美的象征。对健康的追求，是人类有史以来最重要和最普遍的追求之一。生命的奥秘，也是健康之本。据科学家的分析，人体精子或卵子中的 23 对染色体中的 DNA 分子，包含人类的所有基因，它们由大约 30 亿个碱基对（核苷酸链）构成的线性序列表达，其中除间隔序列、非编码序列和各种重复序列，有 2%～5% 的序列真正为人类 5 万～10 万个基因编码。人类的基因资源是有限的，人和动物的差别，人和人的差别，都在于 DNA 序列的结构和表达不同。这一点是非常明确的。人类基因组中包含着决定人体发育和衰老、健康和病亡的重要遗传信息。

1986 年 3 月，诺贝尔奖获得者美国人杜伯克（1914—）在《科学》上发表了一篇短文，主张从整体上研究人类基因组序列，因为零敲碎打的研究不足以认识这些疾病的发生机理。"人类应该用征服宇宙的气魄来进行这一计划，这一计划应该成为国家级的项目，并成为国际性的项目。人类的 DNA 序列是生命的真谛。这个世界上发生的一切事情，都与这一序列息息相关。"他的这篇短文，成了人类基因组计划的"标书"。

美国是第一个投标者。1986 年 6 月在冷泉港，诺贝尔奖获得者吉尔伯特（1932—）和伯格（1926—）主持了有关"人类基因组计划"（英文简称 HGP）的专家会议。1987 年初，美国能源部与国家医学研究院为该计划下拨 550 万美元启动经费，同时开始筹建实验室。1989 年，美国成立"国家人类基因组研究中心"，沃森担任第一任主任。1990 年，在历经 5 年辩论后，美国国会批准该计划于当年 10 月 1 日启动。它的总体目标是：在 15 年内，以 30 亿美元的投入，搞清人类 30 亿个核苷酸链的序列。此后，美国搜罗了许多世界一流科学家参与该计划。沃森许诺，到 2005 年将彻底揭开人类的遗传特征之谜。

耗资 30 亿美元的 HGP 是规模庞大的多国行动，为引发公众的信心和注意力，组织者用动听的言辞来描述它，遗传学家希望打开未来的基因数据库能带来一场医学革命，医学家则期望用基因诊断和基因疗法战胜 4 000 多种遗传疾病，以及癌症和糖尿病，揭示健康的奥秘。人类学家则渴望从基因的角度揭示人类从何进化而来，预测人类将要如何演化。世界各国也并未袖手旁观，各国的科学界在 20 世纪末展开了一场竞争。这是在信息时代争夺生命深处的信息资源。有人将它称为破译生命"天书"的计划。因此，无人愿意在这场"生命科技淘金热"中落后。

人类基因大约有 10 万个，与疾病相关的基因大约有 5 000 个。至 1999 年，其中 1 500 个已被分离和确认，许多研究成果申请了专利。1999 年，中国参与了该计划，得到人类基因组 1% 的测序任务。2000 年 6 月 26 日，人类基因组的草图绘制已经完成。

随着越来越多的人类基因被鉴定，许多人都看到，这里蕴藏着巨大的商业开发潜力。由于美国最初坚持对人类基因授予专利的做法，基因组科技公司纷纷抢先发现与疾病有关或直接引发疾病的新基因，以获得发明专利，垄断有关药物的研究、开发和销售。这种做法也遭到了许多国家的反对。基因是有限的，基因就是财富。但基础研究的成果直接成为有商业价值的专利，这在科学发展史上是十分罕见的。

当科学家希望通过人类基因组计划彻底搞清生命奥秘时，也许应提醒人们，生命的秘密可能不会完全写在基因的"天书"上，生命肯定还有许多"难言"的隐秘。而且人类基因的"天书"，也肯定是不断进行修订的。多样性、偶然性和变动性，不可能从生命领域中退出。

另外，人类基因组计划在向人们展示诸多光明前景时，也给人们带来了一些尴尬的境遇。遗传基因连锁图的绘制、致病基因的发现，会为基因诊断治疗提供方便。但对某些家族来说，这可能意味着遗传信息的隐私权被侵犯。研究表明，每个人的基因组中都或多或少存在一些"脆弱的"或"不正常"的基因。如果生命的天书被全部翻开，那也会展示一个令人苦恼的现实：每个人都可能是某种遗传学上的"残疾人"。这会不会导致种种"遗传学"上的歧视呢？当某人参加招聘会或参与社会福利保险时，是否会被提出要进行遗传基因检查呢？如果这样做，是否破坏了社会公正的原则？

生命物质的合成和生命起源

生命的物质基础是蛋白质和核酸，人工合成它们是生物化学家们多年的梦想。这大概是人学习"造化"的一种努力。

1955 年，英国人桑格（1918—）在费舍尔工作的基础上，弄清了分子量小、结构简单的蛋白质——胰岛素的 51 个氨基酸序列。1958 年，一个中国生物化学家小组开始试探合成结晶牛胰岛素，并在 1965 年 9 月首次取得成功。目前合成含有大量氨基酸的蛋白质仍然是困难的。

核酸的化学合成要比蛋白质更困难，美籍印度人克那拉（1922—）及其同事从 1958 年开始探索，于 1972 年合成了 77 个核苷酸的 DNA 长链，1976 年又合成了有 206 个核苷酸的 DNA 长链。中国的生物化学家们于 1979 年合成了由 41 个核苷酸组成的 DNA 链，1981 年底又合成了由 76 个核苷酸组成的 DNA 链。显而易见，核酸的化学合成对遗传工程的发展有十分重要的意义。目前遗传工程已成为一门新技术，它的目标是通过重组 DNA，在分子水平上为培育优良生物品种、制造生化药品、治疗遗传性疾病等开辟新途径。

生命是地球上最美丽的花朵。然而，究竟是谁最初播下了生命的种子？20

世纪的生物化学家还试图用他们的观点和方法解决生命的起源问题。1924年，苏联人奥巴林（1894—1980）在《生命起源》一书中认为地球上在有生命前存在着有机小分子物质，在原始地球条件下形成了复杂的有机化合物。1929年英国人霍尔丹也提出了相似的观点，断言原始大气中没有氧，直射而下的紫外线可使水、二氧化碳和氨的混合物形成有机化合物，先有有机质，后来出现了生命。1953年，美国人米勒（1930—）根据他的老师尤里（1893—1981）提出的大气成分，把含有水蒸气、氢气、氨、甲烷的混合体装在封闭容器里，模拟原始大气中的闪电进行火花放电，并用紫外线强烈照射，一周后在反应产物中发现了构成蛋白质的11种氨基酸。米勒的实验证明，原始地球上完全可能产生生命的基础物质。此后，有人还做过新的模拟实验，提出了一些新的猜想，其中主要有生命起源于水溶液介质的海相起源派和与之相对的陆相起源派。

最初的生物大分子如何转化成了原始的生命细胞？奥巴林在1936年提出了团聚体学说。奥巴林的团聚体是多种生物大分子的体系，与周围介质有明显的界限，能有选择地吸附各种物质，在吸附了酶之后会发生内部反应，成为原始的新陈代谢过程。1959年，美国人福克斯（1906—1997）等人将酸性类蛋白放在稀盐酸中加热溶解，冷却后得到了无数类蛋白微球体。经过几年的研究，福克斯发现微球体可以分裂成两个，长期置于原来的溶液中可以长出芽体，芽体又能长成微球体，产生一种非生物性的繁殖。20世纪70年代初，福克斯把团聚体、微球体视为生命过程中原始细胞的模型。不过，这仍然只是一种猜测和假设，它离真实的生命过程还相当远。

另外，在生物大分子的层次上，生命起源究竟是多元的，还是一元的？从生命起源的初始来看，科学还无法肯定生命最初是从DNA（脱氧核糖核酸）还是从RNA（核糖核酸）开始演化的。这是一个"鸡生蛋还是蛋生鸡"的问题。根据中心法则，DNA应该在生命起源中占主导地位，但逆转录的发现又使RNA成为更重要的生命始元。

实际上，只在地球上追寻生命的起源还远远不够。人们在19世纪就发现了陨石中的有机物，20世纪的射电天文学又发现了星际有机分子，对月球的探索还带回了月球岩石样品中的极微量的氨基酸。这些发现使人想象，地球之外的世界也可能是地球上生命的来源之地。科学家还发现，地球上竟有在232℃条件下生活的细菌，这也说明目前关于生命起源的知识是有局限性的。

进化理论的发展

生命进化之路究竟是怎样延伸至今的？人类从何处而来？我们将向何处去？这是人类不断追寻的问题。由于生命进化是一个极复杂的、不可重现的过程，生命的起源可能永远不会有结论，但对生命进化的探索，却始终是开放的。

按照达尔文的理论，高级生命是由低级生命进化而来的，人类是从猿类进化而来的。这样的回答看似简单，但当人们进一步深入到进化过程中去追问时，就走进了未知的原始森林。这里遍地丛莽，而且有多处陷阱，路标也可能误导前进的方向。

在达尔文进化论诞生后，越来越多的人开始把《旧约·创世记》中上帝造人和女娲用黄土造人的说法看做美丽的传说。但是，必须看到的是，达尔文的理论并没有给人们一个完备和确定的答案。自达尔文之后，生命科学在生物进化的机制、模式、节奏、单位、层次以及动力和影响因素等方面，反而形成了更多的意见或学派。

一般来说，分类学家面对大量现存物种会同意物种渐进演化的观点，而古生物学家根据某地某时期突然出现的大量古生物化石，则会得出物种突然产生的结论。而且关于渐变和突变的观点不仅仅是进化方式的争论，还涉及渐变或突变发生在生物的哪个层次上，是个体还是群体？突变的是基因还是体质？是微观的还是宏观的？突变是内生的还是由环境引起的？甚至在这些问题之间还存在复杂的问题，例如，是地理隔绝引起逐步进化还是突发的事件引起物种突变？有的学者针对恐龙在6 000多万年前灭绝的事实和1994年夏彗木相撞的事实，对达尔文的自然选择和适者生存理论提出了挑战。① 因为在这里，是偶然的灾变或机遇决定了生物物种的生死存亡，而不是物种自身的优越性。

在遗传学发展的同时，许多学者也更加关注进化论。例如，以英国人霍尔丹和美国人杜布赞斯基（1900—1975）为首的50多名学者在20世纪30年代末、40年代初创立的综合进化论，就推进了达尔文的理论。60年代末期，日本人木村资生和美国人J. L. 金、T. H. 朱克斯等人提出的"中性理论"则认为，在生物大分子的层次上考察物种的进化时发现，基因突变的速率及其要求选择的速率都是恒定的，物种进化是生命物质自身的运动，自然选择在这个层次上不起作

---

① 参见薛原：《关于许靖华和他的两本书》，载《读书》，1995（7）。

用。20世纪70年代，美国人斯蒂芬·古尔德和尼尔斯·埃尔德里奇提出了间断平衡说，着眼于新种产生的突然性和物种谱系的稳定性。另外，20世纪50—70年代的社会生物学研究中有人还提出了亲选择和群选择在物种进化中的作用，甚至动物行为学研究中的利己主义和利他主义问题也和进化问题相关。①

近期，一些科学家提出了阶层体系进化观，着眼于生命不同层次上进化模式、节奏和机制的不同。这种观点是有道理的，但问题仍然没有解决。试问在分子进化成为生命个体的过程中，它的驱动力是随机遗传漂变呢？还是自然选择？目前科学家对这两种驱动力所起的作用还做不出确定的回答。问题的复杂还在于，不管是哪一种驱动力起作用，总有无法解释的现象和相反的情况出现。所以，最好的理论是能容纳所有不同观点的理论。"目前，多数生物进化学家都认为，生物进化的方式，如同生物的种类，都是多样的；进化有时是渐变的，有时却可能是突变的；突变有时是有利或无利的，有时却可能是中性的；动物的行为有时是自私的，有时却可能是利他的；导致进化的机制有时是自然选择，有时却可能是遗传漂变、突变或者外来基因的流入。"②

在从猿到人的进化过程中，情况也是一样的。自然选择和基因突变在从猿到人的过程中究竟孰轻孰重？考古发现的古猿化石都是十分零碎的，难道我们可以用它们构建出完整而确定的从猿到人进化过程吗？再者，就目前世界各人种的分布情况而论，占主导地位的意见认为，所有人类都起源于非洲。而且，分子遗传学家根据人类线粒体DNA谱系推断，当今人类的共同女性祖先生存在15万年前至18万年前。但主张多起源说的意见也不是没有道理，以化石遗骸和人工制造物为依据，完全可以认为现代人类是由不同地区的古老祖先经数百万年进化而来，而且肯定还会有新的古生物化石支持这一论点。甚至关于认为人类是"天外来客"的各种想象，也并不一定是反科学的，因为科学本身也离不开想象。

总之，生物进化过程中的谜并没有被全部解开。我们已看到了生命历程的一部分景象，但却是模糊和朦胧的，而不是十分清晰的。在生命之谜面前，人类在不断解题，又在不断给自己出题。

---

① 这方面的代表著作有韦恩·爱德华兹的《动物的扩散与社会行为的关系》、康拉德·洛伦兹的《论攻击性》、德斯蒙特·莫里斯的《裸猿》、爱德华·威尔逊的《社会生物学：一种新的综合》等。

② 田洺：《未竟的综合》，2～3页，济南，山东教育出版社，1998。

神经生理学和脑科学的进展

动物神经系统的活动，特别是大脑的活动，无疑是已知最复杂的物质和意识运动。古代的中国人由于缺乏解剖学知识，甚至认为心是思维的器官。古希腊人已认识到大脑是思维的器官。然而，由于神经系统和大脑结构的精密和功能的复杂，古代人无法知其细节。近代以来人们已在这方面取得明显成就。

（1）神经元理论

曾用显微镜发现微生物的荷兰人列文虎克在 1718 年最早描述了神经纤维，1838 年捷克人普金叶观察到神经胞体。此后，德国人盖拉赫（1820—1896）于 1871 年提出神经系统像一个复杂的网状结构，1885 年意大利人高尔基（1843—1926）也提出同样的看法。1886—1889 年间，瑞士人希斯（1831—1904）、福雷尔（1848—1931）提出了与之不同的见解，认为神经系统是由许多独立的细胞组成的。1891 年，德国人哈茨（1836—1921）赞成神经细胞的假设，并建议称神经细胞为神经元。然而，这两种理论的争论一直持续。直到 1934 年，西班牙组织解剖学家卡哈尔（1852—1934）在他的一本专著中提出了令人信服的论据，使神经元理论被普遍接受。

（2）神经电传导

1780 年伽伐尼做蛙腿肌肉和神经实验时的种种迹象表明，神经有电流通过，电流可导致肌肉收缩。这也是神经电生理学的开始。1848 年，德国人杜博依雷蒙（1818—1896）改进了德国人施威格（1779—1857）发明的电流计，并用电流计测出了神经组织的电流，显示出了伴随神经脉冲通过的电信号（动作电位）。在此基础上，杜博依雷蒙的学生和其他一些人继续研究神经电活动，20 世纪，美国医生加塞（1888—1965）和厄兰格（1874—1963）用电子示波器和放大器研究了神经电在不同刺激下的传导速度、反应阈值和不应期，神经电生理学的时代真正开始了。

（3）神经化学递质

在神经元之间或神经元与肌肉之间传递信号的化学物质称为化学递质。1905年，英国剑桥大学的埃利奥特（1877—1961）发现用电刺激交感神经所引起的反应与肾上腺素的作用类似，便提出一个假设：每当一次神经电脉冲到达时，肌肉接点的储存处就释放肾上腺素。但他的发现被人忽视了。1921年，奥地利维也纳的洛伊（1873—1961）用蛙心做实验时发现，心肌交感和副交感神经末梢会释放出两种相反的化学递质，一种是能使心脏减速甚至停止跳动的所谓迷走神经物质，另一种是能使心脏跳动加快的所谓交感神经物质。

此后，洛伊和英国人戴尔（1875—1968）进一步研究，在1926年至1932年间证明迷走神经物质便是乙酰胆碱——这种物质是戴尔的合作者伊文斯（J. Ewins）早在1914年就提纯了的。1930—1931年间，美国人坎农（1877—1945）和巴克（Z. M. Baca）用猫心脏做实验，证明了交感神经物质是甲基肾上腺素。1933年，德国人费尔德伯格（1900—?）和克拉叶（1899—?）建立了乙酰胆碱的生物学检定法，使神经递质的研究进入一个新阶段。1933年，苏联人基比亚科夫（1899—?）第一次证明，可用化学物质把刺激从一个神经元传递到另一个神经元。20世纪30年代，英国人戴尔（1875—1968）、布朗（G. I. Brown）和从纳粹德国跑到英国的费尔德伯格、加德姆（J. H. Gaddum）、沃格特（1903—）等人证明，从运动神经末梢释放到肌肉中的便是乙酰胆碱。

第二次世界大战后心理药物的研究，促进了脑内递质的研究。1958年，瑞典药理学家卡尔逊（1923—）发现用多巴处理的脑，积存了大量的多巴胺，于是人们设想多巴胺本身就是一种神经递质。60年代通过对震颤性麻痹病人脑的研究，了解到脑中黑质纹体束的通道是以多巴胺为神经递质的。1969年，雷诺兹（Reynolds）发现刺激脑内特定区域可引起强烈镇痛，使人们想到可能是针刺动员了体内的抗痛系统，释放了内源性的鸦片样因子。鸦片样因子同鸦片受体结合，从而引起了镇痛效果。1973年，美国人珀特（C. B. Pert）在脑内发现了鸦片受体，1975年英国人休斯（J. Hughes）和瑞典人特伦纽斯（L. Terenius）从几种动物脑中提出了内源性鸦片样因子，1976—1977年的研究证明，脑内可以合成这类物质（脑内吗啡肽），它不仅有活性，而且也是一类神经递质。

目前已发现了30多种不同的神经递质，每一种递质对神经元具有各不相同的兴奋或抑制作用。在整个脑中，递质不是随机分布的，而是分别集中于特殊的神经元组群中，它们的化学成分有氨基酸、胺类、多肽类等。另外，20世纪50年代、60年代，英国和法国的一些神经生理学家还发现无脊椎动物和脊椎动物的神经系统中，神经元之间除了化学传递外，还存在着电相互作用，神经系统存在着电的突触。目前这两方面的研究仍在进行。

（4）反射学说

19 世纪 30 年代，英国人霍尔（1790—1857）研究了诸如手碰到火立即缩回的不随意活动，将这类活动称为反射。1893 年，英国人谢灵顿（1857—1952）在研究膝跳反射后得出结论：神经干不仅有传出运动的纤维，也有传入感觉的纤维，并认为肌梭是肌肉张力的感受器，它受牵张的刺激，对肌肉不断作出反射动作。因此，一个膝跳反射的成功是输入、输出及中间神经元通力协调的结果。第一次世界大战后，谢灵顿也开始研究不同类型的协调反射，以及兴奋和抑制之间的平衡，脑和小脑对脊髓反射中枢的影响等。

与谢灵顿同时代的俄国人谢切诺夫（1829—1905）在德国和法国学习过生理学，他回国后研究反射活动和有意识的活动，在俄国建立了一个生理学学派，为巴甫洛夫（1849—1936）的工作铺平了道路。1902 年前，巴甫洛夫是一个消化生理学专家，1902 年后开始研究神经系统，建立了条件反射概念。他通过打铃——吃饭——唾液分泌之间的联系说明，一个条件刺激（打铃）多次和非条件刺激（食物的消化）同时出现，就能在大脑中建立起联系，最终使这个条件刺激也能引起非条件反应（消化液的分泌）。他用实验证明条件反射可以由训练得到。只要条件刺激是生物的先天感官能感觉到的，条件反射便能后天地建立。巴甫洛夫的条件反射概念已超越了生理学的领域，涉及了心理学、精神病学和教育学的内容。

1948 年，美籍匈牙利人维纳提出了控制论的基本理论，使人们对反射活动有了新的认识。在此之前，反射活动在人们心目中是开环的：感觉输入——中间神经元——运动输出。维纳强调了小脑在运动稳定中的作用，强调了反射活动中负反馈的存在。于是，反射活动被看成了一个由负反馈调节的闭环系统的运行过程（参见第二十三章）。

（5）大脑功能区的定位

法国人弗卢伦斯（1794—1867）最先提出，高等动物的大脑主司感觉和思考，小脑协调运动，延髓为生命中枢。他还试图用小脑摘除手术等来证明自己的理论。法国医生布洛卡（1824—1880）于 1861 年在解剖两名失语症患者尸体时发现了其大脑中的损伤部位与说话有关，称为布洛卡三角区。

1874 年德国人范尼克（1848—1905）在左侧大脑发现了与语言有关的范尼克区。德国人高尔兹（1834—1902）19 世纪 80 年代对狗脑进行了成功的手术，证明了大脑皮层存在着特定的功能区域。20 世纪 30 年代，德国人福斯特（1873—1941）和加拿大人潘菲尔德在动外科手术时用电刺激清醒病人身上的不同部位，根据引起的反应定出了大脑皮层的功能区，发现大脑皮层中存在着专门的体感区和运动区，这些区域的每一处都和身体的某些部分互相关联对应，区域的大小和它所代表的身体各部分控制的精确度成正比。

此外，美国人斯佩雷（1913—）和加扎尼加（M. S. Gazzaniga）在 60 年代对癫痫病人作脑两半球割裂治疗时观察到：两半球有不同的分工，但各自又为一个独立的脑；每一个脑都有高级智慧机能；但语言机能主要在左侧，动作机能主要在右侧。

斯佩雷设计了一个实验：让裂脑人正视时，右脑处理左侧信号，左脑处理右侧信号。然后，把一个女郎和少年的照片以鼻子为中线，拼成一幅，让女郎的一半置于"裂脑人"的左视野，由右脑处理；少年的一半置于右视野，由左脑处理。这时问"裂脑人"看见了什么，回答是"少年"；但让他用手指看到的对象时，却指向了"女郎"。这个实验说明，由于裂脑左右部分独立处理信息，右脑中形成了一个女郎形象，但语言功能在左脑，所以说不出口，却能指出来。在另一个男性"裂脑人"左半视野里放几张照片，当他看到年轻姑娘时就拇指朝上表示喜欢，看到希特勒时就拇指朝下表示不喜欢，看到尼克松时拇指平向表示中立，看到自己的照片时也拇指朝下，表示有病不好。这说明大脑的右半球有自我意识和社会意识。①

这个研究成果改变了以往认为脑两半球对称的概念。人类的左脑长于数学、逻辑和语言功能等抽象思维；右脑长于综合、直觉、想象等形象思维。斯佩雷的研究成果不但使其获得了 1981 年的诺贝尔生理学及医学奖金，而且引起人类对脑科学和文明发展关系的重视。例如，美国人布莱克斯利在《右脑与创造》一书中便认为，语言的产生导致左脑的作用加强，是人类思维方式方面的左脑革命。电子计算机的发展已将左脑的功能扩展到了极端。当前，重新认识和发挥右脑的功能和作用，正在引起人类教育和思维方式的再一次革命。②

（6）脑电活动

1875 年，英国外科医生卡顿（1842—1926）首先发现了脑电。19 世纪末，波兰人贝克（1863—1939）和另外一些人也独立地发现了脑电。1912 年，俄国人宁明斯基（1879—1952）最先用照片记录下狗的脑电，并发表了脑电图。人的

---

① 参见夏禹龙主编：《科林小史·现代篇》，190～195 页，上海，上海科学技术出版社，1985。

② 参见［美］托马斯·R·布莱克斯利：《右脑与创造》，北京，北京大学出版社，1992；肖静宁：《评右脑革命》，载《自然辩证法研究》，北京，1995（8）。

脑电图是 1925 年德国人贝格尔（1873—1941）从他儿子的头上第一次记录下来的。1929—1938 年间，贝格尔每年都出一本《关于人的脑电图》的小册子。他还研究了人有心理活动时的脑电，记录了脑有损伤时的脑电。20 世纪 50 年代初期英国人道森（G. Dawson）制作了记录瞬态诱发电位的装置，后来，美国人克莱纳斯（M. Clynes）和科恩（M. Kohn）将它发展成电子计算机化的装置。

近年来，由于计算技术和信号分析方法的完善，用计算机处理脑电图来诊断人体状况已成为一门普及性技术。

（7）对感觉的研究

19 世纪 20 年代，德国人缪勒（1801—1858）提出了感觉能量说，认为不论什么感觉神经，都可以用化学的、电的、热的、机械的刺激引起兴奋，但不同的感觉器官决定感觉到什么，如刺激视觉神经见到光，刺激听觉神经听到声音。然而，19 世纪的技术还不足以深入进行感觉神经生理学研究。

1928 年，匈牙利人贝开希（1899—?）认为，人视觉中马赫带①的存在是因为视觉系统中存在着一种相互抑制的作用。20 世纪 40—50 年代，美国人哈特兰（1903—?）用电生理方法研究鲎（海生节肢动物）的复眼时，证明了这种抑制作用。50 年代，英国人巴洛（1921—）和美国人库夫勒（1913—1980）在兔子和猫的视神经上观察到了圆形的感受域，并分析了它的作用情况。60 年代以来，对感觉系统和听觉系统感受域的研究又取得一些新进展。目前这方面的研究目标是搞清感觉信息加工的机理，甚至搞清感觉信息贮存和加工的分子基础，尤其是学习和记忆的生物大分子基础。尽管这方面已有了一些初步成果，但这条道路毕竟是漫长的。如果这方面的研究取得突破，并能应用在电脑技术上，无疑会使人类文明的面貌大大改观。

---

① 奥地利人马赫在 1865 年发现，在黑白反差明显的边界上，人眼会在靠黑的一边看到一个细白条，在靠白的一边看到一个细黑条，被称之为马赫带。

【第二十二章】

现代数学的本性和前沿

如果认为只有在几何证明或者在感觉的证据里才有必然，那会是一个严重的错误。

柯西
转引自 M. 克莱因：《古今数学思想》

20 世纪数学中最为深入的活动，是关于基础的探讨。强加于数学家的问题，以及他们自愿承担的问题，不仅牵涉到数学的本性，也涉及演绎数学的正确性。

M. 克莱因：《古今数学思想》

分析数学的进展

牛顿和莱布尼茨发明了微积分，它是分析数学的基础。在某种意义上，可把分析数学视为研究函数、变量和运动的数学。19 世纪的法国数学家柯西在 1821 年出版的《分析教程》中，用极限概念严格定义了函数的连续、导数和积分，并研究了无穷级数的收敛判别法。1822 年，法国人傅里叶证明，广泛的一类函数可用三角级数来表示，这便是在物理学、数学和工程技术中广泛应用的傅里叶级数。1826 年，挪威人阿贝尔（1802—1829）发现，连续函数级数的和并不一定是连续函数，并证明了连续函数级数收敛的条件。1829 年，德国人狄利克雷（1805—1859）给出了函数展开成的三角级数收敛并且收敛到这个函数本身的充要条件。其后，英国人斯托克斯（1819—1903）和德国人塞德尔（1821—1896）提出了函数级数一致收敛的概念。同时，德国人魏尔斯特拉斯（1815—1897）在数学分析算术化方面做了许多工作，为数学分析奠定了更严格的基础。

然而，魏尔斯特拉斯 1872 年在柏林科学院的一次演讲中给出了一个处处连续但处处不可导的函数，这是一种前所未有的怪函数。三年后，法国人达布（1842—1917）证明，只要不连续的点包含在长度可以任意小的有限个区间之内，不连续函数也可以求定积分。这也是一类怪函数。此外，狄利克雷在研究三角级数时举出了在无理点上取 0 值，在有理点上取 1 值的极端病态函数。这些病态和奇怪的函数破坏了古典数学分析的优美性，许多大数学家认为，制造出这种函数是学究式的数学游戏，它给数学分析带来了无秩序和混乱。

为了推广积分概念，1893 年法国人约当（1838—1922）提出了"约当容度"概念，波莱尔（1871—1956）把容度改为测度。1902 年，波莱尔的学生勒贝格（1875—1941）发表了《积分，长度和面积》一文，系统地阐述了他关于测度和积分的思想。勒贝格提出了函数点集的测度概念，将原来不可积的"病态函数"定义区间分成若干个可测集，使之收敛并可积，从而大大扩展了可积函数的类型，因而被视为微积分产生以来的一次革命。此后，实变函数论便诞生了。这是在一般函数、微积分、级数、微分方程等理论的基础上产生的一个内容更广泛的领域。

勒贝格的工作开始不受数学家的欢迎。他的回忆录提到："只要我试图参加一个数学讨论，总会有些分析学者对我说：'这里不会使你感兴趣的，我们在讨论有导数的函数。'或者一位几何学家说：'我们在讨论有切平面的曲面。'"直到第一篇论文发表 20 年后，他的成果才得到了承认。20 世纪 30 年代以来，勒贝格积分已在概率论、泛函分析、谱理论及工程方面得到广泛应用。

复变函数研究是从 18 世纪开始的。法国人达兰贝尔在这方面做过一定贡献。1776—1783 年间，欧拉写了一系列论文，指出了如何用复变函数去计算实积分的值，拉普拉斯 1782—1812 年间也研究了这个问题，并给出了现在解微分方程的拉普拉斯变换方法。1797 年，挪威出生的测量员魏塞尔（1745—1818）最先在一篇论文中提出了复数的向量表示法。1806 年，瑞士人阿甘德（1768—1822）引入了用复平面上的旋转矢量表示复数的方法。由于德国人高斯（1777—1855）的工作，复数的几何表示方法在 19 世纪上半叶已被人们普遍接受。

复变函数的理论在 19 世纪得到了系统的发展。1825—1831 年，柯西在研究虚限定积分的基础上，建立了一整套复变函数的微积分理论。德国人黎曼（1826—1866）在柯西证明连续函数必定可积的基础上，证明了可积函数不一定是连续的。他1851年的论文把单值解析函数推广到多值解析函数，引入了黎曼曲面的重要概念，确立了复变函数几何理论的基础。魏尔斯特拉斯则完全摆脱了几何直观，他围绕着奇点用幂级数研究解析函数，推进了复变函数的研究。此后，瑞典人列夫勒（1846—1927）及法国人彭加莱、皮卡（1856—1941）、阿达玛（1865—1963）和芬兰学派的尼凡林那（R. Nevanlinna）等人继续推进了复变函数的研究。俄国人茹科夫斯基（1847—1921）利用复变函数解决飞机机翼的结构问题，阐明了机翼所产生的举力，为流体力学和航空做出了贡献。

20世纪初，数学分析出现了一个广阔的新领域——泛函分析，它是古典分析的推广，不过是把函数看做函数空间的点，综合了函数论、几何学、代数学的观点，研究对象是无穷维向量空间上的函数、算子和极限理论。泛函分析的萌芽最早见于意大利人弗尔太拉（1860—1940）、法国人阿达玛等人的著作中。随后，德国人希尔伯特（1862—1943）、海令哲（1883—1950）开创了希尔伯特空间的研究，匈牙利人黎斯（1880—1956），美籍匈牙利人冯·诺依曼（1903—1957）、波兰人巴拿赫（1892—1945），苏联人克列茵、柯尔莫果洛夫（1903—1987）、盖勒范德等人都在这方面有所建树。

非欧几何学与几何学的基础

非欧几里得几何是19世纪产生的，它的产生不但标志一个新的几何学分支诞生，而且从根本上改变了数学家对几何性质的理解，也改变了数学家甚至常人对几何学同世界关系的理解。

非欧几里得几何的产生同数学家长期企图解除对欧氏几何第五公设的怀疑有关。这条公设是说，如果两条直线被一条直线所截，其同侧内角的和小于180°，则这两条直线向该侧无限延长后必然会相交。历史上曾有人企图用其他公设和命题来证明这条公设，也有人证明了它和"过已知直线外的一个已知点，只能作一条直线和已知直线平行"这条命题等价。然而，人们在证明第五公设的时候所使用的论据都是以假设它成立为前提的，因而犯了循环论证的错误。

1826—1830年间，俄国喀山大学的罗巴契夫斯基（1792—1856）独辟蹊径，提出了一个与欧几里得第五公设矛盾的公理："过线外一点，至少可以引两条直线与已知直线平行。"以此取代欧几里得的第五公设，便在原来的公设和命题系统中推出了一系列逻辑上无矛盾的新定理，形成了一个严密的新几何学体系。与罗巴契夫斯基几乎同时，匈牙利人鲍耶（1802—1860）也发现了欧氏第五公设的不可证明性和非欧几何学的存在，他的论文附在他父亲 F. 鲍耶（1775—1856）于 1833 年出版的一本初等数学教科书中发表。F. 鲍耶和德国著名的大数学家高斯是同学和好友，高斯在收到鲍耶的论文后大为赞赏这位青年人的天才。事实上，高斯早就沿着这个方向进行研究，并得出了相似的结论，不过没有把它公开发表。①

罗巴契夫斯基创立了系统的罗氏几何学理论，标志着自欧几里得以来，人们关于几何学的观念已开始动摇。这种动摇导向了一场空间观念的变革。罗氏几何学产生的时期，高斯在从事微分几何学研究中曾提出一个全新的概念：一张曲面本身就是一个空间。这个概念经过德国人黎曼的推广，开辟了非欧几何学的新远景。

在罗氏几何产生的基础上，黎曼重新考虑了研究空间的途径，他提出了 n 维几何的概念，"把 n 维空间叫做一个流形。n 维流形中的一个点，可以用 n 个可变参数 X_1，X_2，$\cdots$，X_n 的一组指定的特定值来表示，而所有这种可能的点的总体便构成 n 维流形本身，正如在一个曲面上的点构成曲面本身一样。这 n 个可变参数就叫做流形的坐标。当这些 X_i 连续变化时，对应的点就历遍这个流形"②。另外，黎曼还提出了流形（空间）曲率的概念，并用曲率来刻画欧氏空间和更一般的空间的性质。

实际上，黎曼空间的维数超出了三维，空间的曲率也是一个变量，这个变量不是一个数量，而是一个张量，这种几何属于微分几何的范围。在这个一般的基础上，当考虑 $n=3$ 时，如果曲率 $a>0$ 就得到一类球面空间，$a=0$ 便得到欧几里得空间，$a<0$ 时便得到包括罗巴契夫斯基空间（双曲面）在内的负曲率曲面空间。③ 此外，黎曼指出，物理空间是一种特殊的流形，欧氏几何的公理只是物理空间的近似写照，在曲率逐点变化、而且物质的运动也随点变化的空间中，欧氏几何的法则是不成立的。黎曼和罗巴契夫斯基一样，相信天文学将判定哪种几

---

① 罗巴契夫斯基和鲍耶曾就发明非欧几何的优先权进行过一场争论。事实上罗巴契夫斯基较早地在演讲和出版物中发表了他的成果，但他和鲍耶都间接地了解了高斯在这方面的想法和工作。罗巴契夫斯基的成果在最初发表时没有受到重视，后来由于高斯的推崇，才受到了数学家们的重视。一般来说，非欧几何学的发明权属于罗巴契夫斯基和鲍耶，但前者所做的贡献要大于后者。

② M. 克莱因：《古今数学思想》，第 3 册，311 页，上海，上海科学技术出版社，1980。

③ 在欧几里得空间的平面上，三角形内角和为180°，在球面上大于180°，在双曲面上小于180°。由此可见几何公理的相对性。

何符合于真实的空间。黎曼认为，要确定物理空间的真理，需要把物质和空间结合起来。这个思路自然会把人引向相对论。

在非欧几何提出之后，数学家开始更严格地检查欧几里得的几何公理系统，发现欧几里得的公理并非不证自明的真理。另外，他还的确假设了大量前提而没有特别地指出来。在看清欧氏几何的全部缺陷之后，数学家中有人力图把点、线、面等作为不定义的概念，再加上一些描述性的术语，严格地推导出数学的整个结构。这便是所谓的公理化理论。这方面的工作在 19 世纪末由意大利人皮亚诺（1858—1932）和德国人希尔伯特（1862—1943）完成了。其中希尔伯特在他 1899 年出版的《几何原理》一书中首次提出了令人满意的几何公理系统。

显然，欧几里得几何学的出发点是无须证明的公设，公设是靠经验启示的，它的基础是直观。但在数学家们认识到欧几里得几何的缺陷之后，希尔伯特已不再诉诸以经验直观为基础的公设，而仅仅从没有矛盾的出发点开始，按照逻辑方法来建立几何公理体系了。这样，就把欧氏几何的基础从直观转移到逻辑上了。按照希尔伯特的方法，希尔伯特的公理系统并非惟一可能的，实际上，只要从没有矛盾的出发点出发，就可以发展出一种数学结构，这种数学结构（不管是欧几里得几何，还是非欧几何）并不依赖于现实，但如果它有用的话，就必然同现实世界有某种联系。后来，希尔伯特的这个原则和方法成了量子力学的重要工具。

从罗素悖论到哥德尔定理

数学是科学的皇冠，它向来追求精确性和逻辑性。但 20 世纪一批数学家对于数学基础的探讨却告诉我们：数学的基础并不能完全严格地建立在精确性和逻辑的基础上。数学的大厦原来矗立在理性和感性混合的沙滩上，而不是建造在纯理性的岩石上。

罗素悖论属于集合论的范围。集合论是由出生于俄国而后来到德国的康托（1845—1918）于 1879—1897 年间建立的。康托的集合论引入了震撼知识界的无穷概念，这是从古希腊人芝诺的时代起就曾使数学家感到困惑和无能为力的难题。例如，他把无穷整数集合 1，2，3，4，…和无穷偶数集合 2，4，6，8，…配起来，使第一个集合的每个数对应于第二个集合中等于它二倍的偶数，即建立所谓的一一对应关系，这样就能合理地论证偶数的数目等于所有整数的数目。显然，直观使人觉得整数的数目等于偶数数目的二倍，但无穷的算术却与有穷的算术不同，也不能用常识去处理，逻辑在这里战胜了直观和常识。在康托之前，伽利略已论证了整数平方的数目等于所有整数的数目，但只是康托才建立了一套完整的逻辑结构，设定了一整套超限数以代表不同的无穷大的阶，从而证明所有有理数和所有整数可以相对应；所有实数可以和直线上的点相对应。当然，这一点是由康托和德国人戴德金（1831—1916）共同证明的。不过，康托的创造性工作却受到他的同事的攻击，曾给康托当过老师的克隆尼克甚至诬蔑他有着"最具兽性的见解"，这样无聊的攻击使他精神忧郁，最后死在精神病院里。

德国人弗雷格（1848—1925）发展了一种新的集合，这种集合是以逻辑符号来表示和运算的，即所谓数理逻辑的集合。他在1893年出版了《算术基本法则》第1卷，1903年出了第2卷，企图把数学结构，甚至数的概念建立在一个严格的、无矛盾的基础上。在第2卷还在校清样的时候，年轻的英国人罗素（1872—1970）写信向他提出一个问题——如何处理一个特殊的悖论。这个悖论的通俗化形式是所谓"理发师悖论"。一个乡村的理发师宣称：他给而且只给本村所有那些不给自己理发的人理发。按照这条原则，他应该给自己理发，但如果他这样做了，就又违背了这条原则。弗雷格在考虑过罗素的问题后觉得他无能力解决这个问题，并在自己著作的结尾承认了这一点，从而也承认了他的数理逻辑体系并不完整严密。①

罗素悖论的实质可以归结为这样一个问题："一切不包含自身的集合构成的集合是否包含自身？"关于这一点，康托实际上早在1899年给戴德金的信中就指出，人们要想不陷入矛盾的话，就不能谈论由一切集合构成的集合，而这也正是罗素悖论的内容。也就是说，这个理发师不能说给"所有"那些不给自己理发的人理发。1908年，德国人策墨罗（1871—1953）提出了一种不会产生悖论的集合论。在策墨罗看来，罗素悖论的问题在于一个要定义的东西是要用包含这个东西在内的一类东西来定义的。他只允许那些不会产生矛盾的类进入集合论。也就是劝说那个理发师把自己除外，然后再"给全村所有不给自己理发的人理发"，如此而已。他的工作经过弗伦克尔（1891—1965）的改进，形成了一个公认的无矛盾的公理化集合论，称为ZF公理。然而，公理化集合论自身的相容性并未得到证明。关于这个问题，当时法国的大数学家彭加莱曾评论道："为了防备狼，羊群已用篱笆圈起来了，但却不知道在圈内有没有狼。"而数学史表明，羊圈里确实还有狼。

1931年，奥地利人哥德尔（1906—1976）发表了一篇文章，提出了著名的

---

① 罗素本人后来也没有成为数学家，而成了哲学家。他以写哲学散文和著作见长，却得了1950年的诺贝尔文学奖。

不完备性定理。他证明：如果人们只限于运用数学系统中的形式化概念和方法，便不可能确立这个系统（包含着逻辑和数学）的无矛盾性。这也就是说，数学系统的相容性是不能用狭义的逻辑来确立的。他指出，在一套公理系统中总是存在着这样的命题：它在这套公理的基础上既不能证明，又不能否定；如果把公理修改一下，使得这个命题能被证明或被否定，便会在这个被修改后的公理系统中制造出另外的既不能证明也不能否定的命题。

哥德尔定理揭示了这样一个问题：整个数学不可能井然有序地安置在任何公理系统上，每一个数学系统，不管它多么复杂，总包含着不能消除的悖论，就像罗素用来推翻弗雷格系统的那种悖论一样。这一点的含意是很深刻的。尽管康托对无穷集合的演算表明逻辑的证明和方法可以超越直观，哥德尔却向人们表明：可证明和正确是不相同的，直观上的正确会超越逻辑和数学上的证明。哥德尔不完备性定理也可帮助我们理解其他文明成果的特质，例如，如果联系脑科学的成果，可以看出，我们无法仅用大脑的左半部分（逻辑、数学和语言）或者右半部分（形象、综合、音乐图画）完整而无矛盾地认识世界。只有整个大脑的两半部分加在一起，才能给我们以正确的结论或信念。或者说，如果没有了信念，结论也可能是靠不住的。另外，我们也不可能要求一种计算机程序是绝对完美的和从不出问题的。这里也可以看出，哥德尔定理所揭示的问题是和人类的脑结构相关的。因而，科学在这里真正显示出了其属人的特质。

数学中对确定性和完备性的追求，也就是企图找到数学的适当的逻辑基础。这曾是一些数学家企图达到的目标。现代数学中，集合论的公理化、逻辑主义、直观主义或形式主义等都没有达到这个目标。在哥德尔之后，尽管仍有许多人（包括法国的布尔巴基学派）向这方面继续努力，但至今还没有找到答案。正像海森堡的不确定原理否定了物理学对完备和确定性的追求一样，哥德尔定理否定了数学对完备和确定性的追求。在数学里，我们可能会始终面对没有答案的问题。正如数学家韦尔（1885—1985，Hermann Weyl）所言，数学作为人的一种创造活动，大概也同语言和音乐有共同之处，存在着原始的独创性，不可能被完全客观地公理化。① 甚至许多法律实践和条文也向人们表明，公平原则和自我负责的原则常常也是相互矛盾的。这说明人类文明许多方面也包含着和数学一样的悖论。也许人们在这些方面过分追求严密性反而会把它们引入没有生命力的境地，而它们的生命力仍然应该建立在实用和具体的基础上。

哥德尔 1976 年辞世，有人将他比做阿基米德和高斯，认为他是 20 世纪最伟

---

① 参见 ［美］M. 克莱因：《古今数学思想》，第 4 册，324 页，上海，上海科学技术出版社，1981。

大的数学家。也有许多人将哥德尔视为一个哲学家。但不管怎么样，哥德尔定理是他给科学和人类最大的贡献。与公众瞩目的爱因斯坦相比，哥德尔是一个离群索居的人。但这两个人的友谊却非同寻常。他们于1933年相识，1940年哥德尔移居美国，从1942年起一直和爱因斯坦过从甚密。他们是很不相似的人，可是，由于某种缘故，彼此甚为知心和赏识。爱因斯坦甚至说："自从我碰到了哥德尔，我才知道数学也是这么一回事。"

代数学的进展

古代世界对西方影响最大的代数学①著作是阿拉伯人花剌子米写的《还原与对消》。代数学的基础是算术，但用字母来代表数字和未知数进行运算。古埃及、巴比伦、希腊、中国、印度、阿拉伯世界都产生过许多代数成就。代数学的内容非常广泛，近代以来的进展主要有三个方面。

第一是数的领域和表示形式的扩展。古希腊时期毕达哥拉斯学派已发现了无理数，使数的领域扩大到包括有理数和无理数的实数范围。在近代，意大利人卡当（1501—1576）认真地引入了虚数的概念，欧拉采用 i 表示虚数 $\sqrt{-1}$，把实数领域扩充为复数领域。另外，英国人耐普尔（1550—1617）发明了对数；笛卡尔改进了休谟（James Hume，出生于苏格兰）1636年在巴黎时创造的指数表示法，使之成为今天通用的符号；英国人华里斯提出了负指数的概念，由牛顿创立了现行的分数指数和负指数符号；1719年，意大利人法革纳诺（1682—1766）引入了虚指数。以上进展为近代以来代数学的发展开拓了领域，提供了方法。

第二是行列式和矩阵理论。行列式和矩阵理论的发展基于对莱布尼茨首创的线性方程组的研究。马克劳林最先用行列式方法求解有2～4个未知数的线性联立方程组（1729年），这个方法经克莱姆（1704—1752）推广，成为今天求解行列式的克莱姆法则。1764年，培祖（1730—1783）证明了系数行列式等于零是行列式所代表的方程组有非零解的条件，并且将确定行列式每一项符号的手续系统化了。法国人范德蒙德（Vandermonde）在1776年给出了用二阶子式和它们的余子式来展开行列式的法则，从某种意义上说，他是第一个对行列式理论作出连贯的逻辑阐述的人，因而也是行列式理论的奠基人。

---

① 代数学这个名称在中国最早是由英国人伟烈亚力和中国数学家李善兰在翻译英国人德摩根（1806—1871）的著作时（1859年）选定的。

参照克莱姆和培祖的工作，拉普拉斯在 1772 年证明了范德蒙德的一些规则，并推广了他展开行列式的方法。其中与线性方程组的行列式解法有关的消元法是欧拉和拉普拉斯共同给出的。19 世纪，柯西最先用"行列式"这个词来描述 18 世纪数学著作中的行列式，并首先采用了把元素排成方阵并采用双重足标的方法。柯西还改进了拉普拉斯的行列式展开定理，给出了行列式的乘法定理，并提出了行列式特征根和特征方程的概念。此后，英国的犹太人塞利维斯特（1814—1897）改进了从一个 n 次的和一个 m 次的多项式中消去 X 的方法（析配法）。行列式中的二次型理论，是由魏尔斯特拉斯在柯西和塞利维斯特工作的基础上完成的。

矩阵这个词最先在塞利维斯特书中出现时是行列式的同义词，在行列式理论的发展过程中，矩阵的性质就已基本上被搞清了。首先提出矩阵概念并认真研究它的是英国人凯雷（1821—1895），所以他被视为矩阵理论的创立者。凯雷给出了矩阵的加法法则（交换律和结合律）和乘法法则（可结合但不可交换），并指出了矩阵和逆矩阵相乘为单位矩阵。其次，关于任意阶方阵的凯雷—汉密尔顿[①]定理也有他的贡献。关于矩阵的秩的概念是由福罗贝纽斯（1849—1917）在 1879 年提出的。另外，美国人皮尔斯父子（1809—1880，1839—1914）和狄克生（1874—1954）等人都在这方面有一定贡献。

行列式和矩阵理论构成了线性代数的基本内容。显然，从形式和内容方面来估价，行列式和矩阵只是线性方程和变换的一种简洁和紧凑的表达式，是一种改革了的数学语言和表达形式。它是现代数学最有力的工具之一，也是物理学家的一个有用工具。

第三是关于高次方程求根的理论。古代数学家在这方面已达到了较高的水平，近代数学家进一步改进了根式的表示方法和求解方法。在某种意义上，古典代数便是方程论，它的内容是以讨论方程的解法为中心的。16 世纪时 3 次、4 次方程的求解得到解决后，5 次以上方程的根式求解问题被提出来了，它吸引了许多人的注意力，但两百多年中并没有取得突破。1799 年，鲁非尼（1765—1822）论证了 5 次以上方程不能用根式求解，挪威人阿贝尔（1802—1829）进一步严格论证了这一点，开辟了包括群论和方程的超越函数解法在内的近代代数道路。

比阿贝尔年龄小一些的法国人伽罗瓦（1811—1832）是群论的真正创立者。1828 年，17 岁的伽罗瓦在巴黎大学数学教师里沙（1795—1849）的指导下开始研究代数方程论，在两三年间便依靠引入代数群而彻底解决了代数方程的根式可

---

① 汉密尔顿（1805—1865），爱尔兰人。

解条件问题，从而开辟了群论的研究。这是一个有划时代意义的重大成就。然而，他的论文在当时没有引起大数学家柯西的注意，遭到了阿贝尔的忽视，被泊松（1781—1840）草率地写上了"不可理解的"评语，而他自己也在一次决斗中结束了年轻的生命。他的论文 14 年后在刘维尔（1809—1882）主办的《纯粹与应用数学》杂志上发表，并由刘维尔作序向数学界推荐。

群论出现后，方程论逐步转向代数数论、超复数系、线性代数、环论、域论等抽象的数学结构方向。这个领域的许多数学家们离开了原来的具体概念，把注意力越来越多地集中在代数的抽象结构上，引入了成百的从属概念，形成了一团混乱的细小分支。在这些分支中工作的许多数学家已不再知道抽象代数结构的来源，也不再关心他们的成果在具体领域的应用了。

希尔伯特问题

希尔伯特年轻时就慧眼识珠，最早领会了康托集合论的意义，认为它是数学精神开出的值得惊叹的花朵，是人类纯理智的一个至高成就。他对康托的赏识，让人们逐步理解了集合论的魅力。

1900 年 8 月 6 日在巴黎召开的国际数学家大会上，38 岁的希尔伯特在演说中向数学家们提出了 23 个数学问题，涉及大多数主要的数学分支学科。在希尔伯特看来，解决这些问题可以揭开未来的面纱，看到新世纪数学发展的前景。这些问题提出后吸引了大批第一流的数学家，到 20 世纪 80 年代，其中约有一半得到了解决，有些问题的研究取得了进展，有些则依然未能解决。

希尔伯特问题的研究，极大地影响了 20 世纪数学发展的方向。据统计，1936—1974 年间获菲尔兹国际数学奖[1]的 20 人中有 12 人的工作和希尔伯特问题有关，美国数学会在 1976 年评定的 1940 年以来的十大数学成就中有三项便是希尔伯特问题的解决。中国的数学家（如秦元勋等）在第 8、16 个问题上也取得了进展。

希尔伯特问题大多为数学的基础理论问题，它们对大批第一流数学家的吸引，在某种程度上削弱了对应用性数学问题的关注和研究，因而对数学的发展来

---

① 这项奖是由加拿大数学家菲尔兹（J. C. Fields，1863—1932）在 1924 年提议、由国际数学家联盟在 1950 年的会议上通过决定设立的。该奖每四年颁发一次，奖给在数学方面做出杰出贡献的 40 岁以下的人。由于诺贝尔奖中没有数学奖，该奖也被视为与诺贝尔奖相当的科学奖。

说也有一定副作用。当人们把数学看成是远离实际的抽象数字和符号时，也就会把数学家看成是与常人有距离的"怪人"。

应用数学的发展

第二次世界大战以来，由于技术和工业的迅速发展，带动了数学向应用方向的发展，这时就涌现出了与希尔伯特完全不同的一类数学家——他们不是设法解决别人和大师提出的问题，而是自己用数学去解决实际生活中的问题，力图恢复数学和实际生活的联系。他们的努力带动了数学向应用方向的发展。

运筹学的诞生最有代表性，它的内容包括对策论、排队论、规划论、最优化方法等。中国战国时代的军事家孙膑在田忌与齐王赛马时为田忌所出的主意是古代对策论的一个例子。1944年冯·诺依曼[①]和摩根斯特恩（Oskar Morgenstern）合著的《对策论与经济行为》奠定了现代对策论的基础，把对策研究从古代的军事政治领域扩大到了社会经济生活领域。

排队论的目的是寻找"使服务系统效率最高"的数学方法。1908年出版的丹麦人爱尔朗（A. K. Erlang）的《排队论在丹麦电话系统中的使用》是这方面最早的著作。随着20世纪服务性行业的发展，排队论的研究和应用都有了极大的进步。

苏联人康特洛维奇1939年出版的《生产组织与计划中的数学方法》是规划论方面的早期著作。20世纪50年代以来西方出版了许多规划论著作，它主要研究计划和管理工作中的安排与估值问题，用数学语言描述便是：研究某一目标函数在一定约束条件下的最大值和最小值问题。通俗的例子是：要去某地时，考虑有几条路可走，走哪一条最快最省力。它的内容包括线性规划、非线性规划、动态规划等。

F. 约翰1948年发表的《以不等式作附加条件的极值问题》一文是最优化方法方面最早的文献。最优化方法也就是寻找最好的方式，以达到最优的选择或目标。1953年，美国人J. 基弗提出了优选法中的0.618法。中国数学家华罗庚

---

① 冯·诺依曼（1903—1957）是有犹太血统的匈牙利人，幼时才智过人，在德国著名的数学之乡哥廷根大学做过希尔伯特的助手，1930年移居美国，后来在普林斯顿大学任教。冯·诺依曼曾为美国政府充当原子弹制造的顾问，又在电子计算机中引入了二进制和程序内存的思想，还担任过美国洲际导弹委员会的主席，曾经建议美国对苏联发动一次突然袭击。

（1910—1985）推动了优选法在工农业生产方面的应用。

模糊数学方面最早的文献是美国加州大学札德（L. A. Zadeh）于 1965 年发表的《模糊集合》一文。这是一个崭新的概念。传统的数学是精确的科学，所处理的是概率等于 1 的值或事件。模糊数学处理的值是一个连续的量，概率在 1 和 0 之间，最浅显的例子是仅仅根据人的声音来判断这个人是谁。从某种意义上，模糊数学衬托出了传统数学的局限性，界定了传统数学的范围，提出了全新的数学概念，突破了原有的数学领域。目前模糊数学在模式识别中已有了成功的应用。

概率论是研究大量偶然现象的数学学科。作为一门应用数学，它的历史要比运筹学和模糊数学久远。卡当、塔塔利亚（约 1499—1557）、帕斯卡、费尔玛、惠更斯等人最早研究了赌博中的概率。雅各·伯努利的《猜度术》（1713 年）、英国人德莫瓦佛的《机会的学说》（1718 年）和辛普生的《论机会的性质与规律》（1740 年）、法国人布丰的《或然算术试验》（1760 年）和拉普拉斯的《分析概率论》（1812 年）等，都是概率论的早期著作。高斯奠定了最小二乘法和误差论的基础，泊松推广了大数定律，引入了泊松分布的概念。接着，俄国人马尔可夫（1856—1922）在概率研究中导入了有名的"马尔可夫链"。20 世纪 30 年代，苏联人柯尔莫果洛夫给出了影响很大的概率论公理体系。

数理统计是概率论在具体领域中的推广。它的中心任务是研究怎样合理地搜集资料，并利用这些资料对随机变量的数学特征、分布函数进行估计、分析和推断。英国人费歇尔（1890—1962）是数理统计学科的奠基人。出生于罗马尼亚的美籍犹太人沃尔德（1902—1950）、美国人沃利斯（Wallis）和保尔森（Paulson）等人为代表的哥伦比亚小组，在 20 世纪 40 年代提出的"贯序分析"被认为是这个学科最有权威的统计思想。数理统计的抽样方法，在产品检验方面有很普遍的应用。①

---

① 要采用抽样的方法来评定产品质量，这时须考虑：（1）产品本身有不符合设计要求的，抽样时不可能把有问题的正好全部抽出；（2）检验时可能会有误差。这样检验后的结论便是用百分之几十的概率来保证这批产品的合格率不低于百分之几十。

【第二十三章】

综合性科学的出现

　　　　存在着适用于一般化系统或子系统的模式、原则和规律……我们提出了
一门称为普通系统论的新学科。普通系统论乃是逻辑和数学的领域，它的任
务乃是确立总体上适用于"系统"的一般原则。

贝塔朗菲：《普通系统论的历史与现状》

信息论

　　光、声、电可以是信息的载体，语言、文字、旗帜、哨音、电报、电话、无
线电通信、电视等都是人类创造的传递信息的工具。但在信息论产生前，人们主
要是从语义或释义的角度对待信息的，而不注重用数学和定理来描述信息。信息
论正是用数学方法来描述信息传递过程中的某些规律的一门新科学。

　　电报、电话和无线电通信发明后，人们开始研究传递消息的可靠性和效率问
题，这实际便是信息论研究的基本问题。

　　信息传递的效率问题是容易理解的。早在 1832 年，莫尔斯在编制点划电报
码（莫尔斯电码）时，便采用了最简单的符号来表示英文中出现概率最多的字母
e，出现概率最小的 z 则采用了较复杂的表示符号。在符号种类和字母数量确定
的情况下，这样就提高了电报通信的效率。信息传递的可靠性更容易理解，它是
指信息在传递到接受者那里没有发生错误和歧义，没有误传。

　　1922 年美国人卡松（1887—1940）在他关于通信的边带理论中提出了信号保护法则，考虑了信息传递中的可靠性问题。1924 年，美国人尼奎斯特（H. Nyquist）和德国人库普夫米勒（K. K. pfmller）几乎同时独立发现，要以一定速率传递电报信号，需要一定的频带宽度。这说明，确定的设备传递的消息是有限制的，不能任意增加。四年后，美国人哈特利（1888—1959）证明：设备所传递的信息量和它的频带宽度与时间的积有关，如果有 S 个字母，信息量 H 可定义为 S 的对数；他还把传递中的消息仅仅视为代码、符号、序列，而不是其内容本身。1936 年，阿姆斯特朗（F. H. Armstrong）提出可用增大传输的频带宽度来抑制噪声和干扰。这些研究都已从数学的角度接近了信息论的基本问题。

　　1948 年，美国的应用数学家申农（1916—2001）与韦弗（1889—1970）合作所写的《通信的数学理论》一书出版，标志着信息论的产生。在书中，申农给出了测量每个消息平均信息量的数学公式（概率和对数形式）。申农超越了具体的通信系统，认为一般的通信系统包括信息源、发送机、信道（传输信号的渠道）、接收机、消息接受者五个部分，从而避开了复杂的语义问题，而仅仅从技术和数学关系的方面来研究消息的传递，使问题显得简单了。

　　申农像哈特利一样，把传递中的消息视为随机序列。以英文电报为例，传送过程中各个字母出现的概率不同，后面字母出现的概率要受前面字母的影响，这种过程便是概率论中的马尔可夫链。根据申农给出的数学公式，当每个字母符号在传递电报的过程中出现的概率相等时，电报传递的信息量便达到极大值。实际算出的平均信息量和极大值之差，与极大值的比值，称为该信源的多余度。申农指出，可以通过改变信源编码来降低多余度，使信源与信道匹配，使信源上的平均信息量等于信道容量。这便是申农的所谓信源编码原理。这个结论具有重要的理论意义。在这个原理的指导下，20 世纪 50 年代出现了信息率较高的编码和纠错码。信源编码原理对提高信息的传递效率有理论指导意义。

　　在一定的信道中，信号传递太快会分辨不清，造成错误。通信过程中的噪声也会干扰，使信号发生错误或失真。申农的研究表明，有噪声的信道在一定条件下可以可靠地工作，信道容量就是信道几乎能无误差地传递信息的最大速度。这便是信道定理。申农指出了信道的这个极限，但却没有指出如何计算具体信道的这个极限的方法，也没有说明如何通过最佳编码来达到这个极限。为使一个通信系统达到没有差错的最大速率，通信工程师们一直在寻找所谓最佳编码，但今天仍然未能如愿。

　　信道定理在某种意义上可看成热力学第二定律在信息中的特殊形式。自然界的封闭系统的熵会不断增加而趋向无序，通信过程同样会使消息的不确定性增加，因而使失真情况增加。在法国人布里渊（1889—1969）看来，信息和负熵等价。他将信息论推广到物理学领域，并以信息和熵等价为前提解释了热力学第二定律方面的麦克斯韦"妖"佯谬。当人们接触到量子效应对信道容量的限制时，布里渊试图将信息与海森堡的不确定原理联系起来，以解决一些信息的测量问题。

申农最初建立的信息论范围局限在通信问题上，实际上是一门通信的理论。在信息论的发展过程中，它曾指导通信工程师解决了不少实际应用问题。有些人曾试图用信息论的概念和方法解决过多的问题，申农本人则对此采取了谨慎的态度。事实表明，申农信息论不是包医百病的万应灵药，它只是研究通信过程中的概率信息的理论。客观世界中的信息、信源和信息接受者远比申农所描述的复杂，在某些信息传递过程中，不能把语义问题排除出去。

20世纪60年代以来，为适应图像识别和视觉研究的需要，在模糊数学的基础上产生了与申农的概率信息论完全不同的模糊信息论。70年代以来，又有人提出了有效信息、语义信息、无概率信息（主观信息）、广义信息等新的信息概念。显然，信息已不再仅仅是通信领域中的概念，而和人类社会生活的各个方面联系起来了。目前，人类已进入信息社会，信息和材料、能源一起被视为人类文明的三大支柱。信息论的方法正在被应用到生命科学（含神经生理学）、物理学、化学、心理学、经济管理、电子学、人工智能、控制论、系统论等一系列学科。一个内容广泛的信息科学正在成长。

控制论

控制论是用数学工具研究控制机构或控制系统运行一般规律的科学。汉代的记里鼓车和马钧发明的指南车，北宋苏颂等人发明的水运仪像台和钟等，以及瓦特发明的蒸汽机中，都有控制机构。在动物行为中，鹰追猎运动中的兔以及人抓取物体的动作等活动，都是在神经系统的控制下进行的。显然，以上例子的一个共同点是具有目的性，并通过一种调节系统在动态过程中实现目的。

工业革命以来，由于机器生产的发展，人们对机器的调节问题越来越重视了。瓦特时代的蒸汽机就采用了离心式转速调节器。1829年，法国人彭斯来特（1788—1838）曾制造了按扰动原理工作的蒸汽机转速调节器。1874年俄国工程师契柯列夫开始应用按调节量偏差进行调节的方法。1877年，英国人劳斯和德国人赫尔维茨（Hurwitz）提出了只根据系统特征方程系数，用代数方法判定自动调节系统是否稳定的方法。这种方法今天仍然是自动调节机械系统设计的一种稳定性判据。此后，俄国人李雅普诺夫于 1892 年明确给出了机械系统稳定性的定义（参见第十章）。系统稳定性是调节原理中一个极重要的概念，以发电机为例，如果机器转速在经过过渡过程后上升到额定转速时不再上升，系统是稳定的；如果转速不稳定或越转越快，电机有可能被破坏，则系统是不稳定的。

20 世纪初期，机器工业进入了流水线生产的阶段（如福特工厂的汽车生产线），电气机械和电子技术有了进展，对机械和电力系统的结构、功能和稳定性的研究又有进步。1932 年，尼奎斯特在研制电子管振荡器的同时提出了用传递函数①作为系统稳定判据的方法，并提出了重要的"反馈"概念。所谓反馈就是把输出量的一部分回输到输入端来影响输入的方法。正反馈可以加大输入信号，但有可能破坏系统的稳定状态。负反馈是纠正偏差的调节方法，广泛地存在于工作稳定的控制系统中。20 世纪 30 年代末，苏联人米哈依洛夫提出了研究调节器稳定性的频率法；40 年代美国人伊文思又提出了用系统特征方程根与系统中某一参数关系来判定系统稳定性的图解方法——根轨迹法。以上这些成果是机械控制论的理论基础。

第二次世界大战期间，美籍犹太人维纳（1894—1964）参加了防空火炮随动系统的研究。为了确定瞄准运动飞机的提前量，维纳建立了在最小均方误差准则下将时间序列外推进行预测的维纳滤波理论（这一点对申农创立信息论有很大影响）。为了用机械系统来模拟炮手跟踪空中目标的行为，维纳进一步研究了负反馈原理，大大提高了负反馈概念在自动控制系统中的地位。这方面的工作使维纳对控制论的关键问题有了深刻的理解。另外，由于维纳从 20 世纪 30 年代起就同生理学家罗森布吕特（1900—1970）交往，并对当时生理学家们关于生物神经系统中的反馈作用感兴趣，他的知识面便越出了机械领域。1943 年，维纳与罗森布吕特、毕格罗（J. Bigelow）三人合写了《行为、目的和目的论》一文，从反馈角度找出了神经系统和自动调节机器之间的一致性。接着，维纳将他的思想进一步总结在 1948 年出版的《控制论》一书中。这本书将控制论定义为关于机器和生物的通信和控制的科学，标志着控制论的诞生。

一般来说，控制论产生时所涉及的系统主要是单输入单输出的线性系统。在机械方面这种系统有自动镇定系统（如转速调节系统）、按给定时间函数工作的程序控制系统、随动跟踪系统等。50 年代控制论出现了两个较活跃的分支：生

---

① 系统的传递函数等于系统输入量的拉普拉斯变换与系统输出量的拉普拉斯变换之比，是一个形式简单的复变函数，求出这个函数的根及其在复平面上的位置便可判定系统是否稳定。

物控制论和工程控制论。在生物控制论方面，美国神经生理学家艾什比（W. R. Ashby）写了《大脑设计》（1954）和《控制论导论》两本书，从反馈和信息角度进一步研究了生理调节系统和神经系统的控制机理。1954年出版的中国科学家钱学森（1911—）的《工程控制论》一书，以及1956年苏联人庞特里亚金发表的《极大值原理》等文献，都是工程控制论方面的重要经典之作。当时的控制论主要处理单输入单输出的自动调节系统，采用建立在传递函数和频率特性基础上的动态分析和综合方法，被称为经典控制理论。

20世纪60年代以来，大量的工程实践，特别是空间技术的发展，提出了全新的控制问题。以火箭运载的卫星、飞船、导弹等的飞行为例：火箭的质量特性要用变质量力学来描述；控制是在远距离上实现的，因而是一种远距离控制；火箭的距离、速度、加速度、飞行姿态、多级工作程序等参数都需要控制，因而是一种多输入多输出的多路控制；控制要求高度精确；地面系统复杂而庞大，控制问题复杂。在这种情况下，产生了现代控制理论。

一般认为，现代控制理论的奠基者是匈牙利出生的美国人卡尔曼（1930—）。他从1960年起先后发表了《控制系统的一般原理》和《线性估计及辨识问题的新结果》等论著。卡尔曼在经典控制论的基础上引入了数字计算方法中的校正概念，并和布西（R. S. Bucy）一起将状态变量引入滤波理论，提出了用递推方法滤波的卡尔曼滤波法。现代控制理论用考虑系统内部参数的状态空间方法改进了只考虑输入量和输出量的"黑箱方法"，强调了最佳化控制，发展成了解决多路控制、多变量控制、时变系统控制、最佳控制、系统识别、自组织和自适应控制问题的第二代控制理论，成了自动化技术发展的重要理论基础。

20世纪70年代以来，控制论的发展日益同电子计算机的发展联系在一起，同时又同包括战略防御系统、经济管理系统、生态系统、社会系统等大系统理论问题联系在一起，受到了人们的日益重视。

系统论

系统是自然界客观存在的东西。从太阳系、地球生物圈、动物的机体，直到人类社会本身，都是一种系统。人类的知识产品也是一个系统，如欧几里得的几何学体系以及现代自然科学的各个学科等，都构成了一个知识的系统。在亚里士多德的著作里关于整体大于部分之和的思想便反映了古人对系统结构和功能的直观理解。近代以来，解剖学的研究使人们对人体和动物机体中的组织、器官和系统有了相当完整的认识。工业革命以来，机器工业和电力网的建设又使人们对技术和工程系统有了既直观又深刻的印象。

具体看，现代系统论的发展有两个主要线索，一个是从研究生物有机体角度产生的一般系统论，另一个是从研究技术工程及劳动管理角度产生的系统工程学。

一般系统论的知识基础是近代生物学。20 世纪 20 年代有许多欧美学者开始从有机体的角度接近系统论思想。1924—1947 年间，奥地利出生的美国生物学家贝塔朗菲（1901—1971）在一系列论文和著作中提出了有机体系统和一般系统论的思想。贝塔朗菲强调生物机体的整体性、动态结构、能动性和组织等级，把有机体看做具有高度自主性的活动系统，同时又是一个开放系统，并和环境组成一个大系统。在他看来，生物学的任务便是发现在生物系统的各级组织中起作用的规律。1948 年，贝塔朗菲又出版了《生命问题》一书，书中描述了系统思想在哲学史上的发展，认为不论系统的种类、组成部分的性质及其关系有何区别，存在着适用于一般化系统及其子系统的模式，可以用逻辑和数学方法来确定适用于一般系统的原则。这些原则包括：整体性原则、相互联系的原则、动态原则和有序性原则。贝塔朗菲还强调系统是开放的，它要和周围环境进行物质和能量的交换，并将生命和生物现象的有序性和目的性与系统的结构稳定性联系起来。贝塔朗菲的工作标志着一般系统论的诞生。

1954 年，贝塔朗菲曾和几个人在美国创办了"一般系统论研究会"以宣传他的理论，并强调系统论与当时已影响很大的信息论和控制论是一同产生的。然而，50 年代系统工程主要是从解决实际问题中形成自己的理论，并不直接受一般系统论的指导。直到 60 年代，由于系统工程又转向了更复杂的社会工程，系统论作为一般的方法论才受到了更多的注意。这一时期，贝塔朗菲总结了他几十年的工作和系统方法在应用上的成就，于 1968 年出版了《一般系统论：基础、发展和应用》一书，进一步阐述了他的思想，成为一般系统论的主要著作。

由于一般系统论只有很少的具体和定量的结果，主要部分仍然是概念的阐述，它的影响不如控制论和信息论。当然，这也是因为自然界形形色色的系统所包含的内容无比庞杂丰富，人们根本不可能都用定量的方法来描述其复杂纷陈的规律。1972 年，贝塔朗菲发表了《一般系统论的历史和现状》一文，又大大扩展了一般系统论的范围。在他看来，一般系统论是一种新的科学规范，它包括关于系统的科学、数学系统论、可用数学语言描述的各种系统、系统工程学，以及系统思想和方法在科技和社会各种系统中的应用、系统哲学等。显然，这已经是一个无所不包的理论框架了。

系统工程学本质上是一种以运筹学为工具和方法的工程管理学。古代埃及人修建金字塔、中国古代传说中的大禹治水①、战国时代李冰对都江堰工程的设计和实施等，都体现了将工程视为一个整体来统筹安排和实施的系统思想。然而，只是近代以来机器大工业的发展，才使工程管理逐步成为一门系统科学。

1911年美国工程师泰罗（1856—1915）通过对机械加工工序和工人劳动作的分析，提出了提高工作效率的企业管理方法——泰罗制。这体现了一种系统管理思想。贝尔电话公司在建立电话网时应用了排队论原理，采用自动拨号系统和自动交换机，并且把工作分为规划、研究、发展、发展期间的研究、通用工程五个阶段，这便是一种系统工程的管理方法。

20世纪40年代初，系统工程学一词开始被使用。第二次世界大战期间，英美两国先后组织了由各学科专家组成的运筹学小组，为某些作战和后勤问题的决策提供依据。战后，美国于1948年成立了研究和发展公司——兰德公司，这个公司的鲍里斯小组创造了大系统分析的数学方法。其后几十年，公司的专家们运用系统分析的方法，考察决策者面临的全部问题，提出可能的解决方案，比较它们的结果，为美国政府和军事部门提供咨询和出谋划策，产生了很大的影响。1956年，美国杜邦公司在兰德公司协助下研究出了一种协调大企业内部不同部门之间工作的方法——关键路线法。一年后，美国海军将它发展为计划评价技术，并成功地应用于"北极星"导弹的研制，使计划提前两年完成。1957年，美国密执安大学的古德（H. Goode）和麦考尔（R. E. Machol）合著的《系统工程学》一书出版，系统地论述了系统工程最重要的数学工具——运筹学及其主要分支（参见第二十二章），为系统工程学初步奠定了理论基础。

1961—1969年间美国阿波罗登月计划的成功可以看成系统工程方法应用的杰出范例。另外，1962年后美国人霍尔（A. D. Hall）提出了系统工程三维结构（霍尔结构）的思想；1965年麦考尔编出了《系统工程手册》，概括了系统工程学各个方面，使之成为一个比较完整的体系，从此系统工程学成了一门较完整的独立学科。在中国，20世纪50年代后期以来，以钱学森为代表的科学家推进了系统工程学在中国航天工业中的应用，取得了极大的成就。

20世纪70年代前后，系统工程学开始越出传统的工程范围，被作为一种规

---

① 作为史实，大禹治水的传说很难考证，但其内容中确实包含系统思想，即用疏导的办法代替堵的办法。

划和管理方法推广到经济系统和社会系统，以解决许多复杂的社会—技术系统和社会—经济系统的最优管理问题。解决这类问题的理论是所谓大系统理论。① 整体上看，信息论、控制论、系统论等在大系统理论框架中相互渗透，难解难分，而电子计算机又是解决这类问题必不可少的工具。

---

① 中国学者吴学谋还创立了泛系（Pansystems）理论，发展了跨学科的系统和网络研究。

第二十四章

探索复杂性的非线性科学

新科学的最热情的鼓吹者们竟然宣称，20 世纪的科学只有三件事将被记住：相对论、量子力学和混沌。他们主张，混沌是本世纪物理科学中的第三次革命。……人们长期有一种感觉，只是不常公开表露，即理论物理已经同人类对世界的直觉偏离太远。谁也不知道，这是富有成果的异端，还是直截了当的邪说。但是，有些认为物理学正在走进死胡同的人，现在把混沌当做一条出路。

詹姆斯·格莱克：《混沌：开创新科学》

自然科学探索中的简单性和复杂性

科学史表明，近代以来自然科学发展的主旋律一直是沿着古代毕达哥拉斯、阿基米德等人开创的方向前进的，这便是探索复杂的自然现象中所蕴含的简单性与和谐性，并力求将这种简单性、和谐性以人的直观容易把握的数学形式或语言表述出来。哥白尼提出日心说的一个重要缘由就是坚信毕达哥拉斯学派关于宇宙和谐的理想，而抛弃了繁琐复杂和难以计算的托勒密体系。近代自然科学从哥白尼出发，经过伽利略和开普勒，牛顿将这种理想以最完美的形式表达了出来。牛顿学说在天体力学、物理学及化学中的成功应用，使人们对科学简单性与和谐性的态度，几乎变成了一种不可动摇的哲学信念。

然而，科学史也表明，近代科学，包括数学、力学、天文学、物理学以及化学和生命科学等，也存在着特有的片面性。首先，它在方法上注重分析，忽视综合，而"借助实验来被探索的自然当然被简化了，被解剖、往往还被曲解了"①。这一点在整体上表现为近代自然科学分门别类的研究和发展，缺乏综合性、横断性、边缘性的学科。由于自然界本身是一个普遍联系的复杂整体，近代自然科学实际上是在整体中研究部分、在复杂中寻找简单。

其次，从研究的对象看，近代以来的自然科学确实只注意了线性系统和可积系统，忽视了非线性系统和不可积系统。线性系统的数学模型一般是连续和可积的，因而是相对好处理和有确定解的。但对事物的线性分析割断了事物间的复杂联系，它考虑事物的叠加而不考虑出现的新质。法国科学家彭加莱早在 1892 年便证明，自然界存在的可积系统是一种罕见的例外，而不可积系统才是正常的。在这个意义上，近代自然科学才刚刚接触到那些具有简单形式的自然规律，还没有条件揭示那些具有复杂形式和内容的自然规律。

另外，从对科学问题的处理方式看，非线性系统和不可积系统在数学上是难以处理的，常常得不出确定的结果，因而近代自然科学常常将复杂的问题简单化和理想化。例如，牛顿提出的万有引力公式便具有这样的性质。还如，关于流体流动的伯努利方程便是舍弃或不考虑流体分子之间及流体与管壁之间的黏性阻滞力而建立的关于理想流体的方程，因而它是可解的。不过，正因为它是关于理想流体的方程，尽管它一直被广泛应用，但本质上只是一种近似的数学工具。而法国人纳维和英国人斯托克斯（G. G. Stockes，1819—1903）分别在 1822 年和 1845 年建立的纳维—斯托克斯方程是考虑了流体速度、压强、密度和黏滞力之间联系的非线性方程，在形式上出奇地简单，但分析该方程的行为时就会走入一座迷宫，它的序和度所涉及的所有方面会因一种变化而同时变化，因而把人引向许多数学上难以逾越的困难面前。直到 20 世纪 70 年代，人们才应用电子计算机得出了该方程的一些解，而根本不可能穷尽它的所有解。

可见，近代自然科学在总体上是倾向于在复杂的自然现象中寻求一种简单性答案的科学。不过，它是以局部线性化来处理非线性问题，用世界"片面的美"掩盖了"完整的真"。事实上，尽管自然界的复杂性中包含着简单性，但自然界确实不像我们原来想象的那么简单，复杂性才是造化的本性，一些日常的、简单的事物中也同时包含着复杂性，曾被近代自然科学做了简化处理的许多科学问题，其背后也确实还隐藏着巨大的复杂性。这便是自然或造化的互补和对称。以

①　［比］普利高津、［法］斯唐热：《从混沌到有序》，80 页，上海，上海译文出版社，1987。

往的自然科学确实偏重在复杂性中探索简单性，而忽略了在简单性中探索复杂性。这显然是一种不平衡。

20世纪的自然科学发展出现了寻求自身平衡的新趋势。这便是一系列探索复杂性的新科学的出现。在广义上，系统论、控制论和信息论便是这些新科学的代表。除此之外，以耗散结构理论、协同学、超循环论、突变论、浑沌学及分形研究为代表的非线性科学，代表着自然科学发展的新趋势。正在兴起的科学主体是非线性的，它更接近我们的感觉领域，也更接近世界的真实面目。它告诉我们：线性作用只能产生简单性、平庸性，现实世界的多样性、丰富性、复杂性、奇异性都来自非线性。线性化抹杀了世界多样性、丰富性、复杂性、奇异性的根源。世界之所以不断从简单演化出复杂，离开非线性是无法想象的。

20世纪初的科学家们因为看到了"以太之谜"和黑体辐射的"紫外灾难"两朵物理学天空的乌云，最后导致了相对论和量子力学两场科学革命。爱因斯坦的相对论由于对时空、物质、运动、能量等基本概念的修正而引起了一场物理学和宇宙观的革命，但确实又沿着更加远离日常直观尺度和人类活动范围的方向将物理学推到了不可把握的宏观和无法直接感觉的高速；量子力学则更是沿着微观世界的方向，将人类的认识能力和测控能力推到了扑朔迷离的境地。20世纪初的绝大多数科学家还没有看到非线性问题和复杂性问题给科学天空带来的另一朵天边的乌云。不过，经过半个多世纪，这朵乌云终于逐步聚集起来，形成了20世纪后半叶科学发展史上的又一场规模宏大、影响深远、范围广阔的急风暴雨。

从某种意义上看，许多非线性和复杂性问题尽管难以得到明确而简单的解，但问题本身却又是人们日常生活范围中的。如果说相对论和量子力学将科学推到了宏观和微观两个极端的话，探索复杂性的这类新学科又使科学的范围回归到了中观的尺度，而这个尺度也正是人类日常活动所进行的时空范围，也是人类直观经验可以把握的。因而，这种回归也可以看做是现代科学发展过程中在尺度方面的一种新的平衡。也许，科学的大厦将因此而改变面貌，焕然一新。

耗散结构理论

当开尔文发现不可能从单一热源吸收能量，使之完全变成有用功而不产生其他影响；当克劳修斯发现在一个孤立系统内热总是从高温物体传向低温物体，即热不可能独自地、不付任何代价地从冷物体传到较热物体时，热力学第二定律便创立了。这个定律在1865年克劳修斯引入熵的概念之后也称为熵增加原理。熵增加原理表明，一个孤立系统的自发过程，总是使其内部的温度差别或有序程度减小，最终趋向平衡态，而不是相反。例如，香水瓶打开之后，香水会挥发掉，香气充溢整个房间，但无论如何，空气中的香水分子却不会自发地重新聚集到瓶子里，正如低温物体上的热量不会传到高温物体上去一样。这个道理同样能解释"为什么我们冬天会感到冷，夏天会感到热"。

但当克劳修斯把热力学第二定律应用到整个宇宙方面，便得出了宇宙演化将走向单一方向的热平衡的结论。这是一个从复杂到简单、从有序到无序的退化过程。这便是所谓的"宇宙热寂说"。当初恩格斯在其未发表的《自然辩证法》中便写道："放射到宇宙空间中去的热一定有可能通过某种途径（指明这一途径，将是以后某个时候自然研究的课题。）转变为另一种运动形式，在这种运动形式中，它能够重新集结和活动起来。"① 事实上，当时达尔文提出的生物进化论揭示的生物进化过程和细胞学说阐明的生物个体发育过程，也已经揭示了自然界同时存在着能量和物质由低级到高级、由简单到复杂、由无序到有序的演化方向。显然，自然界的演化绝不只有单一的方向。

正是科学发展过程中表现出来的这种矛盾所显示的自然规律的互补性，推动了 20 世纪的科学家在物理学、化学和生物学的层次上寻找与热力学第二定律相对应的新的自然规律。比利时人普利高津（1917—2003）及其研究集体于 1969年在"理论物理与生物学"国际会议上提出的耗散结构理论，是这一探索的一项杰出成果。

耗散结构理论自提出以来，逐步发展成为一个理论体系，有了一定的数学工具，为研究非线性系统远离平衡态时所表现出的有序现象提供了方法，使人们有可能统一考察物理、化学和生物学等学科中的系统演化问题。该理论的基本概念是通过对若干典型实验的研究建立起来的。其中主要的有贝那德（Benard）流体实验、激光和 B—Z 反应。

贝那德流体实验是取一层流体，如樟脑油，上下置一层金属平板，从下加热。开始，从下到上的热量流与温度梯度成线性关系，靠分子碰撞传递能量，流体呈无规则运动，分子无法根据周围情况判定自己在整体流动中的位置，系统的流动状态各处都一样，具有平移对称性。当加热到某一程度，上下温度梯度达到某一阈值，系统状况发生突变，无序状态消失，大量流体微团从一个个正六边形中心涌上，又从各边流下，且一个个正六边形挤排在一起，系统流动呈有规则的花样。显然，系统进入了非线性状态，从无序进入了有序。

---

① 《马克思恩格斯选集》，2 版，第 4 卷，278 页。

激光的发生需要采用三个能态的物质，在用光泵将其基态上的电子打到高能态上后，这些电子会自动跳回到中能态上，当中能态上的电子数超过基态上的电子数后，造成粒子数反转。此时，由于外界激发或系统内部的涨落，中能态上的电子会跳回基态，同时放出一个光子，该光子又激发另一电子跳迁，同时放出又一个光子激发另一个电子的跳迁，如此产生雪崩式的电子跳迁和光子发射。由电子顺序激发产生的激光光子相干性好，方向性好，能量集中，而一般自然光则是由电子随意跳迁产生的，相互没有联系。

B—Z反应是由布罗索夫（Belousov）和扎博亭斯基（Zhabotinsky）发现的化学振荡反应：在铈离子作催化剂的柠檬酸和溴酸的氧化反应中，不断取走生成物和添加反应物，使之保持一定比例，当反应浓度达到一定阈值时，加入显示剂可以看到生成物由红变蓝，再由蓝变红，呈1分钟周期，生成浓度在产生振荡。同样的反应在二维浅盘中进行时可看到从不同位置向外扩散的红蓝相间的扩散波；在一维试管中的反应则可看到稳定的红蓝相间的层状结构沿试管方向排列。这种化学振荡实际上形成了一种时空结构。

这几种现象被视为力学、物理学和化学中的进化，它是一种系统从无序到有序、从简单结构演变为复杂结构的过程。由于这种有序结构的出现和维持需要从外部不断供应物质和能量，所以是一种耗费或耗散物质和能量的结构，因此称之为耗散结构（dissipative structure）。实际上，所有生物体都是一种高级的耗散结构。比如人每天要吃饭，时时要呼吸，就是一种开放系统和耗散结构。尽管贝塔朗菲在建立一般系统论时把生命看做一个开放系统，但一般系统论并没有对生命的有序性和目的性给出满意的回答。耗散结构理论的提出，也为回答作为开放系统的生命物体在发育过程中如何从混沌走向有序的问题提供了一种新的思路。

耗散结构的系统必须是开放的，是同外部不断进行物质能量和信息交流的，孤立系统不可能产生耗散结构和发生熵减现象。系统只有远离平衡态并处于力和流的非线性区时才可能演化成有序状态。系统在接近孤立系统的非平衡态时没有外部条件，将平滑地变为均匀无序的平衡态。系统演变为有序状态，其中必然存在着非线性作用，而涨落①是系统由均匀定态演化为耗散结构的最初驱动力。

普利高津的理论使人们明白，热力学第二定律反映了封闭系统的特性，但宇宙中还有各种开放系统。他给了宇宙另一个完整的说法。在他看来，牛顿和爱因斯坦的最大失误，除了把简单性看做科学描述自然界的惟一形式，还在于他们也

---

① 涨落是系统某种物理量在统计平均值附近的起伏变动，它是由随机的、没有确定方向的系统内子系统运动造成的。

把时间看做是可逆的。在普利高津所关注的那些真实的自然系统中，时间是不可逆的，系统的演化过程和结果与时间相关。

耗散结构理论的发展和探索复杂性的其他新兴科学交织在一起，成功地考察了一些非生命系统从无序到有序、从简单到复杂的演化过程，也被应用于分析社会问题。实际上，人类社会也是一种高级复杂的耗散结构。普利高津曾经访问过中国，他获得了 1977 年诺贝尔化学奖，其著作和思想在中国科技界和哲学界有很大的影响。

协同学

1971 年，德国人哈肯（Hermenn Haken，1927—）和他的学生格若汉姆（R. Graham）合作发表了《协同学：一门协作的科学》一文，正式阐述了协同学的思想和主要概念。此后哈肯又以协同学的概念处理了一些生态学、生物学、物理学、化学、力学和气象学中的问题，出版了《协同学导论》（1977）、《高等协同学》（1983）等著作，从而建立了协同学的理论框架。

协同学研究的理论支柱是伺服原理和最大信息熵原理，其处理的典型问题也大都是耗散结构问题，如贝那德流、激光、B—Z 反应和泰勒不稳定流①。协同学的理论角度更接近于系统论，但却着眼于组成大系统的子系统之间的关联所造成的协同运动。而这种协同运动往往导致了系统宏观上不同的组织结构。该理论的这种特点，使之开始被应用到定量社会学研究和社会管理研究方面。

超循环论

1971 年，德国人艾根（Manfred Eigen，1927—）在德国《自然》杂志上发表了《物质的自组织和生物大分子的进化》一文，建立了超循环论。1979 年他和舒斯特（Peter Schuster）合写的《超循环：一个自然界的自组织原理》一书

---

① 泰勒不稳定流是指：当一个内圆柱体旋转时，带动该柱体与外圆筒之间流体的同轴旋转流动。当转速增加到一定值时，横向层中流体周期性地向内和向外运动，形成滚动。当转速再增时，该滚动便开始以一基准频率振荡；随着转速的持续增加，振荡的频率不断地连续减半，即以 1/2，1/4，1/8，1/16，……的频率振荡，最后进入混沌态。频率减半便是周期加倍，因而这是一种非线性系统中的倍周期现象。

认为，在生物大分子大量的随机事件中，通过自组织和超循环可以从巨大的潜在可能性中作出特殊的选择，从而导致生命的产生和进化。这就从生物信息起源的角度开创了探索生命起源的一个新方向。

循环是自然界的周期性现象，其内容无比丰富。超循环理论涉及三种循环。其中反应循环是指催化剂在化学反应中再生自身从而使反应不断进行的周期性过程，如酶催化的一些生化反应和太阳中的碳循环反应；其次是催化循环——以反应循环为基本单位循环地联系起来的循环，其产物呈指数曲线生长，整体上是一个自催化、自复制的新单元，如双螺旋 DNA 的复制；最后是超循环——催化循环的循环构成超循环，其生长曲线是双曲线。噬菌体感染细菌细胞的生化过程中，先将自己的 RNA 正链进入宿主细胞，合成出 RNA 复制酶，继之复制出 RNA 负链，再以负链为模板复制出又一条 RNA 正链的过程便构成超循环。这是高级的循环。

超循环论试图将物理学和化学的普遍原理推广到生物学，着眼生物大分子自组织过程的生物信息起源，解开生命起源之谜。由于该理论应用了微分方程、概率论、博弈论和不动点分析等数学工具，也是试图用各门科学的综合成果来揭示生命起源的可能途径。在生物大分子层次上，该理论将达尔文自然选择和进化的基础归结为代谢、自复制和突变。代谢是一个远离平衡态的不可逆过程，竞争的分子若不能指导它们自身的合成，积累起来的信息便会随代谢的过程而丧失；生物分子自复制过程中出现的错误，提供了新的信息，造成了突变，形成物种的进化。

当然，由于生物起源和进化是一个极其复杂的已逝过程，是不可能在相同条件下模拟和重演的，该理论也还不够成熟，它只是为人们探索生命起源提供了又一条思路。美国科学家戴森（F. Dyson）1987 年在《生命的两次起源》一书中认为，超循环论只是关于复制起源的理论，它与代谢的理论是独立的；如果把奥巴林关于生命起源的代谢理论与之结合起来，才有可能完整地阐述生命的起源问题。[①]

突变论

自然界存在数不清的突变现象：天体的碰撞、火山的喷发、地震的发生、物

---

① 参见魏宏森、宋永华等编著：《开创复杂性研究的新学科——系统科学纵览》，401 页，成都，四川教育出版社，1991。

种的突现和绝迹，以及雷电、激波等。人类社会中的战争、经济危机常以突然的形式发生，政权的更迭和革命的爆发也常和突发事件有关。在技术领域，力学结构的断裂，飞机失事和船只倾覆等都属于突发事件。然而，传统的数学分析主要着眼于连续函数，对发散和间断的曲线无能为力，在解释和处理此类不连续和突变现象面前是束手无策的。

1968—1972 年间，法国人托姆（René Thom，1932—）在其《结构稳定性与形态发生学》一文中提出了研究这类现象的理论工具，英国人齐曼（Zeeman）将其称为突变论。苏联人阿诺尔德也发表了一些突变论内容的文章。

这些最早从事突变论研究的人原先都研究拓扑学。19 世纪以来，拓扑学主要研究图形弯曲、变形、拉大、缩小后仍然保留的性质，现代拓扑学研究微分流形。突变论用微分拓扑研究了奇点的性质，考察系统每个参数变化时平衡点附近分叉情况的全面图像，特别是其中可能出现的突然变化，试图对系统的不连续过程和状态跳迁进行数学分析。有人甚至认为，突变论是牛顿发明微积分以来数学史上最大的成就。

目前该理论已被应用到力学、物理学、医学、生物学和社会科学中，同时也冲击着数学的发展，并在哲学和具体科学的层次上引起了人们对诸如飞跃、质变、关节点、矫枉过正问题、极端共存问题等的深入研究。

从科学史的角度，突变论也以数学的形式支持了地壳演化和生物进化过程中居维叶的灾变理论；同时，自然界和人类社会经常性的突发事件也为这种理论的发展提供了支持。由于自然界存在渐变，也存在突变，以往的数学只注重研究渐变，突变论的出现使数学这个人类认识和把握自然的工具更为平衡。

浑沌学和非线性问题

浑沌在汉语中也译为混沌，是英文 Chaos 的意思。中国科学院院士郝柏林（1934—）在研究这一问题时从《易乾凿度》中引用了"气似质具而未相离，谓之混沌"和庄子关于"中央之帝为浑沌"的古义。浑沌一词在古代常被用以描述一种未经分化的自然状态，如老子《道德经》中有"道之为物，惟恍惟惚。惚兮恍兮，其中有象；恍兮惚兮，其中有物。窈兮冥兮，其中有精；其精甚真，其中有信"。西方文化中，《旧约》开卷第一句话便是"起初神创造天地。地是空虚混沌，渊面黑暗；神的灵行在水面上"。显然，浑沌（混沌）是古代人从整体上凭直觉把握纷繁复杂的自然界的一个重要概念。

到了近代，由于自然科学开始按不同学科靠实验和分析把握自然界的各个部分，并取得了以牛顿力学为标志的伟大成就，科学的视野也更多甚至全部被投向自然界的局部和线性、连续性、光滑性、有序性问题上。经典力学的大师牛顿和拉普拉斯已接触到有可能产生不规则运动的三体问题，但他们当时不可能彻底解决这类复杂问题。拉普拉斯在关于太阳系的研究中，从避免不稳定和论证稳定性的角度出发，忽略了那些可能导致不规则运动的小项，并把概率规律也误解为人类智力缺陷的反映，这就否定了随机性的客观性，并对本来蕴含复杂性的事物作出了简单性的描述。这种描述体现了人类认识自然过程中将对象简化和建立理想模型的要求，它是人类把握自然的一种基本方式。但拉普拉斯没有看到，以这种方式把握自然可能会导致对自然的误解。①

按照格莱克的描述："混沌开始之处，经典科学就终止了。因为自从世界上有物理学家们探索自然规律以来，人们就特别忽略了无序，而它存在于大气中，海洋湍流中，野生动物种群数的涨落中，以及心脏和大脑的振动中。自然界的不规则方面，不连续和不稳定的方面，一直是科学的难题，或许更糟些，是无法理解的怪物。但是在20世纪70年代，美国和欧洲的少数科学家开始找到了无序的门径。"②

与近代科学不同，现代产生的浑沌学的研究对象主要是非线性的、常常是不可积的或者是离散性质的动力学系统。动力学系统是状态随时间变化的动态系统，它是牛顿力学没有重视、无法处理或将其简化处理的那一类还包含着更深刻丰富的规律性的系统。

事实上，这类系统是自然界普遍存在的，而可用牛顿力学作确定性处理的系统在自然界反而是罕见的。例如，牛顿力学所涉及的流体力学中，最常见的湍流便是一种浑沌现象，而天体力学中，实际的天体运行轨道在长时期里大多都是浑沌的，因为现实中并没有理想的二体问题，多体问题则是牛顿力学未能处理的。另外，前述耗散结构理论和协同学所处理的许多典型的动力学系统，在一定条件下，其行为都会走向浑沌。而动力学系统进入浑沌态之后，其行为表现出一种前所未有的复杂情况，其中又体现了有序与无序的统一、确定性与随机性的统一。因而，浑沌学修正了科学所描述的自然图景，大大扩展了自然科学探索自然的广

---

① 拉普拉斯曾骄傲地宣称，只要人们找到一个无所不包的宇宙方程，而且也知道宇宙的一切初始条件和边界条件，那么，宇宙过去或将来的一切状态都会昭然若揭。这便是所谓的"拉普拉斯决定论"。参见苗东升、刘华杰：《浑沌学纵横论》，23页，北京，中国人民大学出版社，1993。

② ［美］詹姆斯·格莱克：《混沌：开创新科学》，4页，上海，上海译文出版社，1990。

度和深度，它在经典力学认为混乱而无法处理的领域发现了有序，又在经典力学假定或简化为稳定和谐的领域里发现了不稳定性和随机性。

在科学史上，早在 1831 年，法拉第在观察以频率 ω 垂直振动的容器中的浅水波时，就发现产生了 $\omega/2$ 的分频成分，后来瑞利注意并重复了法拉第的实验。分频的产生是由于非线性系统的非线性程度达到了一定程度，是进入浑沌的预兆。分频便是周期加倍，倍周期则是浑沌的特点之一。此后，雷诺在 1883 年的实验中发现的湍流现象也是系统进入浑沌的复杂现象。① 在可能产生浑沌的非线性系统中，一个小小的扰动或涨落往往在系统状态的改变中导致重大的不同结果。20 世纪初，法国科学家彭加莱在其《科学的价值》一书中，便以极其敏感的直觉预言："没有被我们注意到的某一个非常小的原因，会确定出一个我们不可能视而不见的相当重要的结果，而我们却说这种结果是偶然引起的……初始条件中的微小差别会在最后现象中产生非常大差别的情况也可能发生，前者的微小误差将在后者中产生巨大的误差。于是预言变得不可能了……"②

1954 年，苏联人柯尔莫果洛夫（A. N. Kolmogorov）在阿姆斯特丹国际数学会议上宣读了《在具有小改变量的哈密顿函数中条件周期运动的保持性》论文，发现对于一个接近可积的哈密顿系统的不可积系统，若把其不可积性作为对可积的哈密顿系统的扰动来处理，则在小扰动条件下（系统近可积），系统运动图像与可积系统基本一致；当扰动足够大时（不可积性足够强），系统运动图像发生决定性改变，转变为浑沌系统。柯尔莫果洛夫的这一定理分别被瑞士人莫斯（J. Moser）和苏联人阿诺尔德（A. I. Arnold）于 1962 年和 1963 年证明，且被命名为 KAM 定理。该定理的发现标志着浑沌理论的一个开端。③

1963 年，美国气象学家洛仑兹（E. N. Lorenz）用牛顿定律建立了温度和压强、压强和风速之间关系的洛仑兹模型。④ 当洛仑兹在电子计算机上计算时，为

---

① 1883 年，法国科学家雷诺（Reynolds）将流体流入圆筒，在筒中心轴入口处注入一股很细的颜色水，发现当流速缓慢时，中心轴线上的颜色水流和周围不混合，系统处于层次分明的层流状态；当流速增至一定值时，圆筒中的水进入杂乱无章的湍流状态。这便是雷诺实验。湍流的本质至今仍未完全搞清。1971 年法国人茹勒和泰肯斯从数学的观点提出了纳维—斯托克斯方程出现湍流解的机制，揭示了准周期进入湍流的道路。

② ［法］彭加莱：《科学的价值》，388~390 页，北京，光明日报出版社，1988。

③ 参见苗东升、刘华杰：《浑沌学纵横论》，38 页。

④ 该模型包括一组方程：$\dot{X}=-\sigma(X-Y)$，$\dot{Y}=-rZ+rX-Y$，$\dot{Z}=XY-bZ$。其中 X 为对流强度，Y 为上升流和下降流的温差，Z 为铅直方向温度分布的非线性强度，r 是瑞利数，为系统的主要控制参数。σ 是普朗特数，b 是外形比。该方程组的解随 r 的变化而变化，$r<1$，趋向无对流的定态；$1<r<13.926$，趋向三个不动点之一；$r>13.926$，趋向浑沌。

简洁曾舍去了参数小数点后面很多位上微不足道的值，该模型所得的结果最后竟与原来大相径庭。在当年发表的《确定性的非周期流》一文中，洛仑兹宣称，长时期的天气预报是不可能的，在南半球某地的一只蝴蝶偶然扇动翅膀所带来的微小气流，几星期后可能变成席卷北半球某地的一场龙卷风。这便是天气的"蝴蝶效应"。洛仑兹的工作揭示了浑沌确定性的非周期性、对初态的敏感依赖性、长期行为的不可预测性等，还在相图上发现了浑沌的第一个奇怪吸引子。

洛仑兹的工作表明：在非线性系统中，起初微不足道的小事件如果被不断放大，最终可能演变成为巨大的后果。正如我们所说的"失之毫厘，谬之千里"，"千里之堤，溃于蚁穴"，"一失足成千古恨"。如果一个系统的演化过程对初态非常敏感，人们就称它为浑沌系统。① 浑沌运动这种奇特现象，是由系统内部的非线性因素引起的。现实世界的系统几乎都是非线性的，而非线性系统几乎都可能出现浑沌运动。研究系统运动是为了预测它的未来行为。浑沌运动的短期行为可以预测，但由于它对初态的敏感性，而初态又必然存在偏离，微小的初始偏离在运动过程中会被非线性地放大，结果导致其长期行为无法预测。长期行为的不可预测性是浑沌系统的一个显著特点。如大气系统，未来几天内的情况可以预测，半月、20天就无法预测，究其原因，盖源于它是一种浑沌系统。②

吸引子是在相空间描述动力系统演化的一个区域，系统运动只有达到吸引子上才能稳定下来。相空间的其他区域如同落在大地上的雨水，江河湖海便是吸引子。经典力学体系有稳定不动点、极限环和稳定环面三类吸引子，它们均是代表有序运动的平庸吸引子，其维数要低于相空间的维数。平庸引子本身有稳定性，但它们不能描述浑沌运动。浑沌运动的吸引子是相空间的分形几何体，有分数维数，几何图形极为复杂，所以称为奇怪吸引子。如洛仑兹吸引子的维数是 2.06，由法国人埃农（M. Henon）于 1976 年发现的吸引子的维数是 1.26。

20 世纪 70 年代前后，美国和欧洲的一大批科学家投入了对浑沌的研究。他们是群体拓荒者，其中美国人约克和他的博士生李天岩在研究一个迭代方程时将 Chaos 这个词引入了动力学，激起了浑沌研究界很大的反响。而来自澳洲的美国

---

① 一个系统对初态的敏感依赖性，初态偏离的多种可能性，系统演化过程中扰动偏离的非线性放大，会导致系统演化轨道的偏离。这在一首西方童谣里得到了生动的描述：丢了一颗钉子，坏了一个蹄铁；坏了一个蹄铁，折了一匹战马；折了一匹战马，伤了一位将军；伤了一位将军，输了一场战斗；输了一场战斗，亡了一个帝国。

② 中国学者欧阳首承（成都气象学院教授）认为洛仑兹模型有误，是人为积分的结果，"Chaos"与人为的算法和模型有关。参见欧阳首承等：《运动流体的断裂与天气预测的若干问题》，成都，成都科技大学出版社，1994；《天气演化与结构预测》，北京，气象出版社，1998。

人梅（R. May）对生态学家们长期发展起来的关于生物种群演化的逻辑斯蒂（logistic）方程的研究最为出色。该方程是一个简单的非线性方程，但却有极为复杂的动力学行为，其中包括了分叉、倍周期和浑沌。① 1976 年梅在一篇综述文章中公布了他对该数学模型的研究结果，相当于解剖了浑沌学的一个典型的"麻雀"，对建立浑沌学起到了重大的推动作用。

1978 年，美国人费根鲍姆（Mitchell J. Feigenbaum）利用他多学科的知识和少有的韧性，通过多次计算，发现了梅等人曾遇到但却未抓住的倍周期分叉过程中的几何收敛性，从而确定了反映分叉序列的收敛速率的普适常数（4.669 201 609 102 990 9……），另外还发现了分叉序列一分为二时两分支间宽度按比例缩小的缩小因子。费根鲍姆的工作把浑沌研究从定性描述推进到了定量描述，使浑沌学具备了作为现代科学一个分支的资格。此后，另一个美国人曼德布罗特（B. B. Mandelbrot）在 1983 年创立了分形几何学。由于在相图上描述浑沌的奇怪吸引子具有分数维，分形几何进一步刻画了浑沌的程度，将浑沌研究又推进了一步。

目前科学家已发现了各种各样的浑沌现象。例如物理学中"约瑟夫森结"中的反常噪声、高能粒子加速器中的束流损失、受控热核反应装置中磁约束的泄漏、核电站循环水系统可能发生的有害回流、光学双稳器件中的不稳定、超流液氦中的射频驱动、超声激励下的位错动力学、调制结构中的浑沌相、湍流、洛仑兹水轮、各种非线性振落电路和力学系统；化学中的 B—Z 反应；气象学中的大气动力学过程；天文学中的许多天体运行轨道（其中已确定计算出的有冥王星、土卫七以及一批小行星）；地震活动的非周期浑沌；生物学中的逻辑斯蒂模型；以及人体健康状况和社会经济发展过程中的浑沌现象等。②

浑沌学的兴起对当代科学产生了深刻影响。例如在一般力学和流体力学方面，新的非线性问题的发现和旧的非线性难题的解释引起了力学基本思想的转变，使人们认识到牛顿力学既是确定论的，又是随机论的；在气象学方面阐述了

---

① 方程的数学形式为 $X_{n+1} = rX_n(1-X_n)$，其中 r 代表生物种群增长率，设 X_n 为今年种群数，X_{n+1} 则为明年种群数。$(1-X_n)$ 是一个限制因子，因为当 X_n 大时，$1-X_n$ 的值减小。整个方程是一个迭代方程，以一年为间隔，反映生物以一年为繁殖周期。当 r 值过小，种群趋向灭绝；当 r 值为 2.7，取 $X_0 = 0.2$，种群数逐年振荡，最后趋于一个定态值 0.629 6；随着 r 的增加，最终种群值亦增加，形成上升曲线；但当 r 值超过 3 时，上升曲线便会一分为二，表现为种群值的跳跃性；r 再增大时，产生在四个值之间跳跃的种群数字，每四年周而复始；随 r 的再增加，种群演化进入浑沌态。这里增长率 r 的增加意味着对系统更强的驱动，非线性程度的增加，最后出现了周期性的非周期性，或确定的随机性。

② 参见魏宏森、宋永华等编著：《开创复杂性研究的新学科——系统科学纵览》，538～545 页，成都，四川教育出版社，1991。

长期天气预报的不可能性，消除了误导气象学研究和天气预报工作的理论盲目性；在量子力学方面，浑沌学也引起了人们对玻尔"互补原理"和轨道问题的进一步思考；在无线电电子学方面，浑沌学不但开拓了研究的视野，还暗示了浑沌学理论在通信工程和信号干扰方面应用的可能性；在天体力学方面，浑沌学已从根本上改变了科学家对天体力学和天体运动的看法，决定论的天体力学和确定性的天体运动概念已受到了根本性的冲击；浑沌学和分形最新发现的"来自现实物体的关系和空间形式"①，丰富了几何学概念，扩展了数学研究的领域，并加深了人们对数学本质和数学真理性等问题的认识；浑沌学和超循环论在生物种群演变和生物进化方面的探索已将这些问题的研究朝应用数学、建立模型和实验的方向推进了一步。总体上看，浑沌学正在进入各门科学，包括自然科学、社会科学和人文科学，正在改变现代科学的整体结构和面貌。

大自然的几何学

分形是指一类具有伸缩对称性的客体，如果用不同放大倍数去观察这种客体，会看到相似的形貌，并且观察结果不随观察位置的改变而改变。显然，这是一类有自相似性的客体，是难以用欧几里得几何来描述其形态的。

这类形体在自然界比比皆是：起伏蜿蜒的山脉、坑坑洼洼的地面、曲折的海岸线、层层分叉的树枝、支流纵横的水系、变幻的浮云、地壳上的复杂褶皱、遍布周身的血管、满天的繁星、土壤或某些材料的断面……另外，在陶瓷的形成过程中、在超导薄膜中、在生物大分子及分子光谱中等，都存在着分形。传统几何学，无论是欧氏几何还是黎曼几何，所描述的对象是由直线、曲线、平面、曲面、平直体或曲体构成的几何形状，一般是光滑和可微（切）的，或是分段光滑和可微（切）的整形，空间的维数也是整数；分形却是不可微、不可切、不光滑甚至不连续的，分形的维数也不是整数。传统观点把自然界想象成各种规则形体的总和，但规则的整形多存在于人自身创造的世界之中，自然界普遍存在的几何对象大多数是分形的，因而，分形几何学才是描述自然的工具，才是大自然的几何学。

科学家在研究几何问题时已人为创造了许多分形体。在一维空间，最典型的分形体是康托集合（又称康托尘埃）。它是去掉一条线段中间的1/3，然后再分

---

① 《马克思恩格斯选集》，2版，第3卷，379页。

别去掉剩下两段的中间的 1/3，如此无限操作下去，所形成的处处稀疏、长度为 0、但又包含不可数无穷极限点的序列。该集合具有的维数是 0.6309。二维空间典型的分形结构是科赫（H. Von Koch）曲线。这是一条在有限范围内无限延伸的曲线。具体构造方法是在一个等边三角形各边中间的 1/3 上构造一个边长为其 1/3 的等边三角形，使之成为六角形；再在六角形各角边上以同样方法构造 1/3 大小的三角形……最后便得到一个维数为 1.2628 的分形几何体。三维空间典型的分形结构是谢尔宾斯基地毯和谢尔宾斯基海绵，其构造方法与康托集合相似，如谢尔宾斯基海绵是用在正方体上无穷次挖孔的办法变换出来的有无穷大面积但体积却为 0 的古怪几何体。

1983 年，出生于波兰的美国科学家曼德布罗特出版了《大自然的分形几何学》一书①，推动了分形概念的建立和分形问题的研究。由于浑沌研究中奇怪吸引子具有分形维数和自相似层次结构（但不是严格的自相似性），分形几何学又与浑沌理论密切联系在一起。自然界的形态往往是以分形的形式来表现其复杂的不同层次的，分形理论试图找到分形体之间的普适性参数，但目前还没有成功，因而它还仍然是一门描述性的科学。

分形几何学的出现，引起了人们对古老的自相似天人观的重新思考，同时又促使人们重新认识近代科学所建立的描述世界的标度（特征尺度），使自然现象中的自相似性进入科学研究的视野，成为一个科学概念。事实上，要全面描述宇观、微观和中观世界的图景，就离不开分形和自相似性。甚至有人认为宇宙的时空构造不是四维而是分维。当然，分形和整形、标度和非标度、自相似性和非自相似性之间的关系并不是绝对的，要正确地描述和反映现实世界，必须从现实世界本身的实际出发。可以肯定的是，现实世界中既有分形，又有整形，既存在着自相似性，又存在着非自相似性，因而是一个自相似又非自相似的世界。

---

① 该书中文版已由上海远东出版社于 1998 年出版。

【第二十五章】

应用性科学和技术的发展

科学和技术研究的问题，是如何获得有关自然界的机制方面的知识，并且为控制自然界和使它造福于人类而制造工具。从广义上来说，科学也包括了技术，因为科学无非是指对纯知识的探求和应用这种知识为社会提供产品，服务于社会。

S. P. 古达普：《当代科学、技术与社会》

导体、半导体和超导体研究

导体、半导体和超导体均属于固体。1912 年，德国人劳厄指导他的助手柯尼平（1883—1935）用晶体的晶格做光栅，发现了 X 射线衍射现象，也为研究晶体的微观结构提供了一个方法。紧接着英国的布拉格父子用 X 射线衍射深入研究晶体结构，证明晶体中原子排列是周期性和对称性的，可用点群和空间群来描述。

(1) 对导体的研究

1900 年，德国人特鲁德（1863—1906）提出了金属电子论：自由电子在电场作用下运动，相互碰撞，形成电阻。尽管它能说明欧姆定律，但却属于经典理论范围。量子力学建立起来后，以泡利不相容原理、费米—狄拉克统计理论①为基础，德国人索末菲（1868—1951）创立了金属导电的量子理论。这一理论解释了霍尔效应和温差电现象，解决了电子的比热问题，从此量子概念进入固体物理学。1927—1928 年间，德国人斯特拉特（1903—?）和美籍瑞士人布洛赫（1905—1983）建立了固体的能带理论。能带理论认为，晶体中的原子能级不同于孤立原子的能级，它由许多彼此相距很近的子能级组成，叫做能带。

1933 年英国人威尔逊（1875—?）在这一理论的基础上给出了区分绝缘体、半导体和导体的微观判据：在通常情况下，固体原子中的电子优先占据能量较低的能带，这些低能带被完全占据后称为满带，高于满带的未被完全占据的能带称为导带，导带上的电子能量较高，容易在外加电场作用下脱离晶格而参与导电。在满带和导带之间存在着没有电子的禁带。绝缘体的导带中没有电子或禁带较宽；导体的满带没有被电子完全占据或者导带中存在电子；半导体的导带中没有电子，但禁带较窄，外加电场有可能使满带中的少数电子进入导带而参与导电。

（2）对半导体的研究

1905 年，美国人布里奇曼（1882—1961）发明了可产生 1 万个大气压的超高压装置；1908 年荷兰莱顿实验室依靠超高压液化氦气，取得了 4.2K 的低温。第二次世界大战后，实验设备和技术有了长足的进步，电子顺磁共振、核磁共振②等技术得到了应用，超低温、几十万个大气压的超高压以及借助超导产生的 10 万高斯的强磁场等，使固体物理学同液体物理学领域接通。同时，材料制备和加工工艺都有了很大进步。这样，高纯度的单晶体被制造出来，致使半导体科学技术迅速发展起来。

1949—1950 年间，美国贝尔电话实验室的肖克利（1910—1989）根据能带理论的基本思想，创立了半导体的 p—n 结理论。由于 p—n 结具有单向导电性，将它作为晶体二极管便可用以整流（把交流电变为直流电）。在一块 n 型半导体的两端接上 p 型材料，或在 p 型半导体两端接上 n 型材料，都可以构成三极管，用以放大电流和电信号。

---

① 只有在费米能级附近的电子跳迁运动才影响着金属的导热、导电性能。

② 变化的电流会产生磁场。电子有轨道磁矩，还有自旋磁矩。磁矩是一个矢量。微观粒子都有磁矩，其磁矩相对于恒定磁场只能取几种量子化（特定的、分立的）方位。在垂直于恒定磁场的方向加一交变磁场，在适当的条件下能改变电子或核子体系磁矩的方位，使之有选择地吸收特定频率的交变磁场的能量，从而使电子或核子能量突然增大或出现几率突然增大，称为电子顺磁共振或核磁共振。这种共振可通过波谱的变化测出。

在肖克利的配合下，由于贝尔实验室的巴丁（1908—1991）、布拉顿（1902—1987）和皮尔逊（G. Pearson）的工作，尤其是巴丁和布拉顿发明的调解半导体导电率的少数载流子注入法和1948年美国人提尔和里特尔（Little）实际完成的锗单晶生成工作，1954年，第一只硅晶体管出现在美国市场。1960年，用涂料光刻技术制成的平面型晶体管出现。晶体管的出现是半导体科学最重要的应用，它很快便在许多方面取代了由英国人弗莱明在1904年发明的电子二极管和由美国人福雷斯特（1873—1961）在1906年发明的电子三极管，成为现代电子技术最重要的基础元件。

（3）超导体的理论和技术

1908年荷兰莱顿大学的欧耐斯（1853—1926）在实现氦的液化时获得4.2K低温时发现，金属电阻随温度的下降而下降。1911年他又发现，当水银在冷却到4.2K以下时，电阻几乎完全消失。这便是所谓超导现象。1933年，荷兰人迈斯纳（W. Meissner）和奥森菲尔德（R. Ochsenfeld）发现了超导体的抗磁效应：超导体表面的电流屏蔽了磁场，磁力线不能进入超导体内部。1950年，美国人马克斯威（1912—）和英国人雷诺（C. Raynolds）同时发现了金属的超导临界温度同组成该金属的同位素平均质量有关。1954—1956年间，欧耐斯进行了持续两年半时间的持久电流实验，表明超导体的电阻可以认为是零。后经费勒（File）和密尔斯（Mills）用核磁共振方法测定的结果表明，超导电流的衰减时间不短于10万年！

在超导现象发现后，人们开始从理论上探讨超导现象的原因，每年总有两三个理论来解释超导现象，然而正如布洛赫所指出的那样，任何一个超导理论都可以被证明是错误的。从1950年起，这种状况发生了变化。这一年，F. 伦敦（1900—1954）指出，超导体是一种宏观尺度上的量子结构，是电子的平均动量分布的凝结或固化，即超导体中的电子在动量空间的分布是有序的。同年，美籍德国人弗茹里赫（1905—）和巴丁同时认为，超导电性是电子与晶格（声子）振动相互作用而产生的。然而，他们还没有说明晶格振动如何产生超导电性。

1958年，在美国伊利诺伊大学的巴丁、库柏（1924—）、斯里弗（1931—）提出了BCS理论（巴库斯理论），预言超导体中存在着电子对和能隙，超导电流是电子对的整体流动，从而初步解释了超导现象。这便是所谓超导电量子理论，它的产生标志着超导理论的形成。1960—1961年间，美籍挪威人贾埃佛（1929—）在实验中直接观察到了能隙，从而证明了BCS理论，并因此获得了1973年诺贝尔物理学奖。1962年，在BCS理论基础上，对电子和晶格相互作用的研究使定量上和实验相符合的强耦合超导理论建立起来了；同时，剑桥大学20岁的研究生约瑟夫森（1940—）在安德森（1923—）的指导下研究超导能隙性质时，通过计算两侧都是超导结的隧道效应，预言了约瑟夫森效应的存在。这个理论深刻地揭示了超导电的本质，它的预言在四年后被全部证实。

对超导材料的研究，有着极重大的应用意义。1973年加瓦勒和泰斯塔迪制成的新超导材料使超导临界温度上升到液氢温区（20.4K），欧洲、美国、日本和中国近年发现的新材料使超导临界温度节节上升——由70K向常温300K逼近。1991年初，由赵忠贤领导的中国科学院超导研究室获得的超导临界温度是132K，处于世界领先地位。

超导技术最可望直接应用的几个方面是：超导磁悬浮回转器和高速磁悬浮火车，以超导强磁场作为磁约束控制受控热核反应，以及用超导材料的电力系统取代常规电力系统。这无疑将引起一场重大的技术革命！

材料科学和新材料技术

材料的基础理论研究在很大程度上同力学、物理学和化学有关。其中对材料宏观机械性质的研究属于材料力学的范围，它主要研究机械构件在承载情况下的强度、刚度和稳定性，胡克定律便是材料力学中一项重要的公式。近代以来这门科学已发展成一门研究材料拉伸、压缩、剪切、扭转、弯曲及变形、承受动载荷或交变应力、断裂等问题的系统学科，引入了微积分方法、能量法、有限单元法等数学工具，成为机械设计的基础理论之一。

在对材料的微观结构研究方面，1863年英国人索比（1826—1908）首次用显微镜发现了金属的显微结构，在1875年美国人吉布斯提出的相律概念基础上，1886年荷兰人罗泽布姆阐明了铁碳系统的相图。1934年泰勒提出了位错理论。另外，杂质对材料性能的影响、缺陷、材料的腐蚀、老化等问题也受到了重视，成为专门的研究课题。20世纪产生的许多新技术和新理论，如X射线衍射法、高分子化学理论、化学键理论、电子探测仪、超声波探测仪、各种极端条件①、外层空间环境等，也都被逐步应用到材料研究上。显然，材料作为人类文明最基本的物质基础，它的研究和进展与人类的生活和未来密切相关。

人类在工业化之前使用过的材料主要有石、泥土、木、植物纤维、陶瓷砖

---

① 超高温、超高压、超低温、超高真空、超强磁场、超强辐射。

瓦、丝、皮毛，以及铜、锡、铁、金、银、铅等。其中铁主要是铸铁和锻铁，钢有低、中、高碳钢。工业革命以来，随着机器大工业的发展，合金钢出现了。英国人哈德菲尔德（1859—1940）1882年研制的锰钢有耐磨抗震性能，是合金钢发展史上的重要一步。1900年他又研制出有很高导磁率的硅钢，成为重要的电器材料。另外，瑞士人居伊洛梅（1861—1938）1896年研制出的镍钢①，英国人布里尔利（H. Brearly）1912年研制的不锈钢等，都是相当重要的合金钢。20世纪40年代以来又出现了耐高温的镍铬合金。除此以外，铝、镁、钛及其合金是20世纪应用最广泛的金属材料。

1854年法国人克莱尔德维尔（1818—1881）在实验室中得到了铝，1886年美国人霍尔（1863—1914）和法国人埃罗（1863—1914）发明电解炼铝法，1909年德国人维尔姆（A. Wilm）发明了铝合金"杜拉铝"（杜拉公司得到了这项专利）。"杜拉铝"后来被大量用于飞机机身的制造。随着新的铝合金的出现，满足了航空工业和日用品工业的大量需要。

与铝相似的镁是20世纪初开始被应用到工业中的。1941年美国一家公司从海水中提炼出镁，开辟了生产镁的新途径。此后，镁被用做照明弹和曳光弹的材料，也被用于增加铸铁的延展性和抗裂性，镁合金被用来制造直升机的某些部件。

钛是由英国人格雷戈尔（1761—1817）于1791年发现的，1910年英国人亨特（M. A. Hunter）第一次得到纯金属钛。不纯的钛质脆，似乎毫无价值，但纯钛轻而具有高强度，耐腐蚀，耐高温。20世纪50年代以来，钛及钛合金的产量迅速增加，它已成为喷气发动机、超音速飞机和宇宙飞船制造的必需材料。

与此同时，20世纪50年代以来，大量稀有金属和稀土元素得到开发应用，以满足半导体、原子能反应堆、宇航等技术的发展。应该看到的是，航空航天技术对材料科学技术的发展起到了至关重要的作用，因为它一方面提出了对新材料的需求，另一方面也为新材料的实验和发展创造了新的条件。

在19世纪平炉和转炉炼钢技术的基础上，20世纪以来金属（尤其是需要量最大的各种钢）冶炼技术取得了显著的进步。其中最重要的有电炉炼钢法，它的原理是英国人戴维1800年发现的碳极电弧原理，1899年才由法国一家钢铁公司应用成功，直到20世纪60年代后才得到广泛推广。目前电炉钢产量已占世界总产量的20%。转炉炼钢技术在20世纪30—50年代有了氧气顶吹法，这种新工艺出现后逐步淘汰了托马斯转炉，排挤了平炉，很快便风行全世界。1968年，

---

① 膨胀系数低，宜造卷尺、钟摆，用于精密仪器制造。

联邦德国马克希米利安公司成功地将托马斯转炉改为氧气底吹转炉，比顶吹更为优越，此法也得到了推广。

高分子合成材料是 20 世纪最重要的非金属材料。1912 年德国为满足军事工业的需要合成了甲基橡胶，1940 年杜邦公司的卡罗瑟斯研制出了氯丁橡胶。50 年代以来合成橡胶生产的聚合工艺得到了改进，合成橡胶的种类和性能都有了增加。合成橡胶工业的发展是因为 19 世纪后期以来自行车和汽车的成批生产，使亚热带地区出产的天然橡胶远远不能满足工业国家的需要。

最早的合成塑料是美籍比利时人贝克兰（1855—1944）1907 年制成的酚醛塑料（电木），20 世纪 30 年代德国和美国开始工业化生产绝缘性好、耐腐蚀的聚氯乙烯塑料，并分别发现了聚苯乙烯。德国人齐格勒 1953 年首创用催化法生产聚乙烯的工艺，这一方法在 1955 年被那塔所改进。60 年代以来聚烯烃的产量跃居各种塑料之首。塑料是当代建筑、包装、电子电器、家具、机械仪表等方面不可缺少的材料。

最早的化学纤维是卡罗瑟斯在 1935 年发明的尼龙。1940 年第一批尼龙袜的出售震动了纺织市场，第二次世界大战中尼龙被用于制作降落伞。除尼龙外，化学纤维中最主要的还有由德国人于 1939 年最先合成的锦纶、由英国人于 1940 年最先合成的涤纶、日本人于 1948 年最先实现工业化生产的维尼纶以及 1950 年问世的人造毛。这些化学纤维与棉毛丝麻等天然纤维各有千秋，满足了服装产业和其他行业的需要。

陶瓷是无机非金属材料，也是最古老的材料之一，但它在现代焕发了第二次青春。19 世纪末出现质地坚硬的碳化硅，逐渐成了金刚石的代用品；20 世纪 20—30 年代德国人制成了烧结刚玉，其硬度仅次于金刚石；1948 年苏联研制出能用做铸铁和某些合金钢切削工具的氧化铝陶瓷；1955 年出现性能优良的压电陶瓷；1957 年美国通用电器公司研制成半透明陶瓷，打破了陶瓷与玻璃的界限，被广泛应用于红外制导导弹的整流罩、核爆防盲眼镜、立体工业电视观察镜、超音速飞机风挡、轿车防弹窗、坦克观察镜等方面。近年来新的陶瓷产品不断涌现，其应用遍及原子能、空间探索、发动机制造、新能源、计算机等一系列新兴技术部门。

玻璃也是一种古老的无机非金属材料。近代最早发明的望远镜和显微镜是用普通玻璃制造的。1794 年，瑞士人纪南（1748—1824）在十年努力的基础上开始试制光学玻璃，1866 年德国耶拿大学的阿贝（1840—1905）在蔡斯（1811—1888）的工厂中建立了光学仪器厂，并于 1886 年发明了复消色差显微镜，还和肖特（1852—1935）一起研制了一系列光学玻璃。1915 年美国的科学玻璃公司研制出熔点高而不易碎的钾玻璃，1938年又创制了具有高折射率、低色散的镧系玻璃。同时玻璃纤维也问世了。另外，20世纪以来各种有色玻璃、耐热玻璃、特种玻璃、石英玻璃、晶质玻璃等都得到了应用，以满足机电、化工、冶金、建筑、科研、交通、国防及民用各个部门的特殊需求。

20世纪玻璃生产工艺的主要进步有：美国人1908年发明的平拉法；比利时人1910年发明的有槽垂直上引法和美国匹兹堡玻璃公司1928年发明的无槽垂直上引法；1959年英国皮尔金额兄弟公司发明的浮法工艺；1971年出现的对辊法等。这些工艺使玻璃生产完全摆脱了手工生产，能机械化地高效进行。在所有玻璃制品中，瓶和灯泡与人们日常生活关系密切。1898年美国人欧文斯（M. J. Owens）研制出第一台制瓶机，六年后用于生产并有了改进。灯泡的机械制造也是同制瓶机在同一时期逐步发展和完善起来的。

水泥是现代社会最重要的建筑材料。19世纪20年代以来，钢筋混凝土开始广泛应用，这是现代地面建筑中几乎无处不在的基本复合材料。1873年英国人兰塞姆（F. Ransome）创造了生产水泥的回转窑，使水泥能够大规模连续生产。此后水泥的质量和产量逐年上升，中国、日本、美国、苏联都是世界水泥生产大国。20世纪以来，人们不断尝试把具有不同性能的两种或两种以上的材料制成兼有各长的复合材料。然而，由于复合材料也可能兼有各种材料的短处，所以并不是一件容易做好的事，但经过不断探索，它已显示出良好的前景。

目前材料科学家研究的一个前沿领域是纳米材料。纳米科学是研究$10^{-9} \sim 10^{-7}$（十亿分之一米至千万分之一米）微观尺度上原子、分子和其他类型物质特性的学科。科学实验表明，金属及许多无机和有机材料，在制成纳米级的超微粒或超细粉末后，其物理性能会发生很大变化，对这种超细粉末采用特殊加工工艺，可制成具有特殊性能的新型构件。纳米技术和纳米工艺将发展出超薄、超微、节能高效和具有特殊性能的材料和设备，甚至在原子、原子团或分子基础上实现材料结构和功能的设计。如果说过去的材料科学家在新材料实验时还像"炒菜师傅"，纳米科技的进步有可能把新一代材料科学家变成"分子工程师"。

能源的开发利用

人类最基本的能是自己的体能。用火和人工取火是第一次对化学反应产生的热能的利用，这种热能的主要来源是木材和薪草。后来，人类社会逐渐开始利用畜力、水的位能和动能（水磨），以及风能（风车）等机械能。

煤是比木材和薪草效率更高的能源。中国的《汉书·地理志》记载："豫章郡出石，可燃为薪."这是对煤的可燃性的最早认识。煤在宋代开始较广泛的应用。英国的工业革命使煤的开采成为一门重要产业，1735年就开始用煤炼铁。1782年瓦特的蒸汽机在工业中得到应用后，煤成为工业的"主粮"，产量逐年上升。19世纪中期以后，煤焦油成为重要的化工原料。19世纪80年代煤开始成为火力发电厂的燃料。20世纪20年代以来，由于石油在能源中地位的上升，煤产量的增长速度开始减慢和徘徊，至80年代初，煤炭在世界能源中所占的比例为1/4左右。尽管如此，煤炭仍然是钢铁冶炼、化工、电力等工业部门不可缺少的能源。据1989年的统计，世界上人口最多的中国已成为世界最大的产煤国。

石油及其可燃性也由古代中国人最先发现。工业革命以来的第一口油井是美国工程师德雷克（1819—1880）于1859年在宾夕法尼亚州打成的。此后，美国石油事业的发展可以用约翰·洛克菲勒（1839—1937）的发家史作为缩影。洛克菲勒于1862年建立了炼油厂，1882年他已成了世界上最富有的人。与此同时，俄国人和诺贝尔合作开发了巴库油田。1883年制成的汽油机、1897年制成的柴油机标志着内燃机的成功。此后陆上车辆（汽车、拖拉机、火车、坦克、装甲车）、海上船只（轮船、军舰）、飞机等的飞速发展使石油和天然气的产量直线上升。1897—1906年间，由诺贝尔家族与俄国人合作，在巴库油田和黑海旁的城市巴统之间铺设了900千米长的世界上第一条输油管道。1928年，世界的石油产量达到19 000万吨。1950—1960年间中东发现了大油田，20世纪60年代中国的大庆油田建成并很快使中国石油自给。

到1974年，石油已在世界能源结构中占54%，同时还是最重要的有机化工原料。由于石油炼制品已成为现代文明社会各类机器的燃料，石油的产量和价格已成为世界上最敏感的问题之一，盛产石油的中东也有了重大战略地位。1990年8月伊拉克吞并了科威特后，以美国、沙特、科威特、英国等国的多国部队于1991年1月17日开始进攻伊拉克，被认为是第二次世界大战以来规模最大和最现代化的战争。这场战争的直接起因虽然不是石油，但石油确实是一个至关重要的因素，因为西方工业国家的经济与中东的石油密切相关。①

根据专家估计，人类目前探测到的化石燃料将在50年内告罄。化石燃料包括煤和石油、天然气。煤是由树木长期在高温高压下炭化形成的。石油的形成有各种可能和各种观点，其原始物质可能是含脂肪的动植物，也可能是由地层中的

---

① 在小布什总统期间，美国及其盟国以伊拉克藏有大规模杀伤性武器并暗中支持恐怖主义为由，于2003年3月对伊拉克实施了大规模军事打击，最后推翻了萨达姆政权。

其他物质之间相互作用产生的。由于煤和石油是不可再生的能源，是有限的，无限制的开发必然会面临能源危机，许多人都曾把摆脱这一危机的希望寄托在原子能上面。

原子能的利用得益于现代原子核物理学的发展。原子能是有史以来人类依靠科学的进步发现的一种强大的新能源。1942年美国为制造原子弹在芝加哥大学由费米负责建造了第一个原子能反应堆。1954年6月苏联在奥布宁斯克建成世界上第一座核电站，1957年12月，美国建成了希平港核电站，英、法、德等国也都相继发展了核电站。中国自行设计的第一座核电站——浙江秦山核电站已经于1992年正式运行发电。

1982年，全世界已运行的有249座原子能发电站，正在建造的有250座，分布在20多个国家和地区。当时芬兰的核电已达全国总发电量的40%，瑞典和比利时达到20%，美、英、法、德、日等工业国家的核电已超过全国总发电量的10%以上。2000年，核电在全世界总发电量中所占的比例为16%。中国自20世纪80年代以来建成浙江秦山核电站和广东大亚湾核电站后，90年代又在东南沿海建设了岭澳和连云港田湾核电站。

核电有许多优越性，但也有发生事故的记录。其中1979年3月28日美国三里岛压水堆核电站的事故曾造成了十几亿美元的经济损失，1986年4月25日苏联切尔诺贝利核电站的爆炸使31人丧生、203人受严重辐射损伤，还造成了十分严重的核污染问题。

从理论上讲，人类认识到的地球上最丰富的能源是氢能。显然，由于地球上（海洋和大气中）氢元素的丰富藏量，人们没有理由担心原子能源会枯竭。但氢能的开发技术比较复杂。目前有望实现的实用技术是氢能汽车，它以氢为燃料，排放的废弃物是水蒸气，不污染环境。

目前利用轻核聚变来发电的设想十分诱人，但由于核聚变极度高温，不能用常规方法实现，科学界希望通过磁约束或寻求其他冷聚变的技术，来攫取自然界最丰富的能量。根据目前的核物理学，氢聚变的过程发生在太阳上，人类在氢弹武器中模拟了太阳之火，但在实验室或核电站中利用它，并不是一件容易的事情。

工业革命以来对水能的利用率空前提高了，滚滚的江河水已成为给工厂带来生机、给城市夜空带来光明的重要能源。世界上第一座水力发电站是由法国于1878年建成的。美国从1941年至60年代建成了11座大型水电站，50年代以后苏联的水电站建设速度也很快。发展中国家建成的著名水电站有埃及尼罗河上的阿斯旺水坝工程、巴西和巴拉圭于1975—1988年间合建的伊泰浦水电站等。中国 20 世纪 50 年代以来在黄河、长江上建设了一批大型电站，最宏伟的长江三峡水电工程于 1994 年 12 月开工，目前已基本完成。

1891 年丹麦建成世界上第一个风力发电站。20 世纪以来，法国、德国、荷兰都发展了小规模风力发电设备。目前工业发达国家和发展中国家都在注意利用风能发电。

第二次世界大战以来，对沼气（生物能）的利用进入实用阶段。到 1972 年，英国已有 15 个利用污水处理生产沼气的工厂。法国也已建立了许多大大小小的利用有机废物和污水生产沼气的工厂，以便在处理环境问题的同时减轻能源进口的压力。发展中国家对这方面比较重视的是印度。

意大利最早利用地热发电，自 1904 年在拉雷德洛地区试验发电成功后，目前地热发电量已有 50 万千瓦左右。1979 年美国的地热发电量达到 66.3 万千瓦，居世界首位。火山众多的菲律宾也在发展地热发电。

太阳能是地球上大多数能源的来源，但人类从工业角度利用太阳能是 20 世纪的事。20 世纪 60 年代以来，希腊、法国、美国、日本、苏联及其他工业发达国家都先后研制出太阳能利用设备。美国、日本、欧盟、俄罗斯目前在这方面处于领先地位。太阳能利用技术最普遍的是太阳炉。已研制成功的还有太阳能汽车和太阳能飞机。太阳能电站则是美国航空航天局和能源部制定的一个在外空利用太阳能发电的庞大计划。

21 世纪的人类十分关注海洋能源的开发。海洋中有不可再生的一次性能源，如海底化石燃料、海水中的铀、氘等核能资源。借助卫星寻找海洋石油，勘探已没有禁区，在海上兴建石油城已不再是梦想。借助新的工艺技术，提炼海水中的核能前景也很美好。此外，人类还开始在海底开采矿藏，从海水中提取化工原料和各种有用成分。面对全球性的水荒，某些沿海国家还用有效的技术进行海水淡化，有的还设想开采隐匿在海床底下没有涌出的淡水。

海洋中还有可再生的海水动能、海水温差能和盐差能。据科学家估算，海洋中无污染、可再生的能源已超过 750 亿千瓦，是目前全世界能量消费总量的数百倍。法国于 1941—1966 年间就研究并建成了潮汐发电站，此后法国、美国和瑞士等国还研制并建成了海水温差发电站。另外，对波浪能的利用也已开始。目前世界上已建造了不少潮汐电站，如中国浙江温岭建成的江厦潮汐电站，装机总容量为 3000 千瓦。在 21 世纪，随着新型潮汐发电设备的使用，将极大提高利用海洋动力资源的效率。

目前，由于保护环境的要求和预感到能源的危机，上属可再生新能源受到了特别关注。值得注意的是，上述各种能源，除石油、沼气和部分煤之外，几乎全部都转变成了电能以供工业和生活之用。在人类已知的机械能、热能、化学能、电能、光能、原子能、生物能等能量形式中，电能无疑具有特殊的地位。由于电可以远距离传输和方便地转换成为其他能量形式，电是人类生产和生活中最重要的中间能（或二次能源）形式。

农业科学技术的发展

中国古语云：民以食为天。但古代的农业主要依靠畜力（牛、马）耕犁拉运，依靠镰刀收割，依靠畜力打碾和磨粉。1855 年美国人赫西（O. Hussy）发明了蒸汽犁；1873 年美国人帕尔文（R. C. Parvin）制成履带式蒸汽型拖拉机；19 世纪末到 20 世纪初，以汽油机和柴油机为动力的拖拉机出现了。20 世纪 20年代，先出现了由拖拉机牵引的收割机，接着又出现了脱粒机、指型摘棉机等。随后以拖拉机为主的农业机械向大中小型方向发展，美国和其他西方工业国家在20 世纪 40—60 年代已先后实现农业机械化。

中国的农业机械化在 20 世纪 50 年代后也取得一定进展。美国这个世界上最大的粮食出口国只有 4％的人口从事农业生产。中国耕地面积占世界 7％，人口占世界 22％，20 世纪 90 年代中期从事农业生产的人口约有 60％，但随城市化进程的推进，估计目前这个比例有显著降低。总体上看，美国农业的特点是机械化和现代化，中国农业的特点是现代条件下的精耕细作。

农业的基础是土壤。1883 年出版的库恰耶夫的《俄国黑钙土》一书奠定了发生土壤学的基础。此后，俄国人威廉斯（1863—1939）根据对腐殖质的研究指出土壤团粒是肥力的基础，美国人瓦克斯曼则分析了腐殖质的成分。在土壤微生物研究方面，在发现豆科植物固氮能力的基础上，1888 年荷兰人贝依耶林克从豆科植物中分离出了固氮的根瘤菌。此后又发现了其他固氮微生物，完善了土壤固氮菌的概念。20 世纪 70 年代发现，水稻根部也有固氮菌。

肥料是农业丰收的重要因素。古代农业的肥料主要是灰肥、粪肥。化学肥料研究的先驱是英国人劳斯（1814—1900）、吉尔伯特（1817—1901）和德国人李比希，他们的工作都开始于 19 世纪 40 年代。1908 年，德国人弗里茨·哈柏（1868—1934）直接用高压和高温将氮和氢合成氨。1913 年德国人建立了世界上第一个大规模的合成氨工厂，1920 年又开始大量生产尿素。美国紧跟德国之后也开始了氮肥的工业化生产。20 世纪 50 年代以来，含氮、磷、钾三要素中两种或三种成分的复合肥料开始发展起来。

由于保护环境的要求，未来农业应该减少对化肥的使用。发展生物固氮技术，就是建设不消耗能源、不冒烟的化肥厂。大豆、300 多种细菌、125 个藻类、160 多种树木，都有固氮的能力，它们在未来将受到特别关照。

由于孟德尔遗传定律的重新发现，20 世纪农业在选育优良品种方面取得几次重大突破：（1）1908 年美国人舒尔（1874—1954）为杂交玉米奠定了理论基础，1918 年美国人琼斯（D. F. Jones）创造了双交方法，1921 年美国康涅狄格州农业实验站开始向农民推广双交玉米种，使玉米产量大幅度增加。（2）1944 年由美国派到墨西哥去的布劳格（1914—2003）到 60 年代育出了优良的杂交小麦（墨西哥小麦），后来在世界许多地方推广，布劳格被称为绿色革命之父。（3）1936—1957 年间美国培育出了杂交高粱。（4）1960—1975 年间，由美国福特基金会和洛克菲勒基金会建立的菲律宾国际水稻研究所选育成了优良的菲律宾水稻，在亚洲和美洲推广后，使亩产量大增，被誉为奇迹稻。（5）1970—1973 年间，中国湖南农业科学院袁隆平领导的小组育成了籼型杂交水稻，在中国和国际上推广，袁隆平被称为杂交水稻之父。

19 世纪后期，法国的一个农民偶然发现了波尔多液对葡萄霜霉病的防治效果。这种效果在 1882 年被法国人米亚尔代（P. A. Millardet）肯定后开创了化学农药时代。最早大量使用的农药 DDT 是瑞士人缪勒（1899—1965）于 1938 年合成的[①]，1825 年由法拉第合成的杀虫剂六六六于 1945 年才大量生产，此间美国人又合成了化学除草剂，还合成了有机磷杀虫剂。当 DDT 和六六六的残毒对环境的污染被发现后，化学家又合成了能被生物降解的苄氯菊酯农药，1975 年以后合成的昆虫激素杀虫剂一般都具有高效、低毒和不污染环境等优点。

农药对粮食、蔬菜和环境的污染，是 20 世纪的一大公害。21 世纪，微生物农药会彻底取代化学农药。目前微生物农药技术已基本成熟，它高效低毒，以生物防治的方式杀灭虫害，保护了生态环境，避免了化学农药对土地、作物等产生的不良影响，有很高的专一性，对人畜和脊椎动物都是安全的。用生物塑料做地膜，不会长期滞留在环境中造成白色污染。生物技术往往在比较温和的条件下起作用，能源耗费少；生物技术在治理环境污染时较为彻底，不会产生二次污染。今后还将利用生物反应器处理废物，清除废水中的污染物，用生物传感器进行环

---

① DDT 作为杀虫剂，曾十分有效，但后来发现，它给环境带来的长远危害远大于短期利益。可见，科技成果应用的社会后果是不完全确定的。因而，人类在发展和应用科学技术时应持更负责和慎重的态度，要全面估价其社会后果和环境效果，否则，新发明可能成为破坏环境的魁首。相关内容参见本章"环境科学与可持续发展"部分。

境监测。21世纪的农业，将真正成为绿色的事业。

与农业有关的林业、畜牧业、渔业在20世纪都发生了许多重大改变。在林业方面，由于工业对木材的需要量增加而扩大了森林采伐的面积，而采伐和拉运的机械化又加快了森林采伐的速度。在森林资源迅速消耗的过程中，19世纪20年代以来，首先是工业发达而国土有限的欧洲各国、接着是世界上许多其他国家都制定了森林法，其主要内容是均匀采伐，采伐后必须栽植更新，以便持续使用森林资源。另外，对森林的管理，尤其是防火受到了重视，但特大森林火灾仍然时常发生。由于资源的紧缺，在木材加工方面采用了更节省木料的工艺和方法。

在畜牧业方面最明显的进步是由遗传学带动的牲畜良种选育和人工授精方法。其中人工授精方法最先由意大利人斯帕兰扎尼（1729—1799）于1780年研究成功，欧洲第一次用人工授精方法育出的马出现于1890年，20世纪以来这种方法已推广到全世界。另外，随着营养学的发展，专供城市人口消费的畜禽饲养场自上世纪中期以来逐步采用有各种添加剂的配合饲料，以缩短喂养期；医药学的进步还使畜禽的疾病防治得到加强，有些疾病被消灭，有些得到了控制。当然，也有一些畜禽病则被发现，如疯牛病和禽流感。

在渔业方面，法国人最早于19世纪70年代制成了蒸汽机拖网渔船，到1925年，欧美国家和苏联等都已采用了以内燃机为动力的拖网渔船。20世纪40—70年代出现了用电磁波、超声波工作的探鱼仪和扫描声纳。渔船动力和探鱼技术的发展已在局部海域造成了鱼类资源的枯竭。21世纪以来，近海国家和地区正在实现"耕海牧鱼"的设想，这是想把养殖、增殖和捕捞结合起来。所谓海洋农场，主要种植各种海藻，海藻是人类的理想食品。在海洋牧场上，将人工繁殖的鱼苗经强壮培育后放入大海，长成后再合理捕获，是所谓蓝色农牧业。

目前，生物技术的发展正在将当代农业、林业、畜牧业和渔业变成知识经济产业。人类将利用基因工程，开展广泛的遗传育种，创造更多能适应新环境、可满足人们多种需要的新生物品种。

在植物方面，目前已有人将马铃薯的基因导入西红柿，得到了抗寒性西红柿，英国有人正在培育能在冰点下生长的草莓和马铃薯。美国科学家正努力把仙人掌的基因移入小麦、玉米或大豆，以培育抗旱的新品种。一些科学家试图把光合作用效率高的作物的基因，转移到水稻上，使水稻成为早熟品种。另外，抗旱耐寒的树种、草种的培育成功，可能有助于大规模地恢复被破坏的植被。

在动物方面，近20年来，美国科学家培育出抗白血病的转基因鸡；墨西哥培育出一种矮牛，可节约草场，多产奶和肉，在人工技术帮助下其繁殖率高；澳大利亚的科学家培育出了"特大号绵羊"；加拿大的科学家培育出了转基因的

"超级鸡"；中国的科学家培育出了转基因大鲤鱼；日本的科学家利用基因工程方法培育了大鳟鱼、鲇鱼和鲑鱼。目前已培育成功的转基因猪体重增加，生长周期短，脂肪少。今后会有更多转基因动物品种。

现代医学的进展

近代医学的进步可概括为生理学、微生物学和遗传学在医疗中的应用。在19世纪的基础上，20世纪的医学科学和治疗技术有新的发展。

(1) 免疫疗法的进步

20世纪初英国人赖特（1861—1947）制备出可增加白细胞吞噬细菌能力的伤寒菌苗。差不多同时，霍乱疫苗也开始使用。20年代至30年代中，白喉和破伤风疫苗出现了。接着由法国人卡尔麦特（1863—1933）和介兰（1872—1961）实验成功抗结核病的免疫疫苗——卡介苗，这种疫苗在20世纪中期得到肯定和广泛推广。同时，美国人索克（1914—?）和美籍俄国人萨宾（1906—?）还先后分别制成小儿麻痹症的疫苗，后来还出现了麻疹的预防疫苗。以上疫苗为征服病毒带来了希望。

(2) 激素对内分泌紊乱的调节

人体内部通过血液被运送到靶组织的激素，起着调节生长发育和新陈代谢的作用。1891年英国人默里（1865—1939）第一次用羊甲状腺提取液治疗黏液性水肿病人，取得了惊人疗效，促进了这方面的研究。1902年英国人贝利斯（1860—1924）和斯塔林（1866—1927）在小肠黏膜提取液中发现了一种激素，接着在许多提取液中发现了许多种激素。其中重要的有：1909年由法国人德梅耶（1878—1934）命名的胰岛素；1919年美国人肯德尔（1886—1972）提取出来的甲状腺素；20年代发现的性激素；30年代前后发现的脑下垂体激素；60年代发现的下丘脑分泌的神经激素等。

激素的发现带动了对内分泌疾病的治疗和对人体生理过程和机能的认识。例如，20世纪20年代，欧美等国的医生便发现胰岛素分泌不足是糖尿病的原因；1927年英国人巴杰（1878—1939）合成了能够治疗甲状腺病的激素。性激素、脑下垂体激素、神经激素分泌的多少对人的生理和心理状况有着重大的影响，这方面的研究成果也被用于治疗。另外，20世纪在生殖生理和内分泌学基础上研制了大量避孕药，配合避孕工具和绝育手术，为控制人口过度增长起到了关键作用。

(3) 营养学和维生素的发现

20 世纪前 20 年，美国人奥斯本（1859—1929）和门德尔（1872—1935）系统地研究了各种蛋白质的营养价值；30 年代美国人罗斯（1887—?）分析了各种氨基酸的营养价值。这些研究引起了人们对食物构成和膳食习惯的注意。在食物中注意动物蛋白的比重，在面包中添加植物蛋白缺乏的赖氨酸和蛋氨酸等，都是以这种营养学理论为依据的。维生素研究的开创者是荷兰医生埃伊克曼（1858—1930）。他于 19 世纪 80 年代在荷兰驻东南亚军队中行医时发现未碾过的米能治脚气病。1911 年，波兰血统的美国人芬克（1884—1964）从米糠中提出了维生素 B1，并将它命名为维生素（Vitamine），又在 1912 年提出了进一步的推想：脚气病和坏血病、癞皮病等都是因为体内缺乏维生素。随之，多种维生素被发现。20 世纪 30 年代后，各种维生素的化学成分陆续得到阐明。今天，用维生素治疗各种维生素缺乏症已成为医学常识。

(4) 输血和麻醉

1910 年，奥地利血统的美国人兰德斯泰纳（1868—1943）发现了人有 A、B、AB、O 四种不同的血型。他对血型的研究很快解开了输血致死之谜。血型理论产生后拯救了两次世界大战中不少伤兵的生命。此后，血型理论也被用来做亲子鉴定，还产生了关于血型与性格、婚姻等问题之间关系的粗俗理论。麻醉药的始祖是中国东汉时的华佗。19 世纪中叶，欧洲的外科医生在动手术时就开始使用让乙醚、氯仿、一氧化二氮等通过患者呼吸道的方法，对其实现全身麻醉。1904 年出现了局部麻醉剂普鲁卡因。20 世纪 50 年代以来，新的麻醉药不断出现，麻醉方法也在不断改进，外科手术的痛苦得到了减轻。由于麻醉技术的进步，心脏和脑的外科手术治疗已取得相当高的成就。

(5) 器官移植和人造器官

1905 年后，出生于法国的美籍医生卡雷尔（1873—1944）研究了器官移植，他当时认为人体器官离开机体仍可以存活，任何人体器官都可取下培养，然后移植到他人身上，这是把人体看成机器一样的系统。后来发现了人体的排异作用，证明这是不对的。但卡雷尔的思想开辟了器官移植研究的道路。1922 年至 1933 年间，苏联人费拉托夫（1875—1959）经研究后终于将异体角膜移植成功。在美国人斯内尔（1903—?）和法国人多塞（1916—?）提出组织相容性理论之后，器官移植的成活率得到提高。1943年荷兰医生科尔夫（W. Kolff）发明了人工肾，50年代出现了做心脏手术时临时取代心脏的人工血泵。另外，帮助心搏的心脏起搏器、人工假肢等都已经得到了应用。

20世纪50年代，美国的外科医生最先成功进行了胃和骨髓的移植。1954年，美国波士顿医院的约瑟夫·默里首次移植肾脏成功。至90年代中期，世界上已成功地进行了近16万例肾脏移植，4000余例心脏移植，5000余例肝移植。此外，还有肺移植300例，胰移植2500例，大肠移植20例，骨髓移植30000例。角膜移植、骨和骨组织移植、皮肤移植、睾丸移植、胚胎移植等都在应用中。在断肢再植方面，中国医生陈中伟（1929—2004）于1963年成功实现了断手再植，使中国在这方面的技术达到了世界水平。目前器官移植技术更加成熟，甚至有个别科学家试图做头颅移植试验，这样的尝试，肯定会引起极大的争议。

（6）物理诊断和治疗技术

伦琴发现的X射线用于医学诊断后，从1898年起，美国人坎农（1871—1945）先后创造了铋盐和钡盐造影透视法，使内脏蒙上这些不易被X射线穿透的物质，以反衬出内脏（肠、胃）的异常现象。20世纪应用到诊断和治疗方面的新技术有：1903年荷兰人爱因托芬（1860—1927）改进了的心电图诊断心率法；1925年贝格尔发明的脑电图方法；20世纪初开始应用、并于60年代在光导纤维技术基础上得到改进的各种内窥镜；40年代兴起的超声波技术；60年代兴起的电子技术（用各种电磁波治疗慢性病）和激光技术（激光手术刀）等。20世纪70年代，美国人柯马克（1924—）和英国人杭斯菲尔德（1919—）将X射线机发展成了用计算机控制的二维空间照相机和立体造影设备，使X射线诊断技术取得了重大进展。此外，贝克勒尔发现放射线后，放射性元素的放射线也在20世纪被用于诊断治疗。其中用镭的射线治疗肿瘤是最早的成就之一，后来，用直线加速器产生的某些基本粒子也被用于治疗肿瘤。

（7）基因诊断和治疗

传统的诊断治疗对遗传性疾病多无能为力。有些遗传病患者中年才出现症状，这时已把致病基因传给了后代。为防止有遗传病的患儿出生，常常要做产前诊断，可是，此时又无法检验断定。基因诊断的DNA探针，可及时、准确地对遗传病做出诊断，甚至可检测乙型肝炎病毒、艾滋病病毒等。1990年7月，美国对一位先天性免疫缺陷综合征患儿做了基因治疗，使他开始了正常人生活。

1991年10月8日，美国的罗森伯格给一名黑色素瘤癌症患者实施了基因治疗。这种方法发挥了患者免疫系统的能力，不伤害正常细胞。基因诊断和治疗尚处于试验阶段，但它肯定会成为重要的临床手段。

向有基因缺陷的细胞导入外来基因，可达到治疗目的，可根治遗传病，也是攻克癌症的希望所在。癌症是20世纪未彻底攻克的疑难顽症。20世纪80年代以来，艾滋病在非洲和世界其他地区流行开来，目前仍无有效治疗的技术和药物。用基因工程方法制造的干扰素和疫苗，对癌症、肝炎、艾滋病等顽症，有很好疗效。目前基因工程疫苗已进入市场，成本低，安全性好，已有用这种疫苗治好癌症的例子。人们普遍相信，抗癌疫苗将是未来根治癌症的希望。在治疗艾滋病方面，基因工程疫苗也会有所作为。而人类基因组计划的实施，为这门修补生命的技术展示了广阔的前景。

(8) 药物的发展

和古代相比，现代西药中增加了大量的化学药物和抗生素药物。最先有效使用过的化学药物是德国人保罗·艾利希（1854—1915）在1909年和他的日本学生秦佐八郎研制成的606（肿凡纳明），它的改进型914对梅毒有显著疗效。阿司匹林则是西药中知名度高和应用极其广泛的普遍药物。而最流行的杀菌化学药是1935年由德国人多马克（1895—1964）发现的磺胺。由英国人弗莱明（1881—1955）于1929年发明的青霉素是一种抗生素药物[1]，由于英国人弗劳瑞（1898—1968）和德国人钱恩（1906—1979）两人的进一步研究，被广泛地应用到各种炎症的治疗方面。此后合成的链霉素、土霉素、氯霉素等，都成了西医治病的重要药品。20世纪以来，一系列新发现的抗生素药物征服了许多种疾病。1930年，美籍华人陈克恢（1898—1988）从麻黄中提出麻黄素，国际医学界和中国医学界都开始重视中药的药理研究。中药和中国传统的针灸疗法正在引起国际医学界的高度重视。

(9) 精神病学的诞生

这方面有三个重要人物：法国人克雷佩兰（1856—1926）、美国人迈耶（1866—1950）和奥地利人弗洛伊德（1856—1939）。弗洛伊德提出了潜意识的概

---

[1] 根据2007年11月西班牙《万象》月刊《世界上的谬误》的文章，里昂军事医学院的学生埃内斯特·迪迪纳比弗莱明早32年就发现了青霉素，不过当时科学界对其根本不予理睬。参见《参考消息》，2007-12-05。

念，其研究涉及了梦、性等科学从未曾涉足过的问题，因而形成了一个影响巨大、观点纷呈的学派，其影响已大大越出精神病学领域，在 20 世纪的心理学、哲学、文化学及人类学等方面都打上了深刻的烙印。

按照弗洛伊德在《精神分析引论》一书中的说法，近代以来科学对人的自我意识发生了三次巨大冲击：第一次是哥白尼的日心说，它冲击了人类关于自己居住的地球是宇宙中心的观念，将地球变成了一个普通行星；第二次是达尔文的进化论，它冲击了人类关于自己与动物无缘的观念，将人类和动物排列在同一生物进化谱系中；第三便是弗洛伊德自己的理论，它涉及了人类敏感和神圣的性问题，探索了迷离的梦，并将潜意识视为人类意识的主人。这样，人类就既不住在宇宙的中心，也和动物没有区别，同时也不一定是自己意识的主人。这真让人类"尊严"尽失。

弗洛伊德从自然科学出发进入了社会科学领域，将社会因素和心理因素引入了病理学，对传统的生物医学和生物病理学提出了挑战。沿着这个方向，现代医学已开始对病症和健康等概念有了新的、更全面的理解，包括生理健康、心理健康、社会适应能力等在内的一种新的医学模式，正在逐步取代近代以来形成的纯生理医学模式。中国有句老话叫"人心难测"。弗洛伊德的勇气在于他敢去测量人心。他给 20 世纪带来了无尽的话题，21 世纪的人类也还在讨论这些话题。

克隆技术的影响

克隆（Clone）的意思就是无性繁殖。自然界中的细菌，就是通过简单的细胞分裂而无性繁殖的。一些生物的再生行为，一些植物以叶、茎、根的形式繁育植株，都是自然的"克隆"现象。用人工方法扦插和嫁接某些植物则是人为的"克隆"。比较复杂的高等的动物，一般通过两性的共同行为来生殖。

20 世纪后半期，科学家发展了克隆技术，这便是用人工方法"制造"生命。50 年代，中国科学家朱洗用卵细胞无性繁殖了蟾蜍，蟾蜍还繁殖了后代，产生了"没有外祖父的癞蛤蟆"。1996 年，美国科学家宣称用胚胎切割技术培育了两只猴子。这已经是一种简单的"复制"了。1997 年 2 月，英国罗斯林研究所的维尔穆特宣布，他们成功地用一个 6 岁母绵羊的乳腺细胞克隆出了一个叫"多莉"的母绵羊。这件事在全世界立刻引起轰动。

用体细胞克隆成功的绵羊是哺乳类动物，这一事件开创了生物医学的光明前景，还从理论上肯定了用类似技术"克隆"其他高级动物和人的可能性。此后，好多国家的科学家都先后用同样方法克隆了猴子、牛和猪。当前，一些科学家也已成功进行了器官克隆，让兔子身上长出人耳朵，以图解决目前医学无能为力的许多问题。这种未来的生命科技肯定会产业化，乃至于产生"器官工厂"。利用克隆技术和转基因技术，可以让牛羊的乳汁中带有可以治病的人血清白蛋白，该技术目前已接近成熟。预计"克隆制药厂"会在21世纪20年代正式投产，其产品也将越来越丰富。

"克隆羊"的产生在世界上引发了关于"克隆人"的争论。从技术上看，由于人、羊均属哺乳动物，克隆人已不算难题了，只不过碰到了伦理的困惑。显然，克隆人就是用技术彻底改变人类繁衍的自然过程。许多人担心，用不加控制的克隆技术取代通过婚姻和家庭来生育的方式，将对人类的道德、人伦、价值观念和法律文化提出根本性的挑战。基于诸如此类的担心，当前世界上许多国家的科学家和政府都公开表示，严格禁止克隆人。

反对克隆人的意见认为：这样做过分干预了"生产人"的自然过程，会摧毁当代社会在人伦方面的基础。比如说，女儿可以把父亲的复制品生出来，甚至让自己久远的祖先重生，变成婴儿。但反对克隆人的人也无法否认，某些人要求"克隆"是合情合理的，比如被突发事件夺去生命的人，在没有后代的情况下要求"克隆"自己的人，或一对不再生育的中年夫妇要求"克隆"他们惟一但夭折了的小宝贝。一些科学家已宣称他们要克隆人。有人认为，21世纪肯定会有克隆人出现。但人类目前确实还没有做好迎接克隆人的心理和文化准备。

可以肯定，克隆人将会被置于严格的法律控制之下。甚至赞成克隆人的人也无法否认，这项技术会给人类的繁衍和文明带来巨大风险。把克隆人当做器官提供者的想法，更是不人道的，因为克隆人也有自我意识。克隆技术的发展，以最尖锐的方式提出了科技的伦理问题，并使科技开发中的法律义务与社会责任，变得如此鲜明和不可回避。无论如何，禁止克隆技术的发展是不可能的。但克隆技术所引起的全球性冲击波表明，科学研究和技术开发活动必须渗入更多人文和价值因素，这也是显而易见的。

近年，人体干细胞研究成为焦点问题。干细胞是人或动物受精卵发育过程中产生的细胞，它具有高度更新和多向分化的功能，可塑性大，也称"万能细胞"。人体干细胞技术可能造出某些人体组织和器官，具有极大医学价值。但从胚胎中提取干细胞后，胚胎将失去继续成长的机会。有人认为这无异于"杀人"。所以，这方面的研究也应采取谨慎态度。

同类的重组DNA技术，也叫转基因技术。利用这种技术，理论上可打破人和其他动物的界限，真正制造出"孙悟空"和"猪八戒"。目前令人担心的是，在实验室重组 DNA 造出自然界没有的"杂种生物"，会不会对人或其他生物产生潜在的威胁？比如用微生物将固氮基因转移到谷物等非豆科植物中会提高产量，但这样会不会破坏植物和动物群落的生态平衡。

所以，有人认为，在今天，如果科学家仅凭个人兴趣开发生物技术，科研活动不受社会公众的价值评判，他就可能制造出人类无法控制的生物，从而违背公众的利益，甚至给人类带来不可预测的后患。为防止这种事发生，科学家有义务向公众通报自己的工作，在商业利益、科学责任和社会责任之间把握好平衡。同时，关于这方面不同观点和争论，也要向社会公众公开，而不能仅局限于政府和科学界的范围。

总之，生命科技将发生重大的突破。如果以往的科技只是改变了世界的皮毛，本世纪的生命科技将改变世界的骨肉和灵魂。如果说原来的一切生命都是自然的造化，那么，今天的人类已经开始干预造化，在生命的复杂领域里"巧夺天工"。不过，此时更应该得到提醒：人类千万不要亲手打开潘多拉的盒子。①

建筑技术

古埃及人以神庙和金字塔为主的石建筑是他们留下的不朽的纪念碑。西亚地区的古建筑多为泥砖结构，巴比伦的废墟和波斯波里斯王宫的残柱留下了古文明的遗迹。欧洲的古建筑风格以古希腊、古罗马的宏伟庙宇和大型公共娱乐场所为代表，中世纪以来又增加了哥特式风格的教堂建筑。印度和南亚次大陆的塔建筑代表这个佛教发源地的一大特色。中国古建筑的特点是木结构、砖墙（或泥墙）、瓦顶，其风格讲究对称，殿宇雄浑，民房雅致。由于古代各民族间的交往并不频繁，建筑从一个侧面反映一个地区的自然状况和可供用于建筑的资源状况，也在一定程度上凝聚着该地区人民的艺术构思和技术成就。

英国工业革命以来，随着工业化的进展，欧洲城市的人口迅速增加，能集中

---

① 希腊神话中，普罗米修斯为助人类盗火传技，受大神宙斯惩罚。火神受命创造天赋超群的美少女潘多拉，但每个神都赠她一件对人类有害的礼物，装入一盒子。普罗米修斯的弟弟爱比米修斯不听其兄劝告，代表人接受了神赠送的潘多拉。潘多拉来时打开盒子，所有灾害都飞出，盒底有件东西是希望，还没飞出便被盖上。

居住大量人口的楼房建筑出现了。这些与工业化一起出现的楼房一般都应用了工业提供的水泥和钢材，几何形状单调，并随工业化浪潮向全世界扩展。这种风格单调的钢筋水泥方格窗式楼房及工厂厂房建筑，也第一次成为打破各个民族建筑传统之间界限的一种世界性建筑样式。

20世纪以来，钢筋混凝土的应用已极为普遍，此外，玻璃、塑料、金属板材、水磨石和其他特殊材料越来越多地用于建筑。第二次世界大战后，建筑风格也日趋多样化，悬索、薄壳、网架等结构在桥梁和大型体育馆、展览馆的建造中得到了普遍应用，气承结构也在仓库、场馆和工厂建筑中开始应用。另外，地面建筑向高层发展，地下铁道和海底隧道向深层和长距离发展，建筑物的内部向适用、方便和体现建筑个性的方向发展，建筑外形向多样化和艺术型风格发展。这实际上是一场建筑的革命。从古埃及时代以来那种每个时代和每个民族都有一种主导建筑风格的时代已成为历史，任何建筑方面的创造似乎也不再被总结成模式，然后再被加以模仿了。当然，建筑力学也为工程师提供了理论，各种数学计算对现代建筑设计来说更是不可或缺的。

20世纪初以来，建筑机械也有很大发展，今天的大型建筑工地已不再是人山人海的工匠和劳工，而是一台台推土机、挖掘机、起重机、卷扬机、吊车、打桩机、搅拌机和操纵着它们的工人。某些建筑还采用了大型预制构件，建筑的部分工作已不在建筑工地上进行。

建筑是同我们生活密切相关的一门技术，也是一门艺术。

环境科学和可持续发展

环境科学是20世纪才产生的。美国人 D. D. 切拉斯在其所著《环境科学》一书中认为："环境科学是关于处理诸如人口过剩、资源耗竭、污染等一类问题的公认学科，它已变成了我们生存的一个关键性的工具。现代环境科学的目标在于帮助我们在自然界中控制我们的行为，以免造成不可修复的损坏。在这个意义上，环境科学意味着把握我们自己。"①

古代人用火烧的办法猎取野兽，无节制地伐薪烧火、毁林开荒，构建人工灌溉系统，滥杀滥捕周围的动物等，都曾导致土壤的贫瘠或沙漠化，对生态环境造

---

① Daniel D. Chairas. *Enviroment Science*，p3. the Benjamin/Cummings Publishing Company，Colifornia，1991.

成不同程度的破坏。然而，古代社会人口增长率不高，生产力低下，环境问题并不突出。在精神上，人类对自然还有一种宗教性的敬畏和崇拜的心理，这减轻了文明对自然的侵害。

近代以来，欧洲产生了资本主义生产方式，人类感到知识就是力量，开始依靠科学技术和工业征服自然、改造自然，索取时不考虑环境的承载能力，把自然资源当做免费的午餐，还把大量有害有毒垃圾留给自然环境，这招致大自然的报复。工业革命以来地球上森林锐减，随之采煤量大增，在英国伦敦最先出现由煤烟污染空气造成的毒雾，1873 年 12 月至 1892 年 12 月间共发生了五次。20 世纪20 年代以后，由于石油天然气工业的发展和以汽车为主的机动车辆的猛增，许多工业城市中的空气受到严重污染，城市上空有时出现有害健康的光化学烟雾。1952 年 12 月伦敦的一次毒雾竟使 3 600 人死亡。20 世纪中期日本化工集中的熊本县水俣镇的含镉废水，造成了人畜中毒。同时，冶金和化工发展过程中排出了大量废气、污水和废物，严重污染了周围环境。其中二氧化硫烟气对大气的污染造成了酸雨，对地面动植物和土壤造成了危害。

当前，人类面临的环境问题并不是一些偶然事件，而是一个全球性的普遍问题。其中最严重、最敏感的环境问题有：污物和工业废水对水的污染，工业废气和机动车辆对空气的污染，城市垃圾和废品对居住和生活区的污染，大量使用农药对生物食物链的污染，核武器实验和核事故对大气和核设施周围的放射性污染，工矿企业和城市街道附近的噪音污染，地球大气层中臭氧层的破坏，由于二氧化碳排放量增加而产生的温室效应所导致的全球性升温，生态系统的破坏和某些动物种类灭绝，海洋污染，发展中国家的人口爆炸，由战争引起的生态环境大规模污染等。这些大大小小、形形色色的环境问题，以不同形式，直接威胁着人们的近期利益甚至生存，也威胁着全人类的长期利益和文明的延续。

1962 年，美国女生物学家卡逊（1907—1964）的科普著作《寂静的春天》出版。该书认为有机农药的无节制使用会带来威胁人类生存的大破坏，引起了西方社会的强烈反响，为环境问题敲了一声警钟。1970 年 4 月 22 日，美国的环保人士发起并组织了有 2 000 万人参加的"地球日"游行和集会，后来 4 月 22 日成为世界性的"地球日"。1972 年出版的由 D. 梅多斯等人写的《增长的极限》一书反映了罗马俱乐部一批学者们关于经济增长和环境保护二者不可兼得的观点，将环境问题同经济增长和社会发展问题尖锐地联系在一起。同年出版的由沃德（B. Ward）和杜波斯（R. Dubos）主编的《只有一个地球》是作者受联合国秘书长委托，为当年 6 月在斯德哥尔摩召开的人类环境会议提供的一份非正式报告。这次会议通过了《人类环境宣言》，并于同年 10 月成立了"联合国环境规划署"。此后，这个署同不少与环境问题有关的国际组织（如世界野生生物基金会、国际自然及自然资源保护联盟等）及国家协作，促进世界性和一些地区性环境问题的保护和治理。而绿色和平组织经常进行保护环境和某些特殊生物的活动，一再引起全世界舆论的关注。

1980年，由国际自然及自然资源保护联盟受联合国环境规划署委托起草的《世界自然资源保护大纲》提出：发展经济以满足人类的需要和改善人的生活质量，同时要合理利用生物圈，既要使现代人得到最持久的利益，又要保持其潜力，以满足后代人的需要和愿望。这便初步提出了可持续发展的概念。1983年11月成立的世界环境与发展委员会（WCED）在挪威首相布伦特兰夫人（G. H. Brundtland）的主持下，于1987年向联合国提供了一份题为《我们共同的未来》的报告，认为"可持续发展是在满足当代人需要的同时，不损害后代人满足其自身需要的能力"，并提出要实现这一目标，必须提高经济增长速度，解决贫困问题；改善增长质量，纠正以破坏环境和资源为代价的发展；千方百计满足人民对就业、粮食、能源、住房、水、卫生保健等方面的需要；把人口限制在可持续发展的水平；保护和加强资源基础；技术发展要与环境保护相适应；把环境和发展问题落实到政策、法令和政府决策之中。这一报告于1987年为联合国第42届大会通过，成为联合国及全世界在环境保护与经济发展方面有指导意义的纲领性文件。

1992年在巴西里约热内卢召开了183个国家和国际组织及非政府组织代表参加的联合国环境与发展会议，通过了关于环境与发展的《里约热内卢宣言》、《21世纪议程》、《气候变化框架公约》、《生物多样性公约》、《关于森林问题的原则声明》等一系列文件。会议从极其广泛的方面（政治平等、消除贫困、环境保护、资源管理、生产和消费方式、科学技术、立法、国际贸易、动员广大群众参与、加强能力建设和国际合作）讨论了可持续发展，在许多重要问题上达成了共识，并在布伦特兰报告的基础上进一步阐发了可持续发展概念：一个国家或地区的发展不应影响其他国家或地区的发展；发达国家对保护全球生态环境、促进全球可持续发展具有不可推卸的责任和义务。

其中最重要的是，这次会议通过《21世纪议程》这一未来环境与发展的行动纲领，将可持续发展的概念变成了一种各国政府和国际组织在共识基础上的发展战略，是人类社会走向可持续发展的一个里程碑。当时中国政府李鹏总理出席了这次会议，代表政府签署了《21世纪议程》，并承诺要认真履行会议所通过的各项文件。中国政府参考这次会议制定的《21世纪议程》，于1993年制定出了《中国21世纪议程》，并于1994年3月25日国务院第16次常务会议讨论通过，以《中国 21 世纪人口、环境与发展白皮书》的形式公布，为中国的发展战略提供了一系列新的发展目标和行动纲领。

为消除地球气候变暖的威胁，1997 年 12 月，149 个国家和地区的代表在日本召开《联合国气候变化框架公约》缔约方第三次会议，通过了旨在限制发达国家温室气体排放量的《京都议定书》。规定到 2010 年，发达国家排放的 6 种温室气体的数量，要比 1990 年减少 5.2%。但目前批准《京都议定书》的国家尚不多，因而还不具有国际法效力。此后，联合国 2002 年还在约翰内斯堡召开了"可持续发展世界首脑会议"，通过了《约翰内斯堡可持续发展承诺》和《执行计划》两个文件。

为了实现人类可持续发展的目标，环境科学研究显得极为重要。环境科学的理论基础是生态学。生态学是 19 世纪后半期萌芽、20 世纪 30 年代以来发展起来的研究生物与环境关系的科学。这门科学的基本概念有生物圈、生态系统和食物链等。生态系统是由生产者（能通过光合作用生产有机营养的植物）、消费者（草食和肉食动物）、分解者（细菌）与其生存环境构成；而植物、草食动物、肉食动物（包括人）之间顺序为食的关系便构成了一个食物链。为了找寻人造生物圈的可能性，1984 年美国在亚利桑那州建立了封闭的"生物圈 2 号"（1 号为地球），并在 1993 年 1 月让 8 名科学家进入该场地。实验表明，人类在自己建造的"生物圈 2 号"中是难以生存的。人类目前只有一个家园——地球。目前，人类的发展已让地球原有生态系统发生了难以自复的损伤。如果没有地球上生态系统的多样性，生物物种的多样性和生物遗传的多样性也将丧失，人类的家园将不堪居住。

化学对环境科学也很重要。化学分析是环境问题研究的重要手段，尤其是在工业性污染方面，对污染的分析和治理都离不开化学。而且，工业污染也主要是由化学过程造成的。此外，生物学、数学、医学、物理学、地球科学等都和环境科学有关。由于环境问题也是一个社会问题，涉及人类的思维模式和行为模式，因而，环境科学离不开社会科学，也包含极为丰富的人文内涵。环境科学以及可持续发展的核心理念，正在深刻影响人类的自然观、发展观、财富观，还改变、制约和影响着 21 世纪技术的性质和模式。

据此，人类需要改变对待自然的态度，认识到地球的有限性、生态环境的脆弱性和难以恢复性，应彻底放弃那种征服自然和改造自然的狂妄信念，给智慧加上道德的限制。应把环境和资源看成是从后人那里借来的，而不是从祖宗那里继承下来的。"吃祖宗饭，绝子孙路"的做法不可取。应意识到对自然、子孙后代和他人的三重道德责任，尊重自然，与自然界和谐相处，自觉保护环境，社会的发展不再以破坏环境为前提和代价。

另外，人类也应淘汰工业革命以来的粗放技术，不再通过资源的高消耗来追求经济增长，改变高消费的生活方式，改变对环境"先污染后治理"的态度。实际上，环境质量的改善有利于经济增长，良好的生态环境是经济可持续发展的基础，狭义的经济增长不等于发展，经济收入的增加不等于生活质量的提高，经济的发展不同于增长，人类必须重塑发展模式，由注重外延扩张和数量增长的发展，转向注重内涵和提高生活质量的发展，努力寻求一条人口、经济、社会、科技、环境和资源相互协调的可持续发展道路。

从社会的角度看环境问题，说明亚当·斯密经济学中"看不见的手"并不是万能至善的"上帝之手"。由于人类的有限理性、短视和对他人不负责任的态度和行为，常在追求自己利益的同时也损害自己的利益。这方面最有名的例子是对策论中的"囚徒困境"和"公地悲剧"（牧民困境、公天悲剧、公海悲剧）等。另外还有涉及利益和法律问题的"搭便车现象"。由于环境的破坏者同环境的直接受害者往往不是同一主体，这造成环境问题的复杂性，因而，环境保护也是一项综合性的社会系统工程。

在21世纪，环境科学将对地球的承载能力、环境对人类活动的恢复能力、支持生命的能力，以及自然系统破坏的原因，土地、海洋和大气的能量流动之间的内在联系等，进行系统的研究，以帮助人类更好地理解人类活动与环境之间的关系。人类将综合运用各学科的知识和必要的监测和分析技术，更好地制定发展与环境管理的政策，社会将不断加强科技界和决策者之间的联系与合作，以便根据最佳的现有科学技术知识制定和实施可持续发展战略。

在21世纪，社会将更负责任地评价和调整技术发展的方向，这就要求发展环境合理的技术，发展中国家将会大力发展适合自己国家的适用技术。例如推动清洁能源、清洁生产工艺技术，保护环境；用高科技建设可持续发展的农林业，以确立绿色产业；开发环保高技术，包括节能技术、废弃物资源化技术，发展环保产业；发展医药技术，在住宅、交通、通信、教育等社会服务业中大力推广应用高新技术，以便为人们创造良好的生活环境，提高生活质量。有人将此称为科学技术发展的生态化方向。

总之，科学技术放大了人类的力量，帮助人类创造文明，对其不当利用也极大伤害了人类惟一的家园——地球。面对容颜不再美丽的地球母亲和千疮百孔的大自然，当代人必须慎重地使用科学技术这把双刃剑，维护自然界的平衡，以便在建造文明大厦的时候，不要毁坏了文明的根基。环境科学恰好让人们不再把科学技术看成是解决生存和发展问题的万应灵丹。21世纪的人类文明应建立在

"绿色科技"的基础上，科技理性应受到地球伦理和自然道德的限制。科技活动应以提高人的生活质量与自身素质为中心，应围绕改善人的生存环境、调整人与自然之间的关系、促进社会事业和产业进步、推动经济与社会协调和可持续发展等目标而展开。

第二十六章

现代主导技术的突破

在最近两百年的工业化过程中，任何发明一旦成功后就不会自动放弃，除非被更经济的方法所超越。工业化的自身强化将继续下去。

吕贝尔特：《工业化史》

对于一个人来说，这只是一小步；但对全人类来说，这是一次巨大的飞跃。

尼尔·阿姆斯特朗登上月球时的讲话

电影和电视

19 世纪发明并改进的摄影胶片和摄影技术为电影的产生提供了技术基础。法国人马雷（1830—1904）于 1888 年发明了摄影机，其原理与现代摄影机相同，即利用视觉暂留现象把连续摄制的离散照片展显成为连续活动图像。其后，美国人爱迪生及詹金斯和法国的鲁米埃尔兄弟分别在 1893—1895 年间完成了电影的银幕放映。

最初的电影是无声的黑白电影，后来配上了录放音系统。1930 年时有声电影便开始排挤无声电影。现代电影胶片上有声迹，靠光电效应把声音还原。1934 年时，第一批彩色电影便问世了。电影的出现将静态的摄影技术升格为动态的图像和声音实录技术，第一次使人们有可能保留下历史活动的真实影像记录，而且也为人类提供了一种内涵丰富和形象生动的艺术活动手段。

与电影相比，电视技术要更为复杂，对 20 世纪人类生活的影响也更为巨大。1884 年，德国人尼普科（1860—1940）根据视觉暂留原理发明了扫描盘，开拓了电视机不可缺少的扫描方式（机械式扫描技术）。1923 年至 1929 年间，英国人贝尔德（1888—1946）和金肯斯（Charles F. Jenkins）应用尼普科的扫描盘成功地完成了电视实验。与此同时，美国贝尔实验室的艾夫斯（1882—1953）和德国人克拉温克尔也先后于 1927 年至 1929 年间完成了电视系统的实验研究。

1928 年，移居美国的俄国人兹窝里金（1889—1982）发明了用于传送电视影像的实用光电管（光电摄像管）。这是一个划时代的发明，它的原理是：使光像存留在光电性马赛克面（即感光镶嵌幕）上，以电子扫描发射信号。接着，另一位发明家范斯窝斯（Philo T. Farnsworth）发明了析像管。这样，现代电视的关键部件便基本齐备。

1930 年英国试播有声图像。1936 年 11 月 2 日，位于伦敦市郊的英国广播公司电视台正式播出。美国人 1928 年开始电视实验，1935 年，纽约成立了电视台，向 70 千米的范围播放电视节目，1941 年纽约已有 4 700 台电视机。法国、苏联、德国、日本也先后于 20 世纪 30 年代开始电视实验和播出。其中希特勒掌权的德国柏林 1935 年就播放了电视节目。从世界第一座电视台问世到今天，电视逐步超越了报纸和广播，成为最有影响的大众传播媒介，深深地渗透到生活的各个方面，潜移默化地改变着人们的生活方式和价值观念。

第二次世界大战后，电视系统中原先一些悬而未决的技术问题得到了解决。首先，1946 年罗斯和威玛二人发明了具有超乎常人眼睛视力的高敏度直线性光电摄像管，大大提高了电视节目的制作能力，使电视广播开始飞跃发展。其次，由于采用了日本人八木秀次（19 世纪末至第二次世界大战时大阪的教授）发明的天线，家用电视的收视问题得到了解决。最后，由于同轴电视和超短波转播站的建立，电视广播系统开始向全社会的各个层次和各个地域扩展普及。

1953 年，美国国家电视委员会研制成了彩色电视。1956 年，美国的安培公司研制出四磁头磁带录像机，使电视节目的制作方式发生了根本性变化。60 年代卫星转播站开始转播电视节目。70 年代电子计算机技术也被应用到电视节目的特技制作方面。80 年代以来，家庭录像机、电缆电视、卫星直播等新媒介的发展引人注目。90 年代以来，VCD、DVD 和数字电视技术把电视事业的发展推向一个新阶段。

电视报道新闻事件和新闻人物时更直观，更富感染力，可信度也更高，因而也更具吸引力。今天，电视已成为地球上最普及的一种声像传播媒介；它将全世界各地发生的事件及时、生动地展现在人们面前，增加了社会生活的透明度，内容几乎涉及社会的所有方面，它的影响也几乎波及生活的所有方面；电视文艺节目的大量传播加快了各国和各民族之间的文化交融；电视教育改变了教育的时空观念。可以毫不夸张地说，电视的出现是 20 世纪人类文化生活中最重大的事件。它是世界的投影，精彩的聚焦。

电视促进了全世界的音像交往，通过荧屏缩短了人们之间的距离，真正实现了"秀才不出门，便知天下事"的理想，但也从某种程度疏远了真实生活里人与人之间的关系。尽管如此，现代人在生活中已无法割舍这一小块真实而美丽的彩色窗口。

电子元件和电路

20 世纪初期以来，由于电报、电话、无线电通信技术发展的要求，电子技术获得了新的发展，其中最重要的便是电子器件和电路的改进。

1904 年，曾和马可尼合作过的英国人弗莱明（1849—1945）发明了能把交流电变为直流电的整流器——电子二极管。1906 年，美国人福雷斯特在改进二极管性能时发明了三极电子管，但仅把它用做灵敏的探测器和检波器。当时弗莱明认为这不过是对他的发明的一点改进，与福雷斯特发生过诉讼纠纷。1911 年，美国人洛温斯坦（F. Lowenstein）发现了三极管的放大效应，迈斯纳（1883—1959）在 1913 年发现了三极管的振荡器功能，E. 阿姆斯特朗（1890—1954）则认真研究了三极管的电压—电流特性曲线，进一步弄清了三极管的物理特性和放大原理。而且，很快有人发明了四极管、五极管。

在电子管出现的基础上，电子线路得到了改进。1912 年，福雷斯特、郎缪尔（1881—1957）、迈斯纳等人发明了再生式放大电路；同年，美国人费登（1866—1932）和 E. 阿姆斯特朗（1890—1954）发明了外差式接收电路。这两种电路在收音机方面都是最基本的电路，它们是处理（接收放大）无线电正弦波的模拟电路。

由于传递图像的电磁波是脉冲式的，在电视技术发展的同时，1918 年法国人阿伯拉罕（1868—1943）发明了能产生方波的多谐振荡器。1919 年英国人艾克尔斯（1875—?）和乔登（Jordon）发明了双稳态触发器。1924 年，英国人安森（R. Anson）发明了锯齿波电路，这种电路和后来出现的脉冲放大器及脉冲变换器，成了电视和雷达系统中的基础电路。

脉冲电路的进展为数字电路的出现准备了条件。20 世纪 30 年代末，以布尔（1815—1864）代数①为基础、以二进制计算系统为表达形式的数字电路发展起来了。50 年代，出现了模拟电路和数字电路之间的转换电路——数字滤波器。这些数字式电路成了电子计算机和各种数字式电器仪表的基础电路。

以电子管为基本元件的电路都是将分立的元件联结在一起的电路。在肖克利等人发明晶体管的基础上，1959 年至 1961 年间，美国得克萨斯仪器公司的基尔比（1923—）和仙童公司的诺依斯（R. Noyce）发明了集成电路。集成电路的出现是电路设计的一场革命。它把整个晶体管电路的各个元件及其之间的相互联结，同时制作在一块半导体基片上，组成了一个不可分割的整体，打破了原有电路的概念，打破了原有分立元件的设计方法，实现了材料、元件、电路的统一。与分立元件电路相比，集成电路体积小，重量轻，焊点和外部连线大为减少，外部干扰信号进入和接点松脱的可能性大为减少，可靠性增加了。这场电路设计的革命对现代电子技术发展的影响极为深远。

集成电路发明后，美国太平洋半导体公司的电路设计师布依（J. Buie）采用了用晶体管隔离各级晶体管的新耦合方式，提高了集成电路的性能。随之，仙童公司的威德勒（R. Widler）提出了在集成电路中用晶体管代替电阻的思想。1967 年，仙童公司制成了第一只 64 位的只读存储器。1967 年 6 月，美国英特尔公司制成了第一个 4 位微处理器。此后，集成电路的加工工艺和集成度不断提高。从 70 年代至 90 年代，集成电路加工线条的宽度从 20 微米缩小到 1 微米左右；从 1965 年至 1990 年，每块芯片上的晶体管集成度已经从 100～1 000 个（中规模集成电路）增加到了 100 万个（超大规模集成电路）以上。与此同时，芯片的市场价格却在大幅度降低。

目前集成电路已从线性集成电路发展到微波集成电路和集成光路。20 世纪 70—90 年代在北美和世界其他地区崛起的集成电路和计算机科研生产中心是最有生气的新兴产业，以至于其所在的地方被称为硅谷、硅山、硅草原等。

通信和雷达

19 世纪已产生的电报、电话和无线电技术由于 20 世纪电子元件和电路的改

① 布尔代数亦称逻辑代数，其中重要内容是或、与、非等逻辑关系，这种逻辑代数最适用于以二进制数学形式在电路中表达。二进制数学中只有 0 和 1 两种符号，它们在电路中分别以低电位和高电位两种状态表达。

进而获得了新的进步。

1915 年，美国人卡松提出了边带理论，为一根电线传播多路电话奠定了理论基础。1927 年，美国贝尔实验室的 H. 布莱克（1898—?）发明了负反馈电路，解决了双道或多道电话信号的失真问题，使多路电话进入了应用阶段。

在无线电广播理论方面，1902 年，美国电机工程师肯涅利（1861—1939）和英国物理学家亥维赛（1850—1925）提出了高空大气中存在电离层的假设，以解释马可尼无线电通信的实验，这一假设说明了无线电波长距离传播的可能性。1912 年英国人埃克尔斯（1875—?）为电离层传播电磁波的理论奠定了基础。1918 年，英国人沃斯顿（G. N. Waston）提出了电磁波在地面和电离层之间绕射传播的理论。1924 年，拉摩（1857—1942）确定了电离层折射电磁波的效应是由于电离层中存在着大量电子。后来，查普曼（1888—1958）进一步研究了电离层的结构，使人们更进一步认识了不同波段电磁波在地面和空间之间传播时的特性。

在无线电广播技术方面，1921 年，美国匹兹堡第一座广播电台开始对外广播。1933 年 E. 阿姆斯特朗研制成无线电信号的调频系统，使电台的音乐广播增加了动听的调频节目。20 世纪 50 年代，晶体管被应用于无线电通信，60 年代无线电通信进入卫星时代。1965—1980 年间，五代不同型号的通信卫星先后被发射上太空。90 年代通信卫星已可以实现覆盖全球的无线电话电视通信（由三颗与地球同步的定点卫星和地面转播站系统完成）。到 2007 年，全球的移动通信手机达到了 33 亿部，其中中国有 5.3 亿部。从信息的角度看，世界真正进入了"地球村"时代！

雷达是无线电探测和定位的技术。其工作原理是：雷达发射系统向空间发射一束电磁波，其中一部分遇到目标时被反射回来，通过对反射回波的测量和计算便可确定目标的方位、距离和速度。美国人从 1925 年开始利用无线电脉冲技术来测量目标的距离，在 1936 年 4 月制成了第一台探测距离为 4 000 米的雷达。1935 年至 1939 年间，英国空军在罗伯特·沃森-瓦特（1892—1973）关于雷达研究报告的基础上发展出探测飞机的雷达系统。与此同时，德国人也开始了对雷达的研究。由于德国人把重点放在导弹的研制方面，它的雷达系统在当时落后于英国和美国，英国的雷达在同德国的空战中发挥了极重要的作用。

战后，美国人于 1946 年首次探测到了从月球上反射回来的雷达信号，使雷达和射电天文学结合起来（参见第十九章）。20 世纪 60 年代以来，雷达被广泛应用于航天活动中。由于雷达系统的完善，70 年代以来，美国已研制成能吸收或只反射很少雷达波的隐形飞机 F117。

陆上车辆

1770 年，法国人西夫拉克把轮子装到木马腿上；1818 年，德国人德莱斯发明了带车把的两轮木马。此后，可能是英国人麦克米伦和法国人欧内斯·米肖在 1868 年制造了踏板式自行车。1885 年，英国人斯特里在前人的基础上发明了用链条传动的自行车。接着，苏格兰牙医邓洛普（1840—1921）在 1888 年发明的充气轮胎被用到自行车和汽车上。后来又随之增加并改进了车座弹簧、滚珠轴承、闸和飞轮等。自行车是人类最伟大的发明之一，它的使用不污染环境，经济实惠，是工业时代少有的绿色技术之一。目前中国已有近 5 亿辆自行车。

19 世纪的汽车最初是三轮车，后来发展成为四轮车，但基本上是敞篷的小型客运车。自从 1913 年福特开始用流水线生产汽车以来，汽车的发动机、传动系统得到改善，新型材料在汽车工业中得到应用，载人汽车出现了密封式的小轿车和大中型的密封式客车，载货汽车则加大了发动机的马力，而且出现了有自动卸货能力的运输车辆。

1980 年，美国的汽车年产量已达到 1 000 多万辆，成为世界上第一个汽车大国。与汽车发展的同时，摩托车也获得了发展。陆上车辆数量和行驶速度的增加，促进了公路网在各大陆城市和乡村之间的延伸，其中德国和美国在 20 世纪 30 年代已建设了一些高速公路，目前世界各大陆上的各类标准公路已四通八达。陆上机动车辆的发展，大大带动了 20 世纪石油工业的发展，也促进了合成橡胶工业的进步。

20 世纪以来，各国的铁路机车完全实现了内燃机化和电力机车化，史蒂文逊的蒸汽机车已进入铁路历史的博物馆（20 世纪 80 年代后期中国在世界上最后停止了蒸汽机车的生产）。与此同时，列车的结构得到了改进，安全技术有了提高，铁路桥梁和隧道建设技术更加先进，路基和轨道质量有了改进，铁路线长度有了巨大增加，其中以中国在 2006 年建成的青藏铁路最为引人注目。目前，许多国家都建成了高速火车。20 世纪 60 年代以来，日本、欧洲、中国等都研制成了速度更快的高速磁悬浮火车。

此外，拖拉机数量的增加将农业生产卷入了机械化的浪潮中；坦克的出现，给 20 世纪的两次世界大战增添了攻防一体的战斗武器。

水中船只

为了在水中航行，人类发明了水面船只，还发明了水下的潜艇，此外，意大利人在1956年还研制成水翼船，英国人科克雷尔（C. Cokrell）1959年还制成气垫船。

富尔顿在1807年发明蒸汽机驱动的轮船后，在1836年至1850年间，轮船的推进器由拨水明轮改进为螺旋桨。此后，螺旋桨成为轮船的标准推进器。

在船的动力方面，19世纪末出现了三级膨胀式高压蒸汽机，与此同时，汽轮机和柴油机也开始被用做轮船的动力。1910年以来，美国的轮船公司先后完善了汽轮机驱动系统，使汽轮机逐步成为大型舰船、集装箱船和油轮的主要动力装置。自1911年第一艘柴油机船横渡大西洋以来，柴油机的效率和功率也得到了提高，目前大多被用于中小舰船上。另外，20世纪40年代以来军用飞机的燃气涡轮机也经常被转移为船舶动力，50年代后还出现了功率大、续航时间长、燃料重量低的核动力军用舰艇和大型民用船只。

在船的结构材料方面，自1859年英国人制造出第一艘钢甲船以来，木船和易锈蚀的铁甲船开始被取代；20世纪50年代后，大量的合金钢、铝合金、具有各种性能的塑料被应用于船体、船舱和甲板制造。在结构设计方面，20世纪的船体外形更加符合流体力学理论的要求，分析计算和模型实验被广泛应用于船只设计，船只的稳定性有所增加。在船只的制造方法上，自从英国1919年研制出第一艘全钢焊接船后，到20世纪40年代，焊接开始逐渐取代传统的铆接，完成了一场造船工艺改革。在船只的种类方面，军用舰船已由19世纪的炮舰发展成从轻型巡逻艇、登陆艇到巨型航空母舰的水面战船序列和各类潜艇组成的水下战船序列；民用船只则出现了各种客运和货用船只，其中以油轮为例，1886年美国人首次制成了3 200吨的油轮。目前世界上最大的油轮已达到百万吨级，中国、日本、韩国是世界上造船吨位最多的国家。

古代的船只航行时用北极星、日月和指南针定向，19世纪的内河航道上出现了灯塔和路标。1910年德国人首先采用了陀螺仪导航，此后它便取代了指南针。第一次世界大战期间，法国人郎之万发明的利用超声波探测舰船和水中障碍物的声纳，后来被用于测量水深。1935年以后，英国人罗伯特·沃森-瓦特发明的雷达也被用于在雾中和夜间观测障碍物和舰船。新的导航系统还有无线电双曲线导航系统。20世纪60年代出现了卫星导航系统。目前卫星全球定位系统

（GPS）已得到广泛应用。现代导航方法大大增加了航行的安全度。

此外，18世纪由美国人戴维特·布什内尔发明的潜艇，逐步得到了改进。19世纪后半期，法国、英国、美国都先后建造过内燃机推动的潜艇，其中美国人约翰·霍兰在这方面有许多成就。美国1897年建成的"霍兰"号潜艇，续航力50海里，有5名艇员，可发射鱼雷。在19世纪最后10年，潜艇在欧洲已成为一种有效的海战兵器。20世纪初日本也开始制造潜艇。在20世纪的两次世界大战中，潜艇都扮演了钢铁鲨鱼的角色。总体上看，潜艇由于其隐蔽性，主要还是被用作一种武器，尤其是第二次世界大战后，水下核动力攻击型潜艇，更成为一种战略武器。

飞行器

据希腊神话，建筑师和雕刻家代达罗斯在克里特岛为弥诺斯王建造了迷宫，后来他和儿子伊卡洛斯被弥诺斯王囚禁在迷宫里。父子二人用蜡粘合羽毛制成双翼，装在身上，飞出克里特。路上，儿子伊卡洛斯飞近太阳，蜡翼遇热熔化，坠海而死。代达罗斯则到了西西里，在那里为国王科罗斯建造水渠、堡垒，发展木工和金属技术等。显然，这个神话表现了人类"像鸟儿那样飞翔"的梦想。

据说古代中国的木匠鲁班曾发明了能上飞三天不落的木鸢，大概是最早的风筝。中国汉朝王莽做宰相时有关于人绑上鸟羽飞翔的明确记载。欧洲文艺复兴时期，列奥那多·达·芬奇曾设计过飞行器，但他的飞行器没有实现飞行，而且也没有发展起来。此后西方也有人开始了用"人工翅膀"或风筝飞翔的试验。沿着这种梦想和创造的道路，人类最后终于依靠航空科技，变天空为坦途，使古代神话中的故事，变成了生活中的事实。

（1）热气球和飞艇

真正最先实现了稳定飞行的飞行器是气球。古代中国人最早利用热空气较轻的原理发明了孔明灯。1766年，英国人卡文迪许发现了氢，并了解到氢气比普通空气轻。1782年11月21日，法国的蒙高尔费兄弟（约瑟夫和艾田）乘坐他们同年发明的热空气气球，离开地面900米，在空中停留了25分钟，航行了8千米。这个事件被认为是气球载人飞行的首次成功。1783年，查理定律的发现者法国人查理（1746—1823）和罗伯特（Robert）实现了乘坐氢气球的飞行，最大上升高度达1600米以上，最大空中停留时间达两小时。据说第一次乘坐气球升空进行有计划的科学考察的是俄国人扎哈洛夫（1765—1836），他在1804年6月下旬的一天升空待了3小时45分钟。

气球飞行容易实现，但人们很快发现，当气球上升到几千米高空时人体会发生不适反应。1931年皮卡德发明了载人密封舱，也只能使人进入15千米至34千米的高空。另外，气球飞行时人的命运完全交给了风，安全是靠气候变化的几率来保障的。再说，气球是比空气轻的飞行器，载重量有限，没有应用价值。在19世纪后期，由于出现了较轻便的内燃机，有人试图把气球改造成由发动机推进的飞行器，这样便产生了飞艇（或飞船）。

1851年法国人已制造出第一艘用蒸汽机（3马力）带动螺旋桨驱动的载人飞艇。1888年，法国人卡沃菲特（Karwfert）将戴姆勒发明的汽油机装上飞艇，改进了飞艇的性能。1900年，德国人齐伯林（1838—1917）制成了LZ1型飞艇，并在1916年开辟了飞艇定期航线。1921年，齐伯林的一艘飞艇用20天时间完成了环球飞行。1936年齐伯林制造了体积为20万立方米、可载50人和10吨货物的巨艇，但这时飞机已成为天空飞行器中的后起之秀。相比之下，飞艇体积庞大、速度低、机动性差、难于抵抗大风。1937年，最大的飞艇"兴登堡号"失事，飞艇在天空中的地位便被飞机完全取代了，飞艇飞行变成了航空史上一段插曲。

(2) 飞机的发明和应用

为了找到一种理想的飞行器，在工业革命刚刚完成的英、美、法等国和俄国，19世纪末就有许多人做了大量试验。其中德国人李林塔尔（1848—1896）在1891—1896年间做了两千多次滑翔飞行试验，他用胳膊挂在滑翔机翼上控制平衡，取得了大量的资料，但在一次飞行中不幸摔死。

美国人威尔伯·莱特（1867—1912）和奥维尔·莱特（1871—1948）兄弟是经验丰富的自行车制造和修理师，但他们对飞机的研制有巨大的热情和兴趣。他们从李林塔尔的飞行试验资料中获取了教益，并学习和利用了大量数学知识，最后终于依靠非凡的技术天才和创造热情，于1903年12月17日，在北卡罗来纳州的基蒂霍克实现了成功的动力飞机载人飞行。

莱特兄弟的首架飞机取名为"飞行者Ⅰ号"，用帆布和木材制造，双翼，靠带轮的小车在滑轨上起飞，靠滑橇在沙滩上着陆，采用12马力的四缸活塞式汽油发动机带动两副二叶推进式螺旋桨作动力，每只桨叶的直径为2.59米。第一次飞行由奥维尔驾驶，留空时间为12秒，飞行距离为36米多。当天由威尔伯驾驶的另一次飞行留空时间达59秒，飞行距离为260米。此后兄弟俩继续改进了设计，制造了能留空飞行半小时、飞行距离达 40 千米的新飞机（飞行者Ⅲ号），并于 1908 年在法国作了飞行表演，在欧洲引起轰动。

莱特兄弟的母亲受过大学教育，从小培养了兄弟俩制造机器的习惯。兄弟俩的飞行理想来自小时候父亲送给他们的直升机玩具。他们研究了玩具，把各个部分拆开，最后扔掉了，但飞行原理却铭记在心中。后来他们留心观察风筝、鸟的飞行。两兄弟长大后，开了一个自行车铺，也继续研究飞行。当时人们在飞行动力实验方面遭到了许多代价昂贵的失败，科学界得出了"比空气重的机器飞行似乎是不可能的"结论。但莱特兄弟并不灰心，终于取得成功。

为实现飞行的梦想，兄弟俩一直在一起生活、思考和工作，都未曾结婚，哥哥威尔伯说过，他无法既照顾妻子又照顾飞机。他们长久地和飞机在一起，以至飞机主宰了他们的生活。威尔伯在成功后只活了很短的几年。奥维尔 1915 年退休。1943 年，他同意将其第一架飞机赠给华盛顿的史密森学会，后来这架飞机被作为永久性展品陈列。1910 年，旅美华人冯如（？—1912）在美国设计了一架飞机，在比赛中获得了优等奖。1911 年冯如回到广州，试图在中国发展航空事业，但在 1912 年的一次飞行表演中失事遇难。

莱特兄弟在法国表演后，法国人开始投入飞机研制和飞行事业之中。1909年 7 月 25 日，法国人路易斯·布列奥驾驶他设计的单翼机首次飞越了英吉利海峡。1910 年法国人亨利·法布莱又制成了水上飞机。1911 年，意大利侵略土耳其时首先使用了飞机侦察。1913 年，俄国人辛考斯基首次制成了四个发动机的大型飞机"俄罗斯武士号"，后经过改进，成了重型轰炸机。1916 年，德国人胡戈·容克（1859—1935）开始成批生产铝合金制造的金属飞机。

1914—1918 年的第一次世界大战时期，欧洲各国都加紧了飞机生产，航空工业的基础在这个时期已基本奠定。战争期间，各交战国共建立了 200 个飞机厂和 80 个发动机厂，共生产了 18 万多架飞机，参战的飞机中有歼击机、轰炸机、强击机、运输机、侦察机等共十几万架。第一次世界大战末期，空军便成了一个新的军种，同时，由于有了航空工业，飞机的设计和制造已成为有组织的专业集体活动，庞大的航空科研机构已经在各工业国家建立起来。

在第一次世界大战后至第二次世界大战前（1918—1937），航空工业有了新的发展，飞机的材料成为全金属（以铝合金为主），发动机功率增大，外形设计改进了，单翼机占了优势，起落架由固定式改为液压收放式，飞机的速度、升限、航程及机动性、爬升速度、续航时间都有所增加。

这一时期德国人于 1919 年 2 月在国内建立了固定航线，同年 8 月 25 日，英、法两国首都之间建立了国际航线。美国人林德伯格（1902—1974）在 1927

年驾机从纽约飞到了巴黎，连续飞行 33 个小时，越过了大西洋，航程为 5 000 多千米，当时轰动了世界。1929 年，美国人多里特（J. H. Dolitle）应用无线电和陀螺仪，首次实现了仪表控制飞行。1933 年 2 月 8 日，美国人制造的民航机波音 247 作了首次飞行。1939 年，出生于俄国的美国籍工程师西科尔斯基（I. Sikorsky）制造出了最早的直升机。

第二次世界大战期间，飞机成为战争中的重要武器，参战各工业国都使用了强大的空军，制造和动用了大量的飞机。在盟军 1944 年 6 月的诺曼底登陆战役中，仅美国陆军航空队就集结了 10 637 架飞机（不包括英国飞机）。战争结束时，美军的飞机已达到了十几万架，其中作战飞机近 7 万架。这次战争中，美国的"野马"、B—29，德国的"米塞斯米特"，英国的"飓风"和"喷火"，日本的"零"，苏联的"雅克"等型号飞机都已具备良好的作战性能。其中美国已有了使用雷达的夜战飞机。

（3）航空理论和喷气飞机

在飞机制造和飞行试验进行的同时，航空理论的研究也在进行。早在 1887 年，奥地利人马赫（1838—1916）首次记录和研究了运动物体在速度达到音速（330 米/秒）时气流的本质变化。这种情况也可以看成是物体静止而气流运动速度达到音速，利用风洞实验便可以做到这一点。马赫的研究表明：超音速气流在被压缩后会产生激波①，在膨胀时则会产生膨胀波（马赫波），气流在经过波面后参数（压力、温度等）会发生突变。马赫的理论在今天成了空气动力学的基础，尤其成了后来超音速飞机设计的理论基础。

俄国人茹科夫斯基（1847—1921）也对航空理论的发展作出了重要贡献。1891 年他和一些人在莫斯科大学建造了直径为 0.6 米的风洞，并用数学方法建立了机翼的举力理论，熏陶和影响了苏联的第一代航空科学家和飞机设计师。

从第一次世界大战结束到第二次世界大战期间，航空事业进入了一个新时期。这一时期德国人勃朗陀（1875—1953）创立了机翼理论的实用数学形式和附面层理论，对航空工程设计有重要的应用意义。另外，这一时期，由于飞机发动机推力增大，飞机飞行速度已大大增加，某些螺旋桨式战斗机在俯冲时达到了音速，在机身和机翼前缘的突出部产生了激波，气流经过机翼后又产生了膨胀波，

---

① 激波也叫压缩波。凡是物体以超音速在大气层中运动时都会在某些部位产生激波。最常见的是鞭梢甩响时的声音、炸弹爆炸瞬间的声音、炸雷的声音、子弹射出枪口时的声音等。激波现象在微观上也被解释为物体运动的速度超过了气体分子所能躲开的速度。

气流经过这两种波时参数的突变使飞机承受了强大的压力，甚至使飞机结构破坏。这便是所谓音障。当时有人认为音速是飞机不可超越的速度。

不过，飞机发动机却在这时发生了一次革命性的改进——1930 年，英国皇家空军学院的惠特尔（1907—1996）获得了涡轮喷气式发动机的专利。但遗憾的是，当时英国并没有积极支持惠特尔的发明。有人认为，如果受到支持，英国可能会在四年后制成喷气式飞机，这样的话，也许后来德国就不会贸然对波兰开战了。

涡轮喷气式飞机发动机依靠燃料和空气爆燃时的高压空气在所有内壁产生的总压力，推动飞机前进，燃气温度可达 900℃～1 400℃，尾部喷出的气流速度接近音速或超过音速许多倍，涡轮每分钟速度可达 4 万转以上。这与螺旋桨式发动机完全不同。这个发明意义无比重大，它使活塞螺旋桨式飞机发动机过时，喷气式飞机注定要取代螺旋桨式飞机，迎来航空的新时代。1933 年德国人欧海因提出了和惠特尔相似的喷气发动机方案，并由亨克尔公司于 1939 年设计制造出第一架喷气式飞机。1941 年，英国格罗斯特公司造出的喷气式飞机也试飞成功。

在喷气式飞机的基础上，第二次世界大战后的飞机速度跨过了音速，实现了超音速飞行。为了实现这个目标，在技术上做了两个重要改进：（1）喷气式发动机的尾部喷管由最初的收敛式改为拉瓦尔（1845—1913）发明的扩张式喷管。①根据空气动力学，亚音速气流在收缩时加速，超音速气流则在膨胀时加速，拉瓦尔喷管的采用使喷气发动机喷出的气流跨过了音速，大大改善了发动机的性能，提高了推力，为飞机提供了超音速飞行的动力。（2）在飞机的外形设计方面采取了流线型，以减少飞行时产生的激波和膨胀波，使飞机在超音速飞行时飞行稳定，不至于发生结构破坏。

为了实现超音速飞行，从 1943 年初开始，在美国空军的支持下，美籍匈牙利人冯·卡门（1881—1963）、马萨诸塞理工学院的亨萨克（Jerome Hunsaker）在空气动力学理论和实验方面做出了贡献。1947 年 10 月 14 日，由试飞员查尔斯·耶格尔驾驶美国飞机设计师劳伦斯·贝尔设计的贝尔 X—1 号飞机首次突破了音障，实现了超音速飞行。值得指出的是，贝尔 X—1 号飞机是由 B—29 轰炸机悬挂升空，然后依靠以液氢和酒精为燃料的 4 台火箭发动机突破音障的。

20 世纪 50 年代，由于发动机增加了加力燃烧室，超音速飞机的速度已达到了两倍音速（马赫数为 2），其中最有名的有苏制米格－21，美制 F—104、F—4 鬼怪，英制闪电式等歼击机。当时中国人吴仲华提出了叶轮机械三元流动理论，

① 拉瓦尔是瑞典工程师和发明家，他发明了向涡轮机叶片送气的扩张式喷管。1883 年他研制成的涡轮机转速达到了 42 000 转/分。

315

其吴氏方程对涡轮喷气发动机的设计有重要指导意义。60年代发展了以美制F—111为代表的机翼后掠角可变的超音速歼击机，这种飞机可适应作战时高低速飞行的不同要求；60年代末，英国研制成了鹞式垂直/短距起落强击机和侦察机；某些歼击机的飞行速度在60年代已达到了三倍音速。

从实现超音速飞行起，目前世界上已有许多种超音速歼击机、运输机、轰炸机、强击机、客机。其中美国的F系列歼击机、B—52轰炸机，苏联的米格系列歼击机、苏—27和苏—30歼击机、逆火式轰炸机、雅克式垂直起落机，英国的鹞式、英法合制的美洲虎式、法国的幻影式等歼击机，都是当代空军中有名的机种。在民用飞机方面，美国的波音公司于1969年推出了波音747大型喷气式客机，长70米，翼展60米，开辟了客运飞机的新时代。另外，英国的三叉戟式，苏联的图式系列和伊尔系列，英法合制的协合式飞机等都比较有名。

中国的航空工业自20世纪50年代后有很快发展。至1995年底，已制造了14 000多架飞机。运七、运八等运输机，强五和强五D（与意大利合作，1991年研制成功）强击机，歼8系列战斗机，尤其是近年研制成功的枭龙式战斗机和第三代的歼10战斗机等，都有良好的性能。

在飞行仪表方面，第二次世界大战后，雷达和无线电通信技术得到了普遍应用。20世纪60年代后期以来，各国军用和民用的飞机在飞行仪表和导航设备方面都采用了电子化，战斗机武器已配备了机炮和导弹，飞机的性能得到了大幅度提高。

飞得更高、更快、更远和更安全是飞行追求的目标。20世纪，苏联的米格25创下了飞行36千米的高度纪录；在飞行速度方面，某些飞机用火箭助推，速度可达到音速的6倍至7倍；军用飞机借助空中加油技术大大扩展了作战半径，民用航空飞机已经可以毫不费力地飞越世界上最遥远的大陆和最广阔的海洋。应该说，以上几种要求经常是相互矛盾的，但不同的飞机对此有不同侧重。对民用飞机来说，安全性始终放在最突出的地位；对歼击机来说，有机动性、速度、对雷达的隐身特性、电子技术、武器系统等方面的综合要求。这使飞行成为技术前沿和人的生理极限的交汇点。

航天技术

中国古代嫦娥奔月的神话体现了人类在天宇之中飞翔的梦想，但在20世纪变成了现实。中国人在宋代发明了原始火箭。近代以来，欧洲人改进了火药的质量，牛顿提出了万有引力定律和作用与反作用定律，这些都为实现人类古老的梦想创造了条件。

（1）航天技术的先驱

19世纪末期以来，俄国人齐奥尔科夫斯基（1857—1935）给出了理想情况下的火箭速度公式（动量守恒方程式），并提出了多级火箭飞行原理。他建议使用液氧和液氢等液体燃料代替固体燃料作为火箭推进剂①，从理论上论证了宇宙飞行的可能性。比如，他计算出使物体成为地球卫星的第一宇宙速度（7.91千米/秒）、物体沿抛物线轨道脱离地球进入太阳引力场的第二宇宙速度（11.2千米/秒）、离开太阳系进入宇空的第三宇宙速度（16.7千米/秒）。齐奥尔科夫斯基一生发表了600多篇论著，但没有制作出他设想的液体火箭。但列宁（1870—1924）的支持使他的思想在晚年时广为人知。

第一个建造并发射液体火箭的是美国人戈达德（1882—1945）。戈达德从1908年起开始试验各种火箭燃料，于1926年发射了世界上第一支液体燃料火箭，最大高度12.5米，飞行距离56米。1930—1935年间，他发射的火箭已能飞上2500米的高空。到1940年时，戈达德研制的液体燃料火箭已具有性能较完善的发动机（排气口和燃烧室）、燃料箱、涡轮式燃料泵和复杂的管线系统。戈达德的研究曾先后得到过史密森研究所和古根海姆基金会的资助，但美国政府对他的工作并不重视。第二次世界大战后美国政府开始重视火箭技术，戈达德作为火箭技术先驱受到了重视，美国宇航局的直属研究机构被命名为"戈达德宇航中心"。但在1920年，戈达德关于依靠火箭飞入太空和到达月球的设想曾受到过《纽约时报》上一篇文章的嘲笑，他被称为"月球上的人"。1967年6月17日，当美国的"阿波罗11号"飞船开始绕月飞行时，《纽约时报》宣布撤销47年前发表的那篇嘲笑戈达德为"月球上的人"的文章。

在中欧，出生于罗马尼亚但后来到慕尼黑学习医学的赫尔曼·朱利斯·奥伯斯（1894—？）对宇航问题进行了独立的研究，他的《深入星际空间的火箭》一书于1923年出版，该书用数学论证了火箭推进的太空飞行。奥伯斯的工作通过德国宇航学会，对德国的火箭研究起了推动作用。从1933年起，第一次世界大战时的战败国德国开始设计火箭，年轻的冯·布劳恩（1912—1977）被任命为火箭设计的主持者。经过多次挫折和实验，德国人于1942年10月2日首次成功地

---

① 液体燃料燃烧时火焰稳定，容易调节，利于产生较均匀的推力。现代火箭采用液体燃料，与古代火箭不可同日而语。

发射了用液体火箭推动的 V—2 导弹①，其飞行距离为 190 千米，最大高度 85 千米，横向偏差 4 千米。此后 V—2 导弹的性能和生产能力逐步提高。1944 年 9 月至 1945 年 3 月，纳粹德国向英国发射了 4 300 多枚 V—2 导弹。纳粹德国覆灭后，美国人俘获包括布劳恩在内的 100 多名火箭专家并运走了全部 V—2 导弹资料和部分零件，苏联也俘获了一批火箭专家并得到了大量导弹与导弹零件。

(2) 美国和苏联的航天技术竞争

在冷战时期，美苏两国在进行核武器研制和军备竞赛的同时，大力发展自己的航天技术，向对方显示实力。这是因为火箭技术也暗示洲际导弹技术的水平。

苏联的航天研究中心在离莫斯科不远的地方，称为希基姆火箭研究中心。最初的研究由科洛寥夫（1906—1965）主持。从 1947 年起，苏联开始研制由火箭推进的短程导弹，作为战术武器。到 1953 年时，苏联已有了 SS—3 中程导弹，并制定了运载核弹头的洲际导弹计划。为实现这个目标，苏联人在技术上采用了依靠集束发动机作为助推器提高火箭推力的方法，并于 1957 年 3 月 3 日成功试射了 SS—6 洲际导弹。在此基础上，苏联于 1957 年 10 月 4 日把世界上第一颗"旅行者一号"人造地球卫星送入空间轨道。② 这颗卫星的上天，标志着第一个人造物体脱离地球引力进入大气层外的空间，开辟了航天的新纪元。1959 年，苏联的"月球 3 号"飞船绕过月球，拍回了月背的照片。1961 年，苏联又成功地将载有宇航员尤里·加加林（1934—1968）的"东方一号"飞船送入太空。加加林在地球轨道上飞行了 100 分钟后安全返回地面，成为第一个进入太空的人。

在苏联火箭和航天技术发展的同时，美国人也在大力从事这方面的研究。1953 年，由布劳恩主持研制的"红石"中程导弹发射成功，该导弹首次采用晶体管控制火箭飞行。1957 年 12 月 17 日，美国由博萨特（K. J. Bossart）主持设计的"宇宙神"洲际导弹试飞成功，这种导弹首次应用计算机控制飞行姿态、速度和位置。同时，中程导弹"丘比特—C"、"雷神"及远程导弹"大力神"也进入试验阶段。为了克服液体火箭发射时需加注燃料、准备时间长的弱点，美国和其他国家于 20 世纪中期以来还发展了能随时发射的固体火箭。美国的"侦察兵"、"北极星"、"民兵"、"爱国者"等导弹都是用固体燃料推进的。另外，固体

① 装有弹头、动力装置，并能制导的高速飞弹称为导弹。导弹分别靠惯性制导（陀螺仪等）、无线电设备制导、红外线跟踪制导、激光制导（20 世纪 60 年代以后）等方式控制飞行，使弹头击中预定目标。

② 这颗卫星重 83.6 千克，上有两台无线电发射机，内有温压感应元件、磁强计、辐射计数器，靠自旋在轴向保持自身的稳定性，三个月后坠入大气层烧毁。

火箭常被用于航天器的助推。

苏联宇航员返回地面后，美国总统肯尼迪（1917—1963）深感对方在太空技术方面已领先一步。为了超过苏联，肯尼迪在1961年宣布，美国要在60年代末将一个人送上月球表面，并使他安全返回地球，于是制定了实施这个目标的"阿波罗计划"。为了实现这个目标，美国设计了著名的"土星—V"火箭①，并先后发射了9个"徘徊者"探测器，7个"勘测者"探测器，5个月球轨道环形站，还实施了25次飞行的"水星计划"和12次飞行（其中10次载人）的"双子星计划"。经过多次失败，于1960年8月11日首次实现了航天器回收。1965年6月4日，宇航员怀特（E. White）在"双子星四号"的飞行过程中完成了21分钟的太空行走。1969年7月16日，"阿波罗11号"飞船从卡那维拉尔角起飞，经过2小时绕地飞行后脱离地球向月球奔去。经过4天的惯性飞行②，从月背西边进入月球轨道。这时发动机减速，绕月飞行第13周时，登月舱"鹰号"与指挥舱"哥伦比亚号"脱离，登月舱靠下降发动机在月面着陆。宇航员尼尔·阿姆斯特朗(1930—)和奥尔德林(1930—)先后登上了月球表面，在上面安放了月震仪和激光反射器，停留了21小时，然后安全离开月球上升，与柯林斯操纵的指挥舱对接，将登月舱抛弃在月球轨道，依靠指挥舱的动力飞回地球，靠降落伞在海上预定地点降落。

这次飞行实现了人类登上另一个星球的梦想，标志着美国航天技术的极大成功。阿姆斯特朗返回地球几周后在美国国会联席会议上讲演时谈到了他们在月球上停留时的两种时间感："太阳只升到地平线上10度，在我们停留期间，地球自转了将近一圈，静海基地上的太阳仅仅上升了11度，这只是月球上长达一月的太阴日的一小段。这令人有一种双重时间的奇特感觉，一种是人间争分夺秒的紧迫感，另一种是宇宙变迁的冗长步伐。"

美国在执行阿波罗计划时动员了2万多家公司和120所大学，共计400多万人，耗资250亿美元，在管理中应用了电子计算机。最后一次"阿波罗17号"飞行于1972年12月结束。其中先后有包括地质学家在内的12人在月面着陆，带回了386千克的月岩和大量资料，开辟了月质学的研究。根据对这些资料和样品的分析和月面仪器的测量，进一步认识了月球的表面构造为月陆和月海带，上面布有隆起的古老地基和下陷的盆地，以及陨石击成的环形山。地上的元素月球上全

---

① 执行登月任务的土星—V火箭高约110米，起飞重量3 000吨，第一级推力为3 400吨，燃料为煤油和液氧；第二级推力为454吨，燃料为液氢和液氧；第三级推力为91吨。

② 地球到月球的平均距离约为38万千米。

有，月球上还有 6 种地球上没有的矿物，月球的年龄约为 46 亿年，与地球相同，但在 30 亿年前已停止演化。这些发现为地球构造和演化的研究提供了参考。

（3）通信卫星技术的发展

20 世纪 60 年代以来，卫星的质量提高，卫星技术进入了实际应用阶段。1964 年 8 月 19 日美国成功地发射了第一颗地球同步静止轨道通信卫星"辛康三号"，它携带两部电视转发器，性能大大超过 1957 年以来发射的其他卫星。1965 年苏联发射了第一颗实用的通信卫星"闪电一号"，至 1974 年时已发射了 27 颗同类卫星，并于 1974 年 7 月 29 日发射了第一颗正式的同步静止卫星。70 年代后期，美苏两国已能依靠卫星构成环球通信网，卫星的分辨率、寿命和工作可靠性逐步提高，遥感技术①在卫星上得到了应用，卫星上使用了计算机后，卫星的轨道控制、姿态控制、温度控制等都更加精确。卫星的结构材料也越来越好，提高了卫星的性能。

20 世纪 70 年代后期以来，航天技术已不再是显示军事实力的标志，而成了为经济利益服务的一种实用工具，通信卫星的发展尤为迅速。唐朝诗人王勃"海内存知己，天涯若比邻"的诗情画意，在卫星通信时代也十分平常。走得更远和离得更近，这便是卫星通信技术给人类生活带来的最大变化。

1990 年至 1999 年，美国铱星公司建成了其"铱星"系统并投入商业运行。该系统由分布在空间 6 个轨道上的 66 颗卫星组成低轨道卫星网，其中几颗在中国太原卫星发射基地发射。它计划与现有的通信网相结合，实现全球数字化个人通信。但技术上的先进性并不能保证得到市场的支持，该系统由于用户不足，于 2000 年 4 月宣告破产，"铱星"也先后坠入大气层。然而，这仅仅是一支走调的插曲。从总体上看，通信卫星技术的发展促进了移动通信的普及，也为电子计算机国际互联网和信息高速公路奠定了技术基础。今天，无论是在城市还是在乡村，我们的要求、感情和承诺，都可以通过卫星网传递，飞上太空，跨过大洋，送给地球另一边的人。有了卫星通信网，不管你走到哪里，人们之间的感觉距离已不再遥远。

（4）空间科学实验

空间的无重力状况和特殊物理环境，为科学实验开辟了无限广阔的天地。最

---

① 在高空（飞机、飞船、卫星上）或远距离上利用传感器接收物体辐射的电磁波信息，然后加工处理成能识别的图像或电子计算机用的记录磁带，以揭示被测物体的性质、形状和变化动态，便是遥感技术。声纳、雷达、摄影（可见光摄影和红外、紫外摄影等）、射电望远镜等，都属于遥感技术的范围。

初的空间科学实验主要靠可回收卫星，但这有很大的局限性。

为了让人在空间进行长期生活和科学实验，1971 年 4 月 19 日苏联发射了第一个空间站"礼炮 1 号"，至 1977 年 9 月已发射到"礼炮 6 号"。空间站是长期围绕地球运行的空间基地，基地上有研究室和实验设备（包括多谱摄像机），还有宇航员进行体育锻炼的场所，由"联盟号"飞船担任空间站与地面的交通联系。20 世纪 80 年代苏联发展了"和平号"第三代空间站，宇航员已创造了在太空连续工作一年以上的纪录，做了大量的各类科学实验。

苏联的空间站活动在俄罗斯时代仍在持续，并在 1990 年首次将日本东京广播公司记者秋山丰宽同三个宇航员送入空间站，进行了首次太空节目直播。到 2001 年 3 月的一天，在太空度过 15 个年头的"和平号"空间站终于由于经济上无法继续维持运转，像一颗流星划过夜空，穿过大气层，坠落于太平洋海域。1973 年 5 月 14 日美国则发射了"天空实验室 1 号"，它长 36 米，最大直径 6.5 米，总重 82 吨，有 58 种科学仪器。这个实验室先后接待过三批宇航员，做过 270 多项研究，于 1974 年 2 月结束实验，室体于 1979 年 7 月 12 日坠毁。

进入太空的人们都发现，由于没有物体反光，太空是一个光明和黑暗对比十分强烈的世界。太空人可以在很短时间内经历许多次日出和日落，看到许多地上无法想象的景象。当他们在遥远的外空看到蓝色的地球时，许多人更深刻地感受到了人类的统一性。这种情况有可能会对整个人类的文化和心理发生不寻常的影响。

（5）可重复使用的航天器

美国的登月活动毕竟是少数人直接参与的，多数人只能作观众。各种卫星，尤其是通信卫星，则是和大多数人直接相关的技术。另外，登月火箭是不能重复使用的，这就让人们想象，能不能发明一种可以重复使用的航天器，像飞机那样来往穿梭于地空之间。

为了获得一种能重复使用的航天器，美国人最先开始了航天飞机的研究，并于 1981 年 4 月 12 日实现了"哥伦比亚号"载人航天飞机的首次成功试飞。该机将火箭、飞船、飞机的功能集于一身，绕地飞行了 54 小时，共 36 周，安全返回地面，又开辟了航天技术新的一页。另外，苏联的航天飞机"暴风雪号"也于 1988 年 11 月 15 日实现了不载人的外空飞行。

1983 年美国人制成了第二架航天飞机"挑战者号"，该机在几次飞行后，于 1986 年 1 月 28 日在一次载有 7 名人员的飞行起飞后突然爆炸，造成了一次航天史上的悲剧。美国人在总结了经验后，继续实行航天飞机的飞行计划。1989 年

10 月 19 日，美国的"亚特兰蒂斯号"航天飞机把价值 10 亿美元的"伽利略号"木星探测器带入太空，这个探测器已于 1995 年 7 月 13 日飞抵木星，向木星发射了近距离探测器，近距离探测器在飞行 5 个月后落向木星表面，并发回了对木星大气的探测结果。1990 年 4 月，美国航天局曾用"发现号"航天飞机将大型的"哈勃"太空天文望远镜送入外层空间。

　　自 2001 年以来，除了宇航员之外，已有几名富人和科学家通过支付高额费用，乘坐俄罗斯的"联盟 TM"飞船，成为"太空游客"，到国际空间站进行太空观光。相对而言，航天飞机起飞和返回时的加速度远小于火箭飞行，仅等于三四个地球引力，为通常的健康人（包括妇女儿童）进入太空提供了条件。可以肯定，本世纪会有更多的人乘坐飞船或航天飞机到外层空间，他们的目的将不再是科学探索，而是在天上观看日升日落，从远处欣赏蔚蓝色的地球！

(6) 中国的航天技术

　　中国航天技术的发展是由钱学森为首的科学家主持的。钱学森 20 世纪 30 年代在美国师从冯·卡门学习，40 年代参与了美国火箭的理论和设计研究，50 年代归国主持中国火箭和导弹技术发展。1970 年 4 月 24 日，中国发射了第一颗人造地球卫星，于 1984 年 4 月发射了第一颗静止通信卫星，此后有更多通信卫星升空。1990 年 4 月 7 日中国为亚洲卫星公司发射一颗美国造通信卫星，进入了国际卫星发射的商业市场。1997 年 5 月 12 日发射的中容量通信卫星"东方红三号"，有 20 世纪 80 年代末国际先进水平。[1]

　　同一时期，中国还发射了多颗返回式探测卫星和气象卫星。另外，中国于 1992—2005 年间还实施了载人航天工程，其中包括 2003 年 10 月（神舟 5 号，1 名宇航员）和 2005 年 10 月（神舟 6 号，2 名宇航员）载人飞船的两次成功飞行。2008 年，中国神州 7 号飞船入轨后宇航员将进行出舱行走。其次，中国在 1994 年进行了探月活动的必要性和可行性研究，最后确定探月工程分为绕、落、回等三个阶段。2007 年 10 月嫦娥 1 号绕月卫星发射成功，并按计划开始在月球轨道上开展探测，传回了质量很高的月面照片。

(7) 地外家园的探索

　　航天技术的发展正在为人类开拓新的文明空间。齐奥尔科夫斯基说过，地球

---

　　① 除美国和俄罗斯，中国、英国、法国、日本等国在航天技术上各有千秋。目前天上已有数千颗人造天体。除通信卫星外，还有大量军事侦察卫星、导航卫星、气象卫星、地球资源考察卫星、科学实验卫星等。

是人类的摇篮，然而人类不能永远生活在摇篮中。这位航天先驱的理想今天正在变成探索性的实际行动。

20世纪30年代，西方社会普遍出现经济大萧条，使一些人设想乘坐巨大的太空"诺亚方舟"离开地球，到宇宙空间去找出路。1969年，美国普林斯顿大学教授杰拉德·奥尼尔认为，地球已到了承受人类发展的极限。要永久性地解决生态、资源、人口等问题，最好的办法是在太空中建造一个个太空城，逐步把人类外移，让地球按自然力的作用恢复良好的生态。为此他还制定了四种未来太空城的设计模型。许多专家认为，只要经济情况允许，从技术上建造这种"天上的街市"并不存在很大问题。

当然，相比而言，对月球进行探索和开发的计划更为现实。目前已发现月球有丰富的矿产资源；引力很小，向空间发射载荷成本很低；没有大气，建造天文台能看得更远、更清楚，太阳能发电效率高。因而，月球有巨大的开发价值。

实际上，美国人在"阿波罗计划"后期就提出了进一步探月的计划。20世纪80年代，受美国宇航局委托，女宇航员萨利·赖德领导的小组提出了建立月球基地的三阶段计划：先进行无人探测，测绘月面图，进行月球化学和环境研究，寻找水源，选定月球基地点。然后载人重返月球，建立生活、居住和研究区。最后建立有闭环生活系统的永久性居住基地，其中能开展科研、技术实验、矿产开发、材料加工。同期，国际宇航科学院建议进行国际合作，数十年内在月球上建立一个可供50人至100人居住的生活区，同时也是一个科研站、天文台、生产基地和探索火星的出发点。

与此相关，20世纪90年代日本、俄罗斯、美国等都发射了月球探测器，美国的月球探测器还试图在月球上找到冰的存在，但其结果还未得到确信。如果在月球上发现水，月球基地建设将会大大加快。实际上，中国的探月工程也是在这种国际背景下启动的。日本1990年1月发射的"缪斯A"科学卫星工作得并不顺利。1999年日本宇航开发机构推出"月亮女神"探月计划。经多年努力，"月亮女神"在2007年9月奔向月球，传回了高清晰度的照片。日本探月的远期目标也是建立月球基地。

除月球之外，离地球最近的是金星和火星。1970年8—9月，苏联发射的"金星7号"在金星表面首次实现软着陆，并停留了23分钟；1975年6—10月发射的"金星9号"和"金星10号"两艘飞船到达金星，分别从不同角度和着陆点探测了金星。此后人们对金星进行了进一步的探索和研究，已初步认识到，金星的大小虽与地球接近，但环境却极为不同，并非人类理想的"第二家园"。

在这方面，美国人1973年成功发射了水星探测器"水星10号"。接着于

1975年8月和9月先后发射了"海盗1号"和"海盗2号"火星探测器，10～11个月后，两个飞船的着陆器都成功登陆，拍回了火星表面的照片，获得了大量关于火星的地质、气象资料。根据大量资料判断，与月球和金星相比，火星的环境最接近地球。1989年7月20日，美国总统老布什在纪念阿波罗登月成功20周年大会上提出，美国应当实现载人登上火星这一宏伟目标。此后美国对火星又发射了多颗探测器，如1996发射的"火星探路者"在1997年7月着陆。1999年1月3日发射的"火星极地登陆者"由于计算机程序的错误（将厘米当做英尺），于12月3日在火星着陆时失踪。

21世纪以来，美国对火星的探索计划在稳步推进，目前除了发射新的探测器，也在做与火星探索相关的食物、封闭农业、动力技术、保障、心理学、社会学研究。2007年12月，美国宇航局宣布将于2028—2029年先向火星运送设备物资，2031年第一批宇航员将奔赴火星。这需要大约一两年的旅程才能到达。此后，第二批宇航员再登陆火星，目标是在火星赤道区建设永久性基地，并逐步改造火星环境，使之成为适合人类居住的"第二个地球"。

据说，要使火星适合人类居住，需要在火星上利用太阳能和核能煅烧矿石，产生二氧化碳，创造人工温室效应，使火星表面气温逐渐升高，使极地冰溶化，移植植物释放氧气，最后才能造成和地球相似的生态环境。估计这个目标到2170年才能实现。就太阳系而言，只有火星的环境最接近地球，因而也对人类有最大的吸引力。目前除美国外，俄罗斯、中国、日本、印度等国，都对火星探索跃跃欲试。

根据目前的认识，火星上曾有过洪水，还不能确定有生命。但许多科学家都相信，火星经过改造，确实可以成为人类的新家园。

(8) 追寻地外文明

航天技术的发展激发了人类追寻地外文明的热情。当今科学界普遍认为，宇宙间的任何天体，只要条件适合，就可能产生原始生命并逐渐进化成高级生物。[1] 宇宙茫茫，地球人不相信自己如此孤独。

在美国宇航员登月之后，人们在宇宙太空寻求外星生物和地外文明的愿望变得更加迫切，而且由一种愿望变成了逐步付诸实施的行为。1972年3月和1973年4月，美国先后发射了"先驱者10号"和"先驱者11号"宇宙飞船，到星际空间去寻找地外文明。这两条飞船上都带有科学家设计的给外星人的"问候信"

---

[1] 1980年出版的《中国大百科全书·天文卷》中"地外文明"的条目，就明确地肯定了这一点。

或可直观阅读的地球人"名片",上面有地球在太阳系的位置和表示地球人类特征的裸体男女像。两艘飞船已于 1983 年飞离太阳系,向金牛座飞去。

1977 年 8 月、9 月间,美国先后发射了"旅行者 1 号"和"旅行者 2 号",去寻找地外文明,并在路上分别对木星、土星、天王星和海王星进行了观测。这两艘"旅行者"还带有"地球之音"镀金唱片,上有 116 种照片、35 种自然界的声音、近 60 种语言的问候、包括中国古乐《高山流水》在内的 27 种著名的乐曲、当时的联合国秘书长瓦尔德海姆的讲话、美国总统卡特(1924—)签署的贺电等资料。目前它们已在探测过木星、土星、天王星等后,飞出了太阳系,用最能代表地球文明的信息,向可能存在的高级智慧生物发出人类的呼唤。

与此同时,也有人相信外星文明已经和人类有了接触。目前世界上不明飞行物(UFO)的目击事件已经累计超过 10 万件。不少国家的科研组织、民间机构在开展不明飞行物研究,出版的关于不明飞行物的著作超过 1 000 种,期刊近百种。许多目击者拿出各种证据试图证明自己曾见过飞碟,甚至曾与外星人接触过。对此,怀疑者有之,坚信者有之。一些科学界的权威人士应用概率论估计了银河系内文明星球的数目及其相互位置。一般认为,仅银河系内具有地外文明的天体就达 10 万个。另外,也有人将人类史前的许多不能解读的遗迹,视为外星智慧生物留下的记录。

电子计算机的发展和应用

中国古人用算筹计算,大约在南宋时发明了算盘。为提高计算效率,1642 年法国人帕斯卡发明了机械式 8 位加法器。1671 年莱布尼茨发明了可做四则运算的运算器,并最早给出了二进制的运算法则。17 世纪欧洲还出现了模拟计算机——对数计算尺。1822 年,英国人巴贝奇(1792—1871)制成了一台按多项式的数值差分法运算的"差分机",并用它计算了平方表、函数 $y = x^2 + x + 41$ 的数值表和其他一些数表。此后,巴贝奇还构想了包括存储器、运算器、控制器、输入输出机构的机械式计算机。他的这种构想已包含了现代电子计算机所具有的主要部分。

1888 年,美国人霍勒里斯(1860—1929)制成了一台用穿孔卡片控制程序的数据处理机,并在 1890 年用于美国的人口普查,显示了很大效率。由于看到了计算机在商业上的前景,霍勒里斯在 1896 年创办了制表机器公司,1924 年该公司和其他公司合并,改为国际商用机器公司(简称 IBM 公司),后来发展成为世界上影响最大的电子计算机企业，被称为"蓝色巨人"。1941年，德国工程师朱斯（1910—）曾制成了一台用继电器为基础元件的Z—3计算机；1944年美国哈佛大学的艾肯（1900—1973）和IBM公司的四位工程师又制成了MARK—1继电器计算机，并在几年后推出了MARK—2型。与此同时，贝尔公司也制出了继电器计算机。

继电器计算机研制出来之时，也就已经过时。这是因为自福雷斯特1906年发明电子三极管后不久，就有人认识到三极管栅极控制的电流开闭速度要比继电器快一万倍。20世纪30年代后期，美国和德国已有人开始设计制造以电子管为基础元件的电子计算机，但均因经费和人力不足而中途夭折。

（1）电子计算机的发明和发展

第二次世界大战期间，美国宾夕法尼亚大学莫尔学院电工系奉命与阿伯丁试炮场联合为陆军计算弹道数据。为完成大量计算，在军方支持下，莫尔学院的莫奇利（1907—1980）博士、军方代表戈尔斯泰因（H. H. Goldstine）、研究生艾克特（1919—1995）于1943年初起草了关于研制电子计算机的报告，并于当年6月与军方签订合同，开始工作。在研制过程中莫奇利担任了设计师，艾克特担任了总工程师，1945年，取名为ENIAC的第一台电子计算机制成。这台机器实际造价48万美元，重30多吨，用了18 000个电子管，每秒运算5 000次，比当时最好的继电器计算机快1 000倍。它体积庞大（占地170平方米），属于程序外插型，使用起来并不方便。计算机运算几分钟或几小时，需要用几小时到几天来编插程序。

当ENIAC的研制接近成功时，曾担任阿伯丁试炮场顾问的冯·诺依曼得知了这一消息。他在仔细研究过ENIAC的优缺点后，在别人的协助下，于1946年给出了一个新机EDVAC的设计方案。这个方案中的计算机包括计算器、控制器、存储器、输入输出装置，为提高运算速度首次在电子计算机中采用了二进制，并实现了程序内存。

由于争夺ENIAC的发明权，莫奇利和艾克特离开了冯·诺依曼主持的ED-VAC设计小组，并于1951年6月研制成了一台通用自动计算机UNIVAC。该机成功地处理了上一年美国人口普查的资料，第二台UNIVAC机曾用于处理1952年总统选举资料，在选举结束45分钟后就准确预报艾森豪威尔将当选为总统，为计算机在社会上赢得了声誉。冯·诺依曼的EDVAC计算机几经周折，在1952年终于制成。这台电子计算机的全部运算都是自动过程，是到目前为止一切电子计算机设计的基础。正因为如此，有人将今天所使用的电子计算机称为冯·诺依曼机。

尽管冯·诺依曼最先提出在电子计算机设计中采用二进制和实现程序内存，但实际上是英国剑桥大学于 1949 年最先制成了世界第一台用电子延迟存储的程序内存电子计算机 EDSAC。这大概不是偶然的。根据冯·诺依曼本人和他的一位助手的说法，程序内存的思想和电子计算机的许多重要概念都属于英国数学家图灵（1912—1954）。早在 1936 年，图灵便发表了《关于理想计算机》一文。图灵在不考虑硬件的情况下，严格地描述了计算机的逻辑构成，从数学上证明：程序内存的计算机能完成它所能够进行的任何数字和逻辑运算。图灵还深刻地指出，有一类问题（如停机）计算机是不能解决的，机器的能力是有限的。正因为如此，人们有时也将现代已有的电子计算机称为"图灵机"。根据 1975 年英国官方公开的秘密材料，英国人早在 ENIAC 出世几年前就研制出了一台名为 Colossus 的电子计算机，专门用于第二次世界大战时的密码破译，但却因用途特殊，只能秘而不宣。图灵在第二次世界大战中曾参与了英国军队破译德国密码的工作，可能对英国的 Colossus 和 EDSAC 机的研制有过贡献。

1951 年，冯·诺依曼担任了 IBM 公司的顾问，使该公司的领导人认识到了发展程序内存和采用二进制的电子计算机的重大意义。从 1953 年起，IBM 公司开始批量生产 IBM701 机，这标志着第一代电子计算机的工业化生产。另外，由于美籍华人王安（1920—）在 1950 年提出了用磁芯存储数据的思想，麻省理工学院的福雷斯特（J. W. Forrester）发明了磁芯存储器，这种存储器在上世纪 50—70 年代一直被用做几乎所有电子计算机的主存储器。

由于肖克利在 1947 年发明了晶体管，它比电子管功耗小、体积小、重量轻，工作电压低，工作可靠性好，1956 年至 1962 年间，电子计算机开始采用晶体管代替电子管，进入了第二代。1959 年 IBM 公司制成了第一台批量生产的 IBM1403 机（晶体管为基础元件）。晶体管电子计算机造价降低，不仅军事部门，工农和商业部门也开始应用电子计算机。

由于 1961 年前后基尔比和诺依斯发明了集成电路，1962 年 1 月 IBM 公司生产了 IBM360 集成电路系列机，1962 年至 1970 年间电子计算机进入了应用集成电路的第三代。从此电子计算机又开始向小型化发展，应用更加广泛。

1970 年以来，电子计算机的发展进入了大规模集成电路及超大规模集成电路的第四代，其核心部件微型化，运算速度大大加快。1972 年开始批量生产的 IBM370 机是第四代的最早代表。1976 年英特尔公司制成的微处理器比手指的一个指节还小；80 年代集成电路的加工尺寸已达到 1 微米级，为微型机创造了工艺条件。显然，最初的大型计算机只能为大型项目所用，而不可能由个人拥有。

计算机微型化导致了个人计算机（PC）的产生。90年代PC的档次已从80年代的286、386升级到了486、586和奔腾芯片，奔腾芯片从第一代升级到了第三代。美国英特尔公司一直是该领域的领头羊。除了台式个人计算机（PC）之外，还出现了笔记本电脑和掌上型电脑。

此外，20世纪90年代初出现了激光二极管，以激光技术为基础的光盘驱动器被装上微机，它可以从光盘上阅读数据，并通过光纤数码导线传输。这掀起了一场技术革命，大大地扩展了微机的功能。在计算机的运算速度方面，当时的巨型机已达每秒几十亿次。1996年12月，美国IBM公司研制成功世界上第一台万亿次超级计算机。1997年5月，该公司研制的"深蓝2号"超级计算机在比赛中战胜世界国际象棋冠军卡斯帕洛夫。到1999年，世界最快的电子计算机速度达到每秒4万亿次。计算速度更快的光电子计算机也已被研制出来。有人统计过，每过十年，电子计算机的造价降低为原价格的十分之一，速度提高十倍，体积缩小为十分之一，可靠性增加十倍。这显然只是一种对趋势的描述。实际上，从ENIAC的每秒5 000次到每秒4万亿次，增加的倍数已经远远超出了这个值。

（2）电子计算机的应用

随着电子计算机技术和产业的发展，电子计算机已被普遍地应用于几乎所有的人类活动领域。1976年美国的科学家用计算机证明了数学家们100多年来未能证明的四色定理。目前，电子计算机下棋系统、模式识别系统、自然语言理解和翻译系统、机器人控制系统、解决各种特殊问题的专家系统等均已出现，而且显示了很大的发展前途。20世纪80年代以来，电子计算机在导弹、飞机、舰船等武器系统中的应用使现代武器的准确率大大提高，在机器系统上的应用提高了生产力[①]，在经济、商业、社会管理方面的应用提高了管理效率和管理水平，在印刷出版和电传打字方面应用加快了文化信息传递的节奏和频率，在教育方面的应用正在从根本上改变着教育的面貌。今天，个人计算机及其兼容产品（打印机等）已变成普通的办公用具，并借助互联网和多媒体技术实现了办公室革命。目前，人们也在用电子计算机语言翻译系统打破各民族语言文字之间存在的文化界标，还希望智能电子计算机帮助人们进行创造性思维。由于计算机的应用，把

---

① 这方面最突出的例子是由数控机床群组成的无人工厂生产系统和机器人。这些机械加上了控制器后具有工具机、传动机、动力机、控制机四个环节，可以把人从直接的生产活动中解放出来，从根本上实现了一次新的工业革命。

21 世纪称为信息时代，没有人会提出异议。

在电子计算机硬件进入工业化生产的初期，与之配套的软件——计算机程序的设计，始终是由靠个人的智力以手工业的方式进行的。为了提供一种通用的电子计算机语言，在硬件发展的同时，IBM 公司于 1954 年公布了 FORTRAN（公式翻译）数学计算程序语言。此后出现了应用于人工智能的 LISP 语言、COBOL 商业通用语言、BASIC 会话式语言以及其他几种语言。但它们的功能和应用范围都有很大局限。20 世纪 70 年代说到每人都使用电子计算机时，许多人认为不可能，也没有必要。但计算机硬件的升级换代，尤其是系统软件及以文字处理和办公软件为主的工具软件的出现，使电子计算机的功能大大扩展，不再仅仅是计算的工具。20 世纪 90 年代最流行的计算机语言是 C 语言和网络上使用的Java 语言，最流行的软件是由美国微软公司为 IBM 公司生产的个人计算机（PC）编制的 DOS 系统软件和 Windows 工具软件。十几年来，微软公司推出的Windows 95，Windows 98，一直到 Windows XP 和 Windows Vista，总会在很短时间内风靡全球，成为微机上方便而广阔的信息窗口。

系统软件和工具软件只是为使用者提供一个工作平台，至于在这个平台上做什么，还有以通用计算机语言编制的各种复杂应用程序。目前，人们可以利用数码技术在银幕上轻而易举地"合成历史"和"制造演员"，语音识别系统和手写输入系统补充了键盘，人们把许多重要档案和资料都交给了电子计算机。电子计算机成了人们离不开和最值得信赖的"伙伴"。当然，电子计算机技术的发展过程表明，软件维护、程序的可靠性和安全性问题值得重视。电脑病毒作为一种对电脑信息系统有破坏性的软件程序，为这一领域投入了不小的阴影。

中国的电子计算机工业是从 1956 年开始发展的。1958 年 10 月第一台由高庆狮（1934—）主持设计的 103 机问世；1978 年由慈云桂（1917—1990）主持设计的"银河机"（每秒运算 1 亿次）在国防科技大学研制成功。20 世纪 80 年代以来，中国在引进外国技术的基础上开发了一大批微机，其中有长城系列微机、联想系列微机。其中联想公司在发展过程中不断开拓，在 2005 年购买了IBM 的 Thinkpad 业务，逐步成为世界著名的微机品牌。

值得一提的是，在个人计算机普及浪潮兴起时，汉字能不能在计算机上处理成了对中国计算机事业发展的一个挑战。1981 年中国公布了 GB2312—80 国家标准《信息交换用汉字编码字符集基本集》，构成了国标码，为汉字电子计算机处理奠定了内码基础。另外，汉字也可在计算机内以点阵码表示。于是出现了汉字拼音输入，还有王永民（1943—）发明的"五笔字型"汉字输入法以及其他输入法。王选（1937—2006）等人发明的汉字激光照排技术，更是导致了一场印刷术的革命。在信息时代来临时，汉字不但没有告别历史，反而告别了纸与笔、铅与火，进入了光与电的世界。① 目前电子计算机正在中国社会的各个部门得到应用，中华文化正在经历一场现代高科技的重新塑造。

（3）未来的计算机

如果计算机的体积要进一步变小，元件的尺寸也要相应变小。目前半导体元件的微型化已接近其物理极限，必须用新技术来取代现有技术。20 世纪 80 年代初，美国阿贡国家实验室证明，计算机原则上可以纯粹量子力学的方式运行。其理论根据是微观粒子（如原子）具有波粒二象性，类似数学的二进制；当粒子从一个能态跳迁到另一个能态时，要吸收或放出光子，而量子波又具有叠加性，可进行相应的逻辑运算。实验证明，可以建立通用量子逻辑门，再通过光纤把这些量子逻辑门连在一起，穿过光纤的单个光子能把信息位从一个逻辑门运送到另一个逻辑门。

光计算机是利用光子代替电子传递信息的计算机，由光子元件构成、利用光信号进行运算、传输、存储和信息处理。由于光子可以每秒 30 万千米的速度平行传播，是电子速度的 300 倍，光计算机有极其强大的并行处理能力，光通道信息携带能力强，可保证成千上万条光同时穿越一块光子元件的不同通道而不会互相干扰，而且精度高，运算速度极快。20 世纪 80 年代欧洲就开始研制光计算机，据悉，1984 年欧洲八所大学联合研制成了世界上第一台光计算机，90 年代初美国也研制出光计算机的模型机。目前，单元的光学逻辑器件、光开关器件、光存储器件已经问世；作为光计算机的外部存储设备的光盘技术已相当成熟。预计光计算机的应用已为期不远。

电子计算机是人的智力工具，人不能放弃对机器的控制而令其独立工作。当然，如果新一代计算机用生物材料代替物理材料，并具有人的思考和创造性思维能力，那问题就会变成另外一个样子。② 正在研制的数码式生物计算机，元件是含碳有机分子，如光敏蛋白质，它受激光照射，会发生化学结构变化，同时释放少量电荷，可代表二进制的"0"和"1"状态，起到了"开关"作用，可像硅电

---

① 另外，20 世纪 90 年代，四通公司开发的电子办公设备曾在国内有较大范围的应用，由中国人开发的 WPS、UCDOS 等工具软件也曾风行一时。

② 是计算机聪明，还是人聪明？如果计算机聪明，造它的人就更聪明；既然人比计算机聪明，造它又有何用？这似乎是一个悖论。但脑科学表明，大脑左半部主司数学运算、逻辑思维及语言表达，右脑主司整体感觉、综合判断和直觉顿悟。事实上，造计算机是为把左脑的重复性劳动及程序性工作交出去，以便更好地创新。

子元件一样记录数码化信息。

美国科学家在 20 世纪 80 年代已制成用激光驱动的蛋白质二维计算机存储器，其中每立方厘米的空间能储存 36 亿个信息单元，但须用遗传工程技术改造，使它能在室温下保持稳定，并进一步提高信息容量。这种生物计算机，运算在分子水平上进行，集成度是半导体的 10 万倍，开关和逻辑运算速度比硅元件快1 000 倍。日本目前正致力于模拟活生物体系统的计算机，它利用蛋白酶只能识别并作用于一种物质的特性，起开关作用。当输入程序后，酶的合成系统及结构发生相应变化，使蛋白酶分子与周围物质的物理化学作用发生变化，这就完成了计算机的"运算"过程。生物计算机会不会成为我们工作中的同事，确实很值得期待。

国际互联网的出现

如果说火车、轮船和飞机的出现只是缩短了真实的空间距离，电话、电报、电视的出现只是开辟了有限的信息通道，电子计算机国际互联网络的出现，则为人们获得信息、传递信息和处理信息创造了一个完整的电象空间，使电子计算机的应用几乎推进到了人类社会生活的各个方面，使信息超越物质、能源，成为知识经济时代人类最重要的资源。

1968 年，当电子计算机还既庞大又昂贵的时候，美国国防部为其下属的一个高级研究项目局建立了一个名为 Arpanet 的电脑网络，把承担武器开发的各部门与国防部联系起来。1985 年将该网交给了美国国家科学基金会（NSF）管理，对大学、科研机构和工程单位开放，把它们的所有计算机联接起来，形成了 Internet（因特网）的主干线。后来因特网又与美国和其他国家的电脑网络（如DIALOG 国际联机情报检索系统）相联，并向公众开放，接着向全世界开放，成了美国和全世界科研、教育机构彼此联系的长距离通信和信息交换的高速通道。20 世纪 90 年代，美国政府又开始实施了推进因特网建设的"信息高速公路"计划。到 1999 年底，全世界上网的电子计算机达到 1 亿台左右。

纵观电子计算机发展的历程，从第一台电子计算机产生到 20 世纪 70 年代末是大型计算机的时代，IBM 这样的公司生产大型计算机，专门做信息处理；80年代商业界开始购买台式计算机，开始自己用计算机处理信息，计算机爬上了每一张办公桌和书桌；90 年代就成了网络计算机的时代，所有计算机在网上联为一体。网络能把所有联网机的力量植入每个单机，上网工作时，是在使用一台能量得到扩充的计算机。因特网和正在成长着的信息高速公路，使人类真正实现了信息共享，进入了全球信息一体化的时代。

因特网用户目前可以在网上发送电子邮件和发布各种个人信息，进行远程登录，传输和下载文件，并通过环球网（WWW）浏览全世界的商业和文化信息。因特网上还有许多虚拟现实系统，如虚拟企业、虚拟图书馆、虚拟商店、虚拟医院、虚拟学校等，它们都是利用计算机仿真交互作用的环境，采用专用的软件和硬件，为用户提供足够多的信息，使其有身临其境的感觉。由于许多人在网络初显时成了"网迷"，人们已经意识到，当网络在虚拟世界中把我们联系在一起的时候，真实的世界反而变得越来越模糊了。看来，在虚拟世界里也仍然无法排除科技的双刃剑效应。

在国际互联网发展的同时，一批技术天才加市场弄潮儿涌到历史前台。以Windows软件起家的美国人比尔·盖茨（1955—）在1975年和保罗·埃伦创办了微软公司，一年半后从哈佛大学辍学从事软件开发，1991年便成为美国的首富。他的传奇故事传遍了世界。在因特网上各种工具软件激烈竞争的时刻，微软尽管起步略后，却凭借其在微机操作系统上的垄断地位而后来居上。今天，微软已借助因特网把影响扩展到了世界的每一个角落，当然，它也曾由于网上的销售被控有垄断行为，经常受到反垄断的起诉。

在台湾出生、后随家迁至美国的杨致远和美国人费罗，在1994年网络大潮初起时都迷上了因特网。他们在校园里建起一间小活动室，每天花数小时上网，按兴趣链接网上信息，并把它们分类，将网页免费供人使用，在网民中影响日增。由于觉得其中大有文章可做，1995年他们给自己的网页起了"Yahoo!"的名字。这个词出自《格列佛游记》，指一种人形动物，有种种恶习。以其命名有幽默之意。由于当时最为流行的网景公司（Netscape）"导航者"浏览器在其因特网目录按钮上设置了与Yahoo的链接，令其知名度大增。更由于一家杂志的合作，《YAHOO!：因特网生活》在美国面世，短时间内销量即达20万册，这更增加了Yahoo的影响力，使其日渐成为网民进入因特网的通道。Yahoo公司在1996年4月上市，开盘价为每股13美元，但一直迅速飙升，杨致远和费罗一举成为亿万富翁。

网络本身并不创造财富，但却为人们提供无穷无尽的创造精神财富和物质财富的信息，并变革人们的交往方式甚至科研方式，与之相关产生了"注意力经济"、"网上交易"、"远程教育"、"远程医疗"、"全球图书馆"等一系列新概念。显然，这里商机无限，但也肯定存在着许多难以预测的商业风险和技术困难。

激光技术和光通信

激光的原意为通过受激发射而实现光波放大。

受激发射的理论是爱因斯坦在 1917 年提出来的。该理论认为：假设微观粒子（原子、分子或离子）有两个分立能级，高能级能量为 E_2，低能级能量为 E_1，能级上相应的粒子密度数为 N_2 和 N_1。存在着三种不同类型的能级跳迁：（1）高能级上的粒子自发跳迁到低能级，同时放出能量为 $E_2-E_1=h\nu$ 的光子，这是自发发射。（2）如果处于 E_1 上的粒子与频率为 $\nu=(E_2-E_1)/h$ 的电磁波相互作用，粒子可吸收入射电磁波而跳迁到高能级 E_2 上，这是受激吸收。（3）如果处于高能级 E_2 上的粒子与频率为 ν 的电磁波相互作用，粒子将从高能级 E_2 跳迁到低能级 E_1 上，同时发射一个频率为 ν 的光子，这是受激发射。受激发射的光子与入射电磁波具有相同的频率、位相、偏振和传播方向，它们是相干的。

爱因斯坦进一步指出，在电磁场作用下，粒子系统中的受激吸收和受激发射过程同时存在，并且在两个能级之间的跳迁几率是相等的。但依据玻尔兹曼分布规律，在热平衡条件下，处于低能级上的粒子数 N_1 总是大于处于高能级上的粒子数 N_2，所以受激吸收总是大于受激发射，通常只能观察到受激吸收而观察不到受激发射。

显然，根据爱因斯坦的理论可以设想，在有外界电磁场作用下，如果用某种激励方式使一个粒子系统中处于高能级 E_2 上的粒子数 N_2 大于处于低能级 E_1 上的粒子数 N_1，即实现粒子数反转，便可使受激发射占优势。这样就会出现与系统在正常的受激吸收占优势情况下靠自发发射发出普通光完全不同的情况。这时，如果有一个光子引发，高能级 E_2 上的原子（或分子和离子）便会受激发射出一个与之相同的光子，如果加上一个谐振腔，就会靠反馈作用形成光振荡，这两个光子又会引发其他高能级 E_2 上的原子受激发射，形成雪崩式的受激发射，从而产生大量频率和运动方向相同的光子，实现光放大，从而发射出激光。

1946 年，曾建立了固体能带理论的布洛赫在做核感应实验时，观察到了微波辐射和工作物质间的共振信号，并首次观察到了粒子数反转的现象。1951 年，美国人珀塞尔（1834—1919）和庞德（1919—）用氟化锂做核感应实验时，让外加磁场作了 180° 的突然反转，使粒子体系处于粒子数反转的状态，并观察到了 50 千赫的受激发射信号。

1951 年，一些科学家在华盛顿聚会讨论如何发展比微波频率更高的辐射，以应用于通信和其他领域，美国人汤斯（1915—）提出了用粒子反转分布原理和微波谐振腔来放大微波的设想。1954年，汤斯和他的研究生戈登（J. P. Gordon）和助手蔡格（1918—）终于研制成了一台用氨分子做工作物质的微波激射器（意为受激辐射的微波放大），其工作波长为1.25厘米，输出功率仅为 10^{-9} 瓦。几乎与此同时，苏联人巴索夫（1922—2001）和普罗霍洛夫（1916—2002）也独立地研制成了微波激射器。

与微波相比，可见光的波长要小得多。因而，要实现从微波激射器向激光器的过渡，关键问题是光频谐振腔的设计和制造。根据电磁学原理，谐振腔的尺寸与光波波长有相同数量级时，才能在腔内保持激光反馈所要求的单一模式振荡。原理已很清楚了，谁能首先制造出第一台激光器呢？汤斯和肖洛（1921—）、巴索夫和另外两名苏联人克罗辛（О. К. Крохин）和波波夫（Ю. М. Попов）、美国人贾万（1926—）和桑德斯（1924—）等都提出了激光器的设计方案。世界上许多实验室都卷入了一场激烈的竞赛。结果，美国人梅曼（1927—2007）首先获得了成功。1960年7月7日的《纽约时报》首先披露了他成功的消息，8月6日的《自然》杂志正式报道了这个成果。

梅曼的激光器分为三部分：工作物质红宝石晶体；光频谐振腔；脉冲氙灯泵浦源（把原子从基态泵浦至高能级的能源）。实际上，梅曼将红宝石做成了小圆棒（长4.5厘米，直径0.6厘米），将其两端抛成光学平面，镀上银，便形成了光频谐振腔，其中一端中央有小孔。红宝石置于氙灯光源中央，闪光灯每闪一次光，小孔中便透出深红色的激光，其波长为6 943埃。梅曼的红宝石激光器问世之后，各种激光器如雨后春笋般相继诞生。激光器的工作物质种类越来越多，射出的激光谱线越来越丰富，激光的能量越来越大，为某些特殊应用还发展了激光超短脉冲和巨脉冲技术，自由电子激光器也于1977年试制成功。

激光的特点是能量集中，单色性好，方向性好，相干性好。这是人类使大量原子有组织、有规律地集体发光。从基础科学的角度看，对激光和激光器的研究使人们发现了比以往已知普通光学现象多得多的光学新现象和新效应，丰富了人类对具有波粒二象性的光的认识。激光器发明后，在几个月内便被应用到实际中。这些应用包括用激光进行电子元件的细微加工、通信、测距和准直、引发和控制核反应、分离同位素，以及用激光进行全息照相、医学治疗、生物学研究和武器制导等。其中激光制导系统由激光指示器和目标寻的器组成，能使武器百发百中，已普遍装备在高技术炸弹、炮弹和导弹系统中。美国等国家还正在用高能量激光研制"死光武器"。20世纪90年代产生的电子计算机光驱和光盘技术，则直接催生了以光盘为载体的电子出版物，导致了一场书籍和图书馆革命。

从纯物理角度看，光是造化的使者，告知人类，世界是丰富多彩的。但人类并不满足于造化的赐予，而试图创造人工的通道，让光作为自己特殊的使者。近代光通信的历史比无线电通信还早。早在 1881 年，贝尔便已成功地发送和接收了光电话，这比波波夫发收第一份无线电报还早 14 年。第一次世界大战时制成的光电话在晴天有效通信可达 8 000 米。然而，普通光通信有三个弱点。一是不如电磁波那样具有固定的频率，而是由尺度极小、数量极大、运动极混乱的分子和原子发出的，相干性差，不能实现多路通信，通信质量不高。二是光波在雾雨天和大气层中极易损失能量，不能实现远距离通信。三是光线暴露在外，没有保密性。因而，普通光通信技术没有多大发展前途。

激光出现之后，光通信的面貌发生了根本性的变化。激光可以像普通无线电波那样进行调制和解调，可以同时负载多种信号，抗干扰性强，其能量比无线电微波要高出上万倍，从理论上讲可以同时传送 100 亿路以上的电话和 1 000 万套电视节目。但是，如果在地面通信，雨雾天气和大气层内信号的衰减仍然是一个主要困难。如果能找到一种传输光或激光的导线，这个困难便可以克服。

早在 1854 年，英国人丁铎尔（1820—1893）在皇家学会的一次演讲中就提出光线能够沿盛水的弯管反射传输，并随之用实验证实了这个想法。1927 年英国人贝尔德（J. L. Baird）首次提出，利用光的全反射现象制成的石英纤维可以用于解析图像。此后，又有人研究出了几种光导纤维，但质量并不十分理想。1966 年，美籍华人高锟首先提出了用光导纤维进行激光通信的设想，此后美、日、联邦德国等国相继加强了对光导纤维的研究。

1970 年美国康宁公司用高纯度石英首次研制成损耗率为 20 分贝/千米的套层光导纤维。1976 年至 1978 年，日本在奈良建成了光通信实验区。1979 年以来中国也建成了短程光通信线路。一根光纤可以传输 150 万路电话和 2 万套电视节目。实际的光通信系统中使用的是许多光纤聚在一起的光缆，它可以架在空中，埋在地下，铺在海底。它的出现使激光有线通信进入了实际应用阶段。

用激光进行光纤通信，正在开创着声音和图像集束迅速地传向远方的时代！与此同时，在没有大气和尘埃的宇宙空间，不用光导纤维也能用激光进行远距离通信。

现代武器的发展

自从中国人在宋代开始将火药用于战争以后，火器开始成为冷兵器的重要补充。最初的火药武器主要有火药炸弹、火雷、火箭。宋代发明的竹管突火枪在元代发展成为铜火铳，成了枪炮的前身。宋元时期，火药随着战争和东西方的交往传向阿拉伯地区，后又传入欧洲。随着工业革命的发展，以火药和枪炮为主体的近代火器得到了改进。

1777年法国人发明了枪膛有螺旋线的来复枪，它能使弹头在飞行时保持旋转，从而提高命中率。另外，这个时期还发明了起爆药雷汞。19世纪三四十年代，德国人发明了滑式枪机和撞针击发方式，并将子弹的前装法改为后装法；1846年瑞士人舍昂拜因（1799—1868）发现了硝化纤维的爆炸性；1847年意大利人索布雷奥（1812—1888）发明了爆炸力强大的硝化甘油。后来，诺贝尔于1862年组织了硝化甘油的工业生产，并在几年后研制成较安全的硝甘炸药，可用于地雷、炸弹和炮弹。19世纪60年代，英国人最先制成钢甲炮舰，同一时期，美国人于1866年发明了鱼雷。1883年美国人马克西姆（1840—1916）发明了重机枪，随后出现了轻机枪。19世纪末，法国人制造了苦味酸炸药，随后德国人发明了TNT安全炸药。此间，17世纪就已发明的手枪也得到了改进。

20世纪初至第一次世界大战期间，英国人于1905年建造了排水量为17 900吨、装有10门火炮的"无畏"号主力战舰。德国人于1911年制成迫击炮，于1914年制成口径为42厘米的榴弹炮，于1917年制成了射程达120千米的"大贝尔塔"炮。第一次世界大战期间，还开始使用了四种崭新的武器。（1）坦克。英国人于1915年制成了第一辆坦克MKI，并在1916年9月15日的索姆河战役中首次使用了32辆。此后，坦克作为攻防一体的战车开始成为陆战中的主要突击力量。（2）飞机。法国人在莱特兄弟1908年的巴黎飞行表演后最先发展飞机，1914年欧洲战场上飞机立刻被用于空中侦察，并且首次发生了空战（驾驶员对射）。由于军事航空工业在第一次世界大战中迅速发展，交战国的飞机在战争结束时（1918年）已达到了十几万架。从此，随着飞机工业的发展和机上武器及飞行仪器的进步，空军作为一个新的军种出现，天空成为战场的一部分，制空权成为在战争中取胜的重要条件。（3）潜艇。19世纪末潜艇就成了一种有效的水下攻击武器。1910年德国人建成了比较先进的U—9型潜艇，在1914年9月的北海战役中，使英国巡洋舰遭受了惨重损失。此后，海战从水面扩展到水下。（4）毒气。1915年4月德军将氯气顺风吹到英军战壕后，战斗双方开始竞相使用毒气。毒气的使用对参战人员造成了可怕的后果，促进了防毒面具和防毒衣的研究。但由于毒气造成的危害过大，战后签订了一项国际公约，禁止在战争中使用毒气。除以上四种新式武器之外，无线电通信技术在第一次世界大战中开始被广泛应用于军事通信和导航。总之，当时最先进的科学发现和技术成就，在可能的情况下，都被应用于人与人之间的生死搏斗——战争。

第一次世界大战后至第二次世界大战期间，武器的发展有两个重要特点。第一，上次大战中崭露头角的新式武器突飞猛进地发展，并成为第二次世界大战中的主战武器。例如，坦克的火力、装甲防护能力、发动机功率和机动性增加了，大量的坦克师团成为首要的地面突击力量；飞机的技术和战术性能提高，数量大增，空军规模和空战规模都大大增加；在水下潜艇作战规模扩大的同时，水面舰只增加了航空母舰，使水面水下和陆空作战联系起来，战争立体化。第二次世界大战中各国都准备了毒气，但由于都害怕同样的报复，还没有明目张胆地使用。

第二，第二次世界大战中又出现了一批更新式的武器，这些武器在大战中应用或初步应用后，在战后发展成了现代武库中最尖端的部分。例如：（1）英国1940年秋在东海岸设置了雷达对空警戒网后，雷达开始被用于预警和指挥战机起飞作战，紧接着又发展出了夜战用雷达、对空射击雷达、控制照明雷达、潜艇用雷达（与声纳配合使用）等。在战后，雷达技术在军事上得到了普遍的应用，已成为现代军事机器必不可少的眼睛。（2）纳粹德国在大战时期研制了 V－1 和 V－2 导弹，并用于实战。这是最早的有制导系统的武器。战后导弹的制导方式多样化，发展成了现代武器库中最可怕的自动飞弹。（3）大战期间纳粹德国迫害犹太人和坚持正义的科学家，大批一流科学家流亡美国，美国实施"曼哈顿计划"，研制成原子弹，并对法西斯阵营中的日本使用了两枚。战后，核武器作为毁灭性武器在某种程度上决定着战略力量的均衡。（4）20 世纪 40 年代出现的喷气式飞机在第二次世界大战中得到应用，战后 50 年代喷气式飞机的速度超过了音速，目前空军歼击机的飞行速度已达到 2 倍音速甚至更高。总之，第二次世界大战有地面的步兵战和坦克战、水下的潜艇战、空中的飞机战，还有雷达和无线电情报战，最后原子弹也参战了。当时高科技成果充分扮演了残酷与正义的放大器，写下了辉煌而恐怖的历史。

第二次世界大战结束后，在常规武器方面，步枪①的发展方向是轻型化，口径缩小，射程缩短，命中率、自动化程度和连发速度提高。手枪更加小型化，使用更加方便。火炮的外形尺寸变化不大，但射程、命中率、发射速度和炮弹威力提高。美国还制造了能发射核弹头的火炮。

坦克在第二次世界大战以来改进了设计结构，发动机功率增大，型号增多

---

① 目前在世界上装备最多的步枪是苏联人卡拉什尼科夫设计的 AK47 突击步枪，中国生产的这种枪称为 56 式冲锋枪。美国军队装备的步枪是尤金·斯通纳设计的 M16 自动步枪，它的改进型 M16A2 自动步枪能穿透 1 300 米处的美国钢盔。

（有重、中、轻型坦克和两栖坦克），防护能力加强，火炮威力增强，加强了防化学和防核污染的能力。20世纪70年代发展起来的先进主战坦克都装有双向稳定瞄准仪和夜视系统，美国的 M1A1 坦克上还采用了弹道计算机，可在行进中射击运动目标，能在晚间作战。与坦克发展一起进步的陆军武器还有装甲运兵战车和反坦克火炮、反坦克火箭、反坦克直升机、反坦克导弹等。陆军武器的毁伤力加强了。

第二次世界大战后海战舰艇的最新发展是核动力航空母舰和核动力潜艇。1954年1月，美国人制成了世界第一艘核动力潜艇"鹦鹉螺号"；1962年建成"企业号"核动力攻击航空母舰，可载飞机100架左右；1968年建成"尼米兹号"航空母舰，排水量为9万吨，总功率为28万马力；1981年下水的"俄亥俄号"三叉戟式核潜艇长170米，可载24枚各有5个弹头的洲际导弹，射程9 600千米。二战后，苏联和中国也发展了水下攻击型核潜艇。

与第二次世界大战时期的军用飞机相比，20世纪90年代的军用飞机型号和种类更加多样化，歼击机速度普遍达到2倍至3倍音速，雷达、激光制导、电子仪器和计算机在机上得到了应用，全都配有导弹武器。运输机大型化，轰炸机航程更远。以美国 F—117A 为代表的飞机还有对雷达的隐身功能。科技的进步大大提高了空军和海军武器的威力。

导弹在战后的发展极为迅速，逐步成为左右战局的重要武器。导弹依靠无线电指令信号接收器、陀螺仪、加速度计、声纳、雷达、红外线、激光器等装置与电子计算机结合，操纵一套自动控制机构使弹体飞向预定或选定目标，是长眼睛的飞弹。

按制导系统的特点，导弹可分为：完全靠飞行器内部的设备动作制导的自主制导（如惯性制导、地磁制导、天体制导）；用指令或波束控制飞行器内部机构动作的遥控制导；利用目标信息操纵飞行器飞行的寻的制导（如红外线跟踪、激光束指示等）；综合应用上述制导方式的综合制导。按发射点和目标位置来说，导弹类型可分为地—地、地—空、空—地、空—空、舰—岸、岸—舰、舰—空、空—舰等导弹；按射程可分为短程、中程、远程和洲际导弹；按战争用途又可分为战术导弹和战略导弹。

战后导弹技术的发展凝结了控制论、信息论、电子技术、火箭技术、精密工程技术、新材料等学科的最新成果，受到了核武器发展的刺激。目前美国和俄罗斯等国的洲际导弹可一次携带10个左右的核弹头，其中每个分弹头的 TNT 当量可达100万吨～2 000万吨，飞行距离可达1万千米以上，飞行速度有的接近音速，有的超过音速，其中惯性制导的洲际导弹飞行速度最高，可达22倍音速，命中精度径向误差只有 200 米左右。洲际导弹的发射方式有陆基发射井发射、潜艇水下发射、陆上运输车发射、飞机空中发射等。中短程导弹的型号更多，有常规弹头，也有核弹头，其中美国的"潘兴"导弹用惯性制导，射程 600 千米至 1 000 千米，飞行速度为 8 倍音速，苏联的 SS—12 型亦用惯性制导，射程 800 千米，飞行速度为 6 倍音速。1987 年 12 月，美苏两国在华盛顿签订了在 90 年代中期销毁全部中短程核导弹的协定。同时，销毁 30％或 50％战略核武器的谈判正在进行。1991 年底苏联解体后，乌克兰和哈萨克斯坦的核武器通过谈判交由俄罗斯处理。在各类导弹中，最小的导弹要数单兵肩射式导弹和反坦克导弹，它们分别是步兵防空、摧毁工事、打坦克的武器。

在导弹技术发展的同时，反导弹技术也在发展。1991 年 1 月 17 日爆发的海湾战争中，多国部队使用了美国"爱国者"导弹来对付伊拉克发射的侯赛因式"飞毛腿"导弹。这主要是依靠飞行速度较快的导弹在对方导弹未击中目标前，将其在空中摧毁。对于多弹头分导的攻击导弹来说，这种方法效率不高。有的国家在研究定向能束武器，如高能激光和粒子束武器。这类武器飞行速度近于或等于光速，但技术难度大，还没有进入应用和实战阶段。

第二次世界大战后核武器的发展经历了原子弹、氢弹、中子弹三个阶梯。中子弹是由美国于 1977 年研制成功的，它减少了核爆时的冲击波（高温热浪），是靠核辐射杀人而不毁物的核武器。

1957 年苏联第一颗卫星上天后，各国发射的数千航天器中，为军事目的服务的占很大比例。军用航天器包括侦察、通信、导航、气象、测地卫星等。另外还有卫星式武器，如攻击天上目标的拦截卫星、攻击地上目标的轨道轰炸器。当然，载人飞船、空间站、航天飞机等也可用于军事目的。航天技术的发展一方面给人类带来了通信之便和外层空间的新信息，一方面也把战争的阴影投向了外空。从某种意义上讲，航天技术可以开辟人类生活的新领域，但同样也可以伤害人类，这完全取决于人类处于何种目的发展它以及怎样运用它，这便涉及一系列科技领域之外的问题。

正因为 20 世纪武器技术的发展大大提高了战争的毁伤力，和平对人类才显得更为宝贵。但愿战争远离文明，科技促进发展，和平属于 21 世纪。

高科技时代的大国竞争

20 世纪是文明车轮飞速前行的百年，文明的主加速器就是科学技术。

第二次世界大战结束后，形成了以美国为首的北大西洋公约组织和以苏联为首的华沙条约组织，这两大军事集团的对立不仅建立在利益的分歧之上，更重要的是建立在社会制度和意识形态的差别上。热战中的盟友变成了冷战中的对手，热战的结束就是冷战的开始。

由于美国在第二次世界大战期间吸收了来自世界各国的科技英才，成功实施了"曼哈顿计划"，使美国在原子能技术领域独占先机。战争期间成功研制的电子计算机，此后发明的晶体管和集成电路，为后来美国在电子计算机领域的技术优势奠定了基础。战后从德国夺得的火箭技术和人才，又使美国在航天技术领域内独占鳌头。

战后以来，美国曾受到朝鲜战争、越南战争的困扰，但其毕竟未受两次世界大战战火的破坏，自然资源雄厚，吸引了东西方国家一大批精英人物前往，再加上美国人200多年历史中形成的创新精神和民主法治理念，使这个国家在20世纪后半期始终居于世界科技中心的地位。冷战时期美国在与苏联进行的高科技实力角逐中耗资300亿美元的"阿波罗计划"，不仅确立了美国在航天航空技术领域的优势，而且，来自军方的订单也使美国硅谷的一大批微电子技术企业迅速成长，导致美国成为全世界信息技术的领头羊。美国政府通过诸多高科技计划的实施，探索出了一整套扶助高科技企业迅速成长的政策和组织机制。

在冷战思维还没有结束的20世纪80年代初，美国公开宣称，他们正在两条战线上作战：一条是在军事上与苏联对峙，另一条是在经济上与日本竞争。而在这两条战线上作战的是同一支部队，即高技术大军。为了前一个目标，里根总统时期，美国在格雷厄姆将军高边疆理论的基础上制定了"星球大战计划"。这是一项以太空基地来对付苏联核导弹攻击的防御计划。在这项计划的实施中，美国极力主张日本和西欧国家参与许多重大科研活动，试图通过合作把其他国家的研究置于美国的控制之下。"星球大战计划"的战略目标和科技政策，始终围绕着强化美国在高科技领域中的霸主地位而展开。

苏联1991年末的解体意味着冷战的结束，老布什当政的美国政府放弃了耗资巨大的"星球大战计划"，并计划到2000年把与军事有关的预算从1992年度的2 800亿美元减少到1 600亿美元。同时，美国国家科学院、工程院和医学院联合专家小组呼吁政府把科技政策重点从基础科学领域扩展到实用技术研究和开发领域。出于商业竞争的需要，美国政府在1990年抢先实施人类基因组计划，意在获取生命科技产业领域的控制权，并于1992年2月宣布放宽对生物技术产业的控制，以便使它获得优先的发展。而此时因特网已开始由美国向全世界开放。在美国政府的决策者看来，因特网的发展必然会确立美国的信息优势，进而树立美国的文化优势，确保美国的经济优势。实际上，这个考虑是有根据的。就目前而言，因特网上的信息多数来自美国，而且流行英语，美国公司在上网以及发展和应用网络技术方面走在前头，网络的延伸正在宣示和加强美国的信息和文化优势。

1992 年末入主白宫的克林顿在到任一个月后就提出，力争使美国在科学、数学和工程技术方面居于世界领导地位，以迎接今天和明天的挑战。1993 年，美国政府根据克林顿的竞选纲领正式提出建设"信息高速公路"的计划，并将这个为全社会提供信息服务的跨世纪工程上升到基本国策和全球战略的高度。1996年 10 月，美国在继"信息高速公路计划"之后，又提出"新一代因特网建设计划"，其目的是研究、建立和开发全新的网络应用领域，彻底更新遍布美国的计算机网络系统，使因特网的速度加快 1 000 倍，实现声音、图像的实时传递。不过，克林顿政府在 1999 年又宣布增加 66 亿美元研制"战区导弹防御系统"（TMD），俄罗斯和其他有关国家对此感到很不满意，因为美国人在树立自己信息技术优势的同时，也并没有忘记树立自己的绝对战略优势。

尽管美国人占尽先机，也不妨害列国各显神通。1980 年夏天，当整个日本列岛沉浸在石油恐慌中的时候，一场影响日本未来政策的新理念正在孕育。84岁的日本经团联首脑土光敏夫领导的一个研究班子，起草了一份长达 280 页的未来发展报告：石油这一基本能源将不再是廉价供应品，其供应也不再是持久和永无止境的；日本赖以生存的一切，必须在另一种原料的基础上重新设计，这种新的"原料"便是信息、通信和新思维。

此后，日本开始将其"技术立国"战略修改为"技术创新立国"的战略，力图通过大力开发"自立技术"，一举成为世界"超级经济大国"和亚洲乃至世界的科技和军事强国。为此，日本还提出了"人工智能计算机研制计划"，表示愿意参与美国的"星球大战计划"，以谋求其在诸多高科技领域的领先地位。1986年 12 月，日本通产省还提出"人类新领域研究计划"，志在揭示人类的大脑、神经、免疫、遗传、运动等生理机制，并应用这些新知识发展生命科技产业。日本政府十分重视这个战略策划。不过，20 世纪 90 年代末亚洲的金融危机暴露了日本经济的弱点。但日本在 2007 年 9 月成功发射了"月亮女神"探月卫星，也显示了在高科技领域的实力。但从整体上看，日本在基础研究和高科技人才资源方面，还没有显示出能与美国相匹敌的实力。

作为对美国"星球大战计划"的回应，1985 年，经法国总理密特朗提议，西欧各国联合制定了约 20 个国家参与的"尤里卡计划"，希望依此带动西欧高科技的进步，并在确保西欧各国集体安全和共同发展的基础上，使欧洲在 21 世纪成为世界的一极。参与国家的代表们一致认为：谁在错误的时间和错误的地点节约必不可少的未来投资，谁就会在政治上和经济上落伍。冷战结束以后，西欧各国力图将"尤里卡计划"转向民用研究，目标是联合发展高技术，加强先进技术的工艺化和商业化，与美日争夺高技术市场。

20世纪90年代后期，西欧各国政府还联合制定了"共同体科研和技术行动总计划"，其中包括3 000多个当代高新技术研究项目，如"人工智能计算机生产系统"及"镓砷集成电路"的开发项目。该项目的参加单位有荷兰、德国等国的大企业、大学和研究机构，涉及人员3 500多名。为了同以美国为中心的因特网对抗，欧盟还同日本达成了共同开发新因特网的协议。1999年1月1日欧元的启动，加快了欧洲经济一体化的进程，对欧洲高科技及其产业的发展产生了深远影响。

苏联领导人戈尔巴乔夫在位时提出，如果不借助于科技这个杠杆，国家所面临的任何一个社会经济和政治问题都无法解决。但他没能解决好社会经济和政治问题，导致了苏联的解体。不过，为了力保大国的地位，俄罗斯和独联体各国的领导人都非常注重发展高科技。继叶利钦之后在2000年当选的俄罗斯总统普京，以强硬的手段解决了车臣问题，协调内部各派政治力量之间的关系，试图重振俄罗斯的雄风。

1997年9月，加拿大国家信息高速公路顾问委员会发表的一份名为《加拿大为数码化世界做好准备》的报告指出："现在，一场社会的、经济的和文化的革命正在改变着世界，新的竞争已经开始，老的规则不再适用。加拿大必须行动起来，去迎接这场挑战，去抓住新时代的机遇。"印度、新加坡和以色列等国，在跨越世纪之交的门槛时，都纷纷部署自己的高科技发展战略。其中印度的目标是利用其英语上的相对优势，力争成为"软件大国"，另外还积极发展核工业和军事工业，力图确立其在亚洲的强国地位，并在全球的科技与经济竞技场上，占据一个制高点。

中国早在改革开放初期，以邓小平为核心的第二代领导集体就十分重视科学技术。1986年3月3日，王大珩、王淦昌、杨嘉墀、陈芳允四位老科学家联名向邓小平建议：为了迎接21世纪的挑战，中国应该在几个重要的技术领域跟踪世界先进水平。这个建议很快得到邓小平的肯定和中央的批准。考虑到中国当时科技发展的实际情况，最后选定生物技术、航天技术、信息技术、激光技术、自动化技术、能源技术和新材料技术七个领域进行研究和跟踪，并为此制定了中国高科技发展计划——863计划。863计划密切跟踪了国际上高技术的发展动向，其战略目标瞄准了有巨大发展潜力的高技术，其实施对中国高科技的发展起到了引领作用。

1988 年 10 月 24 日，邓小平在视察北京正负电子对撞机工程时指出："现在世界的发展，特别是高科技领域的发展一日千里，中国不能安于现状，必须一开始就参与这个领域的发展"，"过去也好，将来也好，中国必须发展自己的高科技，在世界高科技领域占有一席之地"。1995 年 5 月，中共中央、国务院作出了实施"科教兴国"战略的部署。同年，江泽民总书记在全国科学大会上提出："创新是一个民族进步的灵魂，是国家兴旺发达的不竭动力。一个没有创新能力的民族，难以屹立在世界先进民族之林。"1998 年，中国政府提出建设面向知识经济时代的国家创新体系，并在 1999 年召开了国家技术创新工程大会，开始实施知识创新工程。2006 年 1 月 9 日，胡锦涛总书记在全国科学技术大会上提出"坚持走中国特色自主创新道路，为建设创新型国家而努力奋斗"的总体目标，力争到 2020 年，使中国进入创新型国家行列，为全面建设小康社会提供强有力的支撑。

从总体上看，半个多世纪以来，冷战中展开的科技竞争和国力竞争，和平与发展中进行的科技较量和实力较量，始终是文明推进的主旋律。

附　录

17. 了解毕达哥拉斯学派对几何学、$\sqrt{2}$、弦长与声音高度的比等研究，以及他们对数的崇拜及其历史影响。

18. 古希腊最早的天文学家是谁？他有何发现？

19. 简述古希腊人以地球为中心的宇宙几何模型的建立和完善过程。

20. 阿里斯塔克的日心说为何不能为当时的人所接受？

21. 亚里士多德在物理学和生物学方面做了什么工作？评价他在这两方面的成就。

22. 哪三个几何学问题曾使古希腊人感到困惑？对这三个问题的研究导致了哪些发现？

23. 阿波罗尼在几何学方面有什么成就？

24. 《几何原本》的作者是谁？此书的影响如何？

25. 阿基米德是怎样进行科学研究的？取得了哪些重要成果？

26. 了解埃拉托色尼的地理学成就。

27. 希腊化时代的科学中心在哪里？

28. 阐述古埃及、古代西亚文明对古希腊科学传统的影响。

29. 古罗马人对希腊人的学术采取了什么态度？

30. 了解古罗马人在建筑方面的学术成就和技术成就。

31. 赫伦有什么重要的技术发明？

32. 托勒密在天文学方面有什么成就？他的学说在历史上影响如何？

33. 盖仑是什么人？了解他的学说及其影响。

34. 《物性论》、《自然史》是什么性质的书？它们的作者分别是谁？

35. 简述公历（阳历）的演进过程。

36. 了解这些名词的意义：哈拉巴文化，摩哼约·达罗，德里铁柱，泰姬·玛哈尔陵。

37. 了解这些著作的基本内容：《吠陀》、《太阳悉檀多》、《阿柔吠陀》、《准绳经》、《妙闻集》、《阇罗迦本集》、《圣使集》、《历数全书头珠》。

38. 哪里的人最早种植棉花？棉纺织技术最早出现在哪里？

39. 佛教建筑有哪些主要形式？

40. 今天世界上通用的十进制位值记数法是哪个地区的人发明的？为什么叫阿拉伯记数法？

41. 了解古代印度和中国之间科技文化交流的情况。

42. 了解考古学发现的中国远古时代技术状况。

43. 了解传说中中国古代先民的技术创造。

44. 了解夏商周三代的技术和知识状况。

45. 春秋战国时代铁的应用产生了哪些社会历史后果？

46. 从科技史角度看，秦始皇统一中国后发生了哪些大事？

47. 火药是何时发明的？它的出现产生了什么社会历史影响？

48. 造纸术何时发明？何时从中国传入中亚？

49. 雕版印刷术是何时发明的？活字印刷术是何时由何人发明的？略述印刷术的传播及其对人类文化发展的意义。

50. 略述指南针的发明、应用和传播过程。

51. 纸币的发明有何意义？

52. 洋务运动采取了哪些措施学习西方科技知识？

53. 了解这些人物：鲁班、扁鹊、甘德、石申、墨子、张衡、蔡伦、马钧、刘徽、华佗、祖冲之、虞喜、一行、贾宪、秦九韶、杨辉、李冶、郭守敬、郑和、李时珍、朱载堉、徐光启、利玛窦、李善兰、华蘅芳、徐寿、容闳、詹天佑。

54. 了解这些名词：曾侯乙编钟、浑天说、木牛流马、制图六体、金元四大医家、乾嘉学派、师夷长技以制夷、中国科学社、中央研究院、延安自然科学院、西南联合大学。

55. 了解这些著作的作者或成书年代及主要内容：《考工记》、《周髀算经》、《黄帝内经》、《九章算术》、《神农本草经》、《伤寒论》、《脉经》、《肘后卒救方》、《千金方》、《梦溪笔谈》、《营造法式》、《武经总要》、《洗冤集录》、《四元玉鉴》、《王祯农书》、《天工开物》、《崇祯历书》、《数理精蕴》、《医林改错》、《海国图志》。

56. 中世纪的阿拉伯人是以什么态度对待异族文化的？

57. 中世纪的阿拉伯人在保存古代学术文献方面做了哪些工作？

58. 为什么说阿拉伯人是沟通东西方文化的桥梁？

59. 中世纪的阿拉伯人为什么能在较短时期掌握当时的先进科学技术？

60. 了解这些名词：哲拉里历、炼金术、智慧馆。

61. 了解这些人物及其主要著作：伊本·海赛木、雅古特、拉齐、阿维森那、花剌子米。

62. 中世纪初期欧洲发生了哪些重大事件？

63. 中世纪的哪些重大历史事件使欧洲人接触了东方文明？

64. 举例说明欧洲中世纪后期的技术进步。

65. 西欧的大学是何时开办的？是由什么机构办的？它的课程和培养目标是

什么？在大学里产生了哪些具有新思想的人物？

66. 近代自然科学为什么在欧洲产生？

67. 地理大发现的主要事件有哪些？

68. 哥白尼学说的要点和意义是什么？

69. 伽利略在天文学、力学方面各有什么贡献？

70. 开普勒发现了哪三条定律？

71. 牛顿三定律和万有引力定律的内容是什么？牛顿学说的产生有何意义？

72. 哥白尼、开普勒和伽利略、牛顿、康德和拉普拉斯等人的天文学研究之间有什么关系？

73. 海王星的发现有什么意义？

74. 什么是波德—提丢斯定则？

75. 了解赫歇耳在天文观测方面的成就。

76. 赫歇耳对银河系的研究说明太阳系不是宇宙的中心，据此如何评价哥白尼的学说？

77. 微积分的发明在数学史上有何意义？

78. 为什么微积分发明初期引起了所谓第二次数学危机？

79. 了解近代力学的发展线索。

80. 维萨留斯的重要著作是什么？他的研究有什么意义？

81. 了解血液循环的发现过程。这一发现有何意义？

82. 哈维在发现血液循环时做了哪两个重要实验？

83. 细胞生物学的发展依赖于哪种重要仪器？

84. 什么是预成论？什么是渐成论？

85. 了解细胞的发现、细胞学说的提出及其意义。

86. 微生物是谁最先发现的？是怎样发现的？

87. 什么是自然发生说？巴斯德的肉汤实验说明了什么？

88. 什么是人为分类法？什么是自然分类法？了解林耐的成就。

89. 了解达尔文进化论的内容和意义，并了解其引发的问题。

90. 中世纪炼金士、16 世纪冶金化学家和制药化学家、近代化学家波义耳之间有什么差别？

91. 为什么说波义耳的元素概念否定了炼金士的梦想？

92. 燃素说怎样解释燃烧现象？

93. 燃素说为什么不能解释金属的燃烧？

94. 了解社勒和普列斯特里发现氧气、拉瓦锡揭开燃烧秘密的过程。

95. 拉瓦锡的工作对化学发展有何意义？

96. 原子—分子学说是怎样建立起来的？

97. 了解元素周期律的发现过程。

98. 元素周期律的发现说明了什么？

99. 维勒人工合成尿素说明了什么？

100. 了解几种常用的温标。

101. 布莱克对比热和潜热的研究有什么意义？

102. 热质说怎样解释热现象？

103. 为什么说汤普森和戴维的实验推翻了热质说？

104. 能量守恒与转化定律是怎样被发现的？这一发现说明了什么？

105. 了解开尔文和克劳修斯对热力学第二定律的不同表述及其等价性。

106. 什么是熵？

107. 了解克劳修斯、麦克斯韦、玻尔兹曼对气体分子运动的研究及其主要结论。

108. 了解吉尔伯特对磁的研究。

109. 了解盖里克、格雷、杜费、克莱斯特和穆欣布罗克、普列斯特里、卡文迪许、库仑等人对静电的研究。

110. 了解富兰克林等人对天空闪电的研究。

111. 电流是怎样发现的？这一发现导致了什么结果？

112. 伏特电池的发明对科学研究有什么意义？

113. 奥斯特、法拉第、楞次、麦克斯韦、赫兹等人的贡献分别是什么？他们的发现或工作之间存在着什么实质性的联系？

114. 列出对近代光学有贡献的几位科学家，并叙述其主要成就。

115. 什么是光的微粒说？什么是光的波动说？

116. 夫琅合费、基尔霍夫、本生等人在光谱研究方面有何贡献？

117. 什么是多普勒效应？

118. 了解迈克尔逊—莫雷实验的结果及其意义。

119. 文艺复兴时期欧洲有哪些有影响的技术著作？

120. 英国工业革命是从哪个部门开始的？这个部门当时出现了哪些重要技术发明？

121. 了解蒸汽机的完善过程。

122. 瓦特改进后的蒸汽机对工业发展产生了什么影响？

123. 为什么说用机器制造机器是近代机器大工业真正的技术基础？

124. 了解英国产业革命以来技术发明对工业发展的影响。

125. 为什么说印刷机械化是印刷术的一次革命？

126. 了解 19 世纪化学工业的进步。

127. 什么是诺贝尔奖？

128. 19 世纪电力技术方面最重要的发明有哪些？

129. 了解电在照明、通信方面的应用及其意义。这方面有哪些重大发明？分别是谁发明的？

130. 电力的应用对工业发展的意义如何？

131. 了解内燃机的发明和应用过程。

132. 光化学照相术的发明有什么意义？

133. 了解电子、X 射线、放射性的发现及其意义。

134. 什么是黑体辐射的“紫外灾难”？普朗克是怎样解决这个问题的？

135. 爱因斯坦是怎样解释光电效应的？

136. 了解卢瑟福和玻尔的原子结构模型。

137. 什么是德布罗意波？

138. 叙述量子力学发展的主要线索。

139. 什么是互补原理？

140. 什么是不确定原理？

141. 扼要描述自近代以来光学的发展过程，使人能看出人类对光认识的步步深化。

142. 了解关于量子力学理论诠释的争论。

143. 了解狭义相对论的两个假设前提和推论。

144. 什么是广义协变原理？

145. 什么是等效原理？

146. 为什么说广义相对论是一种引力理论？

147. 试比较广义相对论和牛顿的引力理论。

148. 为什么说相对论引起了一场时空观、甚至宇宙观的变革？

149. 了解广义相对论的三个预言及其验证。

150. 什么是“现代炼金术”？它是由谁第一次实现的？

151. 中子是怎样被发现的？

152. 中微子是怎样被发现的？

153. 什么是重核裂变？

154. 什么是质量亏损？

155. 了解 20 世纪 30 年代以来对重核裂变的研究和原子武器的发展。

156. 原子武器的发展对世界有何影响？

157. 核力是怎样产生的？

158. 什么是核力介子论？

159. 什么是基本粒子？

160. 什么是弱相互作用下宇称不守恒？这一理论是谁先提出的？

161. 目前人类了解的宇宙间相互作用力有哪四种？科学家对它们的了解状况如何？

162. 什么是夸克？

163. 什么是夸克禁闭？

164. 什么是反物质？反物质研究情况如何？

165. 与 19 世纪的化学相比，20 世纪的化学有哪些新特点？

166. 20 世纪的化学家们对元素周期律有哪些新的认识？

167. 了解现代化学键理论的主要内容。

168. 了解现代有机化学理论的进展。

169. 了解 20 世纪化学的应用情况。

170. 以元素概念为核心，扼要叙述近代以来化学的发展过程，使人看出人类认识的步步深化。

171. 自伽利略以来天文观测手段和研究方法有哪些进步？

172. 射电天文学是如何诞生的？

173. 为什么说射电天文学是"全波天文学"？

174. 如何理解宇宙的无限或有限？

175. 什么是哈勃定律？根据哈勃定律能认识到多大的宇宙？

176. 关于河外星系谱线红移的多普勒效应解释是否已成定论？

177. 贝特和魏扎克用什么理论解释太阳能量？

178. 什么是赫罗图？

179. 简述史瓦西描述的恒星生命周期。

180. 什么是光度佯谬？

181. 什么是引力佯谬？

182. 了解爱因斯坦、德西特、弗里德曼、勒梅特、盖莫夫等人的宇宙模型。

183. 大爆炸宇宙论怎样解释宇宙的演化？它有哪三个预言已被证实？

184. 怎样看待大爆炸宇宙论？

185. 什么是暗物质？

186. 扼要地描述自近代以来天文学的发展过程，使人能看出人类认识的推进和步步深化。

187. 如何评价近代地质学中关于岩石成因的水成论和火成论之争？

188. 如何看待近代关于地壳演变的均变论和灾变论？

189. 地球的年龄是根据什么方法测定的？

190. 霍尔姆斯 1947 年给出的地质时间表中，地球的年龄是多少？

191. 大陆漂移说是由谁提出来的？这一学说有何科学意义？

192. 地幔对流说是由谁提出来的？试图解决什么问题？

193. 海底扩张说是在哪些重大发现的基础上提出的？它的内容是什么？

194. 板块构造理论是在哪些学说和发现的基础上提出的？为什么说板块构造理论是地球观的一场革命？

195. 孟德尔的豌豆实验有何意义？它的结论是什么？

196. 怎样看待孟德尔的成果被同代人忽视、被后代人推崇的现象？

197. 如何看待孟德尔理论和达尔文理论的关系？

198. 什么是基因？

199. 什么是染色体？

200. 摩尔根的果蝇实验有何意义？它的结论是什么？

201. 穆勒发现的基因突变说明了什么问题？

202. 在确定核酸是遗传物质基础之前，生物化学家如何看待基因和酶的关系？

203. 蛋白质是由什么物质组成的？

204. 核酸是由什么物质组成的？

205. 了解证明 DNA 是遗传物质基础的判决性实验。

206. DNA 分子的双螺旋结构是谁发现的？是如何发现的？

207. 什么是碱基配对法则？

208. 什么是 DNA 的半保留复制？

209. DNA 上 4 种核苷酸的碱基是如何决定构成蛋白质的 20 种氨基酸的位置的？

210. 什么是遗传密码词典？它说明了什么？

211. 什么是克里克所概括的中心法则？

212. 什么是遗传密码的转录和翻译？

213. 什么是逆转录？它的发现有何意义？

214. 人类有多少基因？它们的物质载体是什么？

215. 什么是人类基因组计划？

216. 美国国会和政府支持科学家发起的人类基因组计划，目的是什么？

217. 如何看待人类基因研究中的专利？

218. 人类基因研究能解决那些问题？会引发哪些社会问题？

219. 科学家目前已经合成了哪些重要的生命物质？

220. 如何看待在实验室研究生命起源的结果和结论？

221. 人类目前在生命起源问题上有哪些见解？

222. 如何看待生命的起源？这一问题的复杂性在哪里？

223. 20 世纪的生物进化论有哪些发展？

224. 如何看待生物的进化？

225. 近现代神经生理学主要研究了哪些问题？分别取得了哪些进展？

226. 斯佩雷对裂脑人研究的结论是什么？

227. 大脑功能区的研究成果有何意义？

228. 如何看待脑科学的研究？

229. 扼要描述近代以来生命科学的进展过程，使人看出人类对生命现象认识的步步深化。

230. 为什么说勒贝格积分是微积分产生以来积分学的一个重大突破？

231. 了解微积分发明以来分析数学的主要进展。

232. 了解罗巴契夫斯基几何学及其产生的意义。

233. 什么是黎曼几何学？

234. 比较欧几里得几何学、罗巴契夫斯基几何学和黎曼几何学。

235. 罗素悖论的内容是什么？悖论产生的原因是什么？

236. 哥德尔定理说明了什么？

237. 能否用哥德尔定理分析其他文化现象？

238. 了解自近代以来代数学的主要进展。

239. 希尔伯特问题对 20 世纪的数学发展产生了什么影响？

240. 略述 20 世纪应用数学取得的进展。

241. 模糊数学与传统数学有什么区别？

242. 信息论研究的基本问题是什么？

243. 申农对信息论有什么重要贡献？

244. 申农信息论有什么局限性？

245. 什么是控制论？简述控制论发展的历史。

246. 维纳对控制论有何特殊贡献？

247. 经典控制论有什么局限性？

248. 与经典控制论相比，现代控制论有什么特点？

249. 一般系统论是怎样建立起来的？它的发展状况如何？

250. 什么是系统工程学？它的主要数学工具是什么？它与一般系统论有什么区别？

251. 自然界有哪两种相反的基本演化方向？试举例说明。哪些科学理论分别描述了这两种不同的演化过程？

252. 怎样认识自然现象的简单性和复杂性？

253. 为什么说耗散结构理论和浑沌学是探索复杂性的新科学？

254. 线性系统和非线性系统有什么本质区别？试举出一些线性系统和非线性系统的例子。

255. 耗散结构理论是谁创立的？它所考察的典型实验有哪些？

256. 耗散结构的特征是什么？它产生和维持的条件是什么？

257. 协同学是谁创立的？什么是协同学？

258. 超循环论是谁创立的？什么是循环？什么是超循环？

259. 超循环论主要探讨什么问题？它是从何种角度解决该问题的？

260. 自然界有哪些突变现象？试举几例。

261. 突变论是谁创立的？它与传统数学有何不同？

262. 在浑沌学产生之前，人们怎样理解浑沌？

263. 哪些典型的数学方程在一定条件下会导致浑沌？

264. 试举出一些自然界的浑沌现象。

265. 什么是"蝴蝶效应"？

266. 洛伦兹对天气系统的研究结果是什么？

267. 逻辑斯蒂方程说明了什么？

268. 什么是非线性系统"对初态的敏感依赖性"？

269. 从浑沌学或非线性科学的角度，如何评价牛顿学说？

270. 怎样看待浑沌学？它是否引起了一场科学革命？

271. 为什么说非线性科学改变了人类心目中的世界图景？

272. 浑沌学的哲学意义如何？

273. 什么是分形几何学？

274. 自然界有哪些分形体？

275. 对分形的研究是谁最先开创的？怎样看待分形几何学？

276. 了解 20 世纪的导电理论。

277. 什么是 p—n 结？它有何特点？有何作用？

278. 哪些人对晶体管的发明有贡献？

279. 谁开创了超导研究？

280. 了解关于超导的理论。

281. 超导研究是否会引发一场技术革命？

282. 古代社会主要应用过的材料有哪几种？

283. 材料力学研究什么问题？

284. 20 世纪的材料研究应用了哪些新理论和新技术。

285. 略述工业革命以来金属材料的发展和应用。

286. 简述 20 世纪高分子合成材料的发展和应用。

287. 了解 20 世纪无机非金属材料（陶瓷、玻璃、水泥）的发展和应用。

288. 什么是纳米材料？纳米技术的前景如何？

289. 古代社会主要使用哪些能源？

290. 了解工业革命以来人类对化石燃料（煤和石油）的开发利用及前景。

291. 了解核能发电的情况、问题及前景。

292. 了解人类利用水能、风能、生物能、地热能、太阳能的情况。

293. 人类可望从海洋中取得哪些能源和资源？

294. 了解现代农业在耕作机械化、土壤保持和改良、施肥、选育良种及使用农药方面的进步。

295. 什么是"耕海牧鱼"？

296. 为什么说基因工程可能引发产业革命？

297. 如何看待传统农药向无污染农药的转变。

298. 现代医学（西医）主要是以哪些生命科学的分支为理论基础的？

299. 了解现代医学和治疗技术的新发展。

300. 基因诊断和基因治疗有何特殊之处？

301. 和古代相比，现代医用药物的种类有哪些增加？

302. 弗洛伊德的精神病学研究哪些问题？

303. 从科学史的角度，如何评价弗洛伊德的理论？

304. 什么是"克隆技术"？科学家为何要克隆某种生物？

305. 克隆羊"多莉"为何引起了全球关注？

306. 从情、理、法的角度，谈谈对"克隆人"的看法。

307. 以克隆技术和转基因技求为例，谈谈科技专家的道德责任和社会责任。

308. 比较城市里古建筑和现代建筑之间在材料、结构、外形、内部设备等方面的差别。

309. 如何评价当代中国城市中的建筑风格？

310. 近代以来的环境问题主要是由哪些因素造成的？

311. 如何评价近代以来的工业化进程？

312. 目前人类面临的环境问题有哪些？

313. 评述 60 年代以来人类对环境问题的认识过程。

314. 《寂静的春天》的作者是谁？它是一本什么书？有何影响？

315. 《增长的极限》一书反映了一种什么观点？有何影响？

316. 《人类环境宣言》是在何时何地发布的？其发布表明了什么？

317. 什么是"布伦特兰报告"？

318. 什么是"可持续发展"？

319. 为什么说 1992 年在巴西里约热内卢召开的联合国环境与发展会议具有历史意义？

320. 什么是《21 世纪议程》？

321. 环境科学的基础学科是什么？它与哪些学科密切相关？

322. 为什么说可持续发展思想标志着人类自然观的一场革命？

323. 从可持续发展的角度，论述人类发展观、财富观和消费观的改变。

324. 如何评价工业化过程中市场经济和环境问题之间的关系？

325. 为什么说环境保护是一个复杂的社会系统工程？

326. 如何看待科学技术与可持续发展的关系？

327. 简述电影技术的发展。

328. 电影的发明有何意义？

329. 简述电视技术的发展。

330. 电视的发明对现代人的生活有何影响？

331. 20 世纪上半叶出现了哪些重要的电子元件？了解一些基本的电子线路。

332. 为什么说集成电路的出现是电路设计的一场革命？

333. 20 世纪上半期电话及无线电通信的理论和技术有什么进步？

334. 雷达的工作原理是什么？

335. 了解雷达的发明及应用情况。

336. 了解 20 世纪陆上机动车辆的种类及技术进步情况。

337. 舰船技术在 20 世纪有哪些进步？

338. 了解近代以来气球飞行和飞艇飞行的情况。

339. 简述莱特兄弟发明飞机的过程和意义。

340. 自莱特兄弟发明飞机以来，飞机的动力装置有何重大改进？

341. 什么是音障？飞机突破音障达到超音速飞行要有什么技术条件？

342. 简述飞机技术的发展过程。

343. 齐奥尔科夫斯基在火箭飞行理论方面有哪些贡献？

344. 戈达德在火箭技术方面有何成就？

345. 什么是 V—2 导弹？

346. 简述苏联航天技术的发展及其主要成就。

347. 简述美国航天技术的发展过程及其主要成就。

348. 什么是"阿波罗计划"？简述人类登月的意义和影响。

349. 简述通信卫星技术的发展及其影响。

350. 了解中国航天技术的发展简况。

351. 人类已发射了哪些重要的行星探测器？有何探测结果？

352. 如何看待地外文明问题？

353. 了解人类空间科学实验的状况。

354. 简述航天飞机的发展和应用。

355. 未来航天技术的目标有哪些？

356. 如何评价建立月球基地的设想？

357. 如何看待人类登陆火星的设想？

358. 略述从机械式计算机到电子计算机的发展。

359. 世界上第一台电子计算机叫什么？是在什么情况下发明的？

360. 冯·诺依曼在电子计算机技术方面有何特殊贡献？

361. 图灵在电子计算机理论方面有何特殊贡献？

362. 从技术上看，从第一代到第四代电子计算机是以什么标准划分的？

363. 了解电子计算机核心部件微型化和运算速度加快的情况。

364. 电子计算机在哪些领域得到了应用？发生了哪些深刻影响？

365. 简述电子计算机软件的发展。

366. 简述中国电子计算机的发展。

367. 未来计算机有哪几种？它们各有什么理论基础和技术基础？

368. 什么是因特网？叙述其发展过程及产生的意义。

369. 简述因特网的功能。

370. 如何评价比尔·盖茨？

371. Yahoo 为何能迅速成名和成功？

372. 什么是激光？激光有什么特点？

373. 激光器是怎样工作的？激光技术已被应用到了哪些方面？

374. 略述激光技术的发展过程。

375. 普通光通信有什么弱点？用激光进行光纤通信有什么优点？

376. 第一次世界大战中出现了哪些新式武器？它们对战争方式发生了什么影响？

377. 第二次世界大战中大规模运用了哪些武器？战争期间出现了哪些新式武器？

378. 略述第二次世界大战后武器的发展。

379. 纵观人类历史，武器技术的发展经历了几个时代？

380. 第二次世界大战后美国为何一直能在高科技领域占据领先地位？

381. 简述冷战结束前后美国的高科技战略。

382. 试析美国发展信息高速公路的战略着眼点。

383. 世界各国在发展高科技方面有哪些举措？

384. 评述中国发展高科技的举措。

385. 在你看来，什么是科学史？

386. 从科学史的角度，论述已知和未知的关系。

387. 结合科学史，论述正确和错误的关系。

388. 结合世界科学技术史，评述中国科学技术史。

389. 结合科学史，谈谈什么是科学精神。

390. 结合技术史，论述技术对文明的影响。

Ⅱ. 20 世纪尚未找到答案的 20 个科学问题

1. 宇宙有多大？

2. 宇宙是怎样演化的？

3. 黑洞在哪里？

4. 反物质存在吗？

5. 暗物质在哪里？

6. 夸克能找到吗？

7. 引力波可以探测到吗？

8. 超光速存在吗？

9. 新元素发现的极限在哪里？

10. 生命是如何起源的？

11. 人类是如何起源的？

12. 是否存在地外文明？

13. 衰老的原因是什么？

14. 人类能彻底消灭疾病吗？

15. 受精卵是怎样发育成人体的？

16. 是否能造出比人聪明的计算机？

17. 如何不再破坏地球的环境？

18. 地震可以准确预报吗？

19. 浑沌是否主宰宇宙？

20. 什么力量驱动着气候？

Ⅲ. 21 世纪重大科技进展与展望

1. 信息高速公路四通八达

2. 数字电视进入家庭

3. 航天飞机成为旅行工具

4. 太阳能飞机载人飞行

5. 可消解塑料，消除白色垃圾

6. 污水处理技术费用降低

7. 生物技术主宰农业生产

8. 用生物技术在荒漠上大片造林

9. 氢燃料汽车投入市场，氢能成为主要能源

10. 超导电器投入使用，磁悬浮列车开行

11. 纳米技术成熟，分子材料普遍应用

12. 智能计算机成为主流计算机

13. 人类基因组计划完成

14. 基因治疗普遍用于临床

15. 克隆技术广泛应用

16. 找到治疗艾滋病的方法

17. 攻克癌症

18. 建立月球基地

19. 建成海底城市

20. 建设火星家园

21. 出现太空城

Ⅳ．主要参考文献

1. 阿西摩夫．古今科技名人辞典．北京：科学出版社，1988

2. 奥雷利奥．未来的一百页．北京：中国展望出版社，1984

3. 贝尔纳．历史上的科学．北京：科学出版社，1983

4. 布朗．世界著名科学家小传．北京：外语教学与研究出版社，1986

5. 曹萱龄等．物理学．北京：人民教育出版社，1980

6. 陈坤等译．世界发明全书．北京：专利出版社，1985～1988

7. 陈昌曙，远德玉．自然科学发展简史．沈阳：辽宁科学技术出版社，1984

8. 柴东浩，陈廷愚．新地球观——从大陆漂移到板块构造．太原：山西科学技术出版社，2000

9. 丹皮尔．科学史——及其与哲学和宗教的关系．北京：商务印书馆，1979

10. 狄特富尔特，瓦尔特编．人与自然．北京：三联书店，1993

11. 弗兰采夫主编．世界通史．第1卷．北京：三联书店，1959

12. 方立天，索爱群，黄克克主编．文化：宗教与人系列论丛．长春：吉林文史出版社，1991

13. 高之栋．自然科学史讲话．西安：陕西科学技术出版社，1986

14. 龚剑平，金尚年：量子力学诠释的世纪之争．科学，48卷，1996（1）

15. 格林．宇宙的琴弦．李泳译，长沙：湖南科学技术出版社，2002

16. 格莱克．混沌：开创新科学．上海：上海译文出版社，1990

17. 郭亦玲，沈慧君编著．物理学史（第二版），北京：清华大学出版社，2005

18. 霍布斯鲍姆．极端的年代．南京：江苏人民出版社，1998

19. 霍根．科学的终结．呼和浩特：远方出版社，1997

20. 卡约里．物理学史．呼和浩特：内蒙古人民出版社，1981

21. 克莱因．古今数学思想．上海：上海科学技术出版社，1980

22. 赖辉亮，金太军．波普传．石家庄：河北人民出版社，1998

23. 李纯武，寿纪瑜等．简明世界通史（上册）．北京：人民教育出版社，1981

24. 李喜先等．21世纪100个科学难题．长春：吉林人民出版社，1998

25. 刘启云等编译．诺贝尔奖金获得者演说词精粹．北京：中国大百科全书出版社，1995

26. 卢嘉锡总主编．自然科学发展大事记．沈阳：辽宁教育出版社，1994

27. 卢鹤绂．哥本哈根学派量子论考释．上海：复旦大学出版社，1984

28. 鲁品越．西方科学历程及其理论透视．北京：中国人民大学出版社，1992

29. 吕贝尔特．工业化史．上海：上海译文出版社，1983

30. 芒图．十八世纪产业革命．北京：商务印书馆，1983

31. 苗东升，刘华杰．浑沌学纵横论．北京：中国人民大学出版社，1993

32. 梅森．自然科学史．上海：上海人民出版社，1977

33. 梅多斯等．增长的极限．北京：商务印书馆，1984

34. 南京工学院等七所工科院校编．物理学．北京：人民教育出版社，1977～1978

35. 潘永祥主编．自然科学发展简史．北京：北京大学出版社，1984

36. 普利高津．确定性的终结——时间、混沌与新自然法则．上海：上海科技教育出版社，1998

37. 普利高津，斯唐热．从混沌到有序．上海：上海译文出版社，1987

38. 清华大学自然辩证法教研组．科学技术史讲义．北京：清华大学出版社，1984

39. 瑞德尼克．量子力学史话．北京：科学出版社，1979

40. 塞格雷．永远进取——埃米里奥·塞格雷自传．上海：东方出版中心，1999

41. 山田真一．世界发明史话．北京：专利文献出版社，1989

42. 山冈望．化学史传．北京：商务印书馆，1995

43. 史超礼，李成智．人类飞行的历程．北京：中国劳动出版社，1995

44. 宋健主编．现代科学技术基础知识．北京：科学出版社，中共中央出版社，1994

45. 宋建林主编．智慧的灵光——世界科学名家传世精品．北京：改革出版社，1999

46. 田洺．未竟的综合．济南：山东教育出版社，1998

47. 王浩．哥德尔．上海：上海译文出版社，1997

48. 王鸿生．中国历史中的技术与科学．北京：中国人民大学出版社，1997

49. 王玉仓．科学技术史．北京：中国人民大学出版社，1993

50. 沃尔夫．十六、十七世纪科学、技术和哲学史．北京：商务印书馆，1985

51. 沃尔夫．十八世纪科学、技术和哲学史．北京：商务印书馆，1995

52. 魏凤文，申先甲．20 世纪物理学史．南昌：江西教育出版社，1994

53. 魏宏森，宋永华等．开创复杂性研究的新学科．成都：四川教育出版社，1991

54. 韦斯科夫．人类认识的自然界．北京：科学出版社，1979

55. 吴国盛．科学的历程．长沙：湖南科学技术出版社，1997

56. 武欣，王晓龙．超级竞争——美日欧高技术角逐概览．成都：四川人民出版社，1990

57. 武际可．力学史，重庆：重庆出版社，2000

58. 西北工业大学理论力学教研室．理论力学．西安：西北工业大学出版社，1979

59. 希尔克．大爆炸．北京：科学普及出版社，1988

60. 希夫勒．二十世纪科学史话．北京：科学出版社，1982

61. 徐葆耕，齐家莹编选．我们都是未解之谜．北京：光明日报出版社，1995

62. 姚政，尚巾主编．千万个未解之谜．海口：国际文化出版公司，海南出版社，1993

63. 杨茂祥，俎浚．诺贝尔奖金获得者辞典．西安：陕西人民教育出版社，1987

64. 杨建邺，李思梦，克乾，刘鹤龄．世界科学五千年．武汉：武汉出版社，1994

65. 伊东俊太郎等．科学技术史词典．北京：光明日报社，1986

66. 伊东俊太郎，坂本贤三，山田庆儿，村上阳一郎编．简明世界科学技术史年表．哈尔滨：哈尔滨工业大学出版社，1984

67. 张文彦，支继军，张继光主编．自然科学大事典．北京：科学技术文献出版社，1992

68. 朱新轩主编．现代自然科学哲学引论．上海：华东师范大学出版社，1992

69. 朱长超主编．世界著名科学家演说精粹．南昌：百花洲文艺出版社，1994

70. 中国科学院．2000 年科学发展报告．北京：科学出版社，2000

71. 中国科学院自然科学史研究所近现代科学史研究室．20 世纪科学技术简史．北京：科学出版社，1985

72. 中国 21 世纪议程——中国 21 世纪人口、环境与发展白皮书. 北京：中国环境科学出版社，1994

73. 自然杂志编辑部. 当代科学之门. 北京：学林出版社，1982

74. David Millar，Ian Millar，John Millar and Margaret Millar. *Chambers Concise Dictionary of Scientists*. Chambers Cambridge，World Publishing Corp，1989

75. I. Bernard Cohen. *Revolution in Science*. The Belknap Press of Harvard University Press，1985

76. James E. Mcclellan Ⅲ，Harold Dorn. *Science and Technology in World History*. the Johns Hopkins Unversity Press，1999

77. Melvin Kranzberg，Carroll W. Pursell. *Technology in Western Civilization*，Volume Ⅱ. Oxford University Press，1967

78. Stephen G. Brush. *The History of Modern Science*. Iowa State University press，1988

79. S. T. Butler，H. Messel. *Apollo and the Universe*. Pergamon Press，1968

80. W. F. Bynum，E. J. Browne，Roy Porter. *Dictionary of the History of Science*. Princeton University Press，1981

Ⅴ. 部分重要人物表（以年代先后为序）

伊姆荷太普——Imhotep，公元前 2980—公元前 2950 年期间享有盛名，埃及学者。

阿摩斯——Ahmose，约生活于公元前 1650 年左右，埃及抄写家。

泰勒斯——Thales，公元前 624—公元前 547，希腊哲学家。

阿那克西曼德——Anaximander，公元前 610—公元前 546，希腊哲学家。

毕达哥拉斯——Pythagoras，约公元前 560—公元前 480，希腊哲学家。

赫卡泰——Hecataeus，约公元前 550—约公元前 475，希腊旅行家。

阿尔克芒——Alcmaeon，约公元前 535—?，希腊医生。

阿那克萨哥拉——Anaxagoras，约公元前 500—公元前 428，希腊哲学家。

恩培多克勒——Empedocles，公元前 490—公元前 430，希腊哲学家。

鲁班——中国春秋时（公元前 770—公元前 476）名匠。

墨翟——中国春秋时哲学家。

苏格拉底——Socrates，公元前 469—公元前 399，希腊哲学家。

德谟克里特——Democritus，约公元前 460—约公元前 370，希腊哲学家。

希波克拉底——Hippocrates，约公元前 460—约公元前 377，希腊医生。

柏拉图——Plato，约公元前 427—约公元前 344，希腊哲学家。

欧多克索——Eudoxus，公元前 409—公元前 356，希腊天文学家和数学家。

亚里士多德——Aristotle，公元前 384—公元前 322，希腊哲学家。

狄奥费拉斯特——Theophrastos，约公元前 372—约公元前 286，希腊植物学家。

卡利浦——Callippus，约公元前 370—约公元前 300，希腊天文学家。

基迪努——Kiddinu，约公元前 340—？，巴比伦天文学家。

甘德——中国战国时（公元前 475—公元前 222）天文学家。

石申——中国战国时天文学家。

扁鹊——中国战国时医学家。

欧几里得——Euclid，约公元前 330—约公元前 275，希腊数学家。

阿利斯塔克——Aristarchus，约公元前 310—约公元前 230，希腊天文学家。

赫罗菲拉斯——Herophilus，公元前 4 世纪—公元前 3 世纪，希腊医生。

埃拉西斯特拉塔——Erasistratus，约公元前 304—公元前 250，希腊医生。

阿基米德——Archimedes，约公元前 287—约公元前 212，希腊数学家和工程师。

埃拉托色尼——Eratosthenes，约公元前 273—约公元前 192，希腊地理学家。

阿波罗尼——Apollonius，约公元前 262—约公元前 190，希腊数学家。

张苍——？—公元前 152，中国官员和数学家。

喜帕克斯——Hipparchus，约公元前 190—约公元前 120，希腊天文学家。

张骞——？—公元前 114，中国探险家。

卢克莱修——Lucretius，公元前 95—公元前 55，罗马哲学家和诗人。

耿寿昌——汉宣帝时（公元前 73—公元前 50）人，中国数学家和官员。

索斯吉斯——Sosigenes，约公元前 90—？，希腊天文学家。

维特鲁维奥——Vitruvius，约公元前 70—约公元前 25，罗马建筑师。

杜诗——？—38，中国发明家和官员。

赫伦——Hero，20—？，希腊工程师。

普林尼——Pliny，23—79，罗马学者。

班超——32—102，中国探险家。

蔡伦——约 50—121，中国发明家。

张衡——78—139，中国天文学家。

托勒密——Ptolemy，约90—168，希腊（或埃及）天文学家。

阇罗迦——Caraka，约120—约162，印度医生。

盖仑——Galen，129—199，希腊（或罗马）医生。

张仲景——东汉建安时（196—219）中国医学家。

华佗——东汉建安时中国医生。

丢番图——Diophantus，206—290，罗马时代的希腊人，数学家。

马钧——三国时（220—280）人，中国发明家。

刘徽——三国时中国数学家。

皇甫谧——215—282，中国针灸学家。

裴秀——224—271，中国地图学家。

葛洪——281—341，中国道士。

希帕蒂娅——Hypatia，370—415，罗马时期亚历山大城的女学者。

普罗克鲁斯——Proclus，410—485，东罗马学者。

祖冲之——429—500，中国数学家。

圣使——Aryabhata，生活于475年前后，印度天文学家。

波依修斯——Boethius，480—524，西罗马末期学者。

彘日——Varahamihira，生活于505年前后，印度历算家。

巢元方——581—617，中国医学家。

宇文恺——555—612，中国建筑学家。

梵藏——Brahmagputa，598—?，印度数学家。

一行——673—727，中国天文学家。

哈彦——Ihn Hayyan，生活于776年前后，阿拉伯炼金士。

法萨里——Al Fazari，?—806，阿拉伯天文学家。

哈查只——Al Hajjaj，闻名于786—833年间，阿拉伯天文学家。

花剌子米——Al Khwarizmi，?—850，阿拉伯数学家。

拉齐——Al Razi，865—925，波斯人，在巴格达行医的医生。

白塔尼——Al Battani，约858—929，阿拉伯天文学家。

苏非——Al Sufi，903—986，阿拉伯天文学家。

伊本·海赛木——Ibn Al _ Haytham，965—1039，阿拉伯光学家。

比鲁尼——Al Buruni，973—1048，波斯学者。

阿维森那——Avicenna，980—1037，阿拉伯医生。

室利驮罗——Sridhara，999—?，印度数学家。

苏颂——1020—1101，中国天文学家。

沈括——1031—1095，中国官员和科学家。

毕昇——北宋庆历年间（1041—1048）中国发明家。

李诫——? —1110，中国建筑学家。

作明——1114—?，印度数学家。

杰拉德——Gerard of Cremona，1114—1187，阿拉伯人统治西班牙时学者。

刘完素——1120—1200，中国医生。

宋慈——1186—1249，中国法医学家。

李冶——1192—1279，中国数学家。

罗吉尔·培根——Roger Bacon，1220—1292，英国学者。

郭守敬——1231—1316，中国天文学家。

王恂——1235—1281，中国天文学家。

郑和——1371—1435，中国航海家。

古腾堡——Johann Gutenberg，约 1398—约 1468，德国发明家。

哥伦布——Christopher Columbus，1451—1506，意大利探险家。

列奥那多·达·芬奇——Leonardo Da Vinci，1452—1519，意大利艺术家。

哥白尼——Nicolas Copernicus，1473—1543，波兰天文学家。

麦哲伦——Ferdinand Magellan，1480—1521，葡萄牙探险家。

帕拉塞尔苏斯——Philippus Aureolus Paracelsus，1493—1541，瑞士医生。

阿格里柯拉——Georgrius Agricola，1490—1555，德国矿物学家。

塞尔维特——Michael Servetus，1511—1553，西班牙医生。

维萨留斯——Andreas Vesalius，1514—1564，比利时解剖学家。

李时珍——1518—1593，中国药学家。

朱载堉——1536—1610，中国音律学家。

吉尔伯特——William Gilbert，1544—1603，英国医生和物理学家。

第谷——Tycho Brahe，1546—1601，丹麦天文学家。

耐普尔——John Napier，1550—1617，英国数学家。

利玛窦——Matthoeus Ricci，1552—1610，1582 年来华的意大利传教士。

徐光启——1562—1633，中国科学家和官员。

伽利略——Galileo，1564—1642，意大利天文学家和力学家。

开普勒——Johann Kepler，1571—1630，德国天文学家。

哈维——William Harvey，1578—1657，英国医生。

宋应星——1587—?，中国工程学家。

笛卡尔——Rene Descartes，1596—1650，法国哲学家和数学家。

费尔玛——Pierre de Fermat，1601—1665，法国数学家。

盖里克——Otto Von Guericke，1602—1686，德国物理学家。

帕斯卡——Blaise Pascal，1623—1662，法国数学家和物理学家。

波义耳——Robert Boyle，1627—1691，英国化学家。

马尔比基——Marcello Malpighi，1628—1694，意大利生理学家。

王锡阐——1628—1682，中国数学家。

惠更斯——Christiaan Huygens，1629—1695，荷兰物理学家。

列文虎克——Anton Van leeuwenhoek，1632—1723，荷兰生物学家和显微镜学家。

梅文鼎——1633—1721，中国数学家。

胡克——Robert Hooke，1635—1703，英国物理学家。

施旺墨丹——Jan Swammerdam，1637—1680，荷兰博物学家。

牛顿——Isaac Newton，1642—1727，英国物理学家、数学家、光学家。

莱布尼茨——Gottfried Wilhelm Leibniz，1646—1716，德国哲学家和数学家。

萨弗里——Thomas Savery，1650—1715，英国工程师。

哈雷——Edmund Halley，1656—1743，英国天文学家。

斯塔尔——Georg Ernst Stahl，1660—1734，德国化学家。

纽科门——Thomas Newcomen，1663—1729，英国工程师。

华仑海特——Gabriel Daniel Fahreheit，1686—1736，德国—荷兰物理学家。

穆欣布罗克——Pieter Van Musschenbroek，1692—1761，荷兰物理学家。

马克劳林——Colin Maclaurin，1698—1746，苏格兰数学家。

伯努利——Daniel Bernoulli，1700—1782，瑞士数学家。

克莱斯特——Ewald Greog Von Kleist，1700—1748，德国物理学家。

摄尔修斯——Anders Celsius，1701—1744，瑞典物理学家，摄氏温标设计者。

富兰克林——Benjamin Franklin，1706—1790，美国政治家、科学家。

欧拉——Leonhard Euler，1707—1783，瑞士数学家。

林耐——Carolus Linnaeus，1707—1778，瑞典植物学家。

布丰——Georges Louis Leclerc Buffon，1707—1788，法国博物学家。

罗蒙诺索夫——Mikhail Vasilievich Lomonosov，1711—1765，俄国物理学家。

达兰贝尔——Jean le Rond D'Alembert，1717—1783，法国数学家。

赵学敏——1719—1805，中国药学家。

康德——Immanuel Kant，1724—1804，德国哲学家。

赫顿——James Hutton，1726—1797，苏格兰地质学家。

布莱克——Joseph Black，1728—1799，苏格兰化学家。

提丢斯——Daniel Johann Titius，1729—1796，德国天文学家。

卡文迪许——Henry Cavendish，1731—1810，英国化学家和物理学家。

阿克莱特——Richard Arkwright，1732—1792，英国发明家。

普列斯特里——Joseph Priestley，1733—1804，英国化学家。

瓦特——James Watt，1736—1819，苏格兰工程师。

拉格朗日——Joseph Louis Comte de Lagrange，1736—1813，法国数学家。

库仑——Charles Augustin Coulomb，1736—1806，法国物理学家。

伽伐尼——Luigi Galvani，1737—1798，意大利医生。

赫歇耳——William Herschel，1738—1822，德国—英国天文学家。

社勒——Karl Wilhelm Scheele，1742—1786，瑞典化学家。

拉瓦锡——Antoine Laurent Lavoisier，1743—1794，法国化学家。

拉马克——Jean Baptiste Pierre Lamark，1744—1829，法国博物学家。

伏特——Alessandro Giuseppe Antonio Anastasio Volta，1745—1827，意大利物理学家。

查理——Jacques Alexandre Charles，1746—1823，法国物理学家。

波德——Johann Elert Bode，1747—1826，德国天文学家。

纪南——P. L. Guinand，1748—1824，瑞士玻璃制造家。

拉普拉斯——Pierre Simon Laplace，1749—1827，法国天文学家和数学家。

詹纳——Edward Jenner，1749—1823，英国医生。

维尔纳——Abraham Gottlob Werner，1750—1817，德国地质学家。

汤普森——Benjamin Thompson Rumford，1753—1814，美国—英国物理学家。

尼科尔逊——William Nicholson，1753—1815，英国化学家。

奥伯斯——H. W. Matthaus Olbers，1758—1840，德国天文学家。

尼普斯——Joseph Nicephore Niepce，1765—1833，法国发明家。

富尔顿——Robert Fulton，1765—1815，美国发明家。

惠特尼——Eli Whitney，1765—1825，美国发明家。

马尔萨斯——Robert Thomas Malthus，1766—1834，英国人口学家。

道尔顿——John Dalton，1766—1844，英国化学家。

布瓦尔德——Alexis Bouvard，1767—1843，法国天文学家。

王清任——1768—1831，中国医学家。

傅里叶——Jean Baptiste Joseph Fourier，1768—1830，法国数学家。

居维叶——Georges Leopold Cuvier，1769—1832，法国解剖学家。

洪堡——Friedrich wilhelm Humboldt，1769—1859，德国博物学家。

托马斯·杨——Thomas Young，1773—1829，英国物理学家和医生。

布朗——Robert Brown，1773—1858，苏格兰植物学家。

比奥——Jean Baptist Biot，1774—1862，法国物理学家。

安培——Andre Marie Ampere，1775—1836，法国物理学家。

阿伏伽德罗——Amedeo Avogadro，1776—1856，意大利化学家。

高斯——Johann Karl Friedrich Gauss，1777—1855，德国数学家。

奥斯特——Hans Christian Oersted，1777—1851，丹麦物理学家。

盖-吕萨克——Joseph Louis Gay-Lussac，1778—1850，法国化学家。

戴维——Humphry Davy，1778—1829，英国化学家。

柏采里乌斯—Jons Jakob Berzelius，1779—1848，瑞典化学家。

史蒂文逊——George Stephenson，1781—1848，英国发明家。

泊松——Simeon Denis Poisson，1781—1840，法国数学家。

斯特金——William Sturgeon，1783—1850，英国物理学家。

贝塞尔——Friedrich Wilhelm Bessel，1784—1846，德国天文学家。

阿米奇——Giovanni Battista Amici，1786—1868，意大利光学家。

夫琅合费——Joseph Von Fraunhofer，1787—1826，德国物理学家。

菲涅尔——Augustin Jean Fresnel，1788—1827，法国物理学家。

欧姆——Georg Simon Ohm，1787—1854，德国物理学家。

吴其濬——1789—1847，中国植物学家。

柯西——Augustin Louis Cauchy，1789—1857，法国数学家。

达盖尔——Louis Jacques Mande Daguerre，1789—1851，法国发明家。

莫尔斯——Samuel Finley Breese Morse，1791—1872，美国发明家。

法拉第——Michael Faraday，1791—1867，英国物理学家和化学家。

贝尔——Karl Ernst Von Baer，1792—1876，德国—俄国胚胎学家。

巴贝奇——Charles Babbage，1792—1871，英国数学家。

罗巴契夫斯基——Nikolai Ivanovich Lobachevski，1792—1856，俄国数学家。

魏源——1794—1857，中国著作家、思想家。

卡诺——Nicolas Leonard Sadi Carnot，1796—1832，法国热力学家。

赖尔——Charles Lyell，1797—1875，苏格兰地质学家。

亨利——Joseph Henry，1797—1878，美国物理学家。

舍恩拜因——Christian Friedrich Schonbein，1799—1868，德国—瑞士化学家。

阿贝尔——Niels Henrik Abel，1802—1829，挪威数学家。

鲍耶——Janos Bolyai，1802—1860，匈牙利数学家。

李比希——Justus Von Liebig，1803—1873，德国化学家。

多普勒——Christan Johann Doppler，1803—1853，奥地利物理学家、数学家。

楞次——Heinrich Friedrich Emil Lenz，1804—1865，在俄国工作的德国物理学家。

施莱登——Matthias Jakob Schleiden，1804—1881，德国植物学家。

哈密顿——William Rowan Hamilton，1805—1865，爱尔兰数学家。

达尔文——Charles Robert Darwin，1809—1882，英国博物学家。

刘维尔——Joseph Liouville，1809—1882，法国数学家。

施旺——Theodor Schwann，1810—1882，德国生理学家。

勒威耶——Urbain Jean Jaseph Leverrier，1811—1877，法国天文学家。

本生——Robent Wilhelm Eberhard Bunsen，1811—1899，德国化学家。

伽罗瓦——Evariste Galois，1811—1832，法国数学家。

加勒——Johann Gottfried Galle，1812—1910，德国天文学家。

贝塞麦——Henry Bessemer，1813—1898，英国冶金学家。

盖斯勒——Heinrich Geissler，1814—1879，德国发明家。

迈尔——Julius Robert Mayer，1814—1878，德国医生、物理学家。

魏尔斯特拉斯——Karl Theodor Weierstrass，1815—1897，德国数学家。

布尔——George Boole，1815—1864，英国数学家及逻辑学家。

李善兰——1811—1882，中国数学家。

焦耳——James Prescott Joule，1818—1889，英国物理学家。

德雷克——Edwin Lauventine Drake，1819—1880，美国石油工程师。

亚当斯——John Couch Adams，1819—1892，英国天文学家。

傅科——Jean Bernard Leon Foucault，1819—1868，法国物理学家。

菲索——Armand Hippolyte Louis Fizeau，1819—1896，法国物理学家。

尚古多——Beguyer de Chan Courtois，1820—1886，法国地质学家和化学家。

凯雷——Arthur Cayley，1821—1895，英国数学家。

微耳和——Rudolph Carl Virchow，1821—1902，德国病理学家。

赫尔姆霍兹——Hermann Ludwig Ferdinand Von Helmholtz，1821—1894，德国物理学家。

克劳修斯——Rudolf Julius Clausius，1822—1888，德国物理学家。

孟德尔——Gregor Johann Mendel，1822—1884，奥地利遗传学家。

巴斯德——Louis Pasteur，1822—1895，法国微生物学家。

华莱士——Alfred Russel Wallace，1823—1913，英国博物学家。

西门子——William Siemens，1823—1883，德国发明家。

基尔霍夫——Gustav Robert Kirchhoff，1824—1887，德国物理学家。

开尔文——William Thomson Kelvin，1824—1907，苏格兰物理学家。

巴尔末——Johann Jokob Balmer，1825—1898，瑞士数学家及物理学家。

坎尼扎罗——Stanislao Cannizzaro，1826—1910，意大利化学家。

黎曼——Georg Friedrich Bernhard Riemann，1826—1866，德国数学家。

容闳——1828—1912，中国教育家。

凯库勒——Friedrich August Kekule，1829—1896，德国化学家。

迈耶尔——Julius Lother Meyer，1830—1895，德国化学家。

马雷——Etienne Jules Marey，1830—1904，法国生理学家和发明家。

戴德金——Julius Wilhelm Richard Dedekind，1831—1916，德国数学家。

麦克斯韦——James Clerk Maxwell，1831—1879，苏格兰数学家和物理学家。

奥托——Nikolaus August Otto，1832—1891，德国发明家。

克鲁克斯——William Crookes，1832—1919，英国物理学家。

诺贝尔——Alfred Bernhard Nobel，1833—1896，瑞典发明家。

华蘅芳——1833—1902，中国近代科学家。

门捷列夫——Dmitri Ivanovich Mendeleev，1834—1907，俄国化学家。

戴姆勒——Gottlieb Wilhelm Daimler，1834—1900，德国发明家。

纽康——Simon Newcomb，1835—1909，加拿大—美国天文学家。

纽兰兹——John Alexander Reina Newlands，1837—1898，英国化学家。

莫雷——Edward Williams Morley，1838—1923，美国化学家和物理学家。

马赫——Ernst Mach，1838—1916，奥地利物理学家。

珀金——William Henry Perkin，1838—1907，英国化学家。

齐伯林——Ferdnand Adolf August Zeppelin，1838—1917，德国飞艇发明家。

马克西姆——Hiram Stevens Maxim，1840—1916，美国—英国发明家。

瑞利——John William Strutt Rayleigh，1842—1919，英国物理学家。

科赫——Heinrich Hermann Robert Koch，1843—1910，德国细菌学家。

玻尔兹曼——Ludwig Edward Boltzmann，1844—1906，奥地利物理学家。

康托——Georg Cantor，1845—1918，德国数学家。

伦琴——Wilhelm Konrad Roentgen，1845—1923，德国物理学家。

爱迪生——Thomas Alva Edison，1847—1931，美国发明家。

贝尔——Alexander Graham Bell，1847—1922，苏格兰—美国发明家。

李林塔尔——Otto Lilienthal，1848—1896，德国航空工程师。

厄缶——Roland Eotvos，1848—1919，匈牙利物理学家。

弗雷格——Friedrich Ludwig Gottlob Frege，1848—1925，德国数学家。

巴甫洛夫——Ivan Petrovich Pavlov 1849—1936，俄国生理学家。

弗莱明——John Ambrose Fleming，1849—1945，英国电器发明家。

斐兹杰惹——George Francis FitzGerald，1851—1901，爱尔兰物理学家。

费舍尔——Emil Hermann Fischer，1852—1919，德国生物化学家。

贝克勒尔——Antoine Henri Becquerel，1852—1908，法国物理学家。

迈克尔逊——Albert Abraham Michelson，1852—1931，德国—美国物理学家。

洛伦兹——Hendrik Antoon Lorentz，1853—1928，荷兰物理学家。

奥斯特瓦尔德——Friedrich Wilhelm Ostward，1853—1932，俄国—德国物理化学家。

严复——1853—1921，中国翻译家。

欧耐斯——Heike Kamerlingh—Onnes，1853—1926，荷兰物理学家。

艾利希——Paul Ehrlich，1854—1915，德国药学家。

彭加莱——Jules Henri Poincare，1854—1912，法国数学家。

伊士曼——George Eastman，1854—1932，美国发明家。

里德伯——Johannes Robert Rydberg，1854—1919，瑞典物理学家。

弗洛伊德——Sigmund Freud，1856—1939，奥地利精神病学家。

特斯拉——Nikola Tesla，1856—1943，克罗地亚—美国发明家。

汤姆生——Joseph John Thomson，1856—1940，英国物理学家。

莫霍洛维奇——Andrija Mohorovicic，1857—1936，克罗地亚地质学家。

赫兹——Heinrich Rudolf Hertz，1857—1894，德国物理学家。

齐奥尔科夫斯基——Konstantin Eduardovich Tsiolkovsky，1857—1935，苏联宇航理论先驱。

谢灵顿——Charles Scott Sherrington，1857—1952，英国神经病学家。

奥德汉姆——R. D. Oldham，1858—1936，英国地球科学家。

狄塞尔——Rudlf Diesel，1858—1913，德国发明家。

普朗克——Max Karl Ernst Ludwig Plank，1858—1947，德国物理学家。

波波夫——Alexander Stepanovich Popov，1859—1906，俄国无线电专家。

居里——Pierre Curie，1859—1906，法国化学家。

尼普科——Paul Nipkow，1860—1940，德国发明家。

詹天佑——1861—1919，中国铁路工程师。

肯涅利——Arthur Edwin Kennelly，1861—1939，英国—美国电机工程师。

希尔伯特——David Hilbert，1862—1943，德国数学家。

布拉格——William Henry Bragg，1862—1942，英国物理学家。

福特——Henry Ford，1863—1947，美国工业家。

维恩——Wilhelm Wien，1864—1928，德国物理学家。

闵可夫斯基——Hermann Minkowski，1864—1909，俄国—德国数学家。

能斯特——Hermann Walter Nernst，1864—1941，德国物理化学家。

摩尔根——Thomas Hunt Morgan，1866—1945，美国遗传学家。

莱特——Wilbur Wright，1867—1912，美国飞机发明家。

居里夫人——Marie Sklodowska Curie，1867—1934，女，波兰—法国化学家。

密立根——Robert Anderews Millikan，1868—1953，美国物理学家。

兰德斯泰纳——Karl Landsteiner，1868—1943，奥地利—美国医生。

索末菲——Arnold Johannes Sommerfeld，1868—1951，德国物理学家。

哈柏——Fritz Haber，1868—1934，德国化学家。

列文——Phoebus Aaron Theodor Levene，1869—1940，俄国—美国生物化学家。

莱特——Orville Wright，1871—1948，美国飞机发明家。

卢瑟福——Ernest Rutherford，1871—1937，英国物理学家。

朗之万——Paul Langevin，1872—1946，法国物理学家。

德西特——Willem de Sitter，1872—1934，荷兰天文学家。

罗素——Bertrand Arthur William Russell，1872—1970，英国数学家和哲

学家。

福雷斯特——Lee De Forest，1873—1961，美国发明家。

卡雷尔——A. Carrel，1873—1944，法国—美国医生。

赫兹普龙——Ejnar Hertzsprung，1873—1967，丹麦天文学家。

史瓦西——Karl Schwarzschild，1873—1916，德国天文学家。

舒尔——G. H. Shull，1874—1954，美国玉米杂交专家。

马可尼——Marchese Guglielmo Marconi，1874—1937，意大利工程师。

阿斯顿——Francis William Aston，1877—1945，英国化学家和物理学家。

索迪——Frederick Soddy，1877—1956，英国化学家。

艾弗里——Oswald Theodore Avery，1877—1955，加拿大—美国医生。

罗素——Henry Norris Russell，1877—1957，美国天文学家。

迈特纳——Lise Meitner，1878—1968，女，奥地利—瑞典物理学家。

哈恩——Otto Hahn，1879—1968，德国物理化学家。

爱因斯坦——Albert Einstein，1879—1955，德国—瑞士—美国物理学家。

劳厄——Max Theodor Felix Von Laue，1879—1960，德国物理学家。

魏格纳——Alfred Lothar Wegener，1880—1930，德国地质学家。

施陶丁格——Hermann Staudinger，1881—1965，德国化学家。

冯·卡门——Theodore Von Karman，1881—1963，匈牙利—美国空气动力学家。

弗莱明——Alexander Fleming，1881—1955，苏格兰细菌学家。

戴维逊——Clinton Joseph Davisson，1881—1958，美国物理学家。

盖革——Hans Wilhelm Geiger，1882—1945，德国物理学家。

戈达德——Robert Hutchings Goddard，1882—1945，美国火箭工程师。

玻恩——Max Born，1882—1970，德国—英国物理学家。

爱丁顿——Arthur Stanley Eddington，1882—1944，英国天文学家。

皮卡德——Auguste Piccard，1884—1962，瑞士物理学家和高空探险家。

玻尔——Neils Henrik David Bohr，1885—1962，丹麦物理学家。

特郎普勒——Robert Julius Trumpler，1886—1956，瑞士—美国天文学家。

薛定谔——Erwin Schrodinger，1887—1961，奥地利物理学家。

莫斯莱——Henry Gwyn—Jeffreys Moseley，1887—1915，英国物理学家和化学家。

弗里德曼——Alexander Alexandrovich Friedmann，1888—1925，俄国数学家。

拉曼——Chandrasekhara Venkata Raman，1888—1970，印度物理学家。

兹窝里金——Valdimir Kosma Zworykin，1889—1982，俄国—美国发明家。

李四光——1889—1971，中国地质学家。

哈勃——Edwin Powell Hubble，1889—1953，美国天文学家。

侯德榜——1890—1974，中国化学家。

霍尔姆斯——Arthur Holmes，1890—1965，英国地质学家。

阿姆斯特朗——Edwin Howard Armstrong，1890—1954，美国电机工程师。

穆勒——Hermann Joseph Muller，1890—1967，美国生物学家。

查德威克——James Chadwich，1891—1974，英国物理学家。

罗伯特·沃森-瓦特——Robert Alexander Watson-Watt，1892—1973，苏格兰发明家。

德布罗意——Louis Victor De Broglie，1892—1987，法国物理学家。

康普顿——Arthur Holly Compton，1892—1962，美国物理学家。

奥巴林——Alexander Ivanovich Oparin，1894—1980，苏联生物化学家。

奥伯斯——Hermann Julius Oberth，1894—?，罗马尼亚—德国工程师。

勒梅特——Abbe Georges Edouard Lemaitre，1894—1966，比利时天文学家。

维纳——Norbert Wiener，1894—1964，美国控制论学者。

卡罗瑟斯——Wallace Hume Carothers，1896—1937，美国化学家。

伊雷娜·居里——Irene Joliot—Curie，1897—1956，法国物理学家。

弗劳瑞——Howard Walter Florey，1898—1968，澳大利亚—英国病理学家。

齐格勒——Karl Ziegler，1898—1973，德国化学家。

缪勒——Paul Hermann Muller，1899—1965，瑞士化学家。

约里奥·居里——Joliot—Curie Frederic，1900—1958，法国物理学家。

泡利——Wolfgang Pauli，1900—1958，奥地利—美国物理学家。

鲍林——Linus Carl Pauling，1901—1994，美国化学家。

劳伦斯——Ernest Orlando Lawrence，1901—1958，美国物理学家。

费米——Enrico Fermi，1901—1954，意大利—美国物理学家。

海森堡——Werner Karl Heisenberg，1901—1976，德国物理学家。

林德伯格——Charles Augustus Lindbergh，1902—1974，美国飞行家。

布拉顿——Walter Houser Brattain，1902—1987，美国物理学家。

斯特拉斯曼——Fritz Strassman，1902—1980，德国原子核化学家。

狄拉克——Paul Adrien Maurice Dirac，1902—1984，英国物理学家。

库尔恰托夫——Igor Vasilevich Kurchatov，1903—1960，苏联物理学家。

那塔——Giulio Natta，1903—1979，意大利化学家。

比德尔——George Wells Beadle，1903—1989，美国遗传学家和生物化学家。

冯·诺依曼——John Von Neumann，1903—1957，匈牙利—美国数学家。

柯尔莫果洛夫—A. N. Kolmogorov，1903—1987，苏联数学家。

盖莫夫——George Gamow，1904—1968，苏联—美国物理学家。

奥本海默——J. Robert Oppenheimer，1904—1967，美国物理学家。

安德逊——Carl David Anderson，1905—1991，美国物理学家。

央斯基——Karl Guthe Jansky，1905—1950，美国无线电工程师。

布洛赫——Felix Bloch，1905—1983，瑞士—美国物理学家。

尤因——William Maurice Ewing，1906—1974，美国地质学家。

科洛寥夫——C. B. Koroleiv，1906—1965，苏联火箭工程师。

钱恩——Ernst Boris Chain，1906—1979，德国—英国生物化学家。

贝特——Hans Albrecht Bethe，1906—2005，德国—美国天体物理学家。

福克斯——Karl August Folkers，1906—1997，美国化学家。

德尔布鲁克——Max Delbruck，1906—1981，德国—美国生物学家。

汤川秀树——Hideki Yukawa，1907—1981，日本物理学家。

莫奇利——John William Mauchly，1907—1980，美国计算机工程师。

特勒——Edward Teller，1908—2003，美国核物理学家。

巴丁——John Bardeen，1908—1991，美国半导体物理学家。

赫尔希——Alfred Day Hershey，1908—1997，美国微生物学家。

泰特姆——Edward Lawrie Tatum，1909—1975，美国生物化学家。

华罗庚——1910—1985，中国数学家。

肖克利——William Bradford Shockley，1910—1989，英国—美国半导体物理学家。

费洛里——Paul John Flory，1910—1985，美国化学家。

钱学森——1911—，中国空气动力学家和控制论学者。

雷伯尔——Grote Reber，1911—2002，美国无线电工程师。

布劳恩——Wernher Magnus Maximilian Von Braun，1912—1977，德国—美国火箭工程师。

图灵——Alan Mathison Turing，1912—1954，英国数学家。

魏扎克——Carl Friedrich Weizsacker，1912—，德国天文学家。

布劳格——N. E. BorLaug，1914—2003，美国小麦育种家。

汤斯——Charles Hard Townes，1915—，美国物理学家。

申农——Claude Elwood Shannon，1916—2001，美国信息论学者。

克里克——Francis Harry Compton Crick，1916—，英国生物化学家。

普罗霍洛夫——Alexander Mikhailovich Prokhorov，1916—2002，苏联物理学家。

普利高津——Ilya Prigogine，1917—2003，比利时物理学家。

科恩伯格——Arthur Kornberg，1918—2007，美国生物化学家。

桑格——Frederik Sanger，1918—，英国生物化学家。

胡斯特——Hendrik Christoffel Van de Hulst，1918—2000，荷兰天文学家。

艾克特——John Presper Eckert，1919—1995，美国电子计算机工程师。

弗兰克林——Rosalind Elsie Franklin，1920—1958，女，英国物理化学家。

萨哈罗夫——Andrey Dmitriyevich Sakharov，1921—1989，苏联核物理学家。

杨振宁——Chen Ning Yang，1922—，中国—美国物理学家。

巴索夫——Nikolai Gennadievich Basov，1922—2001，苏联物理学家。

休伊什——Antony Hewish，1924—，英国天文学家。

萨拉姆——Abdus Salam，1926—，巴基斯坦—英国物理学家。

李政道——Tsung—Dao Lee，1926—，中国—美国物理学家。

尼伦伯格——Marshall Warren Nirenberg，1927—，美国生物化学家。

梅曼——Theodore Harold Maiman，1927—2007，美国物理学家。

沃森——James Dewey Watson，1928—，美国生物化学家。

盖尔曼——Murray Gell—Mann，1929—，美国物理学家。

库珀——Leon N. Cooper，1930—，美国物理学家。

阿姆斯特朗——Neil Alden Armstrong，1930—，美国宇航员。

格拉肖——Sheldon Lee Glashow，1932—，美国物理学家。

彭齐亚斯——Arno Allan Penzias，1933—，德国—美国天体物理学家。

温伯格——Steven Weinberg，1933—，美国物理学家。

加加林——Yuli Alekseyevich Gagarin，1934—1968，苏联宇航员。

丁肇中——Samuel Chao Chung Ting，1936—，中国—美国物理学家。

约瑟夫森——Brian David Josephson，1940—，英国物理学家。

盖茨——William H. Gates III，1955—，美国科技企业家。

后　记

　　20 世纪 80 年代是中国"科学技术史"研究的一个复苏时期。作者自 1985 年在中国人民大学任教时便打算开设世界科学技术史课程。先是因为讲课需要，继之是入门后的兴趣和企图通晓该领域知识的愿望，产生了写作本书的念头。

　　不少教材由几人合作，分头编写，各人可选择自己熟悉的领域，扬长避短，不日成之。然作者多年孤守一隅，未有同行联络，只是单教独思，一人面对古今中外的书山文海，从中寻找数理化天地生和各门技术发展的轨迹。这样既是学习又是研究，解惑之瞬也是所得之时。经年寒窗，甘苦自知。该书从 1985 年开始搜集资料，梳理思路，开始写作，第一版于 1996 年问世，2001 年做了修订，2007 年 10 月开始再次修订，先后经历了二十二年的时间。

　　为使本书能适应大学本科和硕士研究生教学的篇幅、内容和深度要求，又成为一本普及性的科学技术通史著作，作者在撰写过程中力求兼顾学科分类和历史线索，涉猎范围尽量广阔，对有助于理解科技史的相关内容采取加注的方法，以免正文陷入繁琐细节。叙述则力求可读性强，议论尽可能恰当，以图从整体上清晰勾画科学思想和技术的发展过程，使人读后看清人类探索各种自然现象和发明各种技术的宏观轨迹，同时了解科学技术的主要成就，并适当关注科技进步对人类生活的影响，思考科学技术发展与文明进步的多维度联系。

　　当然，作者的初衷和努力结果如何，还取决于读者的感受。在多年教学研究中，作者和读者有多次交流的契机，每次修订都是完善本书的机会。不过，科学技术的内容深广似海，且发展新潮澎湃不息，研究的角度和方法也不一而足，作者只能不断搜集、整理、提炼并努力升华各种行内行外的高明先见，并且也始终不忘在书中直抒己见。这个第3版虽不企望在科学技术通史方面树典立标，但也凝聚着作者补旧出新的努力。

本书写作时以地区分章处理了古代部分（第一篇）的内容，要体现的意图是描绘古代文明的渺远和宏厚，回望古代东西方世界理解自然的智慧灵光，品味东土西域以往才俊创造文明的奇技绝巧，同时追思处于大陆两端的两种文明的缓慢交融与激烈碰撞，从而阐发以科技为主导的现代文明发源于欧亚大陆和北非的基本思路。当然，作者也意识到，美洲大陆的古代文明在培育优良植物品种方面有突出的成果，这也构成了现代文明的一部分。对此，这次修订时结合相关内容做了补充性的叙述。

本书近代部分（第二篇）和现代部分（第三篇）形虽二致，实为一体，且因近代以来科技发展跨国越界，改为以学科划限归类。天文学、生命科学、化学以及物理学和技术发展，在近现代部分中均有专章，串联起来可成分列的单学科发展史。如此安排旨在为教师讲解提供方便，也为读者在知识和人物海洋中不徘徊迷转。其中某些中心线索和核心概念，如天文学中的坐标转移以及深度解释和广度扩进，生命科学中从人体解剖到细胞再到基因的微观追究，进化论诞生后引发的关于生命起源和演化的多层次、多方位探索，化学中的元素概念，物理学中的热、电、磁、光现象和对原子和基本粒子的现代拷问，对物质能量及运动时空的睿思联想，以及技术发展中从蒸汽机革命到电力技术革命再到现代技术革命等等，皆被作为贯穿两篇的思路和主线。对于数学中的微积分和力学的早期发展，则附在与之关联的近代天文学一章，从而整合数学发展的主要内容在现代部分专章叙述。地球科学的近代发展则置于现代部分的首节叙述，不显于近代部分，以求全书纲目的简洁。现代部分的综合性科学和探索复杂性的非线性科学，则专章讨论，以示现代科学发展中深穷广究的大趋势。书中每章前引用名人语录或名著摘句是为概括全章主题，书后所附"学习思考题"基本反映了全书所叙述、议论和探讨的问题，书后所列"部分重要人物表"则想为读者的进一步研究提供参考坐标。

作者在教学和本书第1版的写作过程中接触、参考、研究了大量已出版的中外著作和有关资料，其中应当特别提到的是丹皮尔所著《科学史》，它是作者读研究生时便开始研读的启蒙著作，其影响可想而知。其次是潘永祥先生主编的《自然科学发展简史》，该书是作者最初执教时选用的学生教材，且让作者受益良多。中国科学院自然科学史研究所近现代科学史研究室的学者编写的《20世纪科学技术简史》，为本书一些章节的撰写提供了帮助。高之栋先生所著《自然科学史讲话》也是作者的重要参考书。美国学者阿西摩夫所著《古今科技名人辞典》为本书"部分重要人物表"的编写提供了参照。

本书第 1 版写作过程中，作者的师友钟安环、苗东升、陈志良、张金马、黄克克等教授曾提出不少启发性意见。第 2 版修订时，现代天文学、物理学某些内容曾蒙何祚麻院士指正；李成智教授、傅立教授、刘奇教授、戚发全副教授、高素兰副教授、丛亚丽博士、李建军博士、段伟文博士、马建波博士等与作者合作研究的成果，也为本书的增补提供了参考。中国人民大学出版社原社长王霁教授、本书前两版的责任编辑林坚博士等，都对本书的出版和修订提供过诸多帮助。就本书第 2 版，福建漳州师范学院的庄恒恺同学曾来信指出两处问题，中国人民大学哲学院博士生韩孝成同学也发现过文字及数字错谬。作者对以上助益友人和热心读者，表示衷心的感谢！

本书此次修订，蒙李艳辉博士督促完成。近三月来，作者以一个细心读者的心态，对全书再次做了逐章逐句的审视，也再次体会了文字功夫上推敲锤炼的含义。自己平时有意无意间发现的旧版在文字表达及印刷上的一些错谬，有了订正的机会。热心读友指出的问题，更是得到了纠正。另外，还加叙了近几年的重大科技发展。不过，本书前两版个别章节中一些与主题不直接相关的余论被删减。尤其是原来作为附录之一的诺贝尔科学奖的内容，这次全部删去，算是一次不小的瘦身。这样做的理由，主要是考虑到互联网时代，本书要力求以思想取胜，而不再承担那些在网上点指可得的资料。

科学技术史涉及的学科知识广泛，处理的材料繁杂，在涉及史实时宜取中正态度，在叙述科技内容时更需求解精神和严谨风格。作者愚钝，在以上诸方面皆有不逮，请读者指点。

王鸿生

2007 年 12 月第 3 版修订

于北京海淀区世纪城

图书在版编目（CIP）数据

世界科学技术史/王鸿生著．3版．
北京：中国人民大学出版社，2008
（21世纪通识教育系列教材）
ISBN 978-7-300-09582-0

Ⅰ．世…
Ⅱ．王…
Ⅲ．自然科学史-世界-教材
Ⅳ．N091

中国版本图书馆 CIP 数据核字（2008）第 122183 号

21世纪通识教育系列教材

世界科学技术史（第 3 版）

王鸿生　著

出版发行	中国人民大学出版社				
社　　址	北京中关村大街 31 号		**邮政编码**	100080	
电　　话	010－62511242（总编室）		010－62511770（质管部）		
	010－82501766（邮购部）		010－62514148（门市部）		
	010－62515195（发行公司）		010－62515275（盗版举报）		
网　　址	http://www.crup.com.cn				
	http://www.ttrnet.com（人大教研网）				
经　　销	新华书店				
印　　刷	天津鑫丰华印务有限公司		**版　　次**	1996 年 5 月第 1 版	
规　　格	170 mm×228 mm　16 开本			2008 年 8 月第 3 版	
印　　张	24.5 插页 1		**印　　次**	2023 年 8 月第 9 次印刷	
字　　数	438 000		**定　　价**	49.80 元	